秦岭西段南北麓主要作物种植

邓根生　宋建荣　主编

U0272034

中国农业科学技术出版社

图书在版编目（CIP）数据

秦岭西段南北麓主要作物种植/邓根生，宋建荣主编. —北京：中国农业
科学技术出版社，2015.3
ISBN 978 – 7 – 5116 – 1982 – 2

Ⅰ.①秦… Ⅱ.①邓… ②宋… Ⅲ.①秦岭—作物—栽培技术 Ⅳ.①S31

中国版本图书馆 CIP 数据核字（2015）第 009670 号

责任编辑　鱼汲胜　褚　怡
责任校对　马广洋

出版发行　中国农业科学技术出版社
　　　　　北京市中关村南大街 12 号　邮编：100081
电　　话　(010) 82106650（编辑室）
　　　　　(010) 82109704（发行部）
　　　　　(010) 82109709（读者服务部）
传　　真　(010) 82106624
经 销 者　各地新华书店
网　　址　http://www.castp.cn
印　　刷　北京富泰印刷有限责任公司
开　　本　787mm×1 092mm　1/16
印　　张　22.5
字　　数　450 千字
版　　次　2015 年 3 月第 1 版　2015 年 3 月第 1 次印刷
定　　价　69.00 元

内 容 简 介

　　全书由 6 章组成。首先较完整地介绍了秦岭西段南北麓的自然条件和农业生产概况。之后以秦岭西段南北麓主要农作物为论述对象，先后以玉米、小麦、水稻、马铃薯及油菜为序，分章论述了它们在汉中地区及天水地区的农业生产条件，生产布局和生长发育，品种沿革，栽培技术，品质特点及环境胁迫的应对措施等。

　　本书适于农业科技工作者、农业管理干部、农业院校相关专业的师生阅读参考。

编 委 会

策　　划　曹广才（中国农业科学院作物科学研究所）

主　　编　邓根生（汉中市农业科学研究所）

　　　　　宋建荣（天水市农业科学研究所）

副 主 编（按姓名的汉语拼音排序）：

　　　　　郝兴顺（汉中市农业科学研究所）

　　　　　吕　汰（天水市农业科学研究所）

　　　　　王胜宝（汉中市农业科学研究所）

　　　　　张耀辉（天水市农业科学研究所）

编　　委（按姓名的汉语拼音排序）

　　　　　谌国鹏（汉中市农业科学研究所）

　　　　　邓根生（汉中市农业科学研究所）

　　　　　郝兴顺（汉中市农业科学研究所）

　　　　　黄根宝（天水市农业科学研究所）

　　　　　颉炜清（天水市农业科学研究所）

　　　　　雷建明（天水市农业科学研究所）

　　　　　李　勤（汉中市农业科学研究所）

　　　　　李　英（汉中市农业科学研究所）

　　　　　李　云（汉中市农业科学研究所）

　　　　　刘　勇（汉中市农业科学研究所）

龙德祥（汉中市农业科学研究所）

吕　汰（天水市农业科学研究所）

宋建荣（天水市农业科学研究所）

孙晓敏（汉中市农业科学研究所）

王凤敏（汉中市农业科学研究所）

王俊义（汉中市农业科学研究所）

王　鹏（天水市农业科学研究所）

王胜宝（汉中市农业科学研究所）

王晓娥（汉中市农业科学研究所）

王永林（汉中市农业科学研究所）

吴玉红（汉中市农业科学研究所）

谢俊贤（天水市农业科学研究所）

尹素芬（汉中市农业科学研究所）

岳维云（天水市农业科学研究所）

张成兵（汉中市农业科学研究所）

张文明（汉中市农业科学研究所）

张先平（汉中市农业科学研究所）

张选明（汉中市农业科学研究所）

张亚宏（天水市农业科学研究所）

张　岩（天水市农业科学研究所）

张耀辉（天水市农业科学研究所）

张增川（汉中市农业科学研究所）

赵尚文（天水市农业科学研究所）

赵胜利（汉中市农业科学研究所）

周　凯（汉中市农业科学研究所）

作者分工

前言 ·· 邓根生
第一章
　第一节 ································ 邓根生，吴玉红，王胜宝
　第二节 ································ 郝兴顺，吴玉红，颉炜清
第二章
　第一节 ································ 王胜宝，张增川，李　云
　第二节 ································ 李　勤，黄根宝，王永林
　第三节 ································ 邓根生，张增川，王晓娥
　第四节 ·· 郝兴顺，龙德祥
第三章 ··············· 宋建荣，张耀辉，岳维云，赵尚文，李　云
第四章
　第一节 ·· 王胜宝，周　凯，刘　勇
　第二节 ································ 郝兴顺，张文明，赵胜利
　第三节 ································ 周　凯，赵胜利，张先平
　第四节 ································ 邓根生，张选明，王胜宝
　第五节 ································ 王胜宝，王俊义
第五章 ····································· 吕　汰，王　鹏，刘　勇
第六章
　第一节 ································ 王胜宝，孙晓敏，张亚宏
　第二节 ································ 邓根生，谌国鹏，雷建明
　第三节 ································ 李　英，王凤敏，尹素芬
　第四节 ································ 郝兴顺，张成兵
全书统稿 ·· 曹广才

前　言

　　中国幅员辽阔，气候类型复杂多样，以秦岭—淮河为界，形成中国南北生态分界线，"白马秋风塞上，杏花春雨江南"形象地描述了南北方的气候差异与文化差异。本书涉及的秦岭西段南北麓包括秦岭以南的汉中地区和秦岭以北的天水地区。秦岭南侧的汉江是长江水系的最大支流，秦岭北侧的渭河是黄河水系的最大支流，长江孕育了南方的"水稻文化"，黄河孕育了北方的"旱粮文化"。处于特殊地理位置的汉中地区和天水地区，其独特的农业生产布局不仅有其个性，也是南北方农业文化的一个小小的缩影。因此，全面、系统、认真地总结秦岭西段南北麓区域的农业科研和生产实践经验，不仅是农业科技工作和农业生产的迫切需求，且对于加强作物引育种交流，培养提高农业专业技术人员水平，促进南北麓区域的农业发展有着重要作用。据此，经中国农业科学院作物科学研究所曹广才研究员策划，甘肃省天水市农业科学研究所及陕西省汉中市农业科学研究所合作，共同撰写了《秦岭西段南北麓主要作物种植》一书。

　　《秦岭西段南北麓主要作物种植》一书共6章。主要以秦岭西段南北麓的农作物为研究对象，分章阐述了汉中地区及天水地区的农业生产条件，主要农作物玉米、小麦、水稻、马铃薯及油菜的生产布局和生长发育、品种沿革、科学栽培及环境胁迫的应对措施等，旨在为广大农业科技工作者、农业管理干部、农业院校相关专业的师生提供具有一定科学价值的参考。

　　参与本书编写的农业科技工作者，不仅有丰富的基层工作实践经验，也有扎实的理论基础，所以，本书在内容上注重基础理论和实践的紧密结合，既有基本理论、基本方法，也有实践经验、实用技术。同时，针对两区域的农业现状和发展方向，力求反映主要作物前沿性的研究成果及技术，如第三章第四节，针对小麦品质问题用基因型与环境互作的影响进行了更深层次的探讨，为本区域及同类区域小麦品质育种提供了很好的参考；又如第四章第三节第十小节，介绍了汉中地区目前正在探索发展的水稻直播栽培及机械化插秧等技术，从而引领了该区域水稻栽培变革的方向。希望此书的出版，能对促进秦岭西段南北麓现代农业发展起到积极的作用。

　　本书是集体编著的科技论著，在统稿过程中，尽量做到全书用词规范，体例统一。

　　参考文献按作者姓名的汉语拼音排序，同一作者的则依发表年代先后排序。英文文献排在中文文献之后。

　　此书编写过程中，参考了相关的科技文献和资料，在此谨对论文作者表示衷心的感谢！同时，对参编人员的辛勤努力及所在单位给予的大力支持表示由衷的谢意！

　　书中不当之处，敬请同行专家和读者批评指正。

邓根生

2014 年 11 月 26 日于汉中

目　录

第一章　秦岭西段南北麓自然条件和农业生产 ···································· 1

　　第一节　自然条件 ··· 1

　　第二节　农业生产概况 ···································· 12

第二章　玉米种植 ·· 19

　　第一节　玉米生产布局和生长发育的环境效应 ·············· 19

　　第二节　秦岭西段南北麓玉米品种沿革 ···················· 27

　　第三节　栽培要点 ··· 35

　　第四节　环境胁迫及其应对 ··· 60

第三章　小麦种植 ·· 76

　　第一节　小麦生产布局和生长发育的温度效应 ·············· 76

　　第二节　秦岭西段南北麓小麦品种沿革 ···················· 83

　　第三节　栽培要点 ··· 91

　　第四节　小麦品质 ··· 110

　　第五节　环境胁迫及其应对 ··· 120

第四章　水稻种植 ··· 138

　　第一节　水稻生产布局和生长发育 ···························· 138

　　第二节　秦岭西段南北麓水稻品种沿革 ···················· 144

　　第三节　栽培要点 ··· 155

　　第四节　水稻品质 ··· 187

　　第五节　环境胁迫及其应对 ··· 198

第五章　马铃薯种植 ··· 213

　　第一节　马铃薯生产布局和生长发育 ························· 213

　　第二节　秦岭西段南北麓马铃薯品种沿革 ……………………………… 223

　　第三节　栽培要点 …………………………………………………………… 233

　　第四节　马铃薯品质 ………………………………………………………… 262

第六章　油菜种植 ………………………………………………………………… **276**

　　第一节　油菜生产布局和生长发育 ………………………………………… 276

　　第二节　秦岭西段南北麓油菜品种沿革 …………………………………… 285

　　第三节　栽培要点 …………………………………………………………… 297

　　第四节　油菜品质 …………………………………………………………… 328

第一章　秦岭西段南北麓自然条件和农业生产

第一节　自然条件

一、中国南北地理与气候分界线

根据中国农耕史、农业生产布局和多学科多方面考证，中国南北地理与气候分界是秦岭—淮河一线。秦岭山地也是公认的中国重要的南北生态分界线，即亚热带和暖温带的分界线。但对该界线的具体位置分布，目前，主要有3种意见（康慕谊等，2007），即秦岭北麓、秦岭主脉（黄河水系与长江水系的分水岭）和秦岭南麓。秦岭生态分界线并不是一条简单的线，而是一条东西走向有宽有狭的过渡带，是一个生态交错带（张剑等，2012）。生态交错带对于环境变化较为敏感，一定区域的农业生产在大尺度上离不开气候水热条件与土壤等因素的影响，因此，秦岭地带性研究对区域大农业生产方向的确定有举足轻重的作用。秦岭山脉主要横跨陕西省。本书涉及的秦岭西段南北麓，包括秦岭以北的甘肃省东南部的天水地区和秦岭以南的秦巴山区（包括汉中盆地）。天水地区和汉中地区虽然不是中国的主要农业区，也未成为粮食主产区，但其气候、植被、土壤、土地利用具有多样性，农作物种类和布局各有特色，在国家农业生产中也占有一席之地。秦岭西段南麓的汉中地区地貌类型多样，但以山地为主，其中，低山占18.2%，高、中山占57.0%，丘陵占14.6%，平坝仅占10.2%，山地丘陵面积合计占汉中市土地总面积的89.8%。危锋（2012）运用1978—1998年耕地面积资料，利用主成分分析法，分析了汉中市耕地面积变化。1978—1998年汉中市总耕地面积呈持续下降趋势，其变化情况为耕地总面积从1978年的437.48万亩[①]下降到1998年的374.15万亩，净减少63.33万亩。1998—2002年（蔡慧等，2007）为耕地面积急剧减少期，4年净减耕地68.53万亩，2002—2005年为耕地面积缓慢减少期，3年净减耕地2.37万亩。2008年以来，汉中在全市范围的低山丘陵、川道河谷地实施占补平衡项目，耕地面积有增加趋势，近年来，随着产业结构调整，"猪、药、茶、菜"产业占农业的比重逐年增加，粮食作物比重有下降趋势。2013年全年粮食

---

① 1亩≈667m²，15亩=1hm²，全书同。

作物种植面积 403.34 万亩，油料作物种植面积 124.67 万亩，中药材种植面积 129.47 万亩，茶叶种植面积 86.70 万亩，蔬菜种植面积 90.57 万亩，园林水果种植面积 56.30 万亩。

秦岭西段北麓的天水地区地貌差异也很明显，其中，东部、南部为山地，北部为黄土丘陵，中部为渭河河谷。因此，秦岭西段南北麓的气候、土壤、植被等方面各有特色。天水属于典型的农业城市，耕地面积的时空变化对天水的发展具有重要意义。孟敏等（2009）运用 1949—2007 年的天水市耕地面积及人口资料，利用主成分分析法和灰色数列预测模型分析了天水市耕地面积变化及未来变化趋势。1949—2007 年天水市的耕地面积变化呈分阶段波动式减少，主要包括两个阶段，第一阶段为 1949—1957 年，耕地面积略有增加，即从 1949 年的 628.26 万亩增加到 1957 年的 673.23 万亩；第二阶段为 1958—2007 年，耕地面积整体上呈减少趋势，耕地面积由 1957 年的 673.23 万亩减少到 2007 年的 574.05 万亩，减少幅度为 14.75%。2012 年天水耕地面积为 570.75 万亩，其中，粮食作物种植面积 467.61 万亩，经济作物及其他作物种植面积 100.82 万亩，是甘肃省的粮、油、菜、果的主要产区之一。1978—2012 年粮食作物面积呈波动减少，其中，小麦播种面积总体减少，玉米、马铃薯播种面积总体增加。伴随城镇化的发展及产业结构的调整，天水市的耕地面积仍将以减少趋势为主，预测到 2018 年天水市的耕地面积将减少到 568.43 万亩。

二、气候

（一）秦岭南北的气候总体差异

天水市属温带季风气候。城区附近属温带半湿润气候，苏城—立远一线以南为北亚热带气候。天水气候温和，四季分明，日照充足，降水适中，冬无严寒，夏无酷暑，春季升温快。年平均气温为 11℃，最热月 7 月平均气温为 22.8℃，最冷月 1 月平均气温为 -2.0℃。极端最高气温 38.2℃，极端最低气温 -17.4℃。年平均降水量 491.7mm，自东南向西北逐渐减少，南部亚热带林区年降水量为 800～900mm，中东部山区雨量在 600mm 以上，渭河北部不及 500mm，秋季多连阴雨。年均日照 2 100h，渭北略高于关山山区和渭河谷地，春、夏两季分别占全年日照的 26.6% 和 30.6%，冬季占 22.6%。

汉中属于亚热带气候，北倚秦岭、南屏大巴山，地势南北高，中间低，美誉"汉家发祥地，中华聚宝盆"。位于陕西省西南部，北有秦岭屏障，寒流不易侵入，全年气候温和湿润，夏无酷暑，冬无严寒。年平均气温 14℃，西部略低于东部，南北山区低于平坝和丘陵区。海拔 600m 以下的平坝地区年均气温在 14.2～14.6℃；一般海拔 1 000m 以上的地区年均气温低于 12℃；西嘉陵江河谷年均气温高于 13℃。汉中地区年平均相对湿度分布态势呈南大北小。汉江平坝、巴山山地平均相对湿度在 70%～80%，秦岭山地平均相对湿度在73%左右。

（二）温、光、水条件的动态变化

1. 温度 秦岭南坡年平均气温14.4℃，北坡12.3℃；年平均最高温南坡37.1℃，北坡37.0℃；年平均最低温南坡－6.5℃，北坡－12.1℃。相关研究指出（李双双等，2012），近50年（1961—2009）秦岭南北气温变化整体一致，变化频率和周期具有同步性，秦岭两侧均以增温为主，暖化趋势较为明显。气温年际变化特征则表现为20世纪60～80年代中期气温波动下降，80年代后气温出现大幅增加，2003年后气温呈现下降趋势。总体而言，秦岭地区气温变化与全球气温变化规律相一致，变化驱动是自然因素和人类活动共同作用的结果，且在小尺度上人类活动干扰较为明显（主要体现在城市化进程对气温变化的影响）。

日平均气温稳定≥10℃的日数及其积温是划分温度带的主要指标，对农业生产具有重要意义。1993年之后秦岭地区日平均气温稳定≥10℃的日数及其积温显著大于1993年之前，秦岭以北、秦岭南坡的日平均气温稳定≥10℃日数平均较1993年前分别增加了10d和8d。秦岭以北、秦岭南坡1993年之后的日平均气温稳定≥10℃积温分别较其前增加了278℃和235℃，且秦岭以北的积温增加较多，区域内所有观测站点均增加显著，秦岭南坡只有少数观测站点增加显著。秦岭南北最暖月为7月，最冷月为1月。最暖月气温影响喜温植物（特别是喜温农作物）的分布范围，最冷月和极端最低气温则决定着地带性植物能否正常生长和越冬，因此，最暖月、最冷月和极端最低气温是划分温度带的主要辅助指标。周旗等（2011）研究表明，1951年以来，秦岭南北7月平均气温呈现上升趋势，但这一趋势并不明显，1993年以后的7月气温平均值较1993年前高，但是也并不显著。总体而言，秦岭南北最暖月7月平均气温呈增加趋势，但是趋势并不明显。最冷月1月平均气温的趋势性变化却较明显，秦岭以北1985年以后的1月平均气温平均较1985前高0.92℃，秦岭南坡1985年以后的1月平均气温平均较1985年前高0.77℃。总体上，自1985年以后秦岭以北1月平均气温上升较为明显，自北向南呈逐渐递减的趋势。秦岭以北极端最低气温在1985年之后出现了微弱的下降趋势，秦岭南坡却出现上升趋势，1985年之后秦岭以北、秦岭南坡的极端最低气温分别较之前增加1.53℃和1.43℃。

2. 光照 光照是气候形成的重要因素，是太阳辐射最直观的表现。日照时数空间分布、光合有效辐射空间分布及时空变化均对农业生产具有重要意义。

（1）日照时数 秦岭地区多年平均日照时数为1 838.7h，空间分布呈东北向西南递减即秦岭以北日照时数大于秦岭以南。蒋冲等（2013）研究表明，秦岭北坡年平均日照时数为2 156.5h，其中春季590.8h、夏季634.0h、秋季472.4h、冬季455.6h；秦岭南坡年平均日照时数为1 938.0h，其中，春季521.8h、夏季584.0h、秋季421.9h、冬季406.0h。

季节尺度上，也是呈东北—西南方向分布，四个季节占年日照总量的百分比分别为春季26.7%、夏季31.9%、秋季21.9%、冬季19.3%，即四个季节平均日照时数表现为夏季＞春季＞秋季＞冬季，且四季均以秦岭以北的日照时数大于秦岭以南。秦岭南北日照时数年变化趋势较为一致，呈下降趋势，且秦岭以南的广大地区相对于秦岭以北日照时数下降更明显。春季日照时数空间变化在 $-1.8 \sim 2.7h/10a$，以上升趋势为主，夏季呈下降趋势变化为 $-6.4 \sim 0.07h/10a$，秋季变化不明显，冬季呈下降趋势变化在 $-5.6 \sim 0.5h/10a$。日照时数的变化是气候因素和人类活动综合作用的结果。蒋冲等（2013）依据1960—2011年秦岭南北47个气象站逐月日照时数、温度、风速和降水等气象要素数据分析指出，影响秦岭南北坡日照时数的主要气候因子是风速和降水，人为因素主要是城市化进程的加快。日照时数与风速呈正相关关系即风速明显下降的区域相应日照时数也显著下降，风速变化较小则日照也波动较小。日照时数与降水呈负相关关系，日照时数和降水年际间变化较大，即降水多的年份日照短，降水少的年份日照长。

（2）光合有效辐射　光合有效辐射指波长介于 $400 \sim 700nm$，能够被植被通过光合作用利用的这部分太阳辐射，是植物生长所需的重要能量来源，对农业生产具有重要作用。秦岭南北地区多年平均光合有效辐射总体呈现北高南低的空间分布格局（蒋冲等，2013）。秦岭以北年平均光合有效辐射为 $24.40mol \cdot m^{-2} \cdot d^{-1}$，秦岭以南为 $22.72mol \cdot m^{-2} \cdot d^{-1}$。季节尺度上，光合有效辐射空间分布规律与年际变化基本一致，也是北部高、南部低。春季秦岭南北坡光合有效辐射分别为 $27.51mol \cdot m^{-2} \cdot d^{-1}$ 和 $30.00mol \cdot m^{-2} \cdot d^{-1}$，夏季分别为 $30.57mol \cdot m^{-2} \cdot d^{-1}$ 和 $32.54mol \cdot m^{-2} \cdot d^{-1}$，秋季分别为 $18.17mol \cdot m^{-2} \cdot d^{-1}$ 和 $19.76mol \cdot m^{-2} \cdot d^{-1}$，冬季分别为 $14.73mol \cdot m^{-2} \cdot d^{-1}$ 和 $16.08mol \cdot m^{-2} \cdot d^{-1}$。1960—2011年秦岭南北地区年际光合有效辐射呈显著下降趋势，秦岭南坡光合有效辐射变化倾向率为 $-0.42mol/10a$，秦岭以北为 $-0.36mol/10a$，下降速率由南向北呈递减趋势，季节光合有效辐射变化趋势为春季整体上微弱上升，秦岭以北上升速度为 $0.12mol/10a$，秦岭南坡上升速度为 $0.11mol/10a$；夏季呈下降趋势，秦岭以北下降速度为 $-0.91mol/10a$，秦岭南坡下降速度为 $-1.12mol/10a$；秋季也以下降趋势为主，秦岭以北下降速度为 $-0.21mol/10a$，秦岭南坡下降速度为 $-0.29mol/10a$；冬季呈下降趋势，秦岭以北下降速度为 $-0.48mol/10a$，秦岭以南下降速度为 $-0.43mol/10a$。季节尺度上，各季节整体变化趋势为，春季呈现不显著的上升趋势，且秦岭以北高于秦岭以南，其余季节按光合有效辐射下降速率大小排序依次为：夏季＞冬季＞秋季。1960—2011年光合有效辐射的年际变化特征为，秦岭南北坡变化趋势较为一致，即秦岭南北坡光合有效辐射显著下降，由南向北，由东向西下降速率递减，89%的站点年光合有效辐射下降，春季光合有效辐射上升和下降的站点各占约50%；夏季秦岭南北坡所有站点减小，且秦岭南坡下降尤为明显；秋季

79%的站点下降；冬季光合有效辐射显著下降，且秦岭以南区域下降趋势尤为明显。1960—1970年秦岭南北坡光合有效辐射相对偏高，而1980—2000年是光合有效辐射最小的20年。蒋冲等（2013）分析指出，风速下降、城市化进程加快以及工业废弃物排放导致的气溶胶增多是秦岭南北坡光合有效辐射显著下降的主要原因，空气中的水汽和其他污染物扩散较慢，导致近地表气溶胶浓度增大，空气透明度降低是光合有效辐射显著下降的主要原因，而火山爆发引发的气溶胶增加则是光合有效辐射波动的主要原因。

3. 降水

（1）径流　径流是水文过程的重要环节，径流变化对秦岭南北坡环境变化有重要意义。汉江是秦岭南侧长江水系的最大支流，发源于宁强五丁山，自西向东流经宁强、勉县、南郑、汉台区等县（区），在湖北省武汉市汇入长江。渭河则是秦岭北侧黄河水系的最大支流，发源于甘肃省渭源县，由西向东横贯关中平原，流经宝鸡、咸阳、西安、渭南等市，至潼关港口汇入黄河。查小春等（2002）研究表明，在1935—1999年的65年间，渭河的年平均流量为248.26m³/s，汉江的年平均流量为592.94m³/s，汉江年平均流量是渭河的2.4倍。1935—1999年的65年间，汉江最大年径流量为1 300m³/s，渭河最大年流量为593m³/s。年径流深是河水径流总量平铺在流域面积上的平均水深。汉江的多年平均径流深为453.7mm，而渭河径流的多年平均径流深为232.6mm，汉江几乎是渭河的2倍，说明秦岭南侧气候环境比北侧湿润。降水是地表径流的主要补给来源，因此，径流量随降水变化而变化。据分析，秦岭南北两侧径流的年内变化基本与季节性降水特征相吻合，即夏季为丰水期，冬季为贫水期。渭河年径流量的61%集中在多雨的7~10月，最大月径流量多出现在9月，其次是7月，分别占年径流量的19.4%和13.6%。汉江的径流量季节变化更为明显，从每年4月开始显著增加，11月以后显著减少，年径流量的50%以上集中在7~9月，最大月的径流量占年径流量的16%~20%。秦岭南北两侧径流年际变化则表现为11月至翌年2月为退水期，径流量平稳下降，变化很小；3~5月为径流量渐增期，6月正值初夏，降水稀少，且气温急剧上升，蒸发旺盛，在此时易出现枯水；7~10月为洪水期，此时，径流量在一年中最大。秦岭南北河流汛期长短也存在分异，秦岭以北河流有春汛、夏汛和秋汛之分。春汛多出现在3月底，由于冬季积雪较少，所以，春汛河水流量很小，持续时间较短，一般不超过10d，夏汛多出现在7~8月，由于此时段降水最多，径流量较大，易出现夏汛，秋汛则主要受秋雨的影响，所以，渭河流量具有双峰型的特点。汉江春汛不如渭河明显，汛期较晚，年降水量大部分集中在7~10月，占全年60%以上，这是汉江最突出的特点，其中，9月降水量最大，占全年20%以上，7月次之，8月略小。

河流泥沙是判断水土流失的主要指标。河流含沙量与输沙量年内分配与径流量年内分配相似，河流泥沙主要产生在暴雨径流过程中，尤其在夏季暴雨洪水期含沙量最多，河水经常浑浊。查小春等（2002）研究表明，汉江泥沙量最大值出现在 6 ~ 9 月，而冬春季由于少雨雪，河水基本依赖地下水或高山融雪补给，此时段，河水多清澈见底，含沙量较低，因此，汉江具有泥沙年内不均匀的特点。秦岭以北是著名的黄土区，水土流失较为严重，致使秦岭以北的渭河输沙率和含沙量远大于秦岭以南的汉江。1935—1999 年汉江河流的年平均含沙量仅为 0.88kg/m³，而渭河河流的年平均含沙量却高达 52.03kg/m³，几乎是汉江的 60 倍。1935—1999 年汉江河流年均输沙量仅为 0.19 亿 t，而渭河的年均输沙量为 3.77 亿 t，渭河是汉江的 19.9 倍；汉江年均输沙率为 0.59t/s，渭河的年均输沙率为 11.96t/s，渭河是汉江的 20.3 倍，说明渭河是一条多泥沙河流。

（2）降水 受东亚季风影响，秦岭邻近地区降水主要集中在夏秋两季，秋季降水占全年总降水的百分率高是秦岭地区降水最为明显的特征之一，气象灾害也多发生在这一时段。连阴雨作为秦岭地区秋季典型降水天气过程，具有持续时间长，雨量大，暴雨站次多的特点（方建刚等，2008）。秦岭以北降水呈典型的纬向分布特征，且降水量由北向南逐渐增多；秦岭以南则呈径向递减，形成一个呈西南—东北走向的带状区域。季节尺度上，秋季降水占全年总降水的百分率高是秦岭地区降水最为明显的特征。秦岭地区秋季降水占全年总降水的 22% ~ 28%，降水量为 200 ~ 300mm，降水量分布总趋势是由南向北而递减。秦岭地区秋季年平均有 2 次连阴雨，其中，近 50% 的连阴雨持续时间为 4 ~ 6d，25% 的连阴雨持续时间为 7 ~ 10d，25% 的连阴雨持续时间为 10d 以上。秦岭以南秋季多年平均雨日为 26 ~ 30d，北侧则为 20 ~ 24d，且多持续 4d 以上的连阴雨天气。旱涝是较为常见的灾害类型，长期困扰着农业生产。李敏敏等（2013）依据 1961—2010 年秦岭南北 59 个气象站逐月降水数据分析了秦岭南北旱涝变化趋势，结果显示近 50 年来，年尺度上秦岭南北旱涝变化趋势为总体向旱的方向发展，秦岭南北的旱涝等级变化，无论从步调上还是趋势上都基本一致。秦岭以北旱涝等级年代波动幅度小于秦岭以南，暖干化程度则是秦岭以北大于秦岭以南。近 50 年来，秦岭南北降水变化大致经历了四个时期：20 世纪 60 年代、70 年代属正常期，大部分年份在正常值内波动；80 年代属湿润期，10 年中出现 5 次中等湿润、2 次严重湿润和 1 次极端湿润事件；90 年代以来，1991—2002 年属干旱期，期间干旱事件频发，极端干旱事件出现了 6 次；2003—2010 年为过渡期，经历了 2003 年的严重湿润事件后，干旱情况有明显好转。

冯彩琴等（2011）分析了 1961—2007 年陕南地区降水变化特征，多年平均降水量为 743.7mm，年际变化特征表现为，47 年来，降水总体上呈减少趋势且波动变化较大，变化趋势率为 -2.9mm/10a。20 世纪 90 年代之前，降水量比较丰富，但是年际波动性较大，90 年代之后，降水量偏少，除 2003 年降水量较大（950.9mm）以外，有 68% 的年份低于平均水平（平均降水量为718.5mm）。季节性降水特征为降水主要集中在夏季，夏季降水量占全年降水量的47%左右，四季多年平均趋势表现为春季和秋季降水在减少，夏季和冬季降水在增加，其年际变幅表现为夏季＞秋季＞春季＞冬季，并且减少的幅度大于增加的幅度，总体上降水量仍表现为减少的趋势。90年代之前，春季降水量较丰富，而90年代之后明显进入枯水期，秋季降水在1986年之后明显减少，春季秋季降水的变化趋势分别为－3.6mm/a和－7.6mm/a；夏冬季降水的变化趋势分别为12.7mm/a和3.2mm/a，夏冬季的降水年际变化程度均较大，尤其是冬季变率更大，降水的年内分配更加不均匀，干旱趋势加剧。总体春季和秋季降水减少，夏季和冬季降水增加，减少量大于增加量，导致春旱和秋旱加剧。

天水位于欧亚大陆的暖温带半湿润半干旱过渡带，由于地形复杂，降水的地域差异十分显著。根据农业气候区划，天水地区可划分为3个不同气候区，即高寒半湿润山区；藉河、渭河谷川区；渭北干旱山区。大气降水在20世纪60—80年代3个气候区年平均量在470～594mm，且降水主要集中在夏季，降水量分别占年降水量的51%、46%、50%；秋季次之，为27%、29%、27%；春季分别为19%、22%、20%；冬季在2%～3%，属干燥气候。全市除渭北大部地区年降水量不足500mm，属半干旱区，其他地区属半湿润或湿润气候区，有保证植物生长的良好气候条件。80年代多出现秋旱，全市气候形成了藉河、渭河谷川干旱与半干旱气候过渡区，西北部干旱或半干旱区，东南部较湿润区，总体上形成了干旱相对比较集中的农业气候背景。90年代以来，天水气候发生了明显变化，即降水量减少，少雨时段和干旱时段明显延长，跨年度干旱成为90年代的主要气候特征。90年代天水平均降水量404～515mm，较常年偏少13%～20%，其中，春旱4年，春末夏初旱7年，伏旱6年，伏秋旱5年，秋旱6年，作物生长季累积总旱段34次，占60—90年代总旱段的83%，春、夏、秋三季连旱造成河谷川区以北地区重旱长达6年，干旱使农业产量大幅度下降，农业损失惨重。

（三）气候变化对农业生产的影响

农业直接受制于气候变化和气候要素，是气候变化最敏感的领域，因此，气候变化对农业生产影响较大。在全球变暖背景下，极端干旱发生频率有不断增加的趋势，秦岭作为中国南北地区的地理及气候的分界线，其两侧的气候差异明显，同时，南北两侧农业对气候变化也最为敏感。

1. 秦岭西段南麓汉中气候变化对农业生产的影响　秦岭西段南麓的汉中地区地形复杂，农作物种类和种植方式复杂多样。主要农作物有水稻、小麦、油菜、玉米、马铃薯等，以一年两熟制为主，是典型的雨养农业区。降水量和气温是影响汉中农业生产的主要气候驱动因子，"暖湿型"的气候有利于农业生产，"冷干型"的气候则对农业生产最为不利，而目前该地区气候呈现"暖干化"趋势，不利于农业生产活动，应注重环境保护，改善地区环境使气候变化向有利于农业生产的方向发展。相关研究表明（刘阳，2012），陕南地区水稻50年生长期典型极端干旱年份有14年，其中，7年因受极端干旱影响减产。张小峰等（2010）利用1959—2008年50年逐年降水量、气温观测资料和1985—2009年逐年粮食产量，分析了气象条件与粮食产量的关系，表明近50年汉中气候年际变化很大，农业气象减产年平均8～10年一遇，气温的升高和降水的减少对汉中市粮食生产不利。以小麦生产为例，王新华（2011）运用1960—2007年的逐日平均气温、逐日降水量和逐日光照时数等气象资料进行了综合分析表明，汉中市冬小麦温度适应度呈上升趋势，其山地适应度倾向率高于平原；降水适应度呈下降趋势，由北向南降水适应度变化速率逐渐升高，而平原的降水适应度变化速率高于山区；日照适应度大体呈下降趋势，山地到平坝、丘陵地区其变化速率逐渐减小；气候适应度倾向率变化存在着由平原向山地、由北部向南部、由东部向西部逐渐下降的趋势。依据汉中市冬小麦对温度适应度和气候适应度的变化，可划分为小麦适应区、小麦次适应区和小麦最适应区共3个适应区。从时间变化上来看，近47年来，汉中市小麦气候风险有逐渐降低的趋势；从空间变化上来看，海拔较高的地区气候风险度有下降趋势，而平原、丘陵和低山等地区气候风险度有升高趋势，且平原倾向率变化大于山地、丘陵。在全球气温变暖的大环境下，温度的升高对秦岭山地和巴山山地的小麦生产是有利的，对汉江平坝地区的小麦生产是不利的。

总体而言，近年，汉中市农作物气象灾害主要表现为（李伟，2010），春季气温回升慢，易发生干旱或倒春寒，影响油菜、小麦生长，特别是易造成水稻烂秧；夏秋季连阴雨对小麦、油菜收获及播种影响大，并导致水稻、玉米等病虫害发生严重，玉米抽雄期遭遇湿害开花受影响，水稻有发生"秋封"可能。大风易造成玉米倒伏，秋季连阴雨易造成水稻、玉米收获困难；冬季低温对柑橘、茶叶影响较大。

2. 秦岭西段北麓天水地区气候变化对农业生产的影响　秦岭西段北麓的天水地区是一个典型的农林牧交错复合区，位处甘肃省东南部，属于中国气候变化敏感区和生态环境脆弱区，且主要气象要素具有明显的地域性特点。主要包括3个气候区（胡利平等，2007），即高寒半湿润山区，主要包括天水市东北部清水、张川2县和秦岭山脉海拔1 400m以上地区；籍、渭河谷川区，主要包括北道、秦城籍、渭河流域海拔1 000～1 300m地区；渭北干旱山区，主要包括天水市西北部甘谷、武山、秦安3县。3个农业区划内农作物种类和种植方式多样复杂，作物种类包括喜温、喜凉和越冬作物，农业类型包括雨养农业和半旱半灌溉农业。农业生产以粮食生产为主，占耕地面积的86%左右，其中，小麦、玉米、马铃薯为三大主要粮食作物。据分析1978—2010的33年间，粮食产量的增减受气候变化影响较大，积温和生长季降水是主要气候驱动因子，其中，粮食产量对≥10℃积温的变化更为敏感。天水地区粮食生产对气候变化的响应表现为产量不稳定，波动性较大。1978—2010年，天水粮食生产呈稳步增长趋势，气候变化为温度上升，降水减少趋势，≥10℃的积温、降水在1993年出现明显的上升下降转折点，气温上升对粮食生产有利，降水减少对粮食生产不利，33年间气候对粮食生产影响的总体程度增大，且年度间差异明显。蒲金涌等（2012）运用1961—2010年天水市7县（区）气象站降水资料及2001—2010年冬小麦、玉米播种面积及产量资料对不同冬小麦、玉米在不同季节受不同等级干旱的影响风险进行了分析表明，轻旱出现的频率为7.09次/年，中旱频率为2.52次/年，重旱出现频率为0.50次/年，特旱出现频率为0.25次/年。各等级干旱春季出现频率较高，其次为初夏和伏期，初秋出现频率较低。轻、重、特旱渭北地区出现频率较高，中旱藉河、渭河谷出现频率较高。冬小麦轻旱、中旱风险指数较高，重旱、特旱风险指数较低；玉米轻旱风险指数较高，其次为中旱、重旱、特旱对玉米产量影响风险较小。冬小麦在春季受干旱威胁的风险较大，玉米在初秋受干旱威胁的风险较大。渭北地区冬小麦全生育期受干旱威胁风险较大，藉河、渭河谷地区及秦安、清水玉米全生育期受干旱威胁风险较大。冬小麦干旱风险指数大于玉米，秋粮生产气候优势大于夏粮。许彦平等（2002）研究表明，仲春（4月中旬至5月中旬）及伏前期（6月中旬至7月中旬）降水量的多少，是影响天水夏秋粮产量的主要气象因素。温度是主要热量指标，正常年份，天水年平均气温6.9～10.6℃。20世纪90年代以前，气温基本正常，年季波动不大，具有明显的温带气候特征，以小麦、玉米为主导结构的传统农业布局较为稳定，90年代以后，气温骤升，年平均气温上升了0.5～0.9℃，冬季土壤冻土层变薄，作物冬眠不实，生殖生长阶段缩短，导致产量下降，这一变化在天水主要作物小麦生产中表现最为突出，此外，高温干旱导致病虫害偏重发生。气候变暖对天水玉米生产的影响较大（赵国良等，2012），表现在玉米播种期、出苗期有推迟趋势，抽穗期、成熟期随时间的推移均呈现提前的变化趋势，其中，播种期推迟2.7d/10a，抽穗期提前3.3d/10a，成熟期提前8.7d/10a。在玉米生育期各阶段中，播种至出苗期间隔天数以0.1d/10a的速度推迟，出苗至抽穗期间隔天数缩短3.4d/10a，抽穗至吐丝期缩短1.0d/10a，吐丝至成熟期缩短4.4d/10a。玉米生育期内平均气温升高，促使玉米生长加快，发育期提前，全生育期缩短。玉米在1980—2005年的千粒重总体呈现下降趋势。极端高温对玉米全生育期和千粒重的影响较大。

总体上，气候变暖，干旱少雨是天水气候变化的主要特征，是影响天水农业生产并造成严重危害的主要驱动因子。气候变化对天水农业生产影响较大且利弊各兼，主要表现在气候变暖缩短了冬小麦、冬油菜的生育期。暖冬气候增多冬小麦越冬死亡率降低，冬油菜生长不利气候出现频率减少，使冬小麦、冬油菜种植面积逐渐扩大。但是，暖冬增多冬小麦部分年份春化作用不彻底，导致小穗发育不良，也会给小麦的病、虫越冬孳生提供有利条件。气候变暖对作物的种植结构影响也较为明显，表现在多熟制向北推移，喜温作物面积有扩大趋势，复种指数不断提高。

三、土壤

（一）秦岭南北麓土壤类型

秦岭山地是具有一定高度和坡度的自然综合体，它在空间尺度上存在区、带和类 3 个序列的分异（刘彦随，2001），即不仅在宏观层面上其基带处于一定的水平自然地理区，而且其本身由于受垂直地带性规律的影响，在中观层面上形成不同的垂直带层分异，在微观层面上各带层内又因地形、坡向、土壤和植被等自然要素的差异，而引起土地类型分异。在空间尺度上，随着海拔高度的变化，形成不同的垂直带层；在时间尺度上，由于自然环境的不断变化和人类经济活动的强烈影响，因而产生了土地类型的动态转换。秦岭南北麓由于地形的屏障作用，形成了南北坡不同的土地类型，秦岭北坡处在暖温带半湿润区，基带为暖温带针阔叶林与森林草原——褐土与棕壤地带，而南坡处于北亚热带湿润区，基带为北亚热带落叶阔叶与常绿阔叶混交林黄褐土与黄棕壤地带，由于海拔和土壤类型不同，导致土壤肥力在不同海拔的空间分异程度具有明显的差异（党坤良等，2006）。

秦岭南坡，海拔 800 ~ 1 200m，典型植被为混有常绿阔叶树的落叶阔叶林，土壤类型为黄棕壤，土壤 pH 值 5.92 ~ 6.90、有机质 3.5 ~ 66.3g/kg、土壤全 N 0.5 ~ 4.0g/kg、碱解 N 22.4 ~ 270.7mg/kg、速效 P 0.5 ~ 3.8mg/kg、速效 K 49.9 ~ 325.4mg/kg，水平空间变异大小顺序为全 N > 有机质 > 碱解 N > 速效 P > 速效 K > pH 值；海拔 1 200 ~ 1 600m，典型植被为针阔混交林，土壤类型为棕色森林土，土壤 pH 值 6.02 ~ 7.13、有机质 5.9 ~ 61.5g/kg、土壤全 N 0.4 ~ 4.9g/kg、碱解 N 35.4 ~ 301.9mg/kg、速效 P 0.83 ~ 6.10mg/kg、速效 K 36.2 ~ 282mg/kg，水平空间分异大小顺序为全 N > 有机质 > 速效 P > 碱解 N > 速效 K > pH 值；海拔 1 600 ~ 2 000m，典型植被为针阔混交林，土壤类型为棕色森林土，土壤 pH 值 6.04 ~ 6.98、有机质 4.3 ~ 41.4g/kg、土壤全 N 0.3 ~ 4.0g/kg、碱解 N 22.7 ~ 257.1mg/kg、速效 P 0.45 ~ 4.59mg/kg、速效 K 24.6 ~ 222.5mg/kg，水平空间分异大小顺序为速效 P > 有机质 > 全 N > 速效 K > 碱解 N > pH 值；海拔 2 000 ~ 2 400m，典型植被为冷杉林和桦木林，土壤类型为暗棕色森林土，土壤 pH 值 5.84 ~ 6.88、有机质 7.4 ~ 51.0 g/kg、土壤全 N 0.4 ~ 4.5g/kg、碱解 N 39.4 ~ 304.2mg/kg、速效 P 0.99 ~ 6.12mg/kg、速效 K 36.5 ~ 291.2mg/kg，水平空间分异大小顺序为速效 P > 速效 K > 全N > 有机质 > 碱解N > pH 值；海拔 2 000 ~ 2 400m，典型植被为冷杉林和桦木林，土壤类型为暗棕色森林土，土壤 pH 值 5.58 ~ 6.73、有机质 9.0 ~ 61.6g/kg、土壤全 N 0.4 ~ 3.6g/kg、碱解 N 30.9 ~ 315.3mg/kg、速效 P 1.01 ~ 8.38mg/kg、速效 K 42.2 ~ 307.7mg/kg，水平空间分

异大小顺序为速效 P > 速效 K > 碱解 N > 全 N > 有机质 > pH 值。

秦岭北坡土壤的形成过程和发生具有明显的垂直变化规律（常庆瑞等，2002）。按照中国土壤系统分类方案划分，土壤垂直带谱结构为：< 750m 为土垫旱耕人为土；750 ~ 1 400m 为简育干润淋溶土；1 400 ~ 2 500m 为简育湿润淋溶土；2 500 ~ 3 300m 为酸性湿润雏形土；3 300 ~ 3 500m 为暗沃寒冻雏形土；> 3 500m 为暗瘠寒冻雏形土。土壤发生分类的垂直带谱结构为：< 850m 为埁土；< 1 300m 为褐土；1 300 ~ 2 400m 为棕壤；2 400 ~ 3 100m 为暗棕壤；> 3 100m 为亚高山草甸土。土壤质地随海拔的变化而变化，低海拔的土壤相对于高海拔的土壤黏化作用更强，因此，随着海拔升高，土壤质地由壤质黏土变为沙质壤土。秦岭北坡土壤有机质的变化趋势为基带向上逐渐增加，至 3 300 ~ 3 500m 的亚高山灌丛草甸植被达到最大，再向上又稍有下降。土壤阳离子交换量 CEC 中高山区表层大于下层，低山丘陵和河谷平原表层小于下层。秦岭北坡游离铁含量较低且随海拔降低而升高，铁铝富积不明显，土壤风化程度较差，尚处于脱盐基的硅铝化阶段。

（二）秦岭南北麓耕地土壤类型

汉中盆地是典型的河谷断陷盆地（常庆瑞等，1997）。汉江自西向东穿流而过，河道两边依次为河漫滩、阶地和低山丘陵。成土母质对该区土壤形成和性质的影响较大。汉中盆地低山丘陵和河谷阶地区，按照系统分类，发育在黏黄土母质上的土壤为淋溶土纲的铁质湿润淋溶土；发育在基岩母质上的土壤为富铁土纲的黏化湿润富铁土；按照地理发生分类；发育在黏黄土母质上的土壤为黄褐土；发育在基岩母质上的土壤为黄棕壤。中山区土壤按系统分类为淋溶土纲的简育湿润淋溶土，按照地理发生分类则为棕壤。经过多年测土配方数据汇总分析，汉中耕地土壤养分平均值为 pH 值 6.57、有机质 22.14 g/kg、全 N 1.33 g/kg、速效 P 17.47mg/kg、速效 K 106.81mg/kg。土壤有机质、pH 值、海拔和常年降水量是影响耕层土壤微量元素含量的主要因素，坡度较小、海拔较低、地形起伏较小的耕层土壤微量元素含量相对较高。姜悦等（2013）研究表明，整体上秦巴山区耕层土壤中微量元素含量表现出随土壤质地由轻壤到黏壤而增加的趋势，60% 的耕层土壤中有效态 Fe 含量在 10 ~ 20mg/kg，属"丰富水平"；40% 耕层土壤有效态 Cu 含量在 1.0 ~ 1.8mg/kg，属"丰富水平"；80 % 的耕层土壤有效态 Zn 含量在 0.5 ~ 2.0mg/kg，属"中等水平"；耕层土壤有效态 Mn 含量在 15 ~ 20mg/kg。

天水市耕地主要分布在北部，土壤以淤淀土、草甸土为主。后经过开垦耕种熟化形成了以黄绵土、黑垆土为主的耕作土壤，土层深厚，山塬开阔，是天水粮、油、菜、果主要生产区。其他土壤类型主要包括黑鸡粪土、黄鸡粪土、黄土、红土和河淀潮土，其中，肥力较高的是黑鸡粪土和黄土。耕层平均有机质分别为 1.30% 和 1.24%，其他几种土壤有机质均在 1% 以下；全 N 含量 0.64～0.90g/kg，速效 P 含量 5.6～9.5mg/kg，速效 K 含量 167～210mg/kg，pH 值 7.6。除速效 K 外，有机质、全 N、速效 P 等指标均属较缺或极缺范围，总体而言，天水地区土壤肥力属中等偏下水平。裴建文等（2007）研究分析了天水市的蔬菜产区耕层 0～30cm 土壤养分。其中，有机质平均含量为 10.94g/kg，土壤全 N 平均含量为 0.69g/kg，全 P 平均含量 1.48 g/kg，全 K 平均含量为 20.10g/kg，碱解 N 平均含量为 82.28mg/kg，速效 P 平均含量为 44.08mg/kg，速效 K 平均含量为 192.22mg/kg，土壤水溶性 Ca 平均含量为 0.136 g/kg，水溶性 Mg 平均含量为 44.00mg/kg，水溶性 Fe 平均含量为 11.23mg/kg，水溶性 Zn 平均含量为 2.24mg/kg。

（三）秦岭南北麓耕地土壤磷素淋溶现象

P 肥施入土壤易被固定吸附，当季作物利用率一般只有 10%～20%，且后季作物利用率也不超过 25%。P 在土壤中大量积累，不仅影响 P 素存在的形态，同时，给环境带来潜在的风险，土壤 P 素损失成为不争的事实，且 P 素淋溶是农田土壤 P 素损失的主要途径。张瑞龙等（2014）研究表明，秦岭北麓的周至县猕猴桃种植基地 62.79% 的猕猴桃园土壤 Olsen-P 含量大于 P 素淋溶临界值（Olsen-P 含量 40.11mg/kg），发生淋溶现象的几率较高，潜在的环境风险较大。秦岭南麓地区 P 素利用现状也不容乐观。刘泉（2013）研究表明，秦岭南麓的汉江中游流域年均土壤全 P 流失量分别为坡耕地 0.09kg/hm²，退耕地 0.22kg/hm²，蔬菜园 0.25kg/hm²，果园地 0.05kg/hm²。其中，果园和蔬菜园地的全 P 流失浓度超过地表水 Ⅱ 水质标准的 1.25 倍。

第二节　农业生产概况

一、布局和作物种类

秦岭西段北麓农区以天水市为代表，农作物种类和种植方式复杂多样，有喜温、喜凉和越冬作物，亦有雨养农业、半旱作半灌溉农业，其土壤、气候适宜多种作物生长。有粮食作物 10 多种、经济作物 20 多种，是西北农作物生长最适宜的地区之一。其中，小麦、玉米、马铃薯等是主要粮食作物，油料作物以胡麻为主。气候资源的复杂性决定了种植的多样性是天水农业生产的主要特点（胡利平等，2006）。近年来，经过种植结构的不断调整，农作物的种植已经从最初的以粮为主的单一种植模式向着多元化、科学化的方向发展。从天水农作物种植业结构看，粮食作物面积不断减少，油料、药材、蔬菜等作物面积随市场需求增加而逐渐上升。粮食作物占全市农作物种植面积的 70.9%，粮食作物以小麦种植面积最大，其次是玉米和马铃薯，三大作物占农作物总面积的 64.5%。经济作物及其他作物的面积，分别占农作物种植面积的 10.5% 和 9.7%，经济作物以冬油菜所占比例最大，胡麻次之。地域分布上，农作物种植主要分布在渭北区。2012 年天水市小麦种植面积 196.40 万亩，单产 172.39kg/亩，总产 33.86 万 t；玉米种植面积 129.74 万亩，单产 441.40kg/亩，总产 57.27 万 t；马铃薯种植面积 101.34 万亩，平均单产 1 110.45kg/亩，总产 112.53 万 t（天水经济年鉴，2013）。

秦岭西段南麓农区以汉中市为代表。主要农作物有水稻、油菜、小麦、玉米、马铃薯等。汉中地区是中国为数不多 1 级优质籼米的适宜生态区之一，占陕西省水稻种植面积的 70% 左右。水稻是汉中的第一大作物，种植面积约为 118.51 万亩，平均单产 426.16kg/亩，总产 50.50 万 t；汉中地区是优质双低油菜的优势区域，油菜是汉中的第二大作物，种植面积约为 114.32 万亩，平均单产 143.32kg/亩，总产 16.38 万 t；玉米作为汉中主要的饲料来源，种植面积仅次于水稻和油菜位居第三，常年种植面积约 107.40 万亩，平均单产 202.37kg/亩，总产 21.73 万 t；汉中小麦区属西南冬麦区四川盆地副区，种植面积约 66.70 万亩，平均单产 190.22kg/亩，总产 12.69 万 t；在马铃薯栽培生态区划中，汉中属于西南单双季混作区，常年种植面积约为 56.36 万亩，平均单产 921.35kg/亩，总产 51.93 万 t。

二、种植制度

（一）熟制和接茬关系

1. 天水地区熟制和接茬关系

（1）天水农业生态气候资源划分 依据温度、降水、日照等气象要素对农业生产的影响，天水农业生态气候资源大致可划分为 5 个类型区（胡利平等，2007）：一是温暖半湿润区。本区年平均温度 9～12℃，无霜期 160～185d，年降水量 500mm 左右，生长季 80% 保证降水量 310～500mm。温度、降水、日照均适宜农业生产，因此，种植制度以一年两熟或两年三熟为主，种植业以粮食和蔬菜生产为主，主要种植冬小麦、玉米、马铃薯、高粱、豆类、冬油菜。二是温和半湿润半干旱区。本区年平均气温 7.4～9.2℃，无霜期 150d 左右，年降水量 400～500mm，生长季 80% 保证降水量 270～360mm。降水量少、温度低成为限制性主导因子，因此，种植制度以一年一熟制为主，主要种植马铃薯、糜、谷、胡麻等。三是温凉半湿润、湿润区。本区年平均气温低于 7℃，无霜期 130～140d，年降水量 400～550mm，生长季 80% 保证降水量 320～450mm。温度偏低成为主导限制因子。该区属天然林区，以林地为主，其气候生态条件以水源涵养林为主，作物一年一熟，玉米、冬小麦、糜子、豆类各按其适宜范围种植。四是温暖温和半干旱区。本区年平均气温 9.4～10.1℃，无霜期 160～170d，年降水量 370mm 左右，生长季 80% 保证降水量 200mm 左右。降水缺乏成为该区的限制性因子。热量条件好，降水少，因此，一年一熟有余，两熟不足。五是温寒、温凉半干旱区。本区年平均气温 5.7～8.0℃，无霜期 148～160d，年降水量≤550mm，生长季 80% 保证降水量≤480mm。由于受到低温的严重制约，该区粮食作物小麦以冬性、强冬性品种为主。玉米以早熟品种为主。

（2）接茬关系

①一年一熟　主要在海拔 1 800～2 800m 的地区。本区夏粮以冬小麦为主，秋粮以玉米、马铃薯为主。前茬冬小麦，春季 4 月播种马铃薯/玉米，9 月收获，收获后赶茬播种冬小麦，第二年 6 月收获，收获后土地休闲，下茬继续播种马铃薯/玉米。

②两年三熟　主要在海拔 1 250～1 800m 的地区。包括低山区的绝大部分地区。主栽冬小麦，秋粮以玉米、马铃薯为主。前茬冬小麦，8 月播种冬油菜，第二年 6 月收获后赶茬复种夏大豆或早熟马铃薯，10 月收获，下茬播种马铃薯或玉米。

③一年两熟　主要在海拔 1 250m 以下的地区。即渭河朱圉峡以下葫芦河锁子峡以下、牛头河小泉峡以下及藉河市区以下的川道河谷地区。水浇地 3 月播种地膜早熟马铃薯，7 月初收获后，赶茬复种大葱或蒜苗等蔬菜，11 月上旬收获。

2. 汉中地区熟制和接茬关系

（1）汉中农业生态气候资源划分　依据光热水资源等气象要素对农业生产的影响，汉中地区农业气候可划分为 5 个类型区（陕西省汉中地区农业区划委员会，1988）：一是秦岭南坡中山中温带湿润农业气候区。主要包括秦岭南坡海拔 1 250～3 071m 的中山区，无霜期＜200d，年降水 800～1 000mm，年平均气温 5.0～10.0℃。气候特点为：冬长夏短，气候湿凉，天气多变，因此，低温、湿害是本区农业生产的主要危害。该区种植制度为一年一熟，由于区内山大沟深，地广人稀，野生动植物资源丰富，农业生产以杜仲、山茱萸、西洋参等中药材种植为主。二是秦岭南坡低山暖温带湿润气候区。主要包括秦岭南坡海拔 800～1 250m 的低山区，无霜期 200～238d，年降水 800～900mm，年平均气温 10.0～13.0℃。气候特点为：气候温暖，日照偏少，暴雨、干旱是本区农业生产的主要危害，该区种植制度两年三熟或间套作两熟制为主。三是汉中平坝、秦巴丘陵亚热带湿润气候区。主要分布在平坝及周围丘陵地带，无霜期 230～260d，年降水 700～900mm，年平均气温 13.0～14.6℃，是陕西省水热资源最优区，气候温暖湿润，夏无酷暑冬无严寒，灾害性天气少，越冬条件好，该区种植制度为典型的一年两熟制，是汉中主要的农作区。四是巴山低山暖温带过湿润区。主要位于海拔 800～1 350m 的巴山区，无霜期 220～238d，年降水 1 100～1 400mm，年平均气温 10.0～13.8℃。少日照，多阴雨，重秋霖，过湿润是本区农业生产的主要影响因素。该区种植制度为两年三熟或间套作两熟制。五是巴山中山中温带过湿润区。主要位于海拔 1 350m 以上地区，年降水 1 100~1 800mm，年平均气温<10.0℃。是陕西省降水最多、日照最短的区域，冬长夏短，气候冷凉。日照少，过湿润是本区农业生产的主要影响因素。该区种植制度为一年一熟，以马铃薯、玉米种植为主。

（2）接茬关系

①一年一熟　主要在秦岭南坡中山中温带湿润区和巴山中山中温带过湿润区，以中药材、马铃薯、玉米种植为主。

②一年两熟　主要在汉中平坝、秦巴丘陵亚热带湿润气候区。水稻—油菜轮作或水稻—小麦轮作是该区主要的轮作制度，属典型的水旱轮作制。汉中地区以油菜茬稻和麦茬稻为主，水稻以中晚熟品种为主，籼稻播期在 4 月中下旬，熟期在 9 月下旬，粳稻播种期为 4 月中下旬，熟期在 9 月下旬。油菜播种期为育苗移栽 8 月底 9 月初，直播 10 月上旬，熟期在翌年 5 月中下旬。小麦播种期为 10 月中下旬，熟期翌年 5 月下旬。

③两年三熟　主要在秦岭南坡低山暖温带湿润气候区和巴山低山暖温带过湿润区，以种植冬小麦、玉米、马铃薯、豆类等为主。

（二）种植方式

1. 单作　单作是农业生产中主要的种植方式。具有便于机械操作、田间管理和简化栽培等特点，是农业生产上采用的主要种植方式。其种植规格和模式因作物种类和品种、因地而异。

2. 间套作　间套作是指在同一块土地上同时种植两种或两种以上的作物，具有能够充分利用光热资源，提升单位面积物质产出的优势，在农业生产应用广泛。

（1）汉中地区间套作规格和模式　汉中地区常见的间套作方式有玉米/马铃薯、玉米/魔芋、玉米/蔬菜、马铃薯/蔬菜等。

①马铃薯玉米套作　是汉中山区马铃薯主要栽培模式，以冬播地膜马铃薯套作春玉米为主。常用规格有双双套模式即双行马铃薯双行玉米，采用 160cm 宽带型种植两行马铃薯两行玉米，马铃薯小行距 40cm，玉米小行距 40cm；双单套模式采用 120cm 宽带型种植两行马铃薯一行玉米。马铃薯小行距 40cm，马铃薯播种时间 1 月下旬到 2 月中旬，春玉米播种时间为 4 月上中旬。

②玉米魔芋间套作　是秦巴山区魔芋种植的主要方式。基于魔芋喜遮阳，怕强日光直射的生长习性，生产上利用玉米魔芋间套作，通过玉米的遮阳作用，减轻魔芋病害的发生。常用规格有玉米魔芋单间双即单行玉米间作双行魔芋，带型 150cm；玉米魔芋双间双，带型 200cm，行距 50cm，玉米和魔芋均于 4 月上中旬播种。

③马铃薯—玉米—蔬菜间套模式　是一项较理想的立体种植模式，既充分利用了耕地资源，也大大提高了综合效益。目前，普遍采用 168cm 对开带型。84cm 种植 2 行马铃薯，

84cm 种植 2 行玉米。马铃薯收获后种植 2 行蔬菜。马铃薯在 2 月上中旬至 3 月中旬播种，6 月中旬至 7 月上旬收获，玉米在 4 月上中旬播种，8 月下旬至 9 月上旬收获，及时清茬整地，减少对蔬菜的遮阳，以利蔬菜早发快长。马铃薯、玉米均需选用生育期适中的品种。蔬菜选用喜冷凉品种，可选择大白菜、胡萝卜、白萝卜、甘蓝等其中之一，7 月下旬至 8 月上旬种植，11 月上中旬上冻前收获。

（2）天水地区间套作规格和模式 天水地区常见的间套作方式有玉米套种油菜、西瓜套种夏玉米、玉米套种蚕豆、玉米套种大蒜等。

①玉米套种油菜 全膜双垄沟播玉米，油菜 8 月下旬点播，翌年 6 月上中旬收获，小垄宽 40cm，高 15cm，大垄宽 70cm、高 10cm，大垄面点播 2 行，小垄面点播 1 行，玉米 4 月上中旬播种，9 月中下旬收获。

②西瓜套种夏玉米 西瓜 4 月上旬播种，株距 130cm，行距 160cm。玉米 6 月 10 日前后播种，宽窄行种植，宽行 120cm，窄行 45cm，株距 20cm。

③玉米套种蚕豆 南北方向起垄，垄高 5～8cm，垄宽 60 cm，垄间距 40cm，地膜应紧贴垄面拉直，并用湿土压实地膜边缘，隔 3～5m 压土腰带，以防大风吹起地膜。

④玉米套种大蒜 垄宽 130cm，每垄种植大蒜 3 行，玉米 2 行。大蒜行距 20cm，玉米行距 40cm，大蒜与玉米的行距 26cm。

⑤马铃薯套种玉米 马铃薯带宽 90cm，种 2 行，行距 60cm，株距 33cm；玉米带宽 40cm，种 2 行，行距 60cm，株距依品种而定。

本章参考文献

［1］蔡慧，卢新卫，任淑花. 汉中耕地面积变化与城市化发展相关分析. 农业系统科学与综合研究，2007，23（4）：385－388.

［2］查小春，延军平. 全球变化下秦岭南北河流径流泥沙比较分析. 地理科学，2002，22（4）：403－407.

［3］常庆瑞，冯立孝，雷梅，等. 汉中盆地土壤分类研究. 西北农业大学学报，1997，25（1）：54－58.

［4］常庆瑞，雷梅，冯立孝，等. 秦岭北坡土壤发生特性与系统分类. 土壤学报，2002，39（2）：227－235.

［5］崔晓临，白红英，王涛. 秦岭地区植被 NDVI 海拔梯度差异及其气温响应. 资源科学，2013，35（3）：618－626.

［6］党坤良，张长录，陈海滨，等. 秦岭南坡不同海拔土壤肥力的空间分异规律. 林业科学，2006，42（1）：16－21.

［7］方建刚，侯建忠，陶建玲，等．秦岭地区秋季降水的气候特征分析．气象科学，2008，28（4）：415－420.

［8］冯彩琴，董婕．陕南地区近50年来气温、降水变化特征分析．干旱区资源与环境，2011，8（25）：122－126.

［9］胡利平，许彦平，秘晓东，等．天水种植业结构优化配置研究．干旱地区农业研究，2006，24（4）：143－148.

［10］胡利平，王润元，张华兰，等．天水地区农业生态气候资源量化与评价．干旱地区农业研究，2007，25（6）：16－21.

［11］胡利平，贾效忠，杭波，等．天水地区粮食生产对气候变化的响应．安徽农业科学，2012，40（33）：16 286－16 288，16 317.

［12］姜悦，常庆瑞，赵业婷，等．秦巴山区耕层土壤微量元素空间特征及影响因子——以镇巴县为例．中国水土保持学报，2013，11（6）：50－57.

［13］蒋冲，刘晓磊，程楠楠，等．秦岭南北日照时数时空变化及突变特征．干旱区研究，2013，36（3）：416－424.

［14］蒋冲，朱枫，杨陈，等．秦岭南北地区光合有效辐射时空变化及突变特征．地球科学进展，2013，32（3）：435－446.

［15］康慕谊，朱源．秦岭山地生态分界线的论证．生态学报，2007，27（7）：2 774－2 784.

［16］李敏敏，延军平．全球变化下秦岭南北旱涝时空变化格局．资源科学，2013，35（3）：638－645.

［17］李双双，延军平，方佳．全球气候变化下秦岭南北气温变化特征．地理科学，2012，32（7）：853－858.

［18］李伟．农业气象灾害对农业生产的影响及对策．汉中科技，2010（6）：59－61.

［19］刘彦随．山地土地类型的结构分析与优化利用——以陕西秦岭山地为例．地理学报，2001，56（4）：426－436.

［20］马新萍，白红英，冯海鹏，等．52年来秦岭南北径流变化对比及影响因素．干旱区地理，2013，36（6）：1 032－1 042.

［21］孟婵，殷淑燕，常俊杰．汉江谷地气候变化及其对农作物气候生产力的影响．陕西农业科学，2012（4）：65－69.

［22］孟敏，李丁．甘肃省天水市耕地面积时序变化分析．安徽农业科学，2009，37（34）：16 948－16 950，16 999.

［23］裴建文，吕汰，柴晓芹，等．天水市蔬菜主产区耕层土壤养分评价及施肥建

议 . 甘肃农业科技，2002（7）：38 – 40.

［24］蒲金涌，李晓薇，李蓉 . 天水市近 50 年干旱灾害变化特征及对夏、秋粮影响风险评估 . 中国农学通报，2012，28（35）：280 – 285.

［25］宋佃星，延军平，马莉 . 近 50 年来秦岭南北气候分异研究 . 干旱区研究，2011，28（3）：492 – 498.

［26］危锋 . 汉中市耕地资源动态变化及驱动力研究 . 安徽农业科学，2012，40（19）：10 279 – 10 282.

［27］许彦平，姚晓红，朱德强 . 20 世纪天水干旱气候演变对农业影响及对策分析 . 干旱地区农业研究，2002，20（1）：120 – 124.

［28］姚晓红，许彦平，袁佰顺，等 . 天水农业气候年景分析与主要粮食作物布局研究 . 甘肃科学学报，2009，21（1）：62 – 65.

［29］张剑，柳小妮，谭忠厚，等 . 基于 GIS 的中国南北地理气候分界带模拟 . 兰州大学学报（自然科学版），2012，48（3）：28 – 33.

［30］张瑞龙，吕家珑，刁展 . 秦岭北麓两种土地利用下土壤磷素淋溶风险预测 . 农业环境科学学报，2014，33（1）：121 – 127.

［31］张小峰，史平，王欣 . 气候因子与汉中粮食生产的关系 . 陕西农业科学，2010（4）：115 – 116.

［32］赵德芳，孙虎，延军平，等 . 陕南汉江谷地近 40 年气候变化及其生态环境意义 . 山地学报，2005，23（3）：313 – 318.

［33］赵国良，高强，姚小英，等 . 天水市玉米生长对气候变暖的响应 . 中国生态农业学报，2012，20（3）：363 – 368.

［34］周旗，卞娟娟，郑景云 . 秦岭南北 1951—2009 年的气温与热量资源变化 . 地理学报，2011，66（9）：1 211 – 1 218.

第二章　玉米种植

第一节　玉米生产布局和生长发育的环境效应

一、秦岭西段南北麓玉米生产布局

（一）秦岭西段北麓玉米生产布局

天水市地处陇中黄土高原与陇南山地之间，属大陆性季风气候，处于暖温带半湿润、半干旱气候的过渡地带。境内地形地貌复杂，耕地以山地为主。本区主要属雨养农业区，属于中国西北春播玉米区。根据玉米生育期、耕作制度、栽培特点、品种类型，依海拔梯度形成的不同积温带，大致可分为以下几个种植区。

1. 温暖半湿润川塬中晚熟玉米栽培区，即晚熟玉米适宜区　本区系渭河上游海拔1 500m以下的川塬或浅山地区。区内土地平坦、肥沃、灌溉方便。渭北属半干旱气候，其余地区为半湿润气候，年均气温8~11℃，玉米生育期降水量为330~390mm，大部分地方适宜种植晚熟玉米，是中晚熟玉米最适宜栽培区，同时，也是玉米种植的高产区。年播种面积约17.9万亩，占全市玉米面积的16.3%，产量占玉米总产的21.3%，主要种植豫玉22、沈单16、金凯3号等。

2. 温凉半湿润沟壑中熟玉米栽培区，即二阴浅山早熟玉米适宜区　本区指海拔1 500~1 700m的半湿沟壑区。主要包括秦州区藉河流域的南部山区，渭河以南的山麓地带，牛头河流域山腰地带，清水河流域山腰地带，是天水玉米主产区。年平均温度7~9℃，年降水量530~550mm，玉米种植面积约71.4万亩，占全市玉米种植面积的64.9%，产量占玉米总产的65.6%。主要种植中单2号、沈单16、正大12等品种。

3. 温凉半干旱沟壑早熟玉米栽培区，即渭北西部干旱浅山玉米栽培区　本区主要包括葫芦河流域、渭河以北，海拔1 500~1 700m的地区。年平均气温7~9℃，年降水量370mm，玉米种植面积11.4万亩，占全市玉米面积的10.5%，产量占玉米总产的9.2%。主要种植中单2号、金凯2号、酒试20等品种。

4. 冷凉湿润低山特早熟玉米栽培区　本区系海拔1 700~2 100m冷凉地区。地处高山林草地带，气候寒冷、阴湿，土层深厚，结构疏松。年平均气温6~8℃，年降水量

600mm 以上，温度低、热量少，多雨潮湿，日照不足。玉米产量不高，平均种植面积 6.1 万亩，产量占全区总产的 4.4%。主要种植酒试 2 号和酒单 3 号等品种。

5. 夏玉米栽培区　本区系渭河干流、葫芦河流域，海拔 1 200m 以下的地区。主要轮作方式为冬油菜收获后直播或育苗移栽种植夏玉米。随着冬油菜种植面积逐年扩大，夏玉米种植面积也随之扩大，夏播玉米以作粮用、饲料为主，部分作鲜食。年均种植面积 4.4 万亩，产量占玉米总产的 4.8%，主要种植张单 251 等早熟品种。

（二）秦岭西段南麓玉米生产布局

秦岭西段南麓主要是汉中盆地。地处陕、甘、川、鄂交界处，北临秦岭，南屏巴山，气候上属于北亚热带气候。因受地形影响，气候变化复杂多样，气温受海拔高度影响垂直变化明显。几乎全年每个月的最低日平均气温都在 0℃ 以上，年均气温 14℃，无霜期长达 260d，年平均降水量 800～1 000mm。

在全国玉米区划布局中，基本在西南山地丘陵玉米区范围内。明清时期，伴随移民的大量移入，玉米已被大量种植（韩茂莉，2006）。近代，玉米已成为仅次于水稻、小麦的第三大作物，常年种植面积 111.0 万亩，产量 24 万 t，种植面积和总产约占全市粮食作物播种面积和总产的 26.0% 和 21.0%（徐玉华等，2010）。近几年，全市通过推广高产杂交玉米新品种、地膜覆盖栽培技术和营养钵育苗移栽技术等高产栽培措施，玉米单产水平有较大幅度提高。玉米总产稳中有升，部分县夏玉米平均亩产达到 303.6kg，个别地方春玉米最高亩产达 600.0kg，平均亩产 250kg 左右。但是，受自然条件的影响，本区玉米种植垂直分布区域很广，从海拔 400～1 800m 都有种植，但玉米主要种植在海拔 900～1 450m 的浅山和高寒山区，丘陵及山区种植面积占总面积的 90% 左右。

受耕作及自然条件的限制，在这一广大适宜耕作区，长期形成了玉米一年一熟种植和玉米间作套种多熟种植模式（梁显有，1998）。在种植业结构当中，玉米无疑是当家旱地作物之一，具有无可替代的作用（周涛等，2010；曾广莹等，2013）。一年一熟制玉米主要分布于海拔 800m 以上中高山区，由于温度低，土层薄，在这一区域常采用地膜覆盖、育苗移栽技术。在两熟制的条件下，小麦、油菜、豆类、马铃薯等作物均是玉米理想的前茬作物，也可以不同方式与玉米有机结合，形成高产群体。夏玉米在浅山丘陵和川道地区玉米生产以间作套种居多，和玉米轮作的种植模式主要有玉米—小麦两熟栽培、玉米—油菜两熟栽培、玉米—马铃薯两熟栽培。

二、环境条件对玉米生长发育的影响

（一）温度的影响

温度是影响玉米生长发育的最重要环境因素之一，对玉米生长发育的影响主要体现在积温效应和各个生育期的最高和最低温度。某一品种整个生育期间所需要的活动积温基本稳定，生长在高温环境下生育期会适当缩短，生长在低温环境下生育期会适当延长。玉米整个生育期所需积温因不同熟期品种有所不同。一般全生育期 70 ~ 100d 的早熟品种，需要≥10℃的活动积温为 2 000 ~ 2 300℃；全生育期 100 ~ 120d 的中熟品种，需要≥10℃的活动积温为 2 300 ~ 2 600℃；全生育期 120 ~ 150d 的晚熟品种，需要≥10℃的活动积温为 2 600 ~ 2 900℃。

1. 玉米各生育阶段的三基点温度　玉米具有喜温特性，整个生育期间都要求温度较高。玉米各生育期对温度要求有所不同。这里的温度主要指 5 ~ 10cm 的表层土壤温度。

（1）种子萌发和出苗　玉米种子发芽的温度范围要求不严格，最低温度 6 ~ 7℃，春玉米的最适发芽温度为 10 ~ 12℃，但发芽最快温度为 25 ~ 35℃。由此发现，发芽最快温度并不是玉米的最适发芽温度，发芽最高温度 40 ~ 45℃。

出苗的最低温度为日均温度 4 ~ 5℃，最适温度 20 ~ 24℃。一般认为，最高温度超过 36℃玉米发芽、出苗均受到明显影响。

（2）出苗至拔节　温度低于 12℃，茎秆生长基本停止，低于 10℃叶片出生和生长速度减慢；出苗的最适温度为 20 ~ 24℃，33℃时受高温轻度危害，出叶速率开始下降；36℃时受中等危害，出叶速度明显下降；39℃时受害严重，出叶速率严重下降。由此可认为，出苗至拔节的最高温度为 39℃。

（3）拔节至抽雄　春玉米的最低拔节温度为 18℃，最适温度为 22 ~ 24℃；温度为 36℃时玉米出叶速率明显下降。最高温度为 40℃ 时，玉米穗分化期缩短（刘京宝，2012）。

（4）抽雄至成熟　最低温度 18℃，低于 18℃不利于开花授粉。玉米花期的日均适宜温度要求为 26 ~ 27℃。授粉至成熟：最低温度为 16℃，低于此温度则影响淀粉合成；较早熟材料日均温度为 20℃最为适宜；其他材料 20 ~ 24℃最适宜籽粒形成和灌浆；晚熟品种 18℃为最适温度，超过 35℃灌浆速度明显下降。

2. 气候变暖对玉米生长发育的影响　近年来，全球气候逐渐变暖，光温资源也发生了变化，玉米生长区域也不断扩张（张玉书等，2012）。以海拔 700m 的汉中市宁强县阳平关镇为例：在浅山丘陵区，近 12 年（2000—2011）年平均积温 5 538.8℃，比 1973 年以来的（1973—2011）5 338.9℃多 199.9℃，比 2000 年前（1973—1999）的 5 250.1℃多 288.7℃。杨利霞等（2014）对汉中 1971—2013 年 11 县区气温观测资料分析发现：稳定通过 10℃和 20℃的始日均提前，终日平川推后，持续时间呈增加趋势。≥10℃、≥20℃积温平川、北部秦岭山区呈明显增加趋势，南部巴山区呈略微减少趋势。天水市气候变化也比较明显（姚晓红等，2006），30 年间各地气温上升了 0.7 ~ 1.2℃，已对农业生产产生了不可忽视的影响。

玉米作为天水主要农作物，气候变暖使生长发育受到较大影响。试验资料显示，1968—2009年，天水市年平均温度一直呈比较平稳的上升趋势，增幅为0.5℃/10a；且四季平均气温皆呈上升趋势。其中，以冬季、春季上升最明显，年高温30℃和35℃以上天数有逐渐增多趋势（赵国良等，2012）。1980—2009年天水市玉米出苗天数呈延长趋势，而抽穗期、吐丝期、成熟期间隔天数呈缩短趋势。其中，播种期推迟2.7d/10a，出苗期延长0.1d/10a，抽穗期提前3.3d/10a，吐丝期提前4.4d/10a，成熟期提前8.7d/10a。在玉米生育期各阶段中，播种至出苗期间隔天数以0.1d/10a速度推迟，出苗至抽穗期间隔天数缩短3.4d/10a，抽穗至吐丝期缩短1.0d/10a，吐丝至成熟期缩短4.4d/10a，千粒重总体呈下降趋势。随着气候变暖，高温、干旱出现次数频繁，对玉米产量的负面影响较大，此期间气温普遍较高，影响了光合作用，净光合产物减少，造成减产。同时，也使玉米适宜生长季节延长，玉米适宜生长时间及适宜种植区域扩大。所以，为了达到玉米高产稳产，栽培上应适时早播，以躲避后期不利气候对产量的影响。

3. 低温的影响　玉米原产于热带亚热带地区，属典型的喜温 C_4 植物。由于它对温度条件要求较高，对低温胁迫的抗性一般较弱，因此，在 $10\sim15℃$ 或更低的温度下易遭受低温冷害。低温是影响玉米生长发育和光合生产力的重要环境因素。在中国农业生产上低温冷害是常见的主要气象灾害之一。各个地区都时有发生，但主要以北方地区为主，在东北地区尤为频繁和严重（马树庆等，2006）。

（1）低温下玉米幼苗的生理反应　苗期发生低温时，可发生烂种或死苗。高素华等（1999）对晚熟玉米吉单159三叶期进行6℃、10℃低温处理3d、6d发现，幼苗脯氨酸含量明显增加，电导率提高，可溶性蛋白含量随着低温处理时间的延长先增加后减少，叶绿素含量（SPAD）值变小，光合速率下降。杨猛等（2013）通过低温胁迫苗期玉米发现多种功能蛋白表达出现变化，其中，耐低温品种吉单198功能蛋白表达率最高，敏感型品种金玉5号表达率最低。

（2）芽期和苗期的耐冷性及其鉴定　芽期和苗期是玉米生长发育的关键时期，对低温十分敏感，易受低温冷害影响。此时，发生低温冷害会影响种子萌发，延迟出苗时间，降低田间出苗率，抑制幼苗根茎叶的生长发育，阻碍光合作用，降低幼苗活力，极大地限制了玉米栽培范围和产量潜力。

①玉米芽期和苗期耐冷性　肖永瑚（1984）对87份玉米材料研究发现，玉米在萌动出苗期耐冷性较强。耐冷性还因品种而异，耐冷性强的品种低温下相对生长量增加或减少不显著，而耐冷性弱的品种相对生长量则较低。国内外学者主要针对玉米芽期和苗期分田间和室内进行耐冷鉴定研究，应用一系列指标筛选出一些耐冷自交系、杂交种和群体。

②玉米芽期和苗期的耐冷性鉴定 针对玉米芽期和苗期的耐冷研究主要分田间和室内进行，并应用了不同的评价指标。田间鉴定通常利用自然低温环境，必要时通过调整播期创造低温条件，直接观测相关性状评价耐冷特性。室内鉴定则利用人工气候箱等控制光、温、湿条件，然后，测定相关形态及生理生化指标来进行耐冷评价（张晓聪等，2012）。

（3）不同生育期的耐冷性 玉米的耐冷性表现为降温时继续生长，生理功能较活跃，适应力较强，温度回升到适温以上有补偿作用。在一定低温条件下，耐冷性与细胞耐脱水力量正相关，与叶片萎蔫度呈负相关（肖永瑚，1984）。玉米不同生育期的耐冷性，是玉米本身对低温环境适应的结果。不同基因型品种在不同发育阶段对低温的反应表现不同。玉米种子一般在6~7℃开始发芽，但发芽极为缓慢，且易受土壤有害微生物侵染为害；苗期遇到−3~−2℃的霜冻，就会受到伤害，及时管理，植株可在短期内恢复生长，对产量没有显著影响，如遇−4℃低温1h就会死亡；当地温低于4.5℃，根系生长基本停止或者生长缓慢；温度低于10℃，叶片出生和生长速度减慢；温度低于12℃茎秆生长基本停止；玉米花期温度低于18℃不利于开花授粉，但降到5℃时（短期）未见花粉败育现象；温度为16℃，籽粒灌浆速度极慢或停止，低于15℃酶活性大大降低，物质合成几乎停止，如遇到−3℃低温，果穗未成熟而含水量又高的籽粒会丧失发芽能力。

（4）不同发育期低温冷害对玉米灌浆和产量的影响

①不同发育期低温冷害对玉米灌浆的影响 玉米苗期与抽雄期低温会导致玉米灌浆始期比正常气温条件下有所推迟，推迟时间为1~4d，而且，低温强度越大、持续时间越长，灌浆推迟时间就越长；在玉米营养生长旺盛时期即从拔节到抽雄这一阶段，温度高低直接影响发育速度的快慢。在抽雄到开花期遇到18℃低温就会出现授粉不良，温度由25℃降到15℃，光合速率可下降27.8%（高素华等，2007）。灌浆初期发生低温时，造成玉米减产是通过直接减缓玉米灌浆强度和灌浆速率来完成的，主要是限制子房的增大和干物质的积累；后期低温使籽粒灌浆延缓，如遇到早霜甚至不能成熟。

②不同发育期低温冷害对玉米产量的影响 低温使光合作用速率下降，不能充分利用光资源，光合生产力下降，温度过低会影响玉米正常的代谢活动，尤其生殖生长期的低温，使玉米霜前无法正常成熟，从而造成减产。

从低温对玉米产量的影响来看，以灌浆初期低温对玉米影响最大，其次是抽雄期低温，影响最小的是苗期低温。玉米灌浆初期，对温度比较敏感，低温可使发育期延后。这一时期如遇严重低温冷害发生，后果将是灾难性的，有时甚至会绝收，气温低于16℃时不利于干物质的积累和运输。当日平均气温降至20℃时籽粒灌浆缓慢，降至18℃时灌浆速度显著减慢，当降至16℃时灌浆停止。遇3℃低温则完全停止生长，气温降至−4~−2℃植株死亡（宋立泉，1997）。刘玲等（2006）研究发现，温度下降1℃，玉米产量下降

16.1kg/亩，而苗期温度下降 1℃，玉米产量减少 8.4kg/亩。低温导致玉米的减产率在 2.1%~17.0%，且低温强度越大、持续时间越长，减产率就越大（张建平等，2012）。

（二）光照的影响

1. 光周期效应　玉米是短日植物，短日处理可以提前开花。但玉米不是典型的短日植物，在长日照（18h）的情况下仍能开花结实。不同地理来源的玉米品种对光周期敏感程度不同，来源于北方的玉米品种特别是农家种对光周期不太敏感，而来源于南方尤其是热带和亚热带地区的玉米品种对光周期非常敏感。但热带、亚热带玉米种质群体间对光周期的敏感程度存在差异。对短日条件不敏感的品种类型，种植范围较广泛。

刘永建等（1999）在四川生态环境下发现墨白 964、墨白 966 和墨白 967 属光钝感型玉米品种。杨荣（2000）研究发现，热带、亚热带种质在中国高纬度连续种植多代，光周期敏感性可被钝化。目前，针对生产上常用品种光周期的研究还不多。张建国等（2009）研究表明，海玉 4 号、四单 16、东农 248、四单 19、龙抗 11 等品种光周期反应迟钝。

有关玉米光周期变化的敏感时期问题，目前，研究还较少。但不同种质的光周期敏感性不同已取得共识，不同材料光周期反应的敏感时期也有所差异。王铁固等（2012）研究表明，光周期诱导玉米开花的敏感时期因光照条件和品种有一定差异，长日照条件下玉米的光周期反应不敏感，短日照条件下光周期诱导的敏感时期，黄早 4 号在第五和第六片展开叶之间，热带种质 CML288 在第六和第七片展开叶之间。任永哲等（2005）研究则发现，热带种质 CML288 在 9h 的短日照条件下，7 片叶是其光周期反应的敏感时期；在 15h 的长日照条件下，9 片叶时期是其光周期反应的敏感时期。黄早 4 号则相对不敏感。

2. 光强的影响　光既是植物的能量来源，也是导致植物逆境伤害的重要因素。光强包括强光和弱光。玉米是喜光的 C_4 植物，光饱和点远超其他作物，全生育期都需要充足的光。但玉米在生长发育过程中，常遭遇低温阴雨、光照不足的天气，直接限制了其光合生产能力，不但使生长发育受到不同程度的影响，而且，也会导致产量降低。西南山区玉米区由于受环境影响，阴雨寡照特别明显，对玉米产量影响很大。

（1）光强对玉米幼苗光合特性及环境羟基自由基水平的影响　在较低光照强度下，玉米幼苗叶片净光合速率（Pn）、最大光化学量子产量（Fv/Fm）、PSⅡ实际光化学量子产量（ΦPSⅡ）、光化学淬灭系数（qP）均随着光强的上升而上升。当光强增大到某一程度时，Pn、Fv/Fm、ΦPSⅡ及 qP 开始下降，显示高光强下玉米幼苗出现了一定程度的光抑制。说明光照强度的不同可引起玉米幼苗光合作用能力的变化。

柯德森等（2013）研究发现，在条件可控的密闭培养室中培养玉米幼苗，光照强度没有达到引起光抑制出现的程度时，培养室环境中的·OH 水平随光强的变化不明显；当光强上升到引起玉米幼苗出现光抑制时，环境·OH 水平明显上升，并且，随着光抑制程度的增加而升高。

（2）弱光胁迫对玉米籽粒发育和碳氮代谢的影响　西南山地丘陵玉米区是中国三大玉米主产区之一。该区玉米生长中后期经常出现阴雨寡照天气，引发的弱光胁迫影响玉米授粉和籽粒生长，严重影响玉米产量。Reed 等研究发现，开花期只得到 50% 的自然光照会使穗粒数下降，粒重上升，产量显著降低。

周卫霞等（2013）研究发现，弱光胁迫下，玉米籽粒生长发育减缓，但不同材料籽粒生长发育减缓程度不同，败育粒增加，籽粒体积和干重降低；果穗顶部籽粒可溶性糖、蔗糖含量和全 N 含量升高，淀粉含量和 C/N 降低。豫玉 22 胚乳细胞中淀粉粒密度降低，淀粉合成能力和 C/N 的下降，可能是弱光胁迫条件下籽粒发育不良，以致最终造成败育的主要原因。

贾士芳等（2010）研究表明，遮光后玉米穗位叶叶绿素含量及可溶性蛋白含量均减少，RuBP 羧化酶和 PEP 羧化酶活性显著降低，遮光后及恢复初期，玉米植株的 PSII 原初光化学活性明显下降，限制了光合碳代谢的电子供应从而抑制了光合作用。

（3）弱光胁迫对玉米生长发育和产量的影响　李潮海等（2005）研究发现，遮光延缓了玉米叶片的出生速度，使叶片变薄；遮光可以延缓叶片的衰老，但遮光解除后则加速叶片的衰老；遮光造成植株高度增加，但恢复正常光照后，其株高却逐渐低于对照；遮光使干物质积累下降，抽雄吐丝日期推迟，尤其是吐丝日期推迟更多，并使产量降低，但不同基因型玉米，不同遮光处理下降程度不同。

弱光胁迫下玉米籽粒产量降低，玉米的雄穗不能正常发育，表现雄穗退化不育；吐丝期遮阳导致未成熟花和未受精花增加，籽粒形成期和灌浆期遮阳主要导致败育花增加。

（4）遮光对玉米植株性状的影响　张亚勤等（2011）研究发现，遮光使玉米株高、穗位、叶面积显著降低，雄穗分化、植株和叶片的生长受到了极显著抑制，对雄穗分化的影响最大；但是，李潮海等对不同基因型玉米进行遮光处理发现，遮光后玉米叶面积增大。

（5）干旱环境下玉米各生育时期的光响应特征　不同生育期水分胁迫对夏玉米产量及其构成因素的敏感因子不同。土壤水分胁迫首先作用于作物叶片，叶水势下降后，叶片生长、光合作用及光合产物的运输均随之下降。吴玮等（2013）研究发现，轻度干旱使各生育时期光饱和点及最大净光合速率下降，而对光补偿点量子效率、光补偿点的影响不明显；轻度干旱对拔节期光合能力的影响更大，但随干旱程度加深，乳熟期光合能力受负面的影响却大于拔节期。

重度干旱下各生育时期光饱和点、最大净光合速率较轻度干旱又进一步下降，同时，各生育时期光补偿点量子效率也有明显下降，而光补偿点明显上升，表明玉米叶片的强光利用能力对干旱敏感，而它的弱光利用能力对干旱响应较迟钝。不同发育期间的比较发现，随干旱程度加深，抽雄期玉米叶片的弱光、强光利用能力受影响最大，而拔节期受影响最小。

（三）生态因素的综合影响

1. 海拔和坡向对玉米生育期和植株性状的影响　在西南山地丘陵玉米区，山区气候条件复杂多样，立体气候明显，除纬度外，海拔和坡向是影响气候变化和植被分布的根本原因之一。在小麦、水稻和大豆等作物上，有研究表明，海拔对株高、生育期和产量等性状上都有明显的影响。相比之下，海拔和坡向对玉米生长发育的影响研究报道较少。

（1）海拔对玉米生育期和植株性状的影响　随着海拔升高，温度逐渐降低，在山区降水量却有增加；随其变化的还有日照时数、光强、光质、风、空气湿度、土壤温度和病虫种类等因素。同时，随着海拔升高，蓝、紫、青等短波光及紫外线较多。总之，各种生态因素随着海拔的升高都出现不同情况的变化，这种综合变化对玉米生育期和植株性状都产生了明显的影响。

随着海拔升高，玉米生育期均表现出延长的特点。在海拔 600~1 500m，每升高 100m，杂交玉米生育期延长 4.0d，杂交玉米株高降低 2.4cm（唐永金等，2000）；但不同品种之间有一定差异，例如，从海拔 600~1 500m，七三单交、贵毕 302、绵单 4 号株高分别降低了 7.1%，7.8% 和 10.2%。穗行数和行粒数在海拔 600~900m 随海拔升高而增加，但在海拔 900~1 500m 随海拔增加而减少；千粒重在海拔 600~1 200m 随海拔升高而增加，但在海拔 1 200~1 500m 随海拔增加而降低。

（2）坡向对玉米生育期和植株性状的影响　坡向不同直接影响日照时数差异。这直接导致太阳辐射强度、温度、土壤湿度、病虫种类等生态因素变化，同时，坡向也对降水产生明显的影响。阳坡接受太阳直接辐射的时间长，辐射强度较强，气温较高（据当地气象资料分析，阳坡日均气温比阴坡高 0.5℃左右，大于 0℃的年积温要高 2%~2.5%）（唐永金等，2000）。因而，与阴坡相比，阳坡玉米植株较低，生育期较短，病害较轻。另外，阳坡玉米光照强度较强，使光合强度升高（莫惠栋，1992）。坡向不同导致的各种因素的变化，致使玉米个体必须通过生育期和其他植株性状调整来积累个体生长发育所需的生物量。与阳坡相比，阴坡使杂交玉米生育期平均延长 3.2d（唐永金等，2000）。

不同海拔高度、不同品种均表现出在阴坡的植株高于阳坡的趋势，平均高出率为 1.6%，即杂交玉米平均株高增加 3.9cm。与阳坡相比阴坡的穗行数和千粒重略高于阳坡；阳坡的行粒数略多于阴坡。

2. 生态因素（地点、播期等）对玉米籽粒发育、产量和品质的影响　在不同的生态区，分期播种对籽粒灌浆的影响不同。李绍长等（2003）以山东品种掖单 22 和新疆品种

Sc704 分别在新疆维吾尔自治区（全书简称新疆）石河子和山东泰安两个生态区，分 3 个时期播种，研究发现，在新疆石河子地区，随着播种期的推迟，玉米籽粒灌浆的进程变慢，持续时间延长，灌浆速率下降，粒重减轻；在山东泰安，播期对粒重的影响不大。造成两地间玉米籽粒灌浆对播期反应不同的主要原因，是纬度的不同而造成的日照时数和秋季气温变化不同所致。

（1）不同生态区对玉米籽粒发育、产量和品质的影响　同一品种不同地区或者同一地区的不同区域，由于生态环境、耕作方式和土壤条件的不同，会造成品种籽粒发育、产量和品质成分的差异（边秀芝等，2006）。掖单 22 在新疆和山东两个生态区中，籽粒灌浆线性增长期出现的时间一样，但在石河子地区的持续时间长，灌浆速率高，因而，最终粒重大于泰安地区玉米粒重。不同生态型玉米品种具有不同的植株生长、干物质积累和分配特点。这与各品种的地域来源、所适应的生态环境以及所处的育种阶段有关（唐永金等，2000）。

（2）不同播期对玉米籽粒发育、产量和品质的影响　不同地区的生态环境各异，同一品种在每一生态区都有一定的适宜播期。在适宜播期内，该品种的籽粒发育、产量和品质都是最好的。而不在此播期内，其籽粒发育、产量和品质都会受不同程度的影响。确定某一生态区的播期，是玉米栽培的一项重要内容。

在新疆石河子地区，随着播种期的推迟，玉米籽粒灌浆进程变慢，持续时间延长，灌浆速率下降，粒重减轻（李绍长等，2003）。播期主要是通过灌浆期温度和灌浆持续期来影响粒重。

第二节　秦岭西段南北麓玉米品种沿革

一、玉米品种的更新换代

玉米在秦岭西段南北麓生态区的种植已有 500 年左右的历史。采用的玉米品种主要经历了农家种（种植户自留和串换）、杂交种（品种间杂交为主）、单交种的演进过程。

（一）天水玉米品种的更新换代

天水市玉米种植历史悠久。新中国成立前及新中国成立初期，生产上使用的品种主要为黄二笨、白二笨、齐玉米、百日黄等农家品种。生产力不高，一般亩产 100kg 左右，所谓高产田也不过 150～200kg/亩。20 世纪 50 年代后期至 60 年代中期，天水市推广种植金皇后、英粒子、辽东白、白鹤、白马牙等优良品种，亩产由新中国成立初期的 77.1kg，猛增到 1959 年的 95.9kg/亩。

1962 年开始推广玉米杂交种，维尔 156、陕玉 661、军双 1 号等玉米杂交种，栽培面积逐步扩大。亩产由 1959 年的 95.9kg，增加到 1969 年的 150.5kg，亩净增产量 54.6kg。

20 世纪 60 年代末期开始自育和引进玉米单交种。自育品种有天玉 1 号（天水市农科所育成），天单一号（天水农校育成）；引进品种有长单 7 号（山西省长治市农科所选育）等。由于"文革"动乱，生产得不到重视，新品种推广力度不大，优良品种的生产潜能未得到应有发挥，至 1979 年玉米生产仍徘徊在 10 年前的水平。

1978 年引进优良玉米杂交种"中单二号"。该品种抗逆力强，适应性广，生产力高，综合农艺性状好。1980 年天水地区区域试验，各试点均表现良好。同年在全区多地大面积生产示范亦取得较好的收成。其中，甘谷县新兴镇雒家村河滩地种植 50 亩，平均亩产 535.0kg，比对照金皇后亩产 425.0kg 增产 25.9%；麦积区花牛镇什字坪村川水地示范 10 亩，平均亩产 559.5kg，比对照金皇后增产 71.9%；花牛镇崖湾村 7 亩示范田平均亩产 548.0kg，比对照白鹤增产 41.2%。该品种在随后的 20 多年里一直作为主栽品种，在天水市玉米生产上发挥了重要作用。

1989 年引进玉米优良杂交种掖单 13 及 1998 年引进的玉米新品种沈单 10 号，在生产上也发挥了很大作用。

21 世纪以来，由于中国玉米育种水平得到长足发展，一批优良新品种相继引入天水地区。其代表品种主要有：沈单 16、豫玉 22、金穗 1 号、正大 12、晋单 60 等。随着全膜覆盖、双垄沟栽培等先进技术的大力推广，产量大幅跃升，川水地"吨粮田"很普遍；山旱地雨水充沛情况下亩产 700~800kg 的情况亦较普遍。

（二）汉中玉米品种的更新换代

1949 年以前，农村玉米种子多以自选、自留、自用和相互串换的方式进行交流。引用良种始于 20 世纪 30 年代。民国二十三年（1934）刘渊浚由南京金陵大学引进马齿型、硬粒型和甜质型等玉米品种，在西北农林专科学校试验农场进行玉米育种试验。丰富了陕西的玉米种质资源，奠定了陕西玉米育种的原始基础。

40 年代初期，陕西种植的玉米品种，大都为硬粒型农家种。陕南春、夏播玉米区，在浅山丘陵和平川肥水条件较好的地区，主要有老黄包谷、二笨子、二黄早、二黄玉米等；在秦巴高寒山区和半山区，主要有野鸡梗、疙瘩黄、高脚黄、二黄早、高山白、乌龙早、老黄玉米、百日早、大洋白等。

民国三十四年（1945）抗日战争胜利后，联合国善后救济总署调入美国马齿玉米种分给陕西一部分作救济粮，关中农民从中自选留种，选出红心黄马牙、红心白马牙等品种，在周至、礼泉、乾县、长武、彬县等地广为种植，随后也流传至陕南种植。

50 年代初期，玉米品种大都沿用原有的硬粒型农家种，部分地区开始推广红心黄马牙、红心白马牙等玉米良种。1952 年春荒，从东北调进了一批救济粮，群众从中选育出白色马齿型的辽东白品种。该品种植株生长健壮，染病及倒伏较轻，出籽率高，千粒重大，品质好，适应性广，增产稳定，一般较当地硬粒种增产 20%～30%。1956 年陕西省农业厅从山西省调入金皇后玉米种 1 250t，分别在汉中、安康、商洛 3 个地区、26 个县推广，并在关中、陕北川水地春播试验示范，种植面积达 40 万亩左右。由于增产显著，群众争相换购，1957 年全省种植面积达 300 多万亩。这个品种是春播地区耐水肥的品种，由于宣传和技术指导工作没跟上，在安康等地有 16 万亩播种在海拔 800m 以上山丘地带，严重减产，在群众中造成不良影响。

50 年代中期开始推广杂交种。西北农业科学研究所从 1956 年起加强了玉米品种间杂交种的选育，并先后选出陕玉 1 号（野鸡红×金皇后）、陕玉 2 号（辽东白×红心白马牙）和陕玉 3 号（野鸡红×英粒子）等杂交种。经过多次试验，这些杂交种虽具有一定的增产作用，但均因丰产性和综合农艺性状不如辽东白，未能大面积用于生产。随后又进行引种工作，先后虽引入新双号、双跃号、春杂号、农大号、维尔 156 和罗 405 等，但仍未完全解决玉米品种更新问题。

在玉米生产中，20 世纪 60 年代大部分地区还是用常规种和农家种。陕南秦巴山区，在土壤肥沃的川道和山区较平坦的土地上多种植晚熟种金皇后；在平川及半山地区种植中熟种辽东白，面积超过了金皇后；浅山丘陵地区和高山区则以当地农家种为主。此外，安康、汉中两个地区栽培的农家种还有青壳早、象牙白等。西部山区种植的有百日齐和春播品种二笨子等硬粒型农家种。其生育期短，适应性强，产量虽低而在生产上仍有利用价值。60 年代后期，玉米杂交种在生产上逐渐被广泛应用。中国农业科学院陕西分院先后选育的陕玉 651、陕玉 652、陕玉 661 和陕玉 683 等双交种，西北农学院选育的武顶 1 号、武顶 3 号等顶交种，都经过示范在关中夏玉米区进行了大面积推广。陕南春播玉米区，除高寒山区仍用当地的农家种外，玉米品种的更换，基本上与关中、陕北同步进行。在此期间，陕玉 652、陕玉 661、陕玉 683 和武顶 1 号等杂交种，代替了金皇后、辽东白的大部分。

70 年代后，单交种逐步代替了双交种。单交种制种方法简单，增产幅度大，很受农民欢迎。在陕北、陕南春玉米区也分别推广了中单 2 号、白单 4 号、陕单 1 号、大单 1 号和黄白单交、陕单 5 号、武单早等单交种，同时，也保留了少量的双交种和常规种。单交种的大面积推广，对玉米产量的提高起了重要作用。据陕西省农林科学院资料，陕单 1 号一般亩产 250～350kg，高的可达 500kg 以上，比辽东白增产 30% 左右，比金皇后增产

27.2%。玉米单交种由于增产效果显著，很快得到了普及。1976 年全省玉米杂交种的种植面积已达 1 060 万亩，占玉米种植面积的 72.1%。到 1985 年，玉米杂交种的种植面积发展到 1 105 万亩，占全省玉米种植面积的 77.5%。

随着杂交种在玉米生产上的广泛应用，杂交种子的需要量日益增大。为了解决杂交种的供需矛盾，陕西农业部门采取了"南繁"加代措施，每年冬季组织力量到海南繁殖制种，所制种子在省内夏播时种植，以便加快玉米杂交种的普及。南繁工作始于 1966 年。1968 年以后，每年都进行不同规模的繁殖。1971—1972 年南繁玉米面积 1 万余亩，生产玉米杂交种 650t。1976 年再一次扩大繁殖，收获玉米杂交种 850t。80 年代，省、地（市）、县（市）三级每年大都安排一定面积的南繁任务，在南繁工作进行过程中，陕西农业部门一直承担了组织领导和制种技术的指导工作（陕西省志·农牧志）。

21 世纪以来，陕南以大棒稀植品种豫玉 22、临奥一号、正玉 203、三北 6 号、中北恒六为主栽品种，搭配种植潞玉 13、农大 95、绵单 1 号和登海 11。但随着耐密型杂交种迅速推广，稀植大棒型品种已不适应进一步提高玉米产量的要求，品种已有向密植方向发展的趋势。薛吉全等（2003）研究表明，农大 108、农大 3138、陕资 1 号、成单 18 等品种在高海拔山区表现出较高的生产潜力和较强的稳定性。

二、优良玉米品种简介

（一）玉米育种和引种目标

秦岭西段南北麓生态区自然条件复杂，土地利用类型多样，如丘陵山区多，土壤瘠薄，储水储肥能力差，易受春旱和伏旱的影响，土地种植模式以一年两熟种植和两年三熟种植为主，高寒山区由于光照不足，热量偏低，多为一年一熟种植。因此，根据不同区域玉米生产现状与需求，结合玉米生产发展方向和生态条件的实际，在选育适宜旱坡地的玉米品种时，以抗旱耐瘠高产为育种目标；高寒山区玉米品种以早发、抗病、耐荫、高产优质为选育目标。并要求植株健壮、果穗大，抗性好、耐瘠耐荫。

在本生态区的川道和浅山缓坡地带，土地肥力和光热资源较为充沛，可结合现代玉米育种发展方向，选育和引进中型穗、耐密植品种，以提高密度，从而提高玉米单产。针对这一地区，玉米育种和引种的目标应确定为：生育期适中、株型紧凑、果穗均匀、耐密植及抗性好。

（二）优良品种简介

1. 天水市玉米主要优良品种

（1）晋单 60　R124×129，曾用名原玉 9 号。山西原平市平玉种业有限公司育成，甘肃省种子公司引进。2004 年甘肃省农作物品种审定委员会审定通过，审定编号：甘审玉 2004009。

中晚熟。生育期 139d。幼茎浅紫色，叶片浓绿。株高 260cm，穗位高 90cm，茎粗 3.5cm。雄穗分枝中等，花药黄色。花柱黄绿色。果穗长筒形，长 27cm，穗行数 18～20 行，行粒数 48 粒，穗轴红色。出籽率 85%。籽粒半马齿形，橘黄色，千粒重 400.0g。含粗蛋白 10.0%，赖氨酸 0.3%，粗脂肪 3.5%，粗淀粉 73.4%。抗倒性强，活秆成熟。

2003—2004 年全省玉米中晚熟组区试中，平均亩产 738.5kg，较对照中单 2 号增产 7.5%。2004 年在全省生产试验中，平均亩产 778.3kg，比中单 2 号增产 13.5%。

经省农科院植保所接种鉴定，高抗红叶病，抗大斑病，感丝黑穗病，高感矮花叶病。

适宜于全省玉米矮花叶病和丝黑穗病非流行区种植。

（2）沈单 16　自选系沈 137 和外引自交系 K12 组配的普通玉米杂交种。沈阳市农业科学院选育。2001 年 12 月通过辽宁省农作物品种审定委员会审定，2003 年 2 月通过国家农作物品种审定委员会审定。审定编号：国审玉 2003014。

在沈阳地区出苗至成熟 125d 左右，生育期有一定的可塑性，随纬度南移生育期缩短。总叶片数 23～24 片。株高 280cm，穗位 118cm，塔形。籽粒橙黄色，半马齿形，千粒重 400.0g 左右。该品种属优质玉米杂交种，符合国家普通优质玉米标准及国家商品粮收购 1－2 级标准。经农业部产品质量监督检验测试中心（沈阳）测试：粗蛋白含量 10.7%，粗脂肪含量 4.5%，总淀粉含量 73.9%，赖氨酸含量 0.3%，容重 771g/L。

1999—2000 年辽宁省区域试验中，两年平均亩产达 609.8kg，比对照"掖单 13"增产 11.9%，居第一位；2000—2001 年全国西北春玉米组区域试验中，两年平均亩产 833.9kg，比对照"掖单 13"增产 13.2%，居第一位。

高抗大小斑病、青枯病、丝黑穗病、矮花叶病，对灰斑病、黑粉病及弯孢菌叶斑病也具有一定的耐病性。

沈单 16 对温光反应敏感，随纬度南移生育期缩短，可塑性很大，既可春播又可夏播，具有较广的生态适应性。可在辽宁、吉林南部、山东、山西、河北、河南、陕西、浙江、湖北、安徽、四川、宁夏回族自治区、内蒙古自治区、甘肃、新疆、云南、京、津 18 省区市种植，是国内近年来育成并推广应用区域最广的玉米品种之一。

（3）豫玉 22　河南农业大学用综 3×豫 78－1 组配而成。原名豫单 8703。1997 年经河南省农作物品种审定委员会审定通过。2000 年通过国家审定，审定编号：国审玉 2000012。

生育期 104d，属中熟大穗型品种。全株叶片 18～19 片，穗上叶 5～6 片。幼苗顶土力强。株高276cm，穗位高112cm。雄穗分枝16.1个。花柱微红色。穗筒形，穗长18～22cm，穗行数18～20行，行粒数35～42粒，红轴，黄粒。粒形为半马齿形，千粒重334.0g，出籽率84%。一般产量250.0～550.0kg/亩。

抗大小叶斑病、青枯病及黑粉病。

适宜甘肃省各地麦垄套种或夏直播地区。

（4）先玉335 母本为PH6WC，父本为PH4CV，来源为先锋公司自育。选育单位为铁岭先锋种子研究有限公司。2004年、2006年分别通过了国家审定。审定编号国审玉2004017号（夏播）、国审玉2006026号（春播）。

在黄淮海地区生育期98d，比对照农大108早熟5～7d。全株叶片数19片左右。幼苗叶鞘紫色，叶片绿色，叶缘绿色。成株株型紧凑，株高286cm，穗位高103cm。花粉粉红色，颖壳绿色。花柱紫红色，果穗筒形，穗长18.5cm，穗行数15.8行，穗轴红色，籽粒黄色，马齿形，半硬粒，百粒重34.3g。经农业部谷物品质监督检验测试中心（北京）测定，籽粒粗蛋白含量9.6%，粗脂肪含量4.1%，粗淀粉含量74.2%，赖氨酸含量0.3%。经农业部谷物及制品质量监督检验测试中心（哈尔滨）测定，籽粒粗蛋白含量9.6%，粗脂肪含量3.4%，粗淀粉含量74.4%，赖氨酸含量0.3%。

2002—2003年参加黄淮海夏玉米品种区域试验，两年平均亩产579.5kg，比对照农大108增产11.3%；2003年参加同组生产试验，15个点增产，6个点减产，平均亩产509.2kg，比当地对照增产4.7%。东北地区平均亩产量750.0kg左右。

经河北省农林科学院植保所两年接种鉴定，高抗茎腐病，中抗黑粉病、弯孢菌叶斑病，感大斑病、小斑病、矮花叶病和玉米螟。

适宜黄淮海夏播区麦收后种植，半山高海拔地覆膜种植。

（5）正大12 安徽阜阳颖州农业试验站以自选系CTL34为母本、CTL16为父本杂交选育而成。宁夏回族自治区（全书简称宁夏）种子管理站2003年引进。2006年宁夏农作物品种审定委员会审定通过。审定编号宁审玉2006006。

生育期138d。生长势强，整齐。株高290cm左右，穗位高142cm，株型半紧凑。花药黄色，花粉量中等。花柱粉红色。果穗筒形，秃尖短，穗均匀，穗轴红色，穗长18.8cm，穗行数16～18行，单穗粒重212g；籽粒红黄色、硬粒型，千粒重380g。经农业部谷物品质监督检验测试中心（北京）测定：容重792g/L，含粗蛋白10.3%，粗脂肪3.8%，粗淀粉72.3%，赖氨酸0.4%。品质达到国家饲料用玉米一等标准。

2003年区域试验平均产量837.3kg/亩，较对照沈单16号增产11.6%；2004年区域试验平均产量861.1kg/亩，较对照沈单16增产4.1%；两年区域试验平均产量849.2kg/亩，较对照沈单16增产7.7%。2004年生产试验平均产量707.1kg/亩，较对照沈单16增产 5.2%。

抗矮花叶病、大小斑病，抗倒性、稳产性较好。

适宜引黄灌区单种或与小麦套种。

2. 汉中市玉米主要优良品种

（1）潞玉十三 海 9 - 21 × 1572。山西省农科院谷子研究所 1998 年育成，2004 年通过山西省审定，编号为晋审玉 2004011，2005 年通过陕西引种认定推广种植。

生育期 125d。株高 255cm，穗位高 80cm。果穗长筒形，白轴，穗长 25.8cm 穗粗 5.8cm，穗行数 18 行，行粒数 45 粒，千粒重 350.0g，单穗粒重 260.0g，出籽率 85.9%，籽粒黄色，马齿形。

2000—2001 年参加陕西省玉米新品种引种试验，平均亩产 501.5～526.3kg，比对照增产 5.0%，大田生产平均亩产 539.2kg。在长治地区高产栽培可达吨粮。

抗小斑病、茎腐病、矮花叶病，中抗大斑病、丝黑穗病，感纹枯病。

适宜汉中地区中等以上肥力地区种植。

（2）汉玉 9 号 汉中市农业科学研究所选育。父本为 L0598，母本为 L0431。2014 年经陕西省农作物品种审定委员会审定通过，审定编号为陕审玉 2014020。

春播生育期 118d 左右，比对照临奥 1 号迟 0.3d。主茎叶片数 17～18 叶，上部叶片稍宽、上冲，下部叶片较平展，株型半紧凑。幼苗叶鞘紫红色，叶色浓绿，长势强，早发性好。成株高 260cm 左右，穗位高 105cm 左右。雄花序分枝 27 个，护颖绿色，花药黄色，花粉量大。雌穗花柱红色。吐丝与散粉间隔 1～2d，雌雄协调。果穗筒形，穗长 23cm，穗粗 5.8cm，穗行数 16～20 行，穗轴红色。籽粒黄色、半马齿形。出籽率 86.0% 左右，结实好。百粒重 30～38g。根系发达。

区试亩产 589.5kg，比对照品种临奥 1 号增产 9.8%。一般大田直播亩产 550.0～800.0kg，丰产潜力大。

抗倒性好，抗逆性强。高抗茎腐病、大斑病和小斑病，抗穗腐病，中抗丝黑穗病。

适宜陕南海拔 900m 以下地区春播种植。

（3）中金 368 112 × 036。中国农业大学作物学院、北京金粒特用玉米研究开发中心 1996 年育成。2001 年通过北京市审定。

春播玉米品种。生育期 122 d 左右，中晚熟品种。株型较紧凑，穗位下部叶片略上倾，叶尖部略下垂，穗位上部叶片直立上冲。株高 253cm，穗位 100cm，空秆率 1.7%。籽粒黄色、半硬粒型，千粒重 368.3g，出籽率 77.4%。籽粒品质好。水分 9.8%，粗脂肪 5.5%，粗蛋白 10.6%，粗淀粉 67.8%，赖氨酸 0.3%。适宜与矮秆作物间作、套种。

抗大斑病、小斑病、矮花叶病。

平均亩产 450.0kg 左右。

适宜北京地区、汉中盆地春播种植。

（4）绵单系列品种　四川省绵阳市农科院选育，是同生态区（西南山地玉米区）中在汉中地区种植比例较大的品种之一。其中，绵单一号最早引入汉中，该品种以抗性好、产量高、籽粒品质优而广受种植户欢迎。后来又引进了绵单 7 号、9 号、12 和绵单 118 等绵单系列品种。

以绵单 9 号为例。

自选系绵 397×外引系 200B。品种选育单位为绵阳市农科院。2003 年通过四川省农作物品种审定委员会审定，审定编号：川审玉 2003005。2009 年陕西省引进，批准编号：陕引玉 2009031。

汉中地区春播全生育期 121d。单株总叶片 23 片。株高 270cm，穗位高 109cm，株型半紧凑。雄穗分枝多，花粉量大，颖壳绿色，花药黄色；雌穗花柱绿色，吐丝齐，雌雄协调。果穗筒形，穗长 17.5cm，穗行数 16.2 行，行粒数 32.5 粒，穗轴白色，籽粒黄色马齿形，出籽率 85.9%，千粒重 291.5g。

平均亩产 450.0kg 左右。2008 年陕南春播玉米引种试验平均亩产 692.3kg。

接种鉴定表明，中抗大小斑病、茎腐病、矮花叶病，感丝黑穗病。抗倒性较强。经品质化验分析，粗蛋白含量 10.7%，粗脂肪 5.1%，粗淀粉 71.0%，赖氨酸 0.4%，容重 753.0g/L。

适宜地区陕南汉中、安康海拔 650m 以下地区春播种植。

（5）临奥一号　河北省蠡县玉米研究所 1994 年育成。以自选系 618 为母本，自改系 811 为父本。已通过陕西、湖南、四川、贵州、广西壮族自治区（以下称广西）、重庆、甘肃等省市的审定和国家审定，审定编号：国审玉 2001011。

春播生育期为 120d 左右，夏播 100d 左右。株型半紧凑，茎秆粗壮，根系发达。株高 260cm，穗位高 100cm 左右。穗大、粒大、粒多。穗长 26cm，穗行数 16~18 行，千粒重 380.0g，结实性好，出籽率 86%。果穗长筒形，红轴、黄粒，半马齿形，品质优良。活秆成熟，粮饲兼用。

一般亩产 500.0kg 左右，具有亩产 700.0kg 以上的生产潜力。

高抗大小斑病、黑粉病、粗缩病、矮花叶病、锈病等多种病害。高抗倒伏。耐渍性好。

适应性广。适宜西南、西北玉米区种植。

第三节　栽培要点

一、选好前茬

(一) 天水地区春玉米生产年际间接茬和轮作关系

当地种植的玉米茎秆粗壮，叶多宽长，植株高大，生产力高，因此，喜水喜肥就成了其主要特性。在选择种植地块时，应因地制宜。川水地应选择地势平坦，土层深厚，土壤肥沃，灌溉条件好的地块；川塬地选择土层深厚，蓄水保墒好，土壤肥沃地块；山旱地宜选择"水平梯田"或坡度较小，肥力较好的地块。

农谚"茬口倒顺，强似上粪"。多年生产实践结果证明，合理轮作倒茬是经济利用水肥条件，以地养地，减轻病害流行，获得稳产高产的有效措施。

试验研究表明，玉米重茬一年，黑粉病发病率 3.1%；重茬两年，黑粉病发病率 11.7%；重茬三年，黑粉病发病率 14.7%。

生产上提倡玉米应选择前茬为马铃薯、豆类、蔬菜等地块。亦可在适当增肥情况下，选择麦田茬口种玉米。

(二) 汉中地区的春、夏玉米前茬和后作作物

玉米对地块和土壤要求不严，坡地、洼地、沙土、黏土、壤土都可以种植。对茬口要求不严，但具有需水、需肥量大、耐涝性较弱的特点。本区种植作物中，小麦、油菜、豆类、马铃薯等作物均是玉米理想的前茬作物，也可以不同方式与玉米有机结合形成高产群体。但在前后茬作物衔接时，要考虑上茬除草剂问题，只要前茬作物没有用过普施特、过胺草醚、烟嘧磺隆的地块都可以种植。其他除草剂，如异恶草松等虽然对玉米产生药害，但用叶面肥能缓解，可喷云大 120、芸薹素内酯等叶面肥。通过叶面肥里的生长素、雌激素、芸薹素、微量元素等，都能缓解药害。

汉中地区种植模式多样，预留行套作玉米，有间作的前季蔬菜、小麦、大麦、油菜、蚕豆等作物及轮作前茬油菜、蔬菜等作物收获后，及时抢茬直播或移栽玉米；未种植的预留空行，可冬季翻晒土壤，疏松土壤，播前平整或条带旋耕后播栽玉米；宽箱（双六十）便于机械化旋耕作业。玉米间作套种，由于土地持续利用，而玉米种植需肥需水量较大，因此，在间作套种时，应将地块统筹安排，做到规格间套，利用不同种植条带的休闲期采取措施培肥地力。

玉米的后作作物主要有小麦和油菜，主要在海拔 800m 以下的浅山丘陵区。而在海拔

800m 以上的中高山区旱地以玉米、马铃薯为主。而中高山区玉米以地膜覆盖和育苗移栽方式单作较为常见，这类种植方式茬口为玉米、小麦、豆类作物轮作倒茬形成用地与养地相结合的轮作模式。在每年的冬春季土地有一段空闲期，还可以通过施入有机肥的方法，进一步培肥地力，轮作种植是地力培肥的最佳途径。

二、播前整地

土壤是玉米根系生长的场所，为植株生长发育提供水分、矿质养分和氧气，与玉米生长及产量形成密切相关。玉米对土壤空气状况敏感，要求土壤空气容量大，通气性好，含氧气比例高。土层深厚，结构良好，水、肥、气、热等因素协调的土壤，有利于玉米根系的生长和养分的吸收，使玉米根系发达，植株健壮，高产稳产。因此，播前整地显得尤为重要。

（一）春玉米整地

春玉米播前整地，包括秋收后的整地和春播前的整地。根据不同种植区域和土壤、茬口等具体情况，玉米播前整地应"因地制宜"，切记不可千篇一律。根据汉中农业生产实际，依照科学种田要求，提倡玉米播前整地突出一个"精"字和一个"细"字。"精"就是要求第一次翻耕灭茬和开春土壤解冻后翻耕土地时要深耕、细耕，不留犁棱；"细"就是要求翻耕后及时碎土耙磨，使整理后的土壤绵细松软，蓄水保持性达到最佳。

1. 秋整地有两种情况　一种是玉米收获后秋季整地以备秋季播种后作作物；第二种是单作春玉米地，前茬收获后及时灭茬进行深耕，整地后冬季养地，休闲不种植任何作物。在春玉米播种前，对于空闲田，一般可冬季进行深翻晒土，疏松土壤，或者进行旋耕机械旋耕。之后进行平整土地，主要是把杂草、害虫等深埋地下。同时，在土壤表面撒施辛硫磷等杀灭地下害虫类杀虫剂，随土壤翻耕，拌入土壤，可杀死地下害虫。保证播种后种子或者幼苗出来后不被地老虎等害虫蚕食，保证苗全、苗齐。

2. 春整地　在春玉米播种前，早春进行镇压耙耱保墒。如果前茬收获得晚，来不及冬季深耕，则应尽早春耕，随耕随耙，防止跑墒。无灌溉条件的旱地，春季应多次耙耱保墒。如播前遇降雨，也可以进行浅耕，并及时耙耱保墒，抢墒播种。

山区和丘陵地区，由于土层薄，不易保墒，可采用挖丰产坑或丰产沟的形式，局部深耕集中施肥，蓄水保墒，改良土壤。既有利于抗旱保墒，又有利于促根深扎，壮苗壮秆，抗风抗倒。

（二）夏玉米整地

夏玉米生长周期短，对未能套种而进行夏直播的玉米，在前茬作物如油菜或者小麦收获后需争分夺秒抢时，抢墒早播，并力求提高整地质量。具体做法：在机械水平高的地方，可采用全面浅旋耕、耙耱的复合作业措施，边整地边播种的方法；在一般情况下，可进行局部整地，即于前作收获后按玉米行距采用深松机冲沟，沟内集中施用基肥，再用去壁的犁串耕，使土、肥混合，加深耕层，然后耙平播种；亦可利用前茬深耕的后效，采用贴茬播种后再中耕松土等方法。

（三）天水地区玉米播前整地

川水地冬冻前饱和灌溉，以保墒最佳。山旱地播前整地，一种有效的抗旱保墒措施是"顶凌覆膜"。具体做法是在土壤刚刚解冻时即行覆膜，以便及早将秋后冬来的土壤水分尽可能多地保护起来，以供种子萌发和幼苗生长发育所需。

天水市玉米主产区大多在川塬及半干旱地区。虽然年降水量在 500~600mm，但对耗水量较多的玉米来说，并不充足。十年九旱情况时有发生，有限的降水也往往分布不均，秋后多雨，冬干春旱情况近年来常常发生，因此，对播前整地应当引起足够重视。

根据多年土壤水分测定资料分析，天水市土壤水分的年内消长与降水量和蒸发量密切相关。从天水市土壤水分动态变化规律看，解决山旱地土壤水分保持问题，如何使有限的降水尽可能少地散失才是问题的关键。首先一条是雨季增强农田蓄水，兴修水平梯田，深耕土层可以解决这个问题。覆膜保护特别是双垄沟全膜覆盖则可有效地减少土壤水分较快散失的问题。

三、选用良种

研究证明，在玉米产量增加的诸因素中，遗传占 60% 左右。生产中一般选种原则是选用高产、优质、适应性广、抗逆、抗病与抗倒能力好、增产潜力大、生长势强的 1 代杂交种；因为至今在秦巴山区还种植有农家种，且比例不小（李智广等，2000）。另外，播前应晒种并精细挑选，剔除霉粒、虫咬粒等。同时，结合不同的播种季节，在品种的熟期类型选择上，应选用不同熟期类型的品种，以充分利用当地生长期间的温、光、水、肥条件，达到高产、优质的目的。

（一）良种选用原则

1. 选择审定品种　通过国家和省级审定的品种本身就是对农民的一层利益保障。选择覆盖所在区域的国家或省级审定的品种，注意适应性、品质、产量、抗性（抗病、抗虫、抗逆）等综合性状的选择。

2. 选择优质种子　注意查看种子的 4 项指标即纯度、净度、芽率、水分，是否符合国家标准。种子质量必须达到国家大田用种的种子标准：纯度≥96.0%、净度≥99.0%、芽率≥85.0%、水分≤13.0%。注意优先选择发芽势高的种子，单粒点播时要求发芽率更高。

3. **注意品种搭配** 在较大种植区域内，应考虑不同品种的搭配种植，起到互补作用，提高抵御自然灾害和病虫害的能力，实现稳产高产。

4. **因地选种** 根据当地气候特点和病虫害流行情况，尽量避开可能存在缺陷的品种；水肥条件好的地区可选耐密高产品种；干旱常发生地区应选用耐旱品种；干热河谷地区注意选择耐（避）旱型早熟品种；高寒山区注意选择耐冷型中早熟玉米品种，播种时可采用地膜覆盖；套种玉米建议可采用紧凑型或者半紧凑型玉米品种，以增加通风透光，减少对套作作物的遮蔽以及病虫害的发生。优选在当地种植并表现优良的品种。

（二）天水春玉米产区选种

在春玉米产区，宜选用中熟至中晚熟类型的品种。在地膜覆盖条件下，甚至可以选用晚熟类型的品种。良种的标准应当是能最大限度地利用当地自然资源条件，在同等投入情况下能够获得更多收成的品种。其选用原则是高产、优质、抗逆力强，适应性广，生育期中熟或中晚熟。应根据种植区域生产实际确定种植品种，最基本的一条是在无霜期内能正常成熟。

天水低海拔川塬地建议选用沈单16、豫玉22、金凯3号等高产优质品种。中高海拔区宜选用沈单10号、酒试20、晋单6号等。海拔1 600m以上地区宜选用先玉335、张单251等。

（三）汉中夏玉米产区选种

目前，品种多、遗传基础狭窄、缺乏高产抗逆稳产新品种，是限制汉中盆地玉米产量提高的主要因素之一（王崇桃等，2010）。优良的品种和种子是丰收的基础，品种选择是玉米生产的第一步。在丘陵山区，玉米品种选择应结合种植习惯，以选用国审、省审的生育期适宜、抗性好、耐瘠薄、产量高、品质优的玉米品种，以大穗型品种为主。株型和种植密度结合种植类型具体确定，丘陵和浅山区以间作套种种植模式为主导。品种选择上以紧凑型和半紧凑型玉米品种为主，以利于间套作物生长，获得玉米和间套作物的均衡高产。在川道和平坝区肥水条件较好的地块，以选择耐密植品种为主，通过适度密植加大群体提高玉米产量；在中高山区，玉米种植以单作结合地膜覆盖技术为主导。玉米品种选择时，可选用生育期中晚熟品种为主，发挥品种的高产优势，以提高产量。单作密度可达到3 000~3 500株/亩，品种株型可不做过多要求。

根据汉中生态环境特点选择品种还要注意以下问题。

1. **光热资源与品种需求** 在光热充足，无霜期长的川道平地，可以种植生育期长的晚熟玉米品种；如果处在山区丘陵地块，无霜期相应要比平川略短，在选择品种时，应注意选择生育期略短的中晚熟品种或中熟品种。这样才能保证玉米正常成熟。

2. **品种选择与土壤条件相适应** 如果土壤肥沃、水浇条件好，在选择品种时应尽可能选择生育期较长、增产潜力大的品种；如果土壤肥力低、水浇条件差则会引起玉米生长发育缓慢延迟。因此，在选择品种时应注意选择生育期相对较短、抗旱、耐瘠品种；如果地块为黏土地或轻度盐碱土，应选择芽鞘硬、出苗快、耐盐碱品种。

3. 品种选择与播期相适应　汉中夏玉米一般在 6 月 5 日前播种，收获要在 9 月底前，因此，品种选择要考虑生育期短、早熟的品种。春播玉米播种过早，会对玉米早期生长产生不利影响。首先由于播种过早地温偏低，玉米种子发芽缓慢，玉米芽在土里停留时间过长，难以形成壮苗。如果在此间降雨，土壤表面板结极易造成团苗或缺苗，同时，由于玉米芽在土里停留时间过长，容易被玉米病菌侵染，造成玉米病害发生。其次由于播种时间过早，玉米苗期易被灰飞虱为害而感染病毒病，因此，最好不要早播种。如果由于条件所限必须早播，则在选种时选用芽鞘硬、顶土能力强、出苗快、抗玉米丝黑穗病、抗病毒病的品种。

4. 品种选择要考虑市场需求　目前，市场上专用玉米品种很多，农民可根据自己的需要选择品种。如用作鲜食，可选用种皮薄、味甜的甜糯玉米；如果用作青贮饲料，可选用不早衰、活秆成熟的品种，并适当加大种植密度；如用作生产玉米油，可选用高油玉米品种。

目前，市场上销售的玉米品种较多，但表现突出的品种有限。本生态区内市场品种较多，种植广泛并被群众认可的品种主要有汉玉 8 号、潞玉 13、正玉 203、豫玉 22、临奥一号、中金 368、绵单八号、绵单九号、川单 13、川单 14、川单 16 等国审和陕西省审定并注明适合本生态区的玉米品种。

四、种植方式

(一) 单作

单作指在同一块田地上种植一种作物的种植方式，也称为净种、纯种、清种。这种种植方式作物单一，群体结构单一，全田作物对环境条件要求一致，生育期一致，便于田间统一种植、管理，适宜机械化作业。单作栽培玉米是秦岭西麓天水一带种植玉米的主要模式。单作的好处是作物简单，管理简单，有利于玉米对自然资源独享，从而获得较高的产量收益。

单作种植玉米需注意以下事项。

选对品种：根据栽培区域选择适宜良种是单作技术的首要任务。

选对地块：选好良种基础之后，就是茬口选择问题。最好选择种过蔬菜或是豆类的田块。如果前茬是小麦等禾谷类作物，则要考虑适当增肥以保持土壤养分对玉米生长的正常供应。选择地块另一个要考虑的是地块不能太陡。山区最好是选择水平梯田或坡度小于

15°的田地。其次是选择地块的耕作层要较深厚，肥力较好。这样就能保证最大可能地为玉米获得丰收提供必要的物质条件。

适时播种：适时早播特别是在地膜覆盖保护地栽培条件下，最大限度利用光热资源和早期墒情从而获得增产的有效途径之一。适当早播还能延长幼苗墩苗期，促进根系更发达，植株更健壮。

合理密植：单作种植由于只种玉米一种作物，所以，更要充分考虑空间利用问题。适当密植可以增加单位面积上的群体株数，达到穗多粒多从而增产的目的。

1. 单作与熟制的关系　汉中盆地玉米单作主要是以两熟制的轮作形式为主，主要模式有：地膜马铃薯－玉米、油菜－玉米、小麦－玉米等。在单作品种熟期类型选择上，根据海拔高度的不同进行选择。在海拔1 400m以上区域以户单1号和户单4号等早熟杂交种为主；一般在海拔1 000～1 300m区域以绵单1号、濮单6号和正玉203等中晚熟品种为主；海拔800m以下区域夏玉米选择中早熟杂交种，如绵单12、农大108等。

中高山区玉米以地膜覆盖和育苗移栽方式单作较为常见。玉米单作以前主要分布于海拔800m以上中高山区，栽培特点是选用大穗型高产品种，于当年4月中下旬播种，8月底9月初收获后，土地于秋末冬初翻耕冻垡休闲养地。这种种植方式虽然土地利用率低，但对于培肥地力，熟化土壤具有积极意义，有利于一季高产。在海拔1 200m以上的高山区及一些阴坡地，为达到玉米高产，推广了以地膜玉米为主的"三项技术"，以克服不利条件而获得玉米高产。单作种植对于种植者来说，农事操作相对轻松。另外，随着农村人口的不断转移，农业劳动力急剧减少以及机械化程度的提高，单作种植模式的分布范围在全国有所扩大，在汉中盆地和秦巴山区分布面积也越来越大。

2. 育苗移栽技术　单作玉米可直播，也可育苗移栽。玉米育苗移栽是玉米丰产栽培配套技术的重要环节，是增温栽培的重要方式。

玉米育苗移栽有营养钵育苗、肥团育苗、肥块育苗等育苗方式，区别是育苗基质形状不同。也有将育苗基质均匀施予苗床表面，补足底墒后打格播种，类似于肥块育苗。这样做的优点是节约劳动力，缺点是育苗中期无法移动苗体，幼苗根系生长不易调控，移栽时易造成伤根，引起"换衣"时间长，甚至成活率降低。

育苗移栽玉米播种在每年的3月中旬即可进行。育苗前，应备好2m宽农膜、拱架、营养土并做好制钵制块等前期准备工作。营养钵（肥团）制作，按70%的优质腐熟有机肥、30%细肥土，每100kg料中加入磷酸二铵0.6～0.8kg、磷酸二氢钾0.2～0.3kg、硫酸锌0.3～0.4kg，混合后加水拌匀，以手捏成团、落地散开为宜。当气温回升到5℃时，即可用手捏成鹅蛋大的肥团（肥球），用木棍插一个深2cm左右的种子孔，或用制钵器打制成营养钵，排放在苗床畦内，等待播种。

播种至出苗以增温保温为主，出苗后应视苗情，以苗长成矮壮苗为管理目标进行光、温、水、肥的综合管理，当苗长至两叶一心时视天气和土壤墒情即可开始移栽，移栽前应通风炼苗，移栽时注意叶向。移栽密度控制在 3 500 株/亩左右，紧凑型、半紧凑型品种每亩可栽植 4 000 株。移栽成活后，管理同普通玉米大田管理。玉米育苗移栽技术不仅适用于中高山区玉米种植，在川道肥水条件好的地方也是一项促早高产实用技术。

（1）等行距种植　等行距种植是中国玉米栽培的主要方式，即行与行之间的距离相等，通过改变株距改变种植密度。等行距种植的行距一般为 50～80cm，因品种类型、地力水平、种植习惯和作业机械等不同而变化。等行距种植的特点是玉米地上部叶片与地下部根系在田间均匀分布，能充分利用养分和光照。但在肥水高、密度大的条件下，生育后期行间易郁闭，光照条件差，光合作用效率低，群体个体矛盾尖锐，影响产量进一步提高。

不同品种有不同的株行距配比才能发挥品种的最大潜力。不同的株行距配置影响冠层和根部结构的分布，从而导致群体内部田间小气候改变，影响玉米的产量及产品性状。通过调整株行距配比来调控群体生态环境，对进一步发挥个体的产量有重要意义。

（2）宽窄行种植　宽窄行也称大小行，一般大行行距 70cm，小行行距 40～50cm，株距根据密度确定。平展型玉米可宽些，紧凑型玉米可窄些。

种植规格一般提倡宽行行距 80cm、窄行行距 40cm，也有宽行行距 70cm、窄行行距 50cm，宽行行距 90cm、窄行行距 30cm 和宽行行距 75cm、窄行行距 45cm 等多种行距配置方式。株距则依据种植密度计算而定。

（二）其他

1. 间套作　在本生态区的浅山丘陵和川道区，玉米种植往往以间套种植模式为主。间作套种大大提高了复种指数，改善了作物群体结构、提高了自然资源利用率、增强了群体抗逆性，而且减少了化肥、农药的施用量，具有显著的经济效益、环境效益和社会效益，对于提高土地利用率和提供多样化的农产品意义重大（刘天学，2007）。

间作指在同一田地上于同一生长期内，按照一定的行、株距和占地的宽窄比例种植两种或两种以上作物的种植方式。间作是运用群落的空间结构原理，以充分利用空间和资源为目的而发展起来的一种农业生产模式，也可称为立体农业。玉米间作套种能够合理配置作物群体，使作物高矮成层，相间成行，有利于改善作物的通风透光条件，提高光能利用率，充分发挥边行优势的增产作用，增加了作物的共栖期，保证了各种作物对光温的需求。研究表明，间作套种，还可以明显减轻田间病虫害发生，对于无公害农产品的生产也具有积极意义。

（1）玉米－马铃薯套种模式　玉米－马铃薯套种模式在本生态区内海拔 600～800m

分布较为广泛，常见带型有一行玉米套两行马铃薯或两行玉米套两行马铃薯。

具体种植技术：

①品种选择　马铃薯品种一般选用早熟、抗病、抗旱性强的克新 1 号和克新 2 号。玉米选择中晚熟优质杂交种沈单 16、金凯 3 号、豫玉 22 等。

②适期早播　为了达到提早上市的目的，在 3 月上旬，起垄覆膜种植马铃薯，此时，膜下 10cm 地温保持在 5℃以上，根据当地实践经验，马铃薯早播延长了生育期，提高了产量。玉米在 4 月中下旬播种，起垄覆膜，马铃薯耕作带宽 75cm，垄底宽 50cm，垄间宽 35cm，垄高 20cm，垄顶种植两行马铃薯，行距 40cm，株距 25～30cm，种后覆膜。4 月下旬播种玉米，玉米种植在两带马铃薯之间，株距 25cm。

③田间管理　马铃薯出土后，要及时放苗和通风，及时除去带际间杂草，防止高温烧苗。玉米出苗后及时进行间苗和定苗，中耕除草，促进生长。早熟地膜马铃薯间作玉米栽培为高效高产栽培模式，对水肥条件要求高，因此，在覆膜前，结合整地施足底肥，后期结合灌水追施化肥。

④及时收获　马铃薯在 6 月中下旬就可采收上市，玉米在 9 月上旬开始成熟。做到及早收获，收获后及时清除田间残膜，以防造成田间污染。

（2）玉米蔬菜间作套种模式　玉米和多种蔬菜作物形成间套关系，这种间套关系在海拔 600m 以下和城市近郊地区较为常见，增产效益显著。有研究表明，玉米间作辣椒和玉米间作白菜总产值分别比玉米裸地种植增加 145.1% 和 118.1%（安瞳昕等，2009）。在玉米 - 蔬菜间套模式中，玉米可选用普通玉米或甜糯玉米，种植带型一般选用 150cm 带型，普通玉米品种每带单行种植，甜糯玉米双行种植。蔬菜作物可选用辣椒、葱、甘蓝、大白菜、速生萝卜等。

玉米蔬菜套种种类繁多，这里以天水地区早春甘蓝间作玉米为例介绍如下。

①品种选择　甘蓝品种一般选择早熟、冬性强、结球紧实、不易裂的品种，如中甘 15、中甘 21、铁头 5 号等，玉米选择抗旱、丰产、抗病的中晚熟品种，如豫玉 22、金凯 3 号、沈单 16 等。

②甘蓝育苗　2 月中下旬，在日光温室播种育苗。播种前在苗畦上浇透水，水渗后将种子均匀撒播，盖细土 1～1.5cm，播种后盖严塑料薄膜，出苗后在幼苗 3 叶期进行间苗，5 叶期后，夜间温度不能过低，以免幼苗通过春化阶段，在定植后易发生未熟先抽薹，6～7 叶期即在定植前 7～10d 进行低温炼苗。

③定植　当 10cm 地温稳定在 5℃以上，最高气温稳定在 10℃左右开始定植大田，一般在 4 月上中旬。定植前，一次性施足腐熟有机肥，起垄覆膜，垄高 15cm，垄面宽 50cm，垄沟宽 50cm，耕作带宽 75cm。苗定植于垄两侧，行距 50cm，株距 40cm，玉米播种在 4

月下旬，和甘蓝间作种植，行距 50cm，株距 40cm。

④田间管理　甘蓝定植后要及时浇水，保证幼苗完全成活，后中耕除草松土，促进其生长。定植后的甘蓝每隔 10d 左右灌一次水，结合浇水追施化肥。玉米出苗后及时间苗和定苗。

⑤适时收获　甘蓝结球后 45～55d 开始采收，即 5 月下旬至 6 月上旬，间隔 3～4d 采收一次，玉米 9 月中旬开始成熟，成熟后应及时收获晾晒脱粒。

（3）玉米豆类间作模式　玉米与豆类（主要是大豆、花生、芸豆等）间作是一种代表高矮秆作物、禾豆作物间作的典型配置，是一种适应性较强的旱地种植方式，在世界旱作区分布很广。玉米豆类间作，竞争的主要因子是光、养分和水分。在土壤水分、养分得到满足后，玉米和大豆间作优势主要来自密度效应，竞争的主要因子是光。

在本生态区主要分布在海拔 800m 以上的中高山区，这一区域山大沟深，立地条件差，土地瘠薄，必须发展间套模式来提高复种指数。玉米－大豆种植模式因地不同有所差异，主要有行比为 2∶2、2∶4、4∶2、6∶2、6∶6 等。玉米－花生种植形式有 110cm、140cm 等带宽模式。

同时，劳动人民在长期实践中，结合小麦（油菜）还摸索出最多可达一年六熟的种植模式。小麦（油菜）－菠菜－葱（蒜苗）－玉米－豆角（豇豆）－秋番茄，一年六种六收间作套种，10 月上旬播 4 行小麦，留 120cm 空带，10 月上旬在空带上种植葱蒜同时撒播菠菜或香菜，春节前后菠菜（香菜）收获，同时，视市场情况收获葱或蒜苗，5 月中旬大蒜收获。收麦前 15d 在小麦地中点播玉米。6 月中旬玉米喇叭口期把长豆角点种在玉米外侧 30cm，也可以在 6 月中旬育苗，7 月上旬移栽。在豆角收获后再种植秋番茄。多熟种植中由于各茬口衔接紧密，因此，各茬蔬菜作物的育苗工作应周密计划，适时移栽，勤于田管。

2. 轮作　玉米的轮作倒茬，是中国农民长期以来合理种植作物，积极培养地力，用地养地，减少病虫害，提高整个农作物周期作物总量的传统经验。这类种植方式茬口为玉米、小麦、豆类作物轮作倒茬，形成用地与养地相结合的轮作模式。在每年的冬春季土地有一段空闲期，还可以通过施入有机肥的方法进一步培肥地力，轮作种植是地力培肥的最佳途径。大豆因其根瘤菌的固氮作用，是各种禾谷类作物良好的前茬。早在 20 世纪 50 年代，东北农业科学院调查表明，前茬大豆，后作小麦、玉米、高粱的产量都有显著的增产效果。且前作大豆、后作玉米，比前作谷子，后作玉米的玉米亩产增加 18% 以上。说明大豆与禾谷类作物的轮作换茬对后作作物具有明显的增产效果。

天水地区 20 世纪 70～80 年代，当地半山区玉米－大豆或小麦－大豆－玉米一直是当地农业生产的主要轮换模式。近年随着全膜双垄沟玉米的大面积示范，当地的农业生产的

秦岭西段南北麓主要作物种植

主要轮换模式以玉米－小麦－油菜为主，采用此种轮作方式，玉米种一年，小麦种一年，后茬种油菜，可克服禾谷类作物连作的缺陷，改善土壤的结构，提高土壤养分的利用效率。而在本区的川道区，主要以玉米－蔬菜或蔬菜－定植玉米轮换方式，就是利用高秆作物玉米，经过多次中耕除草，封垄较早，荫蔽覆盖作用强，有效抑制杂草生长，同时，减轻后茬作物的病虫害。

汉中地区玉米轮作的一年两熟制栽培主要分布于海拔800m以下或海拔1 200m以下光热资源较好的地块。本地区轮作两熟制的主要模式为：玉米－小麦、玉米－油菜、玉米－马铃薯。这些主要种植制度充分利用了全年的光热和土地资源，做到了利用率和产出率最大化。

（1）玉米－小麦轮作两熟制　这种栽培方式利用玉米生长喜光、喜热，而小麦喜温凉的特点，在每年的10月中下旬播种小麦，到第二年的5月中下旬收获。在5月下旬至6月上旬播种玉米，于9月下旬至10月上旬收获，完成年生产周期。然后又整地播种小麦，进入下一个生产周期。在这种栽培模式中，由于茬口衔接紧密，对采用的作物品种有一定要求。对玉米品种要求耐密植，生育期适当。这种类型的玉米叫夏玉米，通俗称作回茬玉米。夏玉米播种于每年的5月底6月初，收获于9月底10月初。这一时段是本地区一年中光热水资源最为优越的时期，基本能满足大多数玉米品种的生长要求。但由于年际间气象因素有所波动，所以，回茬玉米一般采用生育期100d左右的中早熟品种，防止因后期快速降温造成"秋封"而影响回茬玉米成熟收获。在生产上多采用增加种植密度，扩大群体来提高玉米产量。对品种而言，前期生长快成为主要追求目标，符合这一目标要求的玉米品种能得到大面积推广。典型品种如郑单958。这一种植模式不但对玉米品种有所要求，对小麦品种也有一定要求。在丘陵山区和较小地块上，由于难以实施机械化收获，株高要求80cm左右，成熟一致，落黄性好，田间落粒少，生育期适中等。目前，汉中盆地主要采用的小麦品种有汉中市农科所选育的汉麦5号、9503及绵阳系列、川麦系列品种，均能较好满足生产上对小麦产量和熟性的要求。

（2）玉米—油菜轮作两熟制　玉米—油菜轮作两熟制栽培与玉米—小麦轮作两熟制栽培基本原理相同，区别在于这种栽培方式中玉米前茬为油菜。汉中盆地，油菜面积在"压麦扩油"的指导思想下，呈现稳中有增的势头，因此，这种栽培模式所占比例也呈现增加的趋势。在本生态区内，油菜的成熟期在5月上中旬，早于小麦。这种栽培模式玉米品种的选择空间较大，同时，油菜大多采用育苗移栽，赋予玉米更长（与玉米－小麦相比）生长时间，几乎适宜本区种植的玉米品种在这一栽培方式中均能正常成熟。因此，玉米－油菜两熟栽培中，玉米更具高产潜力，如何取得油菜、玉米双高产是值得研究的内容。目前，在油菜品种方面，由汉中市农科所选育的汉油系列品种，具有产量高，菜籽中含油量高、硫苷和芥酸含量低，熟期适宜，可作为这种栽培模式的选用品种。

（3）玉米－马铃薯轮作两熟制　这一种植模式以平坝和浅山区较为常见。马铃薯以地膜栽培为主，播种日期为前一年的 12 月，在翌年的 4 月下旬收获，最晚于 5 月上旬收获。从时间上看，玉米－马铃薯空茬时间早于油菜、小麦，地膜马铃薯作为菜用上市，可弥补此时段市场上蔬菜品种偏少的空缺，从而取得较好的经济效益，且回茬玉米也有充裕的生长时间，利于取得高产，是一种高效种植模式。

五、适期播种

（一）播期对玉米生育和产量的影响

播期是玉米生产的关键环节，适期播种是保证玉米稳产高产的主要因素。每个玉米品种在一定的生态区内都有一个最适的播期，在这个播期内播种产量最高、品质最优。品种播期的确定是由一个品种的特性和当地生态环境共同决定的。根据玉米发芽最低温度标准，当土壤 5～10cm 土层地温稳定在 10℃左右时即可播种。大量实践证明，在适期范围内，播种越早，越有利于玉米的增产。适期早播延长了玉米的营养生长期，使玉米获得了有利生长发育条件，植株生长健壮，能以更多的营养物质供给果穗发育，使籽粒饱满（郑洪建等，2001）。其次，早播的幼苗，可以在低温和干旱环境中经过锻炼，使得地上部分生长缓慢，根系发达，茎秆组织坚实，节间矮粗，植株矮壮，从而增强了耐旱、抗涝、抗倒伏的能力。

（二）适宜播种日期

适期播种。适期早播是玉米增产关键技术之一，"春争日、夏争时"的农谚就说明早播对玉米生产的重要性。在玉米栽培中，确定适宜的播期是一个重要环节，对产量形成至关重要。播期对玉米生长发育的影响，是光、热、水和土壤等因素综合作用的结果。不同时期播种产生的温差使玉米生长发育速率发生改变。一般是随着播期的推迟，生育期缩短，营养生长阶段缩短，春播和夏播玉米表现趋势一致。秦巴山区气候、生态条件及种植制度复杂，播种主要受茬口、降水及温度的影响。

1. 春玉米　玉米种子在 6～7℃时开始发芽，但发芽缓慢，容易受病菌、害虫及除草剂为害。足墒播种是全苗的关键。播种深度的土壤水分达到田间持水量的 70%，才能满足发芽需要。季节性干旱及积温不足地区，可以选择应用地膜覆盖或育苗移栽技术，以扩大玉米种植区域、提高玉米产量。高海拔地区地膜覆盖栽培玉米与陆地玉米比较，最佳播期可提前 5～7d。适宜播种期开始的标准是 5cm 处地温稳定在 10℃。

综合以上条件，汉中盆地的川道、浅中山及丘陵区春玉米播种期为 3 月 20 日至 4 月 20 日；秦巴山区地膜覆盖春玉米播期为 3 月 10 日至 4 月 20 日。

2. 夏玉米　夏玉米播期依前、后茬关系而定。在浅山丘陵和川道地区玉米生产以间作套种居多，在各种作物的茬口安排上要结合实际情况具体确定。套种玉米应重点协调好两种作物共栖期间的矛盾，选择玉米最佳播种时间，减少病害和恶劣天气条件的影响，共栖期以不超过 20d 为宜。夏玉米抽雄授粉期间常处于高温季节，对授粉效果产生不利影响，应注意适时早播或调整播期，一般在 6 月 5 日前播种。

3. 适期早播　抢时早播是夏玉米获得高产的关键。据试验，5 月 26 日至 7 月 6 日，每早播 1d，约增产 1%。板茬抢墒早播，既可实现一播出全苗、早苗，又可避开 6 月下旬常出现的各种灾害对玉米播种出苗的影响（左端荣等，2007），还能充分利用温、光、肥、水等自然资源，增加干物质积累，避开 7 月的多雨芽涝、苗涝等危害，使玉米生长发育需水高峰期与雨季相吻合，增强抗灾能力，减轻灾害损失。夏玉米要力争在 6 月 20 日前播种结束。同时，夏玉米播种时天气炎热，土壤水分蒸发较快，容易形成地表干土层，影响种子正常出苗。所以，夏播玉米应适当深播，一般播深 3 ~ 5cm 为宜。播种时每穴 2 粒，用种量为 2.5 ~ 3.0kg/亩，确保一播全苗，早发高产（张士奇等，2008）。

春玉米播种时间太早，由于温度低，会对发芽产生不利影响，这时一般采用地膜覆盖的方法，以提高地温，争取早播。生产实践证明，地膜覆盖增产幅度大、经济效益高、适应范围广，是农业生产上少有的增产增收措施。玉米地膜覆盖最突出的效应是增温保墒，弥补温、光、水资源的不足。一般可增加积温 200 ~ 400℃，增强玉米耐霜冻的能力，相对延长了无霜期。覆膜可使玉米提早成熟 10d 以上，并可提高出苗率、成穗率，使玉米的产量比对照提高 25.7% ~ 30.7%。为中晚熟品种的推广种植提供了必要的条件保证。

六、合理密植

种植密度主要依据品种特性、地力条件、气候条件而定。秦岭西段，以丘陵山地为主，土地瘠薄，生态条件和气候复杂，干旱、风灾等自然灾害频发，种植密度不足，种植方式不合理，导致玉米单产明显低于全国平均水平（张彪等，2010）。

（一）确定合理的种植密度

1. 根据品种特性确定密度　株型上冲和抗倒品种宜密植，株型平展和抗倒性差的品种宜稀植；生育期长的品种宜稀，生育期短的品种宜密；大穗型品种宜稀，中小穗型品种宜密；高秆品种宜稀，矮秆品种宜密；杂交种密度高于开放性授粉品种。

2. 根据土壤肥力水平确定种植密度　土壤肥力较低，施肥量又较少，应该取品种适宜种植密度范围的下限值；中等肥力水平取品种适宜种植密度的平均值；土壤肥力高、施肥量多的高产田，取适宜密度范围的上限值。

3. 根据产量目标确定种植密度　玉米亩产量由亩穗数、穗粒数和籽粒重构成。密度对穗长、穗粗、行粒数有极显著影响，对百粒重有显著影响。每个品种在最佳的生长条件下，其单穗粒重一定，所以，要想得到不同的产量，密度必须达到一定株数。试验结果表明，密度与产量之间的曲线是一条抛物线，通常用曲线回归方程表示：$y = a + bx + cx^2$（y表示穗数，x表示密度，a、b、c为常数）。

4. 根据株型确定合理的种植密度　玉米株型分为紧凑型、半紧凑型和平展型。在相同的地力下，不同株型品种种植密度不同。平展型品种密度为 2 500 ~ 3 500 株/亩；半紧凑型品种密度为 2 800 ~ 4 000 株/亩；紧凑型品种密度为 3 300 ~ 4 500 株/亩。至于具体范围应根据地力环境和当地气候条件具体决定。另外，秦巴山区由于地力条件差、光热资源不足、土地贫瘠，即使采用紧凑型玉米品种，密度也不宜超过 5 000 株/亩，否则，不但达不到增产目的，还可能减产。

（二）密度对光合作用和产量的影响

密度对光合作用和产量有显著影响（代旭峰等，2013）。随着密度增加，叶片光合速率降低，穗位叶叶面积则先增大后减少。另外，随着密度增大，群体与个体之间的矛盾加剧，光合产物主要用于促进营养生长，产量随之降低（薛吉全等，2010）。

李宗新等（2008）发现，小粒品种泉兴 2101 和大粒品种鲁单 981 在 2 000 ~ 4 000 株/亩范围内，鲁单 981 产量潜力较高；在 4 000 ~ 6 000 株/亩范围内，泉兴 2101 产量潜力较高。通过合理调控，构建高产群体，发挥群体效应，才能获得理想产量。首先，在生产中保证足苗、匀苗，以争取适宜的穗数，提高整齐度。播种量和播种质量应使出苗数为适宜穗数的 1.5 ~ 2.0 倍，五叶期间苗至适宜穗数的 1.0 ~ 1.3 倍，拔节期定苗到适宜穗数的上限。抽雄吐丝期除去弱株和空秆，以改善群体生产条件，提高光合作用，增加产量。其次是进行生化调节。控制上部叶面积，增加穗粒数，促进次生根发生，改善灌浆结实期的库源关系，提高产量（左端荣等，2007）。

（三）汉中盆地玉米种植密度

根据目标产量、品种株型、地力基础确定合理的种植密度。秦巴山区多为缓坡地，山地丘陵较多，耕地质量差、肥力不足，阴雨天多、日照不足，昼夜温差小，土壤贫瘠，种植密度比北方要低。多以稀植大穗型为主，一般都在 3 000 株/亩以下，耐密性品种极少。在秦巴山高海拔区气候特殊，一般杂交种难以适应，产量不高，极难大面积种植。更重要的是杂交种多为马齿形，食用品质差，农民不愿接受，因而，很多地方还种植农家种。

汉中盆地平川灌溉条件好的区域，玉米种植面积很小。主要种植一些甜糯玉米，以半紧凑、紧凑型为主，密度一般 3 000 株/亩左右。在丘陵、坡地，由于耕层薄，土地坡度大，保水、保肥能力差，以种植半紧凑型品种为主，密度在 2 500 株/亩左右。

目前，汉中玉米产量低与密度偏低有直接原因。建议采用紧凑型品种，种植密度控制在3 500～4 500株/亩；半紧凑型品种控制在3 300～3 800株/亩；大穗型品种控制在2 600～2 800株/亩。

七、科学施肥

玉米生物产量高，需肥量大，生产中以追施N肥为主。要获得玉米的高产优质，在重视良种良法配套的同时，还要综合考虑作物营养特性、需肥规律、肥料性质，合理选肥施肥。近年来，盲目地大量施用化学肥料，使肥料利用率逐年下降，严重破坏了土壤养分平衡，给农业持续发展带来了严重威胁（孟磊等，2008；侯云鹏等，2010）。施肥方法不科学和技术不规范、到位率低等栽培技术是目前制约西南玉米区产量进一步提高的重要因素。

（一）测土配方，平衡施肥

1. 测土配方施肥　测土配方施肥是通过测定田间土壤中各营养成分含量，再根据目标需肥量确定经济合理的施肥配方。施肥量＝（目标产量需肥量—土壤供给养分量）／（肥料养分含量×肥料当季利率）。

首先测定土壤中速效养分含量。每亩表土按照20cm土深算，共有15万kg土，如果土壤碱解N的测定值为120ul/L，有效P含量测定值为40ul/L，速效K含量测定值为90ul/L，则每亩土地20cm耕层土壤有效碱解N的总量为18kg，有效P总量为6kg，速效K总量为135kg。

由于土壤多种因素影响土壤养分的有效性，土壤中所有的有效养分并不能被玉米吸收利用，需要乘以土壤养分矫正系数。中国各省配方施肥参数研究表明，碱解N的矫正系数为0.3～0.7，有效P矫正系数为0.4～0.5，速效K矫正系数为0.5～0.85。N、P、K化肥利用率分别为30%～35%，10%～20%，40%～50%。

2. 平衡施肥　运用"测土配方施肥"技术，结合作物生长需求，按比例科学合理施肥。平衡土壤中的各种营养元素，消除因某种养分供应不足而限制所有肥效发挥。养分配比不是固定不变的，应根据作物种类和生长时期，跟踪土壤养分变化情况及时做出调整，满足作物生长需要。如长期施用磷酸二铵的农田，土壤速效P含量增加较快，必须及时减少P素的施用量。玉米对Zn元素敏感，如土壤中Zn供应不足，在肥料中应及时添加Zn元素，以利于玉米高产。

3. 施足基肥　一般情况下，每亩施纯N 13～15kg、P_2O_5 4～5kg、K_2O 5～6kg。在亩施2 000kg有机肥的基础上，将50%的N肥和全部P、K肥作底肥，结合整地进行深施。

要实现产量600.0kg/亩以上的产量水平，试验证明，需施纯N 22.0～24.0kg/亩、P_2O_5 4.8～6.0kg/亩、K_2O 12.0～16.7kg/亩、硫酸锌5.0kg/亩，同时，需施有机肥2 500～3 500kg/亩。播种前将有机肥与P、K、Zn肥相混，一次性施入土壤，N肥或玉米种肥随下种施入沟穴内（N 肥要与种隔离），施用 10kg/亩。

（二）根据不同生育阶段的养分效应适时追肥

了解作物养分效应机制是提高作物养分利用效率的重要基础。玉米在不同生育阶段的养分需求不同（郑志芳等，2013）。有研究表明，玉米的全生长周期中，养分吸收量的动态变化均可用 S 曲线方程拟合。玉米施肥把握"前轻中重后填补"的原则，推广玉米分次施肥技术。按照玉米生长发育特点，玉米一生要追施 4 次肥，按照施肥总量的 10%、20%、50%、20%，分别追施在播种、拔节（播后 25d）、大喇叭口期（播后 45d）、穗期（播后 60d）4 个时期，称之为种肥、苗肥、穗肥、粒肥。苗期是玉米需 P 的敏感时期，可在定苗期至拔节期施标准 P 肥 50～60kg/亩，标准 K 肥 20～25kg/亩，标准 N 肥 25～30kg/亩（占施用总量 30%）。穗肥一般在大喇叭口期重施 N 肥，追施标准 N 肥 30～40kg/亩。粒肥一般在抽雄至开花期施标准 N 肥 10～20kg/亩，施后浇水。也可用 0.4%～0.5% 磷酸二氢钾溶液 75～100kg/亩均匀喷洒上部叶片，延长叶片功能期，以提高玉米粒重。

穗肥可壮秆促穗、争取穗大粒多。粒肥可以防止早衰，延长灌浆时间。施肥同时注意土壤墒情及天气状况，需要及时灌水，采用穴施或条施深施，不要撒施。全数 P 肥、K 肥、有机肥和 Zn 肥可在苗期一次性施入。P 肥施入深度 15cm 可起到较明显的增产效果。施肥时距植株 10cm 开沟 10～15cm，沟深 9～12cm，施后覆土盖严浇水。

（三）缓释肥的应用

近年来，由于盲目大量施用化肥，不仅肥料利用率逐年降低，增产不增收，而且，严重破坏了土壤养分平衡与土壤生态环境，给农业可持续发展带来了严重的威胁。西南地区青壮年劳动力的大量外出，人们倾向于更加简化、高效的栽培方法，其中，施肥环节也不同程度地制约了简化高效栽培技术的推广。缓释肥的出现，较好地解决了这一问题。缓释肥又称缓控施肥，指所含的 N、P、K 养分能在一段时间内缓慢释放并提供植物持续利用的肥料。

缓释肥具有以下优点：使用安全。由于它能延缓养分向根系的释放速率，所以，即使一次施肥量过大，也不会造成烧苗；省工省时。肥料一次性施入可以满足作物整个生育期的养分需要，既节省劳动力，又降低成本；提高养分效率。缓释肥能减少养分和土壤间的相互接触，从而能减少因土壤的生物、化学和物理作用对养分的固定或分解，提高肥料利用率；保护环境。缓释肥可使养分的淋溶和挥发降低到最小程度，有利于环境保护。根据生产工艺和农化性质，缓释肥主要可分为化成型、包膜型和抑制剂添加型 3 种。

八、节水灌溉

（一）玉米生育过程的水分平衡

玉米体内的水分循环是在土壤 - 玉米 - 大气这样一个整体的环境下进行的，通过根系从土壤中吸收水分，然后经过细胞传输，进入植物茎叶。一部分水分参与植株正常的生理活动，大部分以蒸腾的形式散失到大气中，这样就完成了一个循环，水分就是在这样一个过程中形成一种动态平衡。玉米细胞总是不断地进行水分的吸收和散失，水分在细胞内和细胞之间总是不断地运动。

不同组织和器官之间水分的分配和调节也是通过水分进出细胞才能实现。水分在玉米体内循环是玉米完成生理生化过程的需要，保证了玉米的各项代谢活动的顺利进行。水分平衡还受种植密度的影响，水分利用率低密度小于高密度（王小林，2013）。

（二）根据玉米需水的敏感时期，适时进行灌溉

玉米不同生育阶段对水分的要求不同。不同生育阶段植株的大小和田间覆盖情况不同，由此引起的蒸发量和蒸腾量不同。玉米生育前期，由于植株较小，地面覆盖率低，所以，蒸发占很大一部分耗水量。随着植株的壮大，田间覆盖率提高，水分消耗主要以蒸腾为主。在玉米的全生育期，应该尽量减少蒸发耗水，避免水分的无益消耗。抽雄穗前后是需水量最大的时期，也是对水分最敏感的时期，即玉米的需水临界期。此期如果供水不足，就会造成玉米授粉不良，大幅度减产。

玉米一生要浇好三水，"蒙头水"在播种后浇，要保证浇匀、浇足，以提高出苗的整齐度和均匀度，而且，对封闭型除草剂喷施效果好；"抽雄水"要在玉米大喇叭口期浇，这是玉米对水分最敏感的时期，是玉米需水临界期，此时干旱易造成"卡脖旱"（余青等，2012）；"灌浆水"在穗期浇，是玉米需水的第二个关键时期，此期干旱将导致严重减产（杨楠等，2009）。根据玉米各生育期控水处理对比试验结果表明，任何生育阶段土壤含水量都不能低于60%，否则，将影响玉米的产量和质量。实现节水与产量最佳结合的土壤水分下限控制指标为，苗期60%，拔节期70%，抽雄期75%，灌浆期65%。满足玉米大喇叭口期至抽雄开花期对土壤水分的要求，对增产尤为重要。玉米乳熟期和蜡熟阶段是产量形成的重要阶段，需要大量的水分以保证叶片光合作用的顺利进行和干物质的转化和积累。蜡熟以后，需水量明显减少，占全生育期的4%～10%，而且对产量的影响也较小。

玉米不同的灌溉期和不同的灌溉量，其水分利用率不同。抽雄期水分利用率最高，对水分的变化也最敏感，拔节期次之，灌浆中期最低。平均而言，灌溉量中等的水分利用率最高，低量的次之，高量的最小。灌溉时间和灌溉量的确定，在结合天然降水的情况下，根据各时期的玉米所需最低含水量和水分利用效率，同时，结合成本和具体情况而定。

（三）节水灌溉方式

农田灌溉节水主要有两种途径：一是将输配过程中的渗漏损失减少到最小；二是采取各种先进的灌水方法、灌水技术和灌溉制度等，把田间灌水过程中的各类损失降到最低，

提高灌水的有效利用率和单位水量的生产效率。

1. 地面节水灌溉　目前,地面灌溉是中国灌溉的主要方式,在今后相当长时间内仍将占主导地位。传统的地面灌溉主要有畦灌、沟灌和漫灌3种,由于管理粗放,技术落后,沟畦规格不合理,水资源浪费相当严重。

随着水资源紧缺状况的加剧,从20世纪70年代,中国开始研究和应用节水地面灌溉技术。包括应用先进的激光平地技术、改进沟畦规格和技术要素的地面灌水技术、采用低压管道输水灌溉等地面节水灌溉技术。改进的地面灌溉技术是利用合理的沟畦规格,对地表灌溉水流进行控制的一种灌溉方式,主要包括畦灌和沟灌等。

2. 喷灌　喷灌即喷洒灌溉,是把由水泵加压或自然落差形成的有压水,通过压力管道送到田间,再经喷头喷射到空中,形成细小水滴,模拟天然降水,把灌溉水均匀地喷洒到田间,湿润土壤并满足作物生长需水的一种灌溉技术。

喷灌作为一种现代化的灌溉技术,在世界各国得到了广泛应用。喷灌基本不产生深层渗漏和地表径流,而且,灌溉比较均匀,水资源损耗率比传统地面灌溉少15%～20%(郭永忠等,2009)。喷灌对地形、土壤等条件适应性强。在沙土或地形坡度达到5%等地面灌溉有困难的地方都可以采用。但在多风的条件下,会出现喷洒不均匀,蒸发损失增大的问题。与地面灌溉相比,大田作物喷灌可节水30%～50%,增产10%～30%,提高工效20～30倍,提高耕地利用率7%。另外,在水温低于气温时,喷灌还可以将水在空气中加温,从而增加地温,有利于玉米的生长发育。每次灌水量以30～40mm为宜,低产田灌溉的次数可少些,高产田可多些。喷灌的不足之处是设备投资高,风速大于3级时,会影响灌溉质量。

喷灌次数和时间应根据降水量和玉米生育进程综合而定。应根据水压和坡度决定喷带的长度,水压大喷带长度可长些,水压小喷带长度可短些。上坡地,喷带易短,否则,末端水流很小,下坡喷带可长些。张世忠(2010)对喷灌的水量和时期的定量研究表明,若保证玉米产量在646.7～750.0kg/亩水平,需要喷灌3～5次。时期可考虑在5叶期、拔节期、抽雄期、灌浆期和乳熟期进行;喷灌7次再增加吐丝期和蜡熟期;喷灌4次应在拔节期、抽雄期、灌浆期和乳熟期进行。适宜的喷灌强度要考虑到不同土壤类型的渗吸速度。适宜的喷灌强度不应产生地面积水和径流,也就是喷灌强度与土壤渗吸速度两者达到动态平衡。只有这样才能保证土壤团粒结构不被破坏和避免土壤冲刷。试验表明,最大喷灌强度在黏重土壤上为0.1～0.2mm/min,在壤质土上为0.2～0.3mm/min,在轻质土壤上为0.5～0.7mm/min。

3. 滴灌　滴灌是利用滴灌设备组装滴灌系统,按照作物生长发育所需水分和养分,利用专门设备或自然水头加压,再通过低压管道系统末级毛管的上孔口和灌水器,将有压水流变成细小的水流或水滴，直接送到作物根区附近，均匀、适量地施于作物根层所在部分土壤的灌水方法。滴灌常以少量的水湿润作物根区附近的部分土壤，因而，又称局部灌水。

滴灌是当今世界上最先进灌水技术之一。相比地面灌溉，滴灌能够精确地在时间和空间上调控水、肥供应，使作物水肥条件始终处在最优状态下，避免了地面灌溉产生的周期性水、肥过多或不足，为促进作物生长、提高养分利用效率奠定了基础。滴灌具有喷灌技术的所有优点，而且克服了喷灌受风影响大、耗能大、系统投资大等缺点，同时，比喷灌更省水，施工难度也相对较小。同时，结合滴灌进行的膜下施肥技术能够精确地在时间和空间上调控水、肥供应，使作物水肥条件始终处在最优状态下，避免了地面灌溉产生的周期性水、肥过多或不足，为促进作物生长、提高养分利用效率奠定了基础（李青军等，2013）。

滴灌一般只湿润作物根区附近的部分土壤，灌水定额小，不产生地表径流和深层渗漏，比地面灌溉节水33%～50%，比喷灌省水20%～30%。滴灌的灌水量和灌水速度都可以控制，对不良土壤尤其适用。滴灌一般只灌溉作物根系层土壤，最突出优点是可以利用微咸水进行灌溉。滴灌的最突出问题是易引起堵塞，严重者会使整个系统无法正常工作，甚至报废。由于局部灌溉，作物根系发育会受到一定影响，含盐量高的土壤或是利用咸水进行微灌时，会引起盐分在湿润区的边缘积累。

滴灌具有明显的节水效果。全生育期灌溉定额，滴灌为464.3m³/亩，沟灌为590.9m³/亩，节水率为21.4%。另外，每立方米水出粮：滴灌2.0kg，沟灌1.4kg。滴灌较沟灌多0.6kg，增产效果十分明显，增产达44.9%。

九、防病、治虫、除草

（一）主要病害及防治

1. 主要病害　秦岭地区玉米常见茎叶部病害有大斑病、小斑病、矮花叶病、纹枯病等；根部病害有青枯病；穗部病害有镰刀菌粒腐或穗腐病、黑粉病等。大田常常几种病害同时发生，如玉米大斑病、弯孢叶斑病和灰斑病经常混合发生（李金堂等，2013）。

（1）大斑病　由凸脐蠕孢（半知菌）引起。玉米叶片受害后，病斑先呈水浸状灰绿色小点，后沿叶脉迅速扩大，形成黄褐色或灰褐色大梭斑，中间色泽较浅，边缘较深。病斑一般长5～10cm，宽1～2cm（方中达等，1996），常汇合连片，使植株早期枯死，严重发生时，叶鞘和苞叶也会受害。田间湿度大时，病斑表面密生一层黑色霉状物（分生孢子）。田间初侵染菌源主要来自玉米秸秆上越冬病组织新产生的分生孢子，分生孢子借风雨、气流传播，在玉米生长期间可发生多次再侵染。低洼地、密度过大、种植不抗病品种

（如先玉 335）、多年连作地易发病。气温冷凉的丘陵山区发病重（徐凌等，2013）。

（2）小斑病　玉米从幼苗到成株期均能受害，常和大斑病同时出现或混合侵染。病斑主要集中在叶片上，初呈水浸状，后变为黄褐色或红褐色，边缘色泽较深，椭圆、近圆形或长圆形，大小为（10~15）mm×（3~4）mm，上有 2~3 个同心轮纹。一般下部叶片先发病，逐渐向上蔓延。病原物为异旋孢腔菌（半知菌，丝孢目），发生规律与大斑病相同，流行的关键时期是 7~8 月（檀尊社等，2003）。川道、平坝区发病重。

（3）黑粉病　常见有瘤黑粉病和丝黑穗病两种。

①瘤黑粉病　菌丝扩展距离不大，属局部侵染，这是区别于丝黑穗病的一个特征。病原物为玉蜀黍黑粉菌（担子菌，黑粉菌），玉米植株的腋芽、叶片基部、雌雄穗等有分生能力的地上组织均能受侵染，形成大小形状不同的瘤状物，外面包有由寄主表皮组织所形成的薄膜，初为白色或浅紫色，逐渐变成灰色，后期变黑灰色，外膜破裂散出大量黑粉（即冬孢子）。冬孢子在土壤内或病残体上越冬，成为翌年主要的初侵染源。翌春冬孢子萌发产生担孢子和次生担孢子，随风雨、昆虫等传播，进行多次再侵染，直到玉米老熟后停止侵染。

②丝黑穗病　病原物为丝轴黑粉菌（担子菌，黑粉菌）。玉米受害前期，表现为笋状型、矮缩丛生型、黄条型、顶叶紧紧卷在一起弯曲呈鞭状等特异症状。穗期表现典型症状，雌穗表现果穗短小、基部粗，顶端尖、不吐丝，除苞叶外整个果穗变成一个大黑粉苞，后期有些苞叶破裂散出黑粉，黑粉飞散后显露丝状物（玉米维管束组织），这是与瘤黑粉病的又一个主要区别。雄穗表现花器变形，不形成雄蕊，颖片呈多叶状。田间病株多为雌雄同时受害。病菌以散落在土中、混入粪肥或沾附于种子表面的冬孢子越冬，成为翌年的初侵染源。此病没有再侵染。在种植感病品种和土壤菌量较多的情况下，从播种到玉米 4~5 叶期这段时间的土壤温湿度是决定病菌侵入数量多少的主导因素。

（4）病毒病　由病毒引致植株矮缩、花叶等畸形的一类系统性侵染病害。主要有矮花叶病、粗缩病、条纹矮缩病、红叶病等，其中，以矮花叶病发生面积广、为害重。

矮花叶病：由马铃薯 Y 病毒组的病毒所致。玉米全生育期均可感染，受害幼苗心叶基部出现椭圆形褪绿小点，断续排列成条点花叶状，后发展成黄绿色相间的条纹症状，后期叶缘尖端变红紫色而干枯。重病叶发黄色、变脆、易折，病株叶鞘、果穗、苞叶均呈花叶状。病毒主要在雀麦、牛鞭草等寄主上越冬，玉米蚜、麦长管蚜等多种蚜虫刺吸带毒寄主汁液而带毒，并以非持久性方式传播此病毒。带毒种子萌芽出土后成为发病中心。病叶间相互摩擦也能传毒。感病越早，病株矮化越明显。降雨次数多，雨量充沛的年份，不利于蚜虫迁飞和传毒，病害发生轻。品种抗病力差、毒源和传毒蚜虫量大、苗期"冷干少露"、幼苗生长差等会加重发病。

（5）青枯病　由腐霉或镰刀菌引起，为害玉米根或茎基部的一类重要土传真菌病害，又称玉米茎基腐病。主要特征：当玉米进入乳熟期，整株叶片突然出现青灰色枯萎的早死现象，根和茎基部则呈水渍状腐烂，果穗常下垂。由于维管束未受害，病株能维持数天绿色。镰刀菌玉米茎腐病在玉米近成熟期发生，病株叶片都具有青灰色干枯、基部茎节变软腐烂的症状。腐霉菌玉米茎腐病在玉米拔节后发生，植株近地表的茎节间发生局部性水浸状腐烂、组织软化、病株从腐烂部位倒折。通常低洼积水田，高温、多雨年份，尤其在玉米灌浆期间，如遇暴雨后转晴，有利于病害的流行。

2. 防治措施　玉米植株高大，生长中后期用药难度很大，防治实践中，必须采用农业防治为主、药剂防治为辅的综合防治措施。

（1）加强植物检疫　防止检疫性病害干腐病、霜霉病、萎蔫病、枯萎病及线虫病的传入。

（2）农业措施　因地制宜地推广抗病品种，这是防治的关键措施。合理布局品种，水旱轮作倒茬，加强农业栽培管理，适期播种，合理密植，增施有机粪肥，培育壮苗，及时清除田埂及田间杂草，彻底拔除种子带毒苗和早期感病的植株，带出田间处理。这些措施均可减少初侵染菌源、减轻发病或延缓发病。

（3）化学防治　防治大、小斑病与青枯病可用50%多菌灵500倍液、50%退菌特可湿性粉剂800倍液、70%甲基托布津可湿粉800～1 000倍液在发病初期喷洒，必要时隔7d再次喷药（孔凡彬等，2006）；防治黑粉病用12.5%烯唑醇粉剂、25%粉锈宁、40%多菌灵按0.3%的剂量拌种或20.75%福克腈悬浮种衣剂（黑败）、7.5%克戊醇种衣剂（黑虫双全）等按药种比1:50包衣（赵文志等，2006）；防治病毒病应早期用3%啶虫咪乳油2 000～2 500倍液灭蚜防病。

（二）主要虫害及防治

1. 主要虫害　发生在秦岭地区的玉米常见害虫有地老虎、黏虫、玉米蚜、玉米螟等（吕雅琴等，2011）。

（1）地老虎　一年发生4代，以幼虫在地下为害，共6龄。1～2龄幼虫昼夜群集于幼苗顶心嫩叶处取食为害，3龄后分散。幼虫行动敏捷、有假死习性、受到惊扰即卷缩成团，白天潜伏于表土干湿层之间，夜晚出土从地面将幼苗植株咬断拖入土穴、或咬食未出土的种子，幼苗主茎硬化后改食嫩叶和叶片及生长点，食物不足或寻找越冬场所时，有迁移现象。幼虫老熟后在深约5cm土室中化蛹，成虫有远距离南北迁飞习性，对黑光灯极为敏感，特别喜欢酸、甜、酒味和泡桐叶。

（2）玉米螟　玉米螟俗称玉米钻心虫。一年发生2～4代，以最后一代的老熟幼虫在寄主的秸秆、穗轴、根茬及杂草里越冬，其中，75%以上幼虫在玉米秸秆内越冬。越冬幼虫春季化蛹、羽化、飞到田间产卵。幼虫多为五龄，三龄前主要集中在幼嫩心叶、雄穗、苞叶和花柱上活动取食，被害心叶展开后，呈现许多横排小孔；四龄以后，大部分钻入茎秆，蛀孔处常有大量锯末状虫粪，是识别玉米螟的明显特征。玉米苗期受害造成枯心，抽穗后钻蛀穗柄和茎秆，遇风易折断，穗期雌穗被害，嫩粒遇损引起霉烂，雄穗被蛀，易折断，影响授粉。苞叶、花柱被蛀食，造成缺粒和秕粒。茎秆、穗柄、穗轴被蛀食后，形成隧道，破坏植株内水分、养分的输送，使茎秆倒折率增加，籽粒产量下降。

（3）玉米蚜 又叫腻虫。适应温度广、寄主范围广、繁殖代数多，一年约 20 代。以成、若蚜刺吸玉米植株的汁液，苗期均集中在心叶内为害。为害的同时，分泌"蜜露"，在叶面形成一层黑色霉状物，影响作物的光合作用，导致减产。且传播玉米矮花叶病毒病，其为害更大（邱明生等，2001）。

（4）黏虫 又叫五色虫、行军虫。是一种远距离迁飞的杂食性、暴食性害虫。该虫在陕南一年发生 4 代。以 2 代、3 代为害玉米为主。主要以幼虫取食为害，咬食植株茎叶组织，形成缺刻，严重时一夜之间将田间玉米苗全部吃光或仅剩光秆，一般减产 50% 以上甚至绝收（秦雪峰等，2013）。

2. 防治措施

（1）对地下害虫地老虎的防治 采取农业防治和药剂防治相结合的综合防治措施。

①农业防治 除草灭虫。杂草是地老虎产卵的场所，也是幼虫向作物转移为害的桥梁，春耕前进行精耕细作，或在初龄幼虫期铲除杂草，消灭部分虫、卵。

②物理防治 用糖醋液（6 份糖、3 份醋、1 份酒、10 份清水）诱杀成虫；用泡桐叶或莴苣叶诱捕幼虫，每日清晨到田间捕捉；对高龄幼虫可在清晨到田间检查，一旦发现有断苗，拨开附近的土块，进行捕杀。

③化学防治 对不同龄期的幼虫，采用不同的施药方法，幼虫 3 龄前用喷雾或撒毒土进行防治，3 龄后田间出现断苗，用毒饵或毒草诱杀。

喷雾：每亩用 2.5% 溴氰菊酯乳油或 40% 氯氰菊酯乳油 20～30ml，加水 40～50kg 喷雾。喷药适期必须掌握在幼虫集中为害的 3 龄前。

毒土或毒沙：2.5% 溴氰菊酯（敌杀死）乳油 90～100ml，喷拌细土或细沙 50kg 配成毒土或毒沙，每亩 20～25kg 顺垄撒施于幼苗根际附近。

毒饵或毒草：虫龄较大时采用毒饵或毒草诱杀。用 90% 晶体敌百虫 0.5kg、40% 毒死蜱或 50% 辛硫磷乳油 500ml，加水 2.5～5L，喷在 50kg 碾碎炒香的棉籽饼、豆饼或麦麸上制成毒饵，于傍晚在田间每隔一定距离撒一小堆，或在玉米根际附近围施，每亩 5kg。毒草用 90% 晶体敌百虫 0.5kg、25% 灭幼脲Ⅲ号 300 倍液，拌细嫩多汁鲜草 75～100kg，每亩用量 15～20kg。

（2）对地上害虫玉米螟、玉米蚜、黏虫的防治　采取预防为主综合防治措施，搞好测报是预防的关键。在害虫生长的各个时期采取对应的防治方法。

①物理防治　机械灭茬，于冬季或早春虫蛹羽化之前处理玉米秸秆、穗轴、根茬，杀灭越冬幼虫，减少虫源；清除田边沟旁的杂草，消灭孳生基地，减少虫量。利用成虫的驱光性，设频振式杀虫灯、黑光灯等诱杀成虫；利用成虫趋糖醋液的习性，用糖醋液加少量洗衣粉诱杀成虫。利用成虫产卵习性，用干草扎成草把插于田间诱卵，并及时销毁。田间挂黄板诱蚜。

②生物防治　越冬幼虫化蛹前白僵菌封垛，按 $100g/m^3$ 白僵菌粉投放；田间释放天敌赤眼蜂，一般每亩放 1.5 万头，放 2 万头效果更好；草间小黑蛛对玉米害虫也有较强的捕食作用（邱明生等，2001）。

③化学防治　玉米对有机磷类农药敏感，化防时尽量少用有机磷类杀虫剂（韩熹莱等，1993）。

玉米螟掌握在玉米心叶初见排孔、幼龄幼虫群集心叶而未蛀入茎秆之前，用 3.6% 杀虫双颗粒剂，直接丢放于喇叭口内，或杀虫双水剂 0.5kg 加水 40kg 喷灌心叶，或 Bt 乳剂 300～400 倍液喷雾均可收到较好的防治效果。

黏虫幼虫的虫龄越大，抗药性越强。5～6 龄幼虫的抗药力比 2～3 龄幼虫的抗药力高 10 倍，一定要抓住幼虫低龄期防治，才能取得比较好的防治效果。在 3 龄前亩用 1.8% 阿维菌素（金高克）乳油 20～30ml 加水 30～40kg、20% 灭幼脲 3 号悬浮剂 500～1 000 倍液、10% 吡虫啉可湿性粉剂 1 000 倍液均匀喷雾。

玉米蚜可喷洒 0.36% 绿植苦参碱水剂 500 倍液、10% 高效氯氰菊酯乳油 2 000 倍液、或用 50% 抗蚜威可湿性粉剂 2 000 倍液。

（三）杂草防除

1. 主要杂草　玉米生长期正值三伏天和汛期，田间杂草常常长势繁茂、种类繁多。主要有禾本科的马唐（抓地龙、鸡窝草）、狗尾草（绿毛莠、米米毛、毛毛狗）、牛筋草（蟋蟀草）、落地稗（无芒稗、红稗、旱稗）、雀麦，藜科的藜（灰条菜、灰菜），菊科的苣荬菜（苦苦菜）、刺儿菜（小蓟、刺蓟芽），莎草科的香附子（莎草、三棱子、回头青）、苋科的空心莲子草（水花生）、马齿苋（马齿菜），旋花科的田旋花（小喇叭花），茜草科的猪殃殃等（王枝荣等，1982）。

2. 防除措施　防止杂草侵入农田是综防体系中积极有效的措施。方法很多，如建立与健全杂草检疫制度，精选种子，施用腐熟的有机肥，铲除农田附近杂草，清除灌溉水中的杂草种子。

（1）农业措施　有水旱轮作、间套作、耕翻、中耕培土和合理密植。通过轮作、间套作的精细管理和土壤多次耕翻，有效降低伴生性、寄生性杂草的密度，改变田间优势杂草群落，降低田间杂草种群数量；播前整地灭草，深翻或结合田间管理拣拾杂草地下根茎；中耕培土针对性强，除草干净彻底，还有深松土、贮水保墒、防玉米倒伏的作用。除草时要除早、除小、除彻底，做到"宁除草芽，勿除草爷"；合理密植，以苗欺草、以密控草。

（2）物理方法　有人工除草与覆膜。特别是利用有色地膜如黑色膜、绿色膜等覆盖。以黑色覆膜处理对田间杂草防除效果在90%以上，对小面积或大草可人工拔除。

（3）化学防除　有土壤处理和茎叶处理两种方法。

①土壤处理　在播后苗前或移栽前杂草萌发出土前用药。用药时应注意两点：第一，准确掌握用药量，力求地表喷施均匀。第二，整地要细。整地不细，土块中杂草种子接触不到药剂，遇雨土块散开仍能出草。

每亩用15%百草枯水剂265～400ml或40%莠去津（阿特拉津）悬浮剂150～200ml或85%异丁草丹（丁草特、莠丹）乳油270～350ml或72%异丙甲草胺（都尔）乳油100～200ml或48%甲草胺（拉索）乳油250～400ml或50乙草胺（禾耐斯）乳油200～270ml，加水40～50kg均匀喷雾地表。

②玉米生长期杂草防除　在玉米长到3～4叶期，每亩用4%烟嘧磺隆（玉农乐）水剂100ml或48%麦草畏（百草敌）水剂33～40ml或4%烟嘧磺隆水剂67ml＋40%莠去津悬浮剂100ml，加水60kg均匀喷施（张明海，2008）。

十、适时收获

（一）籽粒成熟标准

玉米适宜收获期为完熟期，籽粒成熟的主要标准必须同时具备3条：外形指标是果穗苞叶黄色而松散；生理标志是籽粒基部形成黑色层；果穗下部籽粒乳线消逝（即苞叶变黄色后7～10d）。

（二）适期晚收的意义

玉米晚收技术是农业部在玉米生产上新近推广的一项增产技术。该项技术简便易行，可以大幅度提高玉米产量，是一种成熟的农业生产方式，也是增加农民收入的一种好做法，是玉米增产增效的一项行之有效的措施。

当前生产上应用的紧凑型玉米品种多有"假熟"现象，即苞叶提早变白色而籽粒尚未停止灌浆。这些品种往往被提前收获。一般群众多在乳线下移到1/2～3/4时已经收获，收获期比完全生理成熟期要早8～10d。如果在玉米苞叶发黄色甚至发白色时，就开始收获，此时玉米籽粒干重只达到最大干重的85%左右，采收过早，导致生育期不足，缩短了玉米灌浆的时间，粒重降低，造成减产，而且，影响玉米品质。

适当延期收获，当苞叶发黄色后再推迟 7~10d 收获，产量可增加 5%~10%。在不影响小麦、油菜等冬季作物播种期的情况下，夏播区玉米收获越晚产量越高。按照 2010 年对秦巴山区 10 个品种的调查，吐丝后 40d，是习惯收获期，45d、50d 收获分别平均增产 7.8%、15.9%。所以，玉米晚收 7~10d 可使玉米增产 10%。如苞叶变白色即收，往往会减产 10% 左右。

（三）收获后的晾晒方法

玉米果穗收获后应先晒干然后脱粒，以使籽粒进一步增重，并防止籽粒破碎。脱粒后，须晒干至含水量下降到 13% 以下才能入仓贮藏。贮藏期间，应注意温度和湿度，并勤翻勤晒，以防受潮霉变。

玉米果穗收获后，一般温度已经较低，晾晒要选在通风和透光良好的条件下风干、晾晒。晾晒期间，要进行 2~3 次翻晒，使籽粒含水量下降到 13%。

1. 平面晾晒　这是最常规、简便、效果最好的晾晒方法。选择水泥地面、房顶和窗台等向阳的地方，把无苞叶或者带苞叶的玉米果穗摆放在上面，果穗厚度不宜超过 30cm，根据天气情况，决定翻晒次数。太阳光照强度较弱且果穗含水量高，可以每 2d 翻晒数次；太阳光照强度大、天气好，果穗含水量不高，可以 1d 翻晒 2 次。

2. 分级晾晒　玉米生产常因温度、降水等条件影响，收获时成熟度不完全一致，玉米果穗的含水量也有差别。因此，生产中，农民常把含水量相当的放在一块晾晒，这样保证晾晒一致，可以分级及时脱粒。

3. 搭架晾晒　在离地面 50~100cm 位置，用木棍或其他材质杆子搭起支撑架，架高一般不超过 1m，宽不超过 60cm，把收获后的果穗用苞叶系在一块，分多层成行地搭在架子上，或者把果穗松散地放在成排的风干架上，直到晾晒的含水量降到 14% 以下，以便脱粒。

4. 装尼龙网袋晾晒　玉米收获后如没地方晾晒，可以将果穗上的苞叶等其他污物清理干净。然后，将果穗含水量相当的装入尼龙网袋（每袋 40kg 左右），放在 50cm 以上的架板上晾晒。注意架板的位置一定要放在通风透光效果好的地方。这种方法简便易行，又节省空间，晾晒效果较好。

十一、机械化作业

（一）适于机械化作业的栽培技术环节

玉米全程机械化是玉米生产的最终方式。但是，由于环境条件、种植方式等各种条件限制，目前，一些地区机械化程度还不高。在制约玉米机械化的技术瓶颈中，机械化整地、玉米机械化收获、秸秆还田技术和玉米病虫草害的机械化防除技术等显得尤为重要。

在劳动力日益紧缺，种田特别是大田作物经济效益相对较低的情况下，应用玉米机械化技术显得更为重要。机械化可以省工省时、提效保产，同时，在促进与农艺结合、实现规范化栽培方面都有重要意义。

玉米机械化作业的主要技术环节有：播种前的整地机械化、播种至收获前的田间管理机械化、机械化收获、秸秆还田和机械化脱粒。下面根据汉中盆地现状，重点介绍机械化整地、机械化播种和机械化收获3项技术。

1. 机械化整地　西南玉米产区丘陵山地一般采用小型微耕机具，在平坝地区和缓坡耕地采用中小型耕地机具进行旋耕作业，在红壤土和黄壤土等适宜区亦可实施深松作业。有条件的地区可发展多功能联合作业机具。

应大力推广和提倡保护性耕作技术，建议每隔2~4年进行一次深松作业，深松深度一般为35cm。由于长期使用小型农机具作业，西南地区平均耕层只有18.2cm。机械化深松技术是利用机械疏松土壤，打破犁底层，加深耕层的技术。深松作业不翻土，在保持原土层的情况下，改善土壤通透性，提高土壤蓄水能力，熟化深层土壤，利于作物根系扎深，增加作物产量，是西南地区今后重点发展的技术之一。

2. 玉米机械化播种　在西南地区，可根据山地、丘陵和平坝不同地区特点，分别选择简易型手工操作的点播机具与微耕机或手扶拖拉机配套的小型播种机、与中小四轮拖拉机配套的精量播种机进行播种作业。精量播种机可在丘陵缓坡地及高原平坝平地一年一熟地区先行推广。

3. 玉米机械化收获　玉米机械化收获技术是在玉米成熟时，用机械来完成玉米茎秆切割、摘穗、剥皮（部分收获机械带剥皮功能）、集箱、秸秆处理等生产环节的作业技术。玉米联合机械收获适用于地块较大、地势较平坦的平坝地区和缓坡耕地以及等行距、行距偏差±5cm以内、最低结穗高度35cm、倒伏程度小于5%、果穗下垂率小于15%的地块作业。

西南地区玉米收获时，籽粒含水量偏高（大于30%），因此，在没有烘干设备的条件下，玉米收获机只可完成摘穗、剥皮、集箱和秸秆粉碎还田，不直接脱粒。如想直接完成脱粒作业，需要选择早熟品种或推迟收获，让玉米田间含水量降到25%以下。

（二）秦岭地区玉米生产的农机具

1. 播种机械　目前，常用的玉米播种机按排种原理可分为机械式和气力式两种。

（1）机械式精量播种机　目前，使用较多的是勺轮式精量播种机，可与12~30马力（1马力≈735.3W，全书同）的各种拖拉机配套使用。这种播种机大多无单体仿形机构，播种深浅不易控制，但作业速度低于3 000m/h时，基本满足精量播种要求。

（2）气力式播种机　可分为气吸式播种机和气吹式播种机。气吸式播种机依靠负压将种子吸附在排种盘上，种子破碎率低、适用于高速作业，但结构相对较复杂。气吹式播种机依靠正压气嘴将多余的种子吹出锥形孔，对排种机构的密封性要求不高，其结构相对简单。气力式播种机的播种单体采用了平行四连杆仿形结构，开沟、覆土和镇压全部采用滚动部件，田间通过性能好，各行播深一致，且采用侧深施肥方式，不烧种子。

2. 收获机械　玉米收获机械主要有自走式和背负式两种机型。两种机型只是动力来源类型不同，工作原理相同。自走式玉米联合收获机械自带动力，背负式需要与拖拉机配套使用。西南玉米区多数地区可采用 1~2 行背负式玉米收获机进行摘穗作业。需要回收秸秆再利用的地块，可以用穗茎兼收型玉米收获机。

3. 深松机械　分为全方位深松机和间隔深松机，可按照不同的深松时间及农艺要求选用。深松属于重负荷作业，需用大中型拖拉机牵引，拖拉机功率应根据不同耕深、土壤比阻选配。深松机具的选用，应考虑耕作幅度与拖拉机轮距相匹配，避免拖拉机偏牵引或漏耕现象。

第四节　环境胁迫及其应对

一、水分胁迫

（一）水分胁迫对玉米生长发育的影响

1. 水分胁迫对玉米生育进程和产量的影响　水分是影响玉米生长发育的重要环境因素。土壤水分胁迫无论轻重均对玉米的生长发育有一定阻碍。玉米受干旱胁迫的影响程度因受旱轻重、持续时间以及生育进程的不同而不同，受旱越重，持续时间越长，影响越甚（白莉萍等，2004）。重旱在生育前期就已表现，轻旱则在大喇叭口期后才予以呈现，继而导致玉米生物产量大幅降低。玉米生育前期干旱胁迫将使生育进程明显延缓，严重干旱胁迫可使抽雄、吐丝期较水分充足滞后 4d 左右，并引起成熟期推迟。严重干旱胁迫引起果穗性状恶化，穗粒数和百粒重减小，最终导致经济产量大幅下降。

生育期间连续的干旱胁迫，将使果穗建成受到严重影响，亦即果穗体积减小，导致库容量不足，无法贮存较多的干物质，以至于穗粒和百粒重降低，产量大幅下降。

2. 不同生育时期水分胁迫对株高和产量形成的影响　玉米株高的变化趋势随生育进程的推进而提高，但增加幅度因土壤水分的差异而表现不同。在各生育阶段，严重水分胁迫均对玉米株高产生不利影响。从萌发到出苗这一阶段需水较少，但这一时期对水分最为敏感。有研究表明，播后 15d 内土壤水分状况直接关系玉米能否出苗和出全苗。玉米株高一般随着土壤水分含量的增加而增加，达到最高值后，随着土壤水分含量的增加而减小。

玉米生育前期（苗期—拔节—孕穗）水分是否充足对植株高度有显著的影响（单长卷等，2011）。有研究表明，生育前期水分充足，植株高度可达220cm；玉米苗期干旱，拔节始期恢复土壤适宜湿度后，株高迅速增高，可达到194cm；然而，如果生育前期干旱，即使籽粒形成期和灌浆期土壤湿度适宜，株高也只能达到152cm。可见，拔节至孕穗期干旱胁迫对株高的抑制明显大于其他时期。干旱胁迫导致玉米生长发育缓慢和减产程度的大小，因胁迫时期、胁迫程度及持续时间而不同。干旱胁迫对株高的抑制作用：拔节孕穗期＞抽雄吐丝期＞苗期。

干旱使玉米生长受阻，株高变矮，叶片干枯，果穗性状恶化，以致生物和经济产量大幅下降等，但不同生育期对产量影响幅度不同。大喇叭口期前，玉米株高和生物产量受有限供水或轻度干旱影响不算很大，从大喇叭口期后直至抽雄和灌浆期，轻度干旱胁迫持续也会对株高和生物产量产生较大不良影响（白莉萍等，2004）。严重干旱胁迫则从拔节期至灌浆期均对株高和生物产量影响更为不利。干旱胁迫导致玉米籽粒产量下降，不同生育时期干旱胁迫处理的减产幅度不同，减产幅度从大到小的顺序为开花期＞抽丝期＞抽雄期＞孕穗期＞灌浆期＞拔节期，可见玉米生育中后期受到的干旱胁迫，严重影响籽粒产量，导致减产。产量构成因素中，受水分影响变幅最大的是穗粒数，且穗粒数的降低对玉米最终产量会造成很大影响。拔节期发生水分胁迫造成穗粒数减少20％，当拔节期与抽穗期均发生干旱时，穗粒数减少更多。受水分胁迫影响穗重、粒重和穗粒数都呈减少的趋势，变化幅度为穗粒数＞穗重＞穗粒重，不同生育期干旱胁迫处理的减产幅度为抽雄吐丝期＞拔节孕穗期＞苗期。苗期、拔节孕穗期和抽穗开花期减产幅度分别达到30％、70％和90％以上（张淑杰等，2011）。

3. 花期干旱对玉米籽粒发育的影响　水分胁迫不仅降低玉米产量，而且改变籽粒品质。有研究表明，玉米籽粒蛋白质和赖氨酸含量在适度水分胁迫时较高，渍水或过度干旱时较低。Oktem发现，水分胁迫使甜玉米籽粒蛋白质含量增加，鲜籽粒产量和微量元素（Cu、Fe、Zn）含量降低。杨恩琼等（2009）研究发现，水分胁迫降低了玉米籽粒蛋白质、淀粉、脂肪和赖氨酸含量，导致品质变劣。

西南地区玉米在季节性干旱与坡地土壤瘠薄（种植玉米的土层厚度多在70cm左右）的共同影响下，籽粒发育的特性与其他玉米产区有显著不同。该区域玉米籽粒发育易遭受"卡脖旱"，对玉米籽粒发育影响较大。刘永红等（2007）研究发现，花期干旱导致玉米最大灌浆速度出现时间推迟、籽粒相对生长率和最大灌浆速度减弱、干物质线性积累期和干物质稳定增长期显著缩短，胚乳失水干燥提早成熟，千粒重较低，最终使玉米显著减产。

吐丝期后12～16d，水分胁迫造成粒重比对照降低50％。籽粒内的水分在控制灌浆持续时间中起着关键的作用。干旱胁迫下，植株的粒重降低是由于籽粒灌浆速率的下降或灌浆持续时间的缩短或两者共同作用所致。

（二）水分胁迫对玉米生理活动的影响

1. 水分胁迫对苗期生理和形态的影响 在水分胁迫时，玉米幼苗的光合速率和蒸腾速率与对照相比明显下降，不同品种依据抗旱性的强弱，光合速率和蒸腾速率降低幅度均不同。例如，重度水分胁迫下，耗水品种鲁单981光合速率和蒸腾速率降低幅度最大，而耗水较小的郑单958则降低幅度偏小（郑盛华等，2006）。水分胁迫限制了玉米幼苗的生长，其株高、生物量、根冠比都比正常供水时低，尤其生物量的差别最为明显。重度水分胁迫下，不同品种株高、茎粗、叶片数和总叶面积等形态指标均减小，但不同品种减小程度不同，抗旱性较强的品种减小幅度相对较小。

总之，水分胁迫影响了植株各器官的生长，使叶面积和叶绿素含量降低，植株生长速度减缓，株高变矮。

2. 水分胁迫对玉米光合特性的影响 光合作用作为植物产量形成的重要生理过程，对水分胁迫反应敏感。光合速率随水分胁迫强度增大而不断下降，是作物后期受旱减产的主要原因。水分胁迫使玉米的表观量子效率、最大净光合速率、表观暗呼吸速率、光补偿点和光饱和点均降低，但不同品种降幅不同。水分胁迫后玉米叶片的光和速率降低是气孔因素与非气孔因素共同作用的结果。例如，京科25在水分胁迫后光能利用率和水分利用率均降低，影响光合速率降低的主要原因是气孔因素；农大108在水分胁迫后仍保持较高的光能利用率和水分利用率，影响光合速率下降的主要原因是非气孔因素（刘明等，2008）。

干旱胁迫会改变光合速率（Pn）的日变化规律，并且对拔节期光合作用的抑制小于成熟期。干旱导致玉米叶片气孔关闭、CO_2浓度增加，并引起光合作用下降。

3. 水分胁迫对玉米抽穗期叶片光合作用的影响 高素华等（2007）对抽穗期玉米进行水分胁迫研究发现，光化学效率（F_v/F_m）随土壤湿度的降低而减小，对光合速率也有明显的负作用；主要原因就是干旱胁迫使叶片叶绿素含量减少，叶片健康状况不佳，同时，光化学效率下降；这些外观表现的生理机制原因，是低温和干旱胁迫使 PSⅡ光化学效率降低，不能充分利用光能。

4. 水分胁迫对玉米净光合速率、蒸腾速率、水分利用效率等的影响 刘帆等（2013）研究发现，土壤水分下降会使玉米叶片的光合速率（Pn）、气孔导度（Gn）、蒸腾速率（Tr）降低，而胞间CO_2和水分利用率会增加。光合速率随着水分胁迫强度的增强，速率降低；干旱使光合作用速率下降，不能充分利用光能资源，光合生产力下降。

玉米叶片在水分胁迫条件下水分利用效率会升高，这是在水分胁迫条件下作物本身通过提高水分利用效率的一种适应性。干旱胁迫时，玉米主要是通过降低蒸腾速率来提高水分利用率；气孔导度和 CO_2 浓度是通过调控光合速率和蒸腾速率间接影响水分利用效率（杨晓光等，1999；刘帆等，2013）。水分胁迫处理的水分利用效率大于湿润处理和干旱处理。水分利用效率与净光合速率、蒸腾速率的关系有很大的相关性，当净光合速率 $<20umol/m^2\cdot s$ 时，水分利用效率基本无变化；当 $20umol/m^2\cdot s<$ 净光合速率 $<26umol/m^2\cdot s$ 时，水分利用效率增长最快；当蒸腾速率 $<5mmol/m^2\cdot s$ 时，水分利用效率变化不大，在 $5mmol/m^2\cdot s<$ 蒸腾速率 $<7mmol/m^2\cdot s$ 时，水分利用效率增长最快；当净光合速率 $>26umol/m^2\cdot s$ 和蒸腾速率 $>75mmol/m^2\cdot s$ 时，水分利用效率均呈现下降趋势。水分利用效率对叶片温度有很强的敏感性，在 $40℃<$ 叶片温度 $<42℃$ 时，水分利用效率迅速增加。随气孔导度的增大，水分利用效率呈上升趋势，在 $140mmol/m^2\cdot s<$ 气孔导度 $<200mmol/m^2\cdot s$ 时，水分利用效率上升最快，气孔导度再增大时，水分利用效率趋于稳定甚至下降（贾金生等，2002）。

（三）玉米抗旱性指标

玉米的抗旱性是指玉米对干旱的适应性和抵抗能力，即在土壤干旱或大气干燥条件下，玉米所受伤害最轻、产量下降最少的能力。干旱抑制了玉米的生长发育，是对植株的生理生化过程和新陈代谢作用影响的结果。找出抗旱性指标对抗旱性育种有重要意义。

1. 形态指标　水分胁迫的直观变化是玉米植株的外观形态，包括地上部分和地下部分。地上部分主要包括：叶片萎蔫及卷曲度、株高、穗位高、有效穗数；收获后的单株穗重、生物干重；室内考种测定单株粒重、穗粒数、百粒重。地下部分主要有根冠比、根长、根数、根毛数、根系总重、根系伸展空间等。这些农艺性状与产量密切相关，也是品种抗旱性的体现。赵美令（2009）通过研究，将种子萌发胁迫指数、幼苗反复干旱成活率、花期抗旱指数和灌浆期抗旱指数作为玉米的抗旱性鉴定指标。

2. 抗旱性鉴定的生理指标

（1）叶片水势（LWP）　玉米叶片的水分状况可用叶片水势来表示。当叶细胞内水分不足时，水势降低，水分亏缺越严重，水势值就越低，相应吸水能力就越强。在土壤—植物系统内，水分由高水势向低水势处移动。因此，水势大小在一定程度上反映出玉米叶片对水分的需求状态，表示叶细胞吸水潜力的强弱，是植株水分含量的重要指标（宋凤斌等，2004）。大量研究表明，在正常供水条件下，抗旱品种的叶水势较低；在干旱胁迫下所有玉米品种的叶水势均降低，但抗旱品种的叶水势降低不明显。

（2）叶片相对含水量（RWC）　及离体叶片抗脱水能力相对含水量　叶片相对含水量（RWC）及离体叶片抗脱水能力相对含水量是指植物组织实际含水量占组织饱和含水量的百分比，常被用来表示植株在遭受水分胁迫后的水分亏缺程度。不同基因型玉米叶片的保水能力与各自交系的抗旱系数间呈极显著的相关关系。抗旱性强的品种由于细胞内有较强的黏性、亲水能力高，在干旱胁迫下抗脱水能力强；而抗旱性弱的品种则抗脱水能力较弱。

（3）气孔扩散阻力（RS）植物通过气孔的水分损失量占总损失量的80%～90%。气孔调节对作物抗旱起着重要的作用，气孔扩散阻力大，蒸腾强度小的自交系或品种，其抗旱性强。关于作物受旱后 RS 的变化与耐旱性的关系，存在两种不同的观点。一种认为，干旱时 RS 增大，在减少水分蒸腾的同时，也减少了叶片对 CO_2 的吸收，因而，干旱胁迫下 RS 增值较少的品种抗旱性较强。另一种观点认为，受旱后 RS 增大，能够有效地控制体内水分损失，可以保持体内较高的光合速率，因此，在干旱条件下 RS 增值较大的品种抗旱性较强（韩金龙等，2010）。

（4）相对电导率（REC）　原生质膜是对水分变化最敏感的部位，水分胁迫会造成原生质膜的损伤，使质膜稳定性降低，透性增大，细胞内含物外渗，电导率升高。张宝石等（1996）研究表明，玉米受旱后的相对电导率与耐旱性呈密切的负相关，受旱后相对电导率稳定性高的基因型是耐旱基因型。斐英杰等（1992）对 67 个玉米品种幼苗叶片的电解质渗透与抗旱性关系的分析表明，电解质渗透率与耐旱性呈极显著的负相关，且灵敏度较高，是鉴定玉米幼苗耐旱性的较好指标。

（5）抽雄和抽丝间隔时间（ASI）　抽雄和抽丝间隔时间（ASI）是一个高度遗传的性状。研究表明，玉米在水分胁迫下，抽丝延迟时间短，抽雄和抽丝间隔时间短的品种抗旱性较强，反之，其抗旱性较差。

3. 抗旱性鉴定的生化指标

（1）酶活性的变化　SOD、CAT 和 POD 是生物体内的保护性酶，在清除生物自由基上担负着重要的功能。抗旱性强的基因型，在干旱胁迫下，SOD、CAT 和 POD 的活性较高，能有效地清除活性氧，阻抑膜脂过氧化。刘晓蕾等（2011）研究表明，玉米在水分胁迫初期，叶片的活性氧代谢系统（细胞膜透性、超氧阴离子自由基水平）、超氧化物歧化酶（SOD）与过氧化物酶（POD）活性以及主要渗透调节物（可溶性蛋白、可溶性糖）均极显著升高，而抗坏血酸过氧化物酶（APX）活性极显著降低，但随着水分胁迫时间的延长和强度的增加，SOD、CAT 及 POD 活性不同程度地下降说明，适度水分胁迫能增强植物对干旱的适应性。

（2）丙二醛（MDA）含量　不同基因型玉米叶组织中的丙二醛含量的测定结果表明，在干旱条件下，所有基因型叶组织的丙二醛含量均大幅度增加，而且，增加的幅度存在基因型差异。抗旱性较强的基因型增加的幅度小，反之，增加的幅度大（张宝石等，2006）。其原理为丙二醛是质膜过氧化的主要产物，其含量高低反映质膜过氧化程度。膜脂过氧化会引起膜中蛋白质聚合、交联以及类脂的变化，使膜上的孔隙变大，通透性增加，离子大量外泄引起细胞代谢紊乱，严重时导致植物受伤或死亡。

（3）脯氨酸（Pro）含量　游离脯氨酸在受水分胁迫时出现大量的积累（朱永波等，2008）。研究表明，在干旱胁迫下，当植物组织水势下降到一定阈值后，玉米叶片即开始积累游离脯氨酸，由此认为，可以将游离脯氨酸含量作为表示玉米抗旱性鉴定的生理指标。抗旱性强的作物体内游离脯氨酸含量高，随生长发育的进程，游离脯氨酸含量逐渐降低。魏良明等（1997）将其归纳为 3 种主要观点：一是植株在干旱条件下累积的游离脯氨酸和田间的抗旱性相关，游离脯氨酸可作为筛选抗旱品种的指标；二是植株内游离脯氨酸的相对变化率与品种的抗旱性密切相关；三是植物抗旱性差异与累积的游离脯氨酸的多少无关，不宜将它作为筛选抗旱品种的指标。总之，脯氨酸的累积与玉米抗旱性的关系存在分歧，有待进一步研究。

（4）脱落酸（ABA）含量　脱落酸（ABA）是一种植物生长调节剂，正常条件下，植物体内含量很少。水分胁迫可以增加脱落酸、减少细胞分裂素含量，从而改变细胞膜的特性，使气孔关闭，减少蒸腾，保持水分。在干旱胁迫下，植物叶片的脱落酸含量可增加数十倍，且抗旱型品种比不抗旱品种积累更多的脱落酸，这个在玉米上得到了证实。有人认为，干旱诱导产生的脱落酸与植株的耐旱性没有直接关系，脱落酸可能是植株水分亏缺的化学信号，该信号传递并启动了基因表达产生特异的干旱适应性蛋白质。

（5）干旱诱导蛋白　植物对干旱的适应能力不仅与环境干旱强度、速度直接相关，而且，植物的抗旱能力也受基因表达控制。在一定干旱胁迫下，有些植物能进行有关抗旱基因的表达，随之产生一系列形态、生理生化及生物物理等方面的变化而表现抗旱性。近年来研究表明，干旱胁迫能诱导植物产生特异蛋白。目前，报道已有热休克蛋白表达和渗透胁迫蛋白表达等。但这些新蛋白的结构和功能以及与抗旱生理生化过程的关系值得进一步研究。

（6）其他指标　抗坏血酸是细胞抗氧化剂，可清除活性氧而保护生物膜。干旱引起水稻抗坏血酸含量下降，耐旱品种含量高于不耐旱品种。抗坏血酸是保护性指标。斐英杰等（1992）认为，水势降到一定值后，抗坏血酸变化率与水势相关达极显著水平，玉米作物也得到了验证。谷胱甘肽（GSH）是一种重要的保护物质，可以通过调节膜蛋白中巯基与二硫键化合物的比率，而对细胞膜起保护作用，参加叶绿体中抗坏血酸、谷胱甘肽循环，以清除 H_2O_2。研究发现，干旱胁迫下胡萝卜素含量明显降低；甘露醇能明显抑制叶绿素的氧化，阻抑 MDA 增生。

（四）水分胁迫的应对措施

1. 及时补灌　水分胁迫的根本原因是植物因为吸收不到足够的水分，影响了植物正常的新陈代谢活动。这时可以利用一切可以利用的水源和灌溉设施，尽快进行田间灌溉，增加田间土壤持水量，把损失降到最低限度。

2. 多形态氮肥的应用 王海红等（2011）研究发现，不同氮形态比较，混合氮（$NH_4^+ - N$ 和 $NO_3^- - N$）有利于促进玉米植株生长，能够表现出最佳的生物学效应。$NO_3^- - N$ 的存在刺激了 $NH_4^+ - N$ 的吸收。$NH_4^+ - N$ 处理最差，根系生长受阻，体积小，叶片数目少，面积扩展缓慢。另有研究表明，由于细胞分裂素具有促进地上部生长发育的作用，$NH_4^+ - N$ 通过抑制根中细胞分裂素的合成及向地上部运输，抑制了植物的生长。另一方面，不同氮形态下植物的生长差异与该条件下植物光合能力的差异密切相关。另外，PSⅡ 最大光化学效率（Fv/Fm）和 PSⅡ 潜在活性（Fv/Fo）在水氮同区处理中，随着混合氮、硝态氮、铵态氮减低呈降低趋势。

3. 氮、钾、甜菜碱的合理施用 施用 N、K 和甜菜碱能不同程度提高玉米干物质和籽粒产量以及水分利用效率，减缓水分胁迫，提高程度与品种关系密切（张立新等，2005）。同一 N 形态下，水氮同区处理（N 供应在非水分胁迫一侧）比水氮异区（N 供应在水分胁迫一侧）更有利于玉米植株的生长；水氮同区处理下光能利用与转化效率较高；根、茎、叶长势良好；水氮异区处理下，植株生长减缓。玉米不同生长阶段都施以不同数量的 N 肥（基肥：4.5kg/亩；拔节期：3.5kg/亩；大喇叭口期：2.0kg/亩；开花期：2.0kg/亩;灌浆期：3.0kg/亩），N 肥施用总量为 15.0kg/亩时，玉米中，蛋白质和脂肪含量最高（徐芳，2013）。施用 K 肥和喷施甜菜碱对受水分胁迫的玉米有同样功能，且效果更突出。另外，泥炭、沸石等不同特性化学材料能够部分补偿水分胁迫给玉米带来的伤害，提高玉米幼苗的抗旱性能（辛小桂等，2004）。

二、温度胁迫

（一）温度胁迫的发生时期

温度对作物生长发育、干物质积累、成熟度和产量均有显著影响（孙玉亭等，1999），玉米全生育期每个阶段都有可能发生高、低温度的胁迫，从而，影响新陈代谢进程。

（二）高温胁迫的生理反应

高温是影响植物生长发育重要的非生物胁迫因子，高温胁迫导致植物发生一系列的生理、生化变化，严重限制了作物的生长及产量。

1. 高温对光合作用相关参数的影响 高温使玉米叶片的叶绿素含量和叶绿素 a、叶绿素 b 及类胡萝卜素含量下降，叶绿素 a/叶绿素 b 比值增大；叶绿素荧光参数 Fo 和 Fv/Fm 均降低；高温使叶片光合速率下降，原因是衡量叶片光能利用能力大小的表观量子效率降低和光补偿点升高，衡量植物叶片吸收利用能力大小的叶片羧化效率降低和 CO_2 补偿点升高；气孔导度下降，气孔限制值变小（陈笑莹等，2013）。总之，高温破坏了叶片的正常光合作用机制，影响了植株的干物质积累。

2. 高温对活性氧代谢和膜脂过氧化作用的影响 高温使玉米超氧化物歧化酶、过氧化物酶和过氧化氢酶均呈升高趋势，说明高温使植物体内的有害物质增加；同反应膜脂过氧化水平的丙二醛含量也上升，说明高温使植物质膜饱和程度下降，质膜透性增大。

3. 高温对碳代谢关键酶活性的影响 与植物碳代谢有关的酶很多，RuBP 羧化酶和 PEP 羧化酶是植物光合作用过程中两个最重要的酶；1，6 二磷酸果糖酯酶和磷酸蔗糖合成酶是植物叶片蔗糖合成中两个关键性调节酶；腺苷二磷酸葡萄糖焦磷酸化酶、蔗糖合成酶、可溶性淀粉合成酶、束缚态淀粉合成酶和分支酶是与淀粉合成有关的酶。高温总体上使 RuBP 羧化酶、PEP 羧化酶、磷酸蔗糖合成酶、蔗糖合成酶、可溶性淀粉合成酶等同碳同化关键酶的活性降低，抑制了光合产物的合成，PEP 羧化酶活性升高，束缚态淀粉合成酶与其他酶相比，其活性受高温影响较小。

4. 高温对氮代谢关键酶活性的影响 与氮代谢相关的酶主要有硝酸还原酶、谷氨酰胺合成酶、谷氨酸合成酶和谷氨酸脱氢酶等。高温使硝酸还原酶、谷氨酸合成酶和谷氨酸脱氢酶活性降低，而谷氨酰胺合成酶活性提高。高温使作物体内的蛋白质发生降解，作物体内游离氨基酸含量增加，是玉米适应高温的一种自我保护。

5. 高温对激素含量的影响 植物的生长发育受多种激素控制，激素之间相互作用共同作用于植物。高温条件下籽粒中 ABA 含量增加，玉米素（Zeatin）和玉米素核苷（Zeatin riboside）的含量降低，CTK 和 ABA 之间的平衡被打破，籽粒生长发育受到抑制。

（三）低温胁迫的生理反应

1. 低温对玉米叶片抗氧化酶系统的影响 低温使抗冷性差的叶片超氧化物歧化酶、过氧化物酶活性下降，丙二醛含量增加，苹果酸脱氢酶活性受到抑制，过氧化氢酶发生光失活；抗冷性强的品种在一定低温范围内则相反，其酶活性的变化趋势能反映作物抗寒能力的强弱。

2. 低温对玉米叶片脯氨酸含量的影响 研究表明，3℃、6℃和10℃低温下，玉米幼苗叶片中，脯氨酸含量明显增加，温度越低脯氨酸含量就越高。

3. 低温对玉米叶片电导率的影响 低温伤害是植物体内电解质、K^+外渗，导致叶片电导率升高。低温强度越高、时间越长，玉米体细胞细胞液电导率增加的幅度也就越大，细胞膜系统受到的破坏性就越高。

4. 低温对玉米叶片蛋白质含量的影响 蛋白质代谢对植物的耐冷性具有重要作用。可溶性蛋白含量随着低温处理时间的延长先增加后减少，低温胁迫苗期玉米，发现多种功能蛋白表达出现变化，这是植物对低温的一种保护性反应。

5. **低温对玉米叶片核苷酸含量的影响** 当玉米发生低温胁迫时，核糖核酸酶和脱氧核糖核酸酶活性降低，从而导致核苷酸分解量降低。另外，低温可能使核苷酸合成量减少更大，最终低温使植物体内核苷酸含量降低。

6. **低温对玉米叶片叶绿素含量的影响** 叶绿体是植物的光合器官，叶绿素含量的多少直接影响光合产物。研究发现，在低温处理下玉米幼苗叶片中叶绿素含量（SPAD）值减少，低温时间越长叶绿素含量越少。主要原因是低温下叶绿素的凝聚作用，使单位面积的叶绿素含量降低。叶绿素荧光参数 Fo 明显提高说明，低温造成玉米幼苗的光抑制。总之，低温下玉米叶片的光合作用减弱。

（四）温度胁迫的应对措施

1. 高温胁迫的应对措施

（1）**选育推广耐高温品种** 选育推广耐高温性品种是应对高温胁迫的最有效措施之一。首先从玉米种质扩增和筛选入手，在高温胁迫条件下选育耐热性种质，充分利用墨白、suwan 等热带材料，选育和改良现有种质；其次筛选出耐热性的亲本自交系，组配杂交种，充分利用筛选的耐热性材料，广泛组配；配出组合进行多点联合鉴定杂交种的耐热性及综合抗性，根据杂交种特性评价选育自交系的特点，进一步修正所选材料的不足，进行二次改良，最后选育出耐高温、综合抗性好的杂交新品种。

（2）**合理密植，采用宽窄行种植** 通过合理密植调节田间通风透光条件，培育强壮植株、增加单株的水分和养分供给量，从而延缓高温胁迫对玉米叶片内部组织的伤害时间，提高单株的抗性；对不同品种要采用不同的密度实验，优化出最佳的种植密度，既要提高产量，又不至于受到高温伤害。宽窄行种植原理与合理密植一样，通过调节田间通风透光条件，培育强壮植株、提高单株的抗性，提高植株对高温的抵抗力。

（3）**调节播期，避开高温天气** 综合当地多年气象数据，找准对玉米发生高温胁迫的起始时间。根据玉米生育期调整播期，既要避免高温胁迫，又要保证玉米正常出苗，还要保证玉米后期正常成熟和不影响下季作物播种。汉中气候条件下，高温一般发生在 7 月中下旬，可适当覆膜早播，在 3 月底到 4 月初播种较合适；如 5 月下旬到 6 月初种植，授粉期也可避开高温，但是后期温度下降快，造成成熟延迟，进而影响产量。

（4）**苗期抗旱和耐热性锻炼** 苗期进行适当炼苗，在保证正常生长的情况下，尽量少浇水，遵循"蹲湿不蹲干，蹲肥不蹲瘦"的原则，在适墒期蹲苗 15d 左右，可使苗匀苗壮。一般在出苗 10~15d 后进行 20d 的抗旱和耐热性锻炼，提高植株耐热性，可减轻后期高温对花期的为害。

（5）**肥水管理** 适时灌水可改善田间小气候，降低株间温度，增加相对湿度，有效减轻高温对玉米的直接伤害。N、P、K 平衡施肥可及时满足玉米生育期对养分的需要，改善土壤肥力水平；增施有机肥，可改善土壤质地，提高土壤抗旱能力；在玉米喇叭口期间喷施 Zn、Cu、B 等微量元素肥料，能增强花柱和花药的活力及抗高温和抗干旱能力。

（6）中耕锄草　通过中耕锄草，既可减少杂草和玉米争夺水分和养分，又能改善土壤通透性，减少地面水分蒸发、流失，促进根系生长，提高玉米植株抗性。

（7）人工辅助授粉　高温干旱期间，玉米花粉发育、散粉、授粉和受精结实能力均有所下降。如散粉期间遇到 38℃ 以上持续高温天气，建议可适当采取人工授粉的方法提高玉米结实率，减轻高温对授粉受精的影响。不过这只适宜科学研究，因为现今劳动力成本升高，生产上已经没有人愿意从事回报率不高并且繁琐的田间劳动。

（8）施用植物生长调节剂　玉米上施用植物生长调节剂如油菜素内酯，可以有效减轻高温胁迫对玉米籽粒灌浆过程的不利影响，显著抑制高温胁迫条件下玉米叶片光合性能的下降，提高光合产物由源器官向库器官的分配比例，减少籽粒退化，提高穗粒数，有效抑制高温为害。

2. 低温胁迫的应对措施

（1）选育抗（耐）低温品种　在很多春玉米区，播种出苗期及生育后期常常遭遇低温为害，抵御低温的最有效措施是选育耐低温品种。因地制宜做好耐低温材料的选择、组配，选育耐低温品种，同时，种子播前处理，提高种子生命力，提高发芽率也是有效措施。

（2）栽培措施

①适时早播　早播可巧夺前期积温 100～240℃。应掌握在 0～5cm 地温稳定在 7～8℃ 时播种，播种深度 3～5cm，集中在 10～15d 播完，达到抢墒播种、缩短播期，从而向前延长生育期日龄，充分利用前期积温。

②催芽坐水　将种子放在 45℃ 的温水中浸泡 6～12h，然后捞出放在 25～30℃ 的条件下催芽，2～3h 将种子翻动一次，在种子露出胚根后，置于阴凉处炼芽 8～12h，将催好芽的种子坐水埯种或开沟滤水播种，浇好水并覆好土，保证出苗。

③地膜覆盖　地膜覆盖在北方和西南玉米种植区因前期地温低，应用广泛。地膜覆盖主要是增加地表温度，使播期提前 10～15d；地膜覆盖可以抗旱保墒保苗，提高土壤含水量，促进土壤微生物活动，加速土壤中养分分解，从而，促进玉米的生长发育，是抵御低温冷害，实现高产稳产的有效措施。

④育苗移栽　育苗移栽一般可提高积温 250～300℃，比直播增产 20%～30%。温度管理是育苗的关键，在出苗两叶期温度控制在 28～38℃；两叶期至炼苗前温度控制在 25℃，在移栽前 7d，逐渐增加揭膜面积进行炼苗，晚上如无霜冻，可不盖膜，此期还要控制水分以培育壮苗。

⑤苗期施磷肥，早追肥　苗期施 P 肥不仅可以保证玉米苗期对 P 素的需要，而且，还可以提高玉米根系的活性，对于缓解玉米低温冷害有一定的效果。同时，早追肥可以弥补因低温造成的土壤微生物活动弱、土壤养分释放少、底肥及种肥不能及时满足玉米对肥料的需求，从而促进玉米早发快发，起到促熟和稳产的作用。

⑥ 加强田间管理　采取深松、早耥、多耥等措施，改善土壤环境、提高玉米植株根系活性，增强玉米抵抗低温能力。

（3）化学调控　植物生长调节剂如脱落酸、细胞分裂素、生长延缓剂 Amo – 1618、油菜素内酯和 B9 等的施用，都可增加玉米的抗低温能力。如玉米播前用福美双处理，可提高玉米的抗寒性。

本章参考文献

［1］安瞳昕，李彩虹，吴伯志，等．坡耕地玉米不同间作模式效益研究．作物杂志，2009（5）：92 – 94.

［2］白莉萍，隋方功，孙朝晖，等．土壤水分胁迫对玉米形态发育及产量的影响．生态学报，2004，24（7）：1 557 – 1 560.

［3］边秀芝，任军，刘慧涛，等．生态环境条件对玉米产量和品质的影响．玉米科学，2006，14（3）：107 – 109，132.

［4］陈笑莹，宋凤斌，朱先灿，等．高温胁迫下丛枝菌根真菌对玉米光合特性的影响．华北农学报，2013，28（2）：108 – 113.

［5］代旭峰，王国强，刘志斋，等．不同密度下不同行距对玉米光合及产量的影响．西南大学学报（自然科学版），2013，35（3）：1 – 7.

［6］丰 光，李妍妍，景希强，等．玉米不同种植密度对主要农艺性状和产量的影响．玉米科学，2011，19（1）：109 – 111.

［7］高素华，郭建平，张国民，等．低温对玉米幼苗生理反应的影响．应用气象学报，1999，10（2）：238 – 242.

［8］高素华，刘玲．低温、干旱胁迫对抽雄期玉米叶片光化效率和光合作用速率的影响．气象，2007，33（4）：88 – 91.

［9］郭永忠，王峰，刘华，等．喷灌条件下不同节水措施对玉米的影响．西北农业学报，2009，18（1）：285 – 289.

［10］韩金龙，王同燕，徐子利，等．玉米抗旱机理及抗旱性鉴定指标研究进展．中国农学通报，2010，26（21）：142 – 146.

［11］韩茂莉．近 300 年来玉米种植制度的形成与地域差异．地理研究，2006，25

（6）：1 083 - 1 095.

［12］侯云鹏，谢佳贵，尹彩侠，等．测土配方施肥对玉米产量及化肥利用率的影响．安徽农业科学，2010，38（18）：9 452 - 9 454.

［13］贾金生，刘昌明，王会肖．夏玉米水分胁迫效应的试验研究．中国生态农业学报，2002，10（2）：97 - 101.

［14］贾士芳，李从锋，董树亭，等．弱光胁迫影响夏玉米光合效率的生理机制初探．植物生态学报，2010，34（12）：1 439 - 1 447.

［15］解松峰，谢世学，张百忍，等．秦巴山区玉米杂交组合主要性状与产量间的灰色关联度分析．作物杂志，2012（1）：52 - 57.

［16］金善宝．中国小麦生态．1991，北京：科学出版社，313 - 460.

［17］柯德森，杨礼香，巫锦雄．光强对玉米幼苗光合特性及环境羟基自由基水平的影响．应用与环境生物学报，2013，19（3）：404 - 409.

［18］孔凡彬，高扬帆，陈锡岭，等．9 种药剂对玉米小斑病菌的室内抑菌试验．广西农业科学，2006，37（2）：148 - 149.

［19］李潮海，栾丽敏，尹飞，等．弱光胁迫对不同基因型玉米生长发育和产量的影响．生态学报，2005，25（4）：524 - 830.

［20］李金堂，傅俊范，李海春．玉米 3 种叶斑病混发时的流行过程及产量损失研究．植物病理学报，2013，43（3）：301 - 309.

［21］李宁，李健民．密度对不同株型的玉米农艺、根系性状及产量的影响．玉米科学，2008，16（5）：98 - 102.

［22］李青军，张炎，胡伟，等．滴灌施肥对玉米生长发育、养分吸收及产量的影响．高效施肥，2013（31）：7 - 13.

［23］李绍长，白萍，吕新，等．不同生态区及播期对玉米籽粒灌浆的影响．作物学报，2003，29（5）：775 - 778.

［24］李智广，刘务农．秦巴山区中山地小流域土地持续利用模式探讨——以柞水县薛家沟流域为例．山地学报，2000，18（2）：145 - 150.

［25］李宗新，王庆成，刘开昌，等．不同粒重类型玉米品种耐密性的群体库源特征研究．玉米科学，2008，16（4）：91 - 95.

［26］梁显有．秦巴山区中高山玉米育种目标技术路线及发展方向．玉米科学，1998，6（3）：41 - 43，59.

［27］刘帆，申双和，李永秀，等．不同生育期水分胁迫对玉米光合特性的影响．气象科学，2013，33（4）：378 - 383.

［28］刘玲，郭建平，高素华．低温、干旱并发对玉米影响的评估研究．气象，2006，32（4）：116－120.

［29］刘明，齐华，孙世贤，等．水分胁迫对玉米光合特性的影响．玉米科学，2008，16（4）：86－90.

［30］刘天学，王振河，董朋飞，等．玉米间作系统的生理生态效应研究进展．玉米科学，2007，15（5）：114－116，124.

［31］刘晓蕾，赵欣，韩蕊莲，等．水分胁迫下玉米幼苗对外源原儿茶醛的生理响应．西北农业学报，2011，20（1）：76－81.

［32］刘永红，何文铸，杨勤，等．花期干旱对玉米籽粒发育的影响．核农学报，2007，21（2）：181－185.

［33］陆大雷，孙旭利，王鑫，等．灌浆结实期水分胁迫对糯玉米粉理化特性的影响．中国农业科学，2013，46（1）：30－36.

［34］吕雅琴，杨秀林．玉米田常见虫害的防治．现代农业，2011（10）：26－27.

［35］马树庆，刘玉英，王琪．玉米低温冷害动态评估和预测方法．应用生态学报，2006，17（10）：1 905－1 910.

［36］孟磊，丁维新，何秋香，等．长期施肥对冬小麦/夏玉米轮作下土壤呼吸及其组分的影响．土壤，2008，40（5）：725－731.

［37］秦雪峰，杜开书，徐艳聆．夏玉米田害虫的群落结构．江苏农业学报，2013，29（2）：294－298.

［38］邱明生，张孝羲，王进军，等．玉米田节肢动物群落特征的时序动态．西南农业学报，2001，14（1）：70－73.

［39］任永哲，陈彦惠，库丽霞，等．玉米光周期反应研究简报．玉米科学，2005，13（4）：86－88.

［40］单长卷，周岩．外源硫化氢对水分胁迫下玉米种子萌发和生长的影响．广东农业科学，2011（20）：28－29.

［41］宋凤斌，徐世昌．玉米抗旱性鉴定指标的研究．中国生态农业学报，2004，12（1）：127－129.

［42］宋立泉．低温对玉米生长发育的影响．玉米科学，1997，5（3）：58－60.

［43］孙玉亭，孙孟梅，姜丽霞．温度对玉米生长和发育综合影响的评价模型．资源科学，1999，21（1）：63－70.

［44］檀尊社，游福欣，陈润玲，等．夏玉米小斑病发生规律研究．河南科技大学学报（农学版），2003，23（2）：62－64.

［45］唐永金，陈见超，侯大斌．不同生态型玉米生长特点的研究．玉米科学，1999，7（3）：62－67.

［46］唐永金，许元平，岳含云，等．北川山区海拔和坡向对杂交玉米的影响．应用与环境生物学报，2000，6（5）：428－431.

［47］唐臻，刘华，杨茉莉，等．秦巴山区县域特色经济及可持续发展——以陕西省汉中市镇巴县为例．中国农学通报，2005，21（6）：466－469.

［48］田红淋，杨华，许明陆，等．5种缓释肥在渝单8号玉米上的应用效果．江苏农业科学，2013，41（9）：66－68.

［49］王崇桃，李少昆．玉米生产限制因素评估与技术优先序．中国农业科学，2010，43（6）：1 136－1 146.

［50］王海红，束良佐，周秀杰，等．局部根区水分胁迫下氮对玉米生长的影响．核农学报，2011，25（1）：0 149－0 154.

［51］王铁固，王翠玲，吴连成，等．玉米光周期反应的敏感时期研究．河北农业科学，2012，51（12）：2 422－2 425.

［52］王小林，张岁岐，王淑庆．不同密度下品种间作对玉米水分平衡的影响．中国生态农业学报，2013，21（2）：171－178.

［53］吴玮，景元书，马玉平，等．干旱环境下夏玉米各生育时期光响应特征．应用气象学报，2013，24（6）：723－730.

［54］肖永瑚．玉米不同生育期耐冷性研究．作物学报，1984，10（1）：41－49.

［55］谢世学．山区玉米覆膜育苗制种技术．玉米科学，2001，9（1）：67－68.

［56］辛小桂，黄占斌，朱元骏．水分胁迫条件下几种化学材料对玉米幼苗抗旱性的影响．干旱地区农业研究，2004，22（1）：54－57.

［57］徐芳．不同氮肥处理下玉米中营养成分的分析．中国农学通报，2013，29（3）：59－62.

［58］徐凌，左为亮，刘永杰，等．玉米主要病害抗性遗传研究进展．中国农业科技导报，2013，15（3）：18－29.

［59］徐玉华，张万春，赵强，等．汉中市玉米高产集成配套栽培技术．陕西农业科学，2010（6）：208－210.

［60］薛吉全，马国胜，路海东．玉米新品种在秦巴高海拔山区的适应性分析．西北农林科技大学学报（自然科学版），2003，31（1）：85－89.

［61］薛吉全，张仁和，马国胜，等．种植密度、氮肥和水分胁迫对玉米产量形成的影响．作物学报，2010，36（6）：1 022－1 029.

［62］杨利霞，袁再勤，孟茹，等．汉中市农业界限温度的特征及变化趋势研究．陕西农业科学，2014，60（9）：10-14.

［63］杨猛，庄文锋，魏湜，等．玉米苗期受低温胁迫蛋白表达差异研究．核农学报，2013，27（11）：1 742-1 748.

［64］杨晓光，于沪宁．夏玉米水分胁迫与反冲机制及其应用．生态农业学报，1999，7（3）：27-31.

［65］姚晓红，李侠．气候变暖对天水市川灌地玉米生长发育的影响及对策研究．干旱气象，2006，24（3）：57-61.

［66］余青，张和喜．西南山地玉米高效节水灌溉技术研究．安徽农业科学，2012，40（35）：17 048-17 049，17 053.

［67］曾广莹，李丛斌，杜章华，等．秦巴山区玉米杂交种的选育及杂优模式应用研究．陕西农业科学，2013（5）：44-46，59.

［68］张彪，陈洁，唐海涛，等．西南区突破性高产玉米品种育种思考．玉米科学，2010，18（3）：68-70.

［69］张海艳，董树亭，高荣岐，等．玉米籽粒品质性状及其相互关系分析．中国粮油学报，2005，20（6）：19-24.

［70］张建平，赵艳霞，王春乙，等．不同发育期低温冷害对玉米灌浆和产量影响模拟．中国农学通报，2012，28（36）：176-182.

［71］张立新，李生秀．氮、钾、甜菜碱对减缓夏玉米水分胁迫的效果．中国农业科学，2005，38（7）：1 401-1 407.

［72］张明海．夏玉米田应用除草剂防除杂草试验研究．现代农业科技，2008（11）：143-144.

［73］张士奇，徐梅生，余元虎，等．夏玉米高产栽培关键技术．现代农业科技，2008（12）：222，228.

［74］张淑杰，张玉书，纪瑞鹏，等．水分胁迫对玉米生长发育及产量形成的影响研究．中国农学通报，2011，27（12）：68-72.

［75］张晓聪，雍洪军，张焕欣，等．玉米芽期和苗期耐冷性研究进展．作物杂志，2012（6）：8-13.

［76］张亚勤，杨华，祁志云，等．遮光胁迫对玉米植株性状的影响研究．中国农学通报，2011，27（33）：40-43.

［77］张玉书，米娜，陈鹏狮，等．土壤水分胁迫对玉米生长发育的影响研究进展．中国农学通报，2012，28（3）：1-7.

［78］赵国良，高强，姚小英，等. 天水市玉米生长对气候变暖的响应. 中国生态农业学报，2012，20（3）：363 - 368.

［79］赵美令. 玉米各生育时期抗旱性鉴定指标的研究. 中国农学通报，2009，25（12）：66 - 68.

［80］赵文志，续建国. 防治玉米丝黑穗病种衣剂的筛选试验. 山西农业科学，2006，34（3）：69 - 70.

［81］郑洪建，董树亭，王空军，等. 生态因素对玉米籽粒发育影响及调控的研究. 玉米科学，2001，9（1）：69 - 73.

［82］郑盛华，严昌荣. 水分胁迫对玉米苗期生理和形态特性的影响. 生态学报，2006，26（4）：1 138 - 1 143.

［83］郑志芳，赵姣，姜兴芳，等. 玉米不同生育阶段养分效应评价方法研究. 中国生态农业学报，2013，21（9）：1 064 - 1 072.

［84］周涛，刘运华. 秦巴山区玉米生产存在的问题及对策. 现代农业科技，2010（7）：112.

［85］周卫霞，董朋飞，王秀萍，等. 弱光胁迫对不同基因型玉米籽粒发育和碳氮代谢的影响. 作物学报，2013，39（10）：1 826 - 1 834.

［86］朱永波，张仁和，卜令铎，等. 玉米苗期抗旱性鉴定指标的研究. 西北农业学报，2008，17（3）：143 - 146.

［87］左端荣，郑兴洪，葛玉平，等. 夏玉米高产栽培技术. 现代农业科技，2007（15）：127.

第三章 小麦种植

第一节 小麦生产布局和生长发育的温度效应

一、秦岭西段南北麓小麦生产布局

（一）天水市小麦生产布局

1. 天水市小麦产区　秦岭西段北麓的天水地区位于陇山南侧和西秦岭北部的渭河上游地区，全国小麦区划中的"黄淮平原冬麦区"的边缘地带和"北部冬麦区"的冬小麦副区。区内地势是西秦岭和陇山一带较高，海拔在 2 000m 以上，而中东部河谷川道地区较低，多为 1 000~1 500m，一般山区则为 1 500~1 900m。气候比较温暖湿润，年平均气温 7~11℃，1 月平均最低气温为 −11.3 ~ −7.5℃，极端低温为 −23.2 ~ −17.5℃，≥0℃的积温为 2 967 ~ 4 133℃，晚霜冻害多在 4 月下旬至 5 月上旬。年降水量为 473 ~ 575mm，冬春少雨干旱，冬季（12 月至翌年 2 月）降水量只有 9 ~ 15mm，春季（3 ~ 5 月）降水量为 96 ~ 116mm，土壤以褐色土、灰褐土和黄绵土为主，土层较厚，土质较瘠薄。耕作制度除少数河谷川道为一年两熟外，多为两年三熟。

本区气候条件，虽然常因冬、春干旱和低温冻害，对山旱地区的冬小麦越冬和拔节抽穗不利，但大多数地区的水热条件，可以满足小麦生育需要，适于种植冬小麦。特别是伏秋多雨，地墒较好，有利于小麦播种出苗，生长后期无高温逼熟，灌浆时间较长，有利于形成大粒。

根据天水的自然条件、管辖范围和栽培习惯以及小麦品种特性布局，在长期生产实践中，形成 5 个栽培区。

（1）河谷川塬小麦栽培区　包括渭河干流及其支流，即渭河、葫芦河、牛头河流域海拔 1 300m 以下的地区。本区渭北西部属半干旱气候，其余地区为半湿润气候，年均气温 8 ~ 10℃，8 月至翌年 6 月降水量 370 ~ 486mm，适宜小麦生长发育。区内大部分为川坪地，地势较平坦，机耕、灌溉条件好，但川坪旱地仍感水分不足。这一区域是天水市粮食的高产区，属小麦高产区。该区年均小麦种植面积 22 万亩，占年均粮食作物面积的 4.3%，占全市年均小麦种植面积的10%。主要种植品种有天选49、天选51、兰天23、兰天24、兰天26、天选46等，良种面积达90%以上。

（2）高海拔川区小麦栽培区　即海拔1 300～1 700m的川区，包括秦州区、关子川区，麦积区麦积、街子川区，武山县榜沙河、滩歌、马力川区，秦安县清水河流域川区，清水县小泉峡至白沙川区。该区年平均气温6.5～8℃，小麦播前两个月及生育期降水量为450～520mm，光、热、水等条件适宜小麦生长发育。该区除部分沟谷、川坪及山地梯田外，大部分农田为坡地，小麦生产条件差。该区年均小麦种植面积12.4万亩，占年均粮食作物面积的2.4%，占全市年均小麦种植面积的5.5%。主要种植品种有天选46、天选51、兰天22、天94—3、兰天21、兰天23，良种面积达90%以上。

（3）半山干旱小麦栽培区　包括渭北全部浅山区，葫芦河、散渡河流域及清水河以北低山区。本区年平均气温8～9.5℃，年降水量为350～400mm，区内光照充裕，热量、水分较差，较适宜小麦生长发育。该区年均小麦种植面积35.5万亩，占年均粮食作物面积的6.9%，占全市年均小麦种植面积的15.8%。主要种植品种有天选45、天先47、天选50，天选52、中梁30、中梁31、兰天19等，良种面积达85%以上。

（4）二阴半山小麦栽培区　包括渭河以南及渭北东部牛头河、清水河流域全部低山区。本区年平均气温8～10℃，年降水量为350～500mm，光、热、水等条件较适宜小麦生长发育。该区年均小麦种植面积48.7万亩，占年均粮食作物面积的9.6%，占全市年均小麦种植面积的21.6%。主要种植品种有兰天26、兰天27、中梁26、中梁27、兰天21、兰天22、天选50、中梁31、兰天31等，良种面积达85%以上。

（5）高寒阴湿山区小麦栽培区　包括海拔1 800m以上的全部小麦种植区。本区气候温凉，热量条件较差，多数地区光照较少。年平均气温<8.0℃，年降水量为400～550mm，光热条件较适宜小麦生长发育。该区年均小麦种植面积105万亩，占年均粮食作物面积的20.6%，占全市年均小麦种植面积的46.7%。主要种植品种有兰天26、27、兰天29、中梁31、兰天18、兰天19、兰天20、天选50、兰天31等，良种面积达85%。

2. 天水市小麦生产　小麦是天水市的主要粮食作物之一。天水主要种植冬小麦，民国时期历年种植面积250万亩左右，总产11.25万t。中华人民共和国成立后，播种面积有所增加，1975年达到最大333.86万亩，后开始下降到1978年的206.98万亩，但单产逐年增加。历年种植面积（1981—2007年）在225万亩左右，2008—2012年在200万亩左右。约占粮食作物种植面积的44%，总产占粮食总产量的37.9%，平均亩产117.9kg，最高的2012年达172.4kg，最低的1979年67.08kg（表3－1）。

表3-1　天水市重点年份小麦面积、总产和单产

年份	面积（万亩）	总产（t）	单产（kg/亩）	小麦面积占粮食作物面积的比例（%）
1978	206.98	16.77	81.02	39.55
1979	202.89	13.61	67.08	38.15
1980	197.41	14.1	71.42	38.06
1981	209.07	16.66	79.69	40.30
1982	221.09	24.89	112.58	43.57
1983	236.74	26.95	113.84	46.70
1984	244.66	26.77	109.42	49.05
1985	249.43	27.95	112.06	50.72
1986	243.37	24.24	99.60	48.91
1987	231.94	23.77	102.48	46.49
1988	198.15	21.13	106.64	39.77
1989	226.3	29.39	129.87	45.09
1990	231.85	30.31	130.73	44.24
1991	232.18	32.81	141.31	45.17
1992	219.74	24.74	112.59	41.10
1993	235.17	34.42	146.36	44.64
1994	263.2	30.72	116.72	49.71
1995	230.14	24.24	105.33	42.90
1996	224.12	27.36	122.08	42.25
1997	221.51	19.76	89.21	42.13
1998	229.83	27.59	120.05	43.53
1999	231.15	17.06	73.80	42.61
2000	226.3	19.27	85.15	44.13
2001	224.17	26.32	117.41	44.68
2002	223.56	29.14	130.35	45.93
2003	217.3	29.35	135.07	45.28
2004	215.42	31.19	144.79	45.38
2005	218.53	30.38	139.02	45.93
2006	218.86	32.08	146.58	46.53
2007	218.76	24.08	110.07	46.19
2008	210.94	30.91	146.53	42.50
2009	202.27	30.38	150.20	43.87
2010	202.53	32.07	158.35	43.19
2011	202.03	29.89	147.95	42.64
2012	196.4	33.86	172.40	42.00

注：数据来源于2013年《天水市经济年鉴》

（二）汉中市小麦生产布局

秦岭西段南麓的汉中地区，地处西南冬麦区四川盆地副区。四川盆地副区包括四川（除阿坝、甘孜、凉山及雅安的部分县）省的重庆、汉中及陇南等。本区属北亚热带湿润、半湿润气候区。气候温暖，最低月平均气温4.9℃，降水量分布不均，呈南多北少、山区多平川少、夏季多冬季少的格局，致使部分区域常在麦熟期遭遇涝害；而一些区域在小麦拔节期常遇干旱。云雾多，日照不足，空气湿度大，易发生病害。

汉中小麦主要分布在平坝和秦巴浅山丘陵区，分别为平坝早熟冬麦区和秦巴浅山丘陵中熟冬麦区。

1. 平坝早熟冬麦栽培区　平坝早熟冬麦区生产条件较好，属小麦的次适宜区。气候温热湿润，冬季低温时间短，春季气温回升快，利于小麦生长发育；自然条件好，土地平整，土壤肥沃，水田多，以稻麦、稻油两熟为主；本区对品种的基本要求是早熟、丰产、抗病、抗淋耐湿、耐肥抗倒，生育期200~220d。

2. 秦巴浅山丘陵中熟冬麦栽培区　秦巴浅山丘陵中熟冬麦区属小麦的次适宜区，该区平缓地小麦多实行小麦、玉米一年两熟，个别田块夏闲后种正茬小麦。本区对品种的基本要求是：丰产优质、抗病抗倒、耐旱耐瘠，生育期220~270d。

依据本区自然地理生态条件形成了两种种植小麦的传统模式。平坝麦区水田以稻麦连作两熟为主，主要集中在以汉台区为中心的汉中盆地。因其前茬为水田，主要以扎根较浅、抗病性较强、耐水肥、分蘖适中的小麦品种为主。播种方式有稻茬麦免耕撒播、旋耕撒播、机械精量播种等，其中，稻茬麦免耕撒播包括：免耕＋人工撒种＋人工覆盖稻草；免耕＋人工撒种＋覆土。目前，主要以前两种播种方式为主。山区旱坡地以小麦－夏玉米一年两熟为主，该区包括汉中区域内秦岭南麓及巴山北部浅山丘陵区，以旱地为主。

品种布局上，陕南平坝区采用了抗条锈病、白粉病、耐肥抗倒、高产较优质、适宜稻麦两熟的春性较早熟品种；秦巴浅山丘陵区采用了需肥中等、高产稳产、品质优，并具有一定的耐旱耐瘠性、抗条锈病和赤霉病，熟期适中的弱冬性或弱春性品种；山区则采用了耐旱耐瘠性强的品种。该区小麦生长无越冬期。

汉中市近年来，小麦播种面积约68.29万亩，以汉台区、勉县、洋县、宁强县及略阳县面积较大，占小麦播种面积的70%。汉中小麦总产量约占夏收作物总产量的一半（约为12.91万t），是平川丘陵区除水稻之外的第二大粮食作物，亦是山区第一大粮食作物。平均单产为189kg/亩，处于较低产量水平。其中，2010年汉中小麦单产达到209.43kg/亩，为近7年来小麦平均单产最高。而且，各地产量水平参差不齐，某些高产示范区稳定可达400kg/亩（如勉县新街子镇），而一些地方却不足100kg/亩，其中，原因除了气候因素外，与各地土壤及管理水平不同有重要的关系（表3-2）。

表3-2 汉中市小麦生产状况

年份	面积（万亩）	产量（万 t）	单产（kg/亩）
2007	69.35	12.23	176.32
2008	69.28	12.74	183.90
2009	70.27	13.67	194.50
2010	69.69	14.6	209.43
2011	66.70	11.74	176.01
2012	66.70	12.69	190.25
2013	66.06	12.73	192.68
平均	68.29	12.91	189.01

注：数据源于汉中市农业局

二、生长发育的温度效应

在秦岭南北麓的播期条件下，日长不是所用小麦品种生长发育的制约因素。温度是主要影响因素。温度对于冬小麦生长发育影响较大，主要体现在以下几方面。

（一）气候变化对冬小麦生产的影响

气候变化会对中国冬小麦生产带来深远的影响。CO_2浓度升高和气候变暖有利于冬小麦种植区向春麦区扩展，主要表现在辽宁、河北、陕西、内蒙古自治区等种植边界的显著北移和青海、甘肃种植边界的显著西扩；CO_2浓度升高还会促进小麦根、茎、叶的生长，提高叶片光合速率和 N 素的吸收与利用，有利于产量提高。但气候变化在中国还表现为太阳辐射的下降，冬小麦主产区黄淮海麦区和长江中下游麦区下降更为显著。试验研究表明，长期弱光小麦产量降幅6.4%~25.8%。温度升高对小麦产量的影响，目前，尚无明确定论，然而，最值得关注和警惕的是高温与低温以及降水时空分布不均导致的干旱和渍水等极端气象灾害事件，随着全球气候变化发生频率显著增加，严重影响了小麦的生产，尤其是生育中后期的逆境将导致小麦结实粒、千粒重显著下降，造成产量锐减。此外，气候变化导致的病虫草害加剧，不仅导致减产，还将显著增加生产成本，不利于小麦生产。

（二）冬、春地温变化对冬小麦生长和产量的影响

农业是对气候变化反应最为敏感的领域之一，气候变化会影响到农业生产的布局和结构，也会对农作物的生长发育产生影响。作物的根系生长在土壤中，土壤条件是农作物生长的重要的环境因子，土壤温度的高低对作物生长发育的影响比气温更加直观。许多研究表明，地温对农作物的生长有的一定的影响，是一个重要的气候指标。王春玲等（2012）研究表明，天水地区近28年来冬春两季地温均出现增温现象，春季地温增幅高于冬季地温增幅；冬春两季地温与冬小麦返青后各发育期开始时间均为负相关，春季地温与全生育

期持续时间为显著的负相关；春季地温与冬小麦孕穗期株高呈显著负相关，与籽粒与茎秆比、成穗率呈显著正相关。冬春地温与冬小麦生长和产量间存在明显的关系，春季地温的影响比冬季地温更明显。春季地温的影响具有显著性和持续性，而冬季地温的影响具有阶段性和滞后性的特点。

（三）冠层温度与冬小麦产量和水分利用效率的关系

干旱是全球农业生产面临的严重问题，世界上 50 多个国家和地区处于干旱半干旱区，面积大约占地球陆地面积的 34.9%，其中，有灌溉条件的耕地面积尚不到 15%，其余皆为雨养农业。高效利用水资源，发展抗旱节水农业，是农业摆脱干旱危害的战略选择，生物节水是节水农业技术的创新重点。国外许多研究认为，冠层温度与作物水分利用、蒸腾作用、水分胁迫以及生物体内部代谢密切相关，是作物与环境综合作用的集中表现，可作为品系早代和晚代抗旱性筛选的重要指标。张嵩午等（2001）对小麦冠层温度做了大量研究，还结合小麦的外部特征及内部生理生化特征进行了较为细致的研究表明，由于作物冠层温度受地域生态条件和品种的影响，与作物水分利用密切相关。朱云集等（2004）研究了 6 个小麦品种灌浆期间冠层温度的差异，灌浆后期冠层温度与产量之间的相关系数达到 0.837。然而，国内有关小麦品种冠层温度与产量和水分利用效率直接关系的研究报道还较少。赵刚等（2008）通过研究水分利用效率和产量之间的相关性证明，冠层温度在筛选小麦品种（系）时也是一个重要的指标。结果表明，不同基因型小麦在籽粒灌浆结实期存在着冠层温度高度分异现象，其分异程度随生育期的推后明显加大，到灌浆中后期达到最大。无论拔节期、灌浆初期还是中后期，旱地冬小麦产量、水分利用效率与冠层温度均呈极显著的负相关，并且随着生育期推移，相关性增大。灌浆中期以后，不同基因型小麦冠层温度保持较高的一致性，冠层温度偏低的品种具有较高的产量和水分利用效率。灌浆中后期的冠层温度在评价小麦产量和水分利用效率上具有较高的可靠性，可作为田间选择的一个指标应用。

（四）温度对冬季小麦叶片光合作用的影响

温度是影响植物地理分布和光合生产力的一个主要环境因素。植物在其一生中往往经历昼夜的和季节的温度变化。关于植物光合作用对环境温度变化的响应与适应，已有大量的研究报告与综述。在短期（几小时至几天内）低温（非致死的）条件下，光合作用由于其酶反应受限制而遭受可逆抑制，并且由于遭受磷限制使光合碳同化表现出对氧浓度变化的不敏感性。在长期（几周乃至数月）低温条件下，耐寒植物和冬季作物能通过提高一些参与光合碳同化的酶的活性而提高光合能力，光合作用的最适温度会向低温迁移，表现出明显的季节变化（贺东祥等，1995）。至于田间生长的耐寒植物在经历冬季低温的过程中，叶片光合速率对温度响应方式的变化，还未见报告。研究表明，初冬田间小麦离体叶片光合作用的第一种温度响应方式是遭受低温可逆抑制的光合功能在较高温度下得以恢复的反映，而第二种温度响应方式则是已适应冬季低温的光合机构在较高温度（30℃）下膜系统受到伤害的结果。

（五）温度对小麦碳氮代谢的影响

高温胁迫对中国小麦的为害主要表现为干热风，其影响后果为灌浆期缩短、粒重降低。目前，温度升高与 CO_2 浓度升高协同作用对小麦影响的研究多集中在光合特性的变化方面，而对于小麦碳氮代谢以及品质影响的研究甚少。深入研究碳氮代谢对高温胁迫的响应，揭示温度对中国小麦产量和品质影响的生理原因，探讨相应的对策，对于稳定中国小麦产量以及提高品质具有重要的科学意义和实践价值。环境温度的变化影响植物的碳氮代谢过程，从而改变植物的生长发育。李永庚等（2003）综述了小麦光合产物形成、叶片蔗糖合成、茎鞘中非结构碳水化合物合成与降解、籽粒淀粉合成的一般规律及其在不同温度条件下所发生的变化指出，小麦灌浆期温度超过适温后粒重和产量将会降低。

碳氮代谢是植物最基本的代谢，两者密不可分。

1. 温度与小麦碳代谢及产量 国内有关小麦光合特性及其与环境条件关系的研究，已有较多报道。小麦叶片光合产物主要以蔗糖的形式存在并向外输出。自 Leloir 和 Cardini（1995）在小麦胚中发现磷酸蔗糖合成酶（EC 2.4.1.14，SPS）以来，植物体蔗糖代谢的研究有了很大进展。果聚糖是小麦茎鞘贮藏性非结构碳水化合物（Non-structural carbohydrates，NSC）的主要成分（Archbold，1940）。茎中 NSC 含量最高时，果聚糖可占 NSC 的85%，含量可达茎干重的40%。姜东等（2002）发现，果聚糖代谢对高产小麦具有重要意义，大量研究发现，温度是影响 NSC 积累的一个重要因素。淀粉占小麦胚乳重量的3/4，是小麦主要的能量贮存物质，Jenner（1991）曾研究了小麦在高温下磷酸己糖（G-6-P，G-1-P，F-6-P）和 ADPG 含量变化及高温处理恢复至常温后上述糖的变化，认为高温下耐热品种的 ADPG 含量下降快，说明 ADPG-PPase 的活性受到高温环境的影响。

2. 温度与氮代谢 廖建雄等（2000）发现，高温胁迫引起小麦叶片 N 素含量降低。Blumenthal 等（1991），Randall 和 Moss（1990）发现，当温度升到32℃以上时，有些品种的籽粒蛋白质含量降低，也有些品种的蛋白质含量升高，这可能与粒重降低的幅度有关。Wrigley 等（1994）发现，灌浆前期高温胁迫导致蛋白质含量显著降低。环境条件和栽培措施影响 GMP 的组成和大小分布，其中，温度是一个主要的影响因子。Graybosch 等（1995）指出，不同环境条件下小麦的蛋白质组分和 SDS-沉降值存在较大差异，这主要是由温度差异造成的。

（六）灌浆期高温对小麦旗叶抗氧化酶和膜脂过氧化的影响

小麦花后籽粒发育过程中，阶段性高温胁迫影响小麦产量和品质的稳定。Shah 等

（2003）、Plaut 等（2004）认为，花后高温使光合作用降低，叶面积减少，降低了籽粒干物质的积累速率，导致粒重降低。封超年等（2000）探讨了花后高温对小麦籽粒胚乳细胞发育及粒重的影响认为，高温短时间内提高籽粒胚乳细胞分裂速率，但胚乳细胞分裂时间明显缩短，最终胚乳细胞数减少，显著降低粒重。郑飞等（2001）认为，灌浆期高温胁迫导致冬小麦的旗叶 MDA 和脯氨酸含量急剧上升。Stone 等（1997）研究认为，高温提高了籽粒蛋白质含量，影响蛋白质组分，降低了面团的混合时间。关于小麦后期高温与抗氧化酶及膜脂过氧化关系前人有较多研究，对不同筋力小麦进行比较研究报道较少。刘萍等（2005）研究发现，随着温度升高，剑叶超氧化物歧化酶（SOD）、过氧化物酶（POD）和过氧化氢酶（CAT）活性呈下降趋势，膜脂过氧化产物（MDA）含量呈上升趋势。高温胁迫对中筋小麦扬麦 12 SOD、CAT 活性的伤害大于弱筋小麦扬麦 9 号，对扬麦 9 号 POD活性的伤害大于扬麦 12，扬麦 12 MDA 积累速率大于扬麦 9 号，高温胁迫导致千粒重下降。不同的温度对叶片中 SOD、POD 和 CAT 活性和 MDA 含量的影响不同，且不同品种对温度的适应性不同，随温度升高植株衰老加剧，不同品种间变化趋势基本一致。高温胁迫可诱导活性氧清除酶系统（SOD、POD、CAT）活性下降，植株体内保护酶系统趋于衰弱或崩溃，高温导致膜脂过氧化程度（MDA）加剧，衰老速度加快。高温胁迫条件下，随着温度的升高，SOD、POD 和 CAT 活性呈下降趋势，MDA 含量呈上升趋势。高温伤害对剑叶抗氧化酶及膜脂过氧化的影响存在品种间差异。因为高温胁迫时，不同品种叶片中酶活性存在差异，故叶片受伤害的影响程度不同，且不同品种对不同温度的反应存在差异。很多研究结果都表明，灌浆期高温对小麦品质和产量的影响与土壤温度、含水量关系密切，因此，对小麦耐热性的生理机制及其调控措施，特别是土壤温度、含水量的互作效应等对小麦植株的危害及防御尚有待进一步探讨。

第二节　秦岭西段南北麓小麦品种沿革

一、品种更新换代

（一）天水市小麦品种演替

新中国成立 60 多年来，天水市通过省审定（认定）和生产上曾有较大面积种植的小麦品种达 101 个。这些品种大致经历了 6 次更新换代，每次更换都增产小麦 10％以上。目前，除少数自然条件特别严酷区域仍有地方品种种植外，全市 98％以上地区均有适合当地栽培的新育成品种。

秦岭西段南北麓主要作物种植

1. 农家品种为主，新品种开始引进（1952 年前）这一时期，天水小麦生产发展长期停滞不前，种植的小麦品种多为古老的地方品种，产量长期徘徊在 48kg/亩的水平。小麦生产在低水平上起步。20 世纪 50 年代初期，全省广泛开展了群众性地方品种的评选鉴定工作，先后评选出一批良种，在其适种地区迅速扩大。天水川区及浅山区主要栽培的品种有：青熟麦、红蚂蚱、红早麦、白早麦、碧玉麦、白齐麦、和尚头、红挑头、白秃头等。其中，以碧玉麦、青熟麦、蚂蚱麦、白齐麦、和尚头产量最高，一般亩产 70kg 以上，抗旱、耐寒、耐瘠、稳产性好。山区主栽品种有：老芒麦、红火麦、烟雾麦、红齐麦、白芒麦、红疙瘩、白疙瘩、蓝齐麦、白火麦、茧儿麦等。其中，以老芒麦、红火麦、白火麦、红齐麦等产量最高，一般亩产 50kg，这些品种一般抗旱、耐瘠、越冬性和稳产性好。陇南农事实验场从 1943 年开始，先后引进西北 302、陕农 7 号、武功 113、骊英 3 号、钱交麦、早洋麦、碧蚂 1 号、碧蚂 4 号、西北 6028 等品种。这些品种不仅为当时农业生产做出了贡献，也为后来的小麦杂交育种积累了丰富的种质资源。

2. 外引品种直接应用阶段　50 年代中期，冬小麦引种成功。以南大 2419、碧蚂 1 号、甘肃 96、西北 302、玉皮麦为代表的系列品种，成为天水地区的主栽品种，较当地品种增产 13%～57%。其中，碧蚂 1 号最受欢迎，表现适应性广、抗逆性强、早熟、丰产、最高亩产可达 350kg 左右，成为 50 年代末至 60 年代初唯一主体品种。上述品种取代了地方品种，实现了天水地区小麦的第一次更新。

随着主体品种碧蚂 1 号的严重感锈，因阿勃、阿桑、尤皮莱 II 号、钱交麦等高产、抗锈、广适而被确定大面积推广应用，种植面积直线上升，这些新良种替换了碧蚂 1 号和山区的大部分农家品种。1960 年开始，先后引进推广了阿夫、阿桑、内乡 5 号、欧柔、陕农 9 号、西北 134 等良种搭配种植。大面积推广的还有天水地区农科所自育的陇南 192、陇南 1184、天选 3 号、天选 1 号等。至 1969 年全区小麦良种面积达到 260 余万亩，生产上使用的品种 120 多个，从而完成了天水地区小麦品种的第二次更新。

3. 育成品种与外引品种并重阶段　20 世纪 70 年代初，天水地区育成了天选、中梁等系统的小麦良种，逐步取代了阿勃、阿夫等品种。天水浅山区以天选系、甘麦系为主；山区以中梁系为主。生产上甘麦 8 号、中梁 5 号、天选 15、中梁 11、天选 16、天选 17、天选 18、甘麦 11、甘麦 23 等，年播面积均在 5 万亩以上。形成了天水地区小麦品种的第三次更新。

70 年代末，由于甘麦 8 号等品种的抗锈性丧失，在陇南冬麦区已经常遭受冻害，面积逐渐压缩。陇南冬麦区原搭配种植的天选 15、天选 17 等冬小麦良种逐步发展为适宜种植区域的主栽品种，由原来的 31.47 万亩迅速发展到 81 万多亩。新育成的天选 33、天选 34、中梁 3 号、中梁 5 号、天选 763 等与新引进的阿车雷、里勃留拉、山前麦等抗锈品种迅速推广；咸农 4 号不仅耐锈，且稳产性好，适于原天水地区较干旱一般山区种植，面积由 1975 年的 5 万亩很快发展到 30 余万亩，到 80 年代中期又扩大到 104 万亩。高寒山区的保加利亚 10 号、保加利亚 14 以及东方红 3 号、农大 88 等均得以扩大。从而，基本形成了天水地区小麦品种的第四次更新。

80 年代中期，陇南冬麦区除浅山区种植的咸农 4 号面积继续扩大，里勃留拉、天选系、中梁系、山前麦等仍种植一定面积外，成良系统、清山系统、绵阳系统以及秦麦 4 号、社 56 等也有一定的发展。原有品种又逐步压缩，形成了天水地区小麦品种的第五次更新。

4. 育成品种为主、外引品种为辅阶段　进入 20 世纪末，小麦品种的选育进入了较快的发展阶段。由于国家重视和科研人员的努力，品种在产量、品质、抗性各方面进入了一个更高的水平，陇南、天水的中梁系、天选系、兰天系、清山系、洮字系等一批优良品种逐步取代了老品种，在生产中发挥了重要作用。兰天 3 号、兰天 10 号、清山 851、中梁 17、中梁 21、中梁 22、天选 37、天选 39、天 863－13、洮 157 等一批材料种植面积不断扩大，从而完成了天水小麦品种的第六次更新。

近几年，各单位先后选育出了中梁 26、中梁 27、中梁 30、天选 44、天选 45、天选 47、天选 50、兰天 19、兰天 26、兰天 30 等优质抗病高产品种，为今后甘肃陇南冬麦区小麦的全面发展打下了坚实的基础。

（二）汉中小麦品种演替

汉中特殊的地理环境和生态气候，造就了汉中的小麦品种具有独特的区域性。汉中因与陇南小麦条锈病菌越夏区毗邻，使得汉中成为小麦条锈病菌越冬扩繁向长江中下游传播的桥梁地带，汉中也因陇南小麦条锈病菌新小种的不断变异，小麦品种抗锈性的丧失，小麦品种进行了多次的更换和演变。

20 世纪 50 年代初以汉中市农科所引进的抗条锈病的南大 2419（齐头红、敏塔纳）更换了感条锈、赤霉病的金大 2905 及部分农家品种，亩产由 1949 年的 59kg 上升到 74.5kg，实现了汉中地区小麦品种的第一次更换。随着条中 13 小种的出现，使南大 2419 丧失抗锈性，60 年代初期引进的半冬性阿勃取代了南大 2419，直至推广到 70 年代末期，产量上升到 124.5kg，实现了汉中地区小麦品种的第二次更换。此后，随着条中 18、19 小种的崛起，使阿勃逐渐丧失抗锈性，70 年代末，汉中市农科所首先引进 6601 和 67－374、凡 6、凡 7 等早熟春性品种搭配种植，并在 1977 年引进春性中熟种绵阳 11。通过区域试验等确定了推广绵阳 11 和川育 5 号，使汉中地区小麦品种得以第三次更换。1985—1988 年前后试验推广绵阳 19、15、川育 8 号、自育品种汉麦 4 号等品质好，适应性强的品种，1988 年又引进试验了 80－8 等，于 1990 年确定 80－8 和川育 8 号、绵阳 19、汉麦 4 号为一套新的更换品种，1991 年已基本普及，实现了第四次更换。90 年代，引进试验了 9418、绵阳 28、绵阳 31、川育 16 等，确定了 9418、绵阳 31 为新的更换品种，实现了第五次更换。2000 年以来，又引进了 9503、川麦 42、川麦 107 等品种代替了 9418 等。1993 年汉中市农科所选用顶芒多粒、综合性状较好的自育品系 86 - 133 选 - 1 株系作母本，与从云南引进的大穗大粒、白皮、高抗条锈病的材料 191 作父本进行常规杂交，连续多代多次定向选择，于 1999 年育成植株健壮、整齐度好、经济性状优异、产量高、抗病性强的优势株系，经多年试验，定名汉麦 5 号，2005 年 9 月通过陕西省农作物品种审定委员会审定。现正在汉中、安康市小麦生产上大面积推广应用，且在商洛及陇南部分地方也得到了推广应用。不仅如此，通过引种进行系选，选育出的汉麦 6 号、7 号现也已开始示范推广。

二、优良小麦新品种简介

（一）中梁 31

中梁 31 是甘肃省天水市农业科学研究所以洮 157 和 82（348）杂交一代为母本，AT8118 号和洮 157 杂交一代为父本杂交选育而成。原代号中梁 9589。2011 年通过甘肃省农作物品种审定委员会审定。

冬性。生育期 259d。幼苗匍匐，叶片平伸，灰绿色，株高 92.2cm。穗长 7.5cm，穗纺锤型，白色，顶芒；穗粒数 39.3 粒，粒红色，椭圆形，硬质；千粒重 42.5g，容重 752.0g/L；粗蛋白含量 13.17%，降落数值 227%，湿面筋 30.6%，沉淀指数 28.5ml。苗期对条锈菌混合菌表现中抗，成株期对条中 31、水 4 号、条中 32、条中 33 表现免疫，对水 7 号及混合菌表现中抗。

2007—2009 年参加甘肃省陇南片山地组区域试验，平均亩产 417.5kg，较对照增产 7.2%。生产试验中，平均亩产 352.4kg，较对照增产 3.0%。

山旱地播期为 9 月 25 日至 10 月 8 日，露地种植密度 22 万～25 万苗/亩为宜。亩施有机肥 500.0kg，纯 N 9.0kg，P_2O_5 11.5kg。

适宜于天水市渭河流域海拔 1 500～2 000m 的干旱及半山区、二阴山区及旱川地种植。

（二）天选 50

天选 50 是甘肃省农业科学研究所以天 94 - 3 为父本，FUNDLEA900 为母本杂交选育而成，原代号 9524 - 1 - 2 - 2 - 1。2012 年通过甘肃省农作物品种审定委员会审定。2012 年 12 月通过甘肃省科技厅科技成果鉴定，成果水平达国内领先。

冬性。生育期正常 259d。幼苗半匍匐。穗为纺锤形，白壳，无芒。株高 96.0cm，穗长 7.1cm，小穗数 14.0 个，穗粒数 36.4 粒左右。籽粒长椭圆形，红色，硬质，千粒重 44.5g。粗蛋白含量 14.85%，湿面筋含量 29.5%，沉淀值 43.2ml，吸水量 60.5ml/100g，面团形成时间 7.0min，稳定时间 8.1min，粉质仪分析评价值 65，最大抗拉阻力 562EU，延伸性 134mm，能量 102.5cm^2。苗期对条锈病混合菌表现免疫，成株期对条中 32、33、水 4 号、水 5 号、CH42、HY8 及混合菌均表现免疫。

2008—2009 年甘肃省小麦品种区域试验，平均亩产 410.45kg，比对照兰天 19 增产 5.20%；2010 年生产试验，平均亩产 361.7kg，较对照兰天 19 增产 6.9%。

高山二阴区在 9 月中旬播种，浅山区 9 月下旬播种为宜。亩播量一般 12.5～15.0kg，亩保苗 25 万株左右。亩施农家肥 3 000kg 以上，过磷酸钙 30～40kg，尿素 10～15kg。干旱山区底肥一次施足，二阴山区在起身拔节期视苗情追施尿素 10～12kg/亩。抽穗后，应及时防蚜，并喷施磷酸二氢钾增加粒重。

适宜在天水、陇南地区海拔 1 800m 以下肥力较高的干旱、半干旱浅山梯田地和南北二阴区种植。

（三）天选 52

天选 52 是甘肃省天水市农业科学研究所以 92R－137－4－4－2－1 为母本，D475 为父本杂交选育而成，原系谱号为 S98530－13－1－3－3－1－2。2014 年通过甘肃省农作物品种审定委员会审定。

普通小麦。正常生育期 257d，与兰天 19 熟期基本相同。幼苗直立，叶深绿色。株高 98.5cm，株型紧凑，生长整齐。穗长 6.85cm，长方形穗，白壳，顶芒。结实小穗 14.5 个，穗粒数 36.5 粒左右，籽粒红色，半硬质，千粒重 48.41g。容重 777.2g/L，籽粒粗蛋白含量 14.13%，湿面筋含量 24.18%，沉淀值 40.3ml，赖氨酸 0.43%，粗灰分 1.76%。苗期对条锈病混合菌表现免疫，成株期对主要生理小种均表现免疫，对混合菌表现高抗。对白粉病、叶枯病均表现高抗。

2010—2012 年省陇南片区域试验中，平均亩产 405.55kg，较对照兰天 19 增产 6.35%。2012—2013 年度省陇南片山区组生产试验，平均亩产 346.8kg，较对照兰天 19 增产 7.9%。

亩施农家肥 2 500kg 以上，过磷酸钙 30～40kg，尿素 10～15kg。干旱山区底肥一次施足，二阴山区在起身拔节期视苗情追施尿素 10～12kg/亩。高山二阴区在 9 月中旬播种，浅山区 9 月下旬播种为宜。亩播量 12.5～15.0kg，亩保苗 25 万株左右，抽穗后，应及时防蚜，并喷施磷酸二氢钾增加粒重。

适宜在天水、陇南地区海拔 1 800m 以下的干旱、半干旱浅山梯田地和南北二阴区种植。

（四）兰天 26

甘肃省农业科学院小麦研究所以 Flansers 为母本、兰天 10 号为父本杂交选育而成。原代号00－30。2010年通过甘肃省农作物品种审定委员会审定。

冬性。平均生育期242d。幼苗半匍匐。穗长方形，白壳，无芒。株型紧凑，旗叶小而上举，株高75～105cm。有效分蘖1～1.29个，穗长6.0～9.0cm，小穗数12.0～19.2个，穗粒数31.6～8.9粒，千粒重43.4～48.4g。籽粒红色，卵圆形，半角质，含粗蛋白13.96%，赖氨酸0.29%，粗淀粉65.94%，粗脂肪2.19%，湿面筋24.06%，沉降值37.8ml。抗旱性中等，抗寒性强。高抗条锈病，中抗白粉病，感叶锈病。

2006—2008年参加省陇南片冬小麦山区组区域试验，两年平均亩产423.5kg，较对照中梁22增产24.96%。2008—2009年生产试验，平均亩产425.5kg，较对照增产16.1%。

适宜播种期高山区为9月中旬，半山区为9月中下旬。种植密度35万～40万株/亩。以基肥为主，注意N、P配合施用，拔节期间按苗情趁雨追施化肥。播种时注意用三唑酮拌种以防止腥黑穗病。

适宜在天水市和陇南市的高山、半山二阴区及平凉市的庄浪等地种植。

（五）兰天31

甘肃省农业科学院小麦研究所和甘肃省天水农业学校以Long Bow为母本，兰天10号为父本杂交选育而成。系谱号99－5－10－2－2－2－2，代号兰天99－5。2013年通过甘肃省农作物品种审定委员会审定。

冬性。生育期232～280d。幼苗半匍匐。株高62～95cm。穗长方形，有稀疏顶芒，白壳。护颖长圆形、方肩，颖嘴鸟喙形，有颖脊，窄，无齿。穗长6.0～7.8cm，小穗数14.0～16.6个，穗粒数30.5～38.0粒；籽粒卵圆形，白色，角质。千粒重44.0～53.3g。含粗淀粉64.36%，粗蛋白13.23%，湿面筋25.46%（14%水分基），沉淀值39.0ml（14%水分基），赖氨酸4.21%。抗条锈性，经人工接种鉴定，苗期感混合菌，成株期对条中32、条中33、条中33、水4号、水35及混合菌均免疫。叶片功能期长，落黄性好。

在2009—2011年度甘肃省冬小麦品种区域试验中，平均亩产369.8kg，较对照兰天19增产6.46%。2012年生产试验，平均亩产458.0kg，比对照兰天19增产6.84%。

9月中下旬播种。亩播种量15～17kg。

适宜在天水市秦州区、秦安、成县等地种植。

（六）汉麦5号

汉中市农科所选用顶芒、多粒但抗性一般的86－133选1株系作母本，用从云南引进的大穗、大粒、白皮、抗条锈病的小麦品种191作父本进行常规杂交，经多年系统选择、鉴定，于1999年选育出稳定的高产、抗病品系。2005年9月通过了陕西省农作物品种审定委员会的审定，审定编号：陕审麦2005009号。

汉麦5号属弱冬性早熟小麦品种。全生育期210d左右。冬季幼苗直立生长，叶色绿，叶片清秀，大小适中，功能期长；叶片前中期斜上举，灌浆期披垂有序，能充分利用光能。无芒、白壳、红粒；源、流、库协调，株型理想，群体长势、长相俱佳。灌浆快，成熟落黄好，穗大粒多，籽粒饱满、均匀，穗层整齐，茎秆坚韧抗倒。株高 90～97cm，平均亩有效穗 27 万，穗长 8cm，穗粒数 35～40 粒，千粒重 45g。根据《陕西省地方标准》DB/6100 B21008－87 加工品质标准观察鉴定，汉麦 5 号籽粒为半硬质，属于中筋小麦，对照绵阳 31 籽粒为软（粉）质，属于弱筋小麦，其粒质优于对照。

2000—2001 年、2001—2002 年所内品比试验中，平均亩产量达到 379.17kg，较对照 80－8 增产 5.81%～18.11%，2002—2003 年汉中市小麦区试 5 个点中，4 个点增产，平均亩产 378.01kg，比对照 80－8 增产 13.23%，居 6 个参试品种第一位，增产达极显著水平。2004—2005 年陕南小麦区域试验汉中市农科所试点中，平均亩产 333.5kg，较对照绵阳 31 增产 21.23%，居 14 个参试品种第一位，增产达极显著水平。

该品种对小麦条锈病表现中抗，强于 2004 年对照 80－8（高感）和 2005 年对照绵阳 31（中感）；对小麦白粉病表现免疫，强于 2004 年对照 80－8（高抗）和 2005 年对照绵阳 31（高抗）；对小麦赤霉病表现中抗。

适宜在汉中、安康两市海拔 650m 以下的平川和丘陵区及相似区域种植。

（七）汉麦 6 号

汉麦 6 号系汉中市农科所系统选育，经多年试验、示范及陕南小麦区域试验，表现优质、高产、抗逆性强，是适应性广的小麦新品种。

该品种冬季幼苗半直立生长，分蘖力强。全生育期 208d。株高 85cm 左右。叶色深绿，叶片上挺，株型紧凑，田间生长整齐，生长势强。纺锤形穗，白壳，长芒，白粒，千粒重 38.7g，单穗结实 35～80 粒，亩有效穗 34.92 万～38.45 万穗。抗条锈病及赤霉病，成熟落黄好，籽粒品质优。经品质检测，蛋白质含量（干基）13.3%，湿面筋含量（14% 水分基）28.2%，沉淀值 23.2mL，稳定时间 2.5min，吸水率 52.2%，最大抗延阻力 371EU，拉伸面积 78cm^2。

2004—2005 年参加陕南小麦区域试验，平均亩产 331.96kg，比对照绵阳 31 增产 17.7%，增产达极显著水平，居 14 个参试品种第二位。在 2005—2006 年度汉中市小麦区域试验中，平均亩产 452.635kg，比对照汉麦 5 号增产 8.58%，增产显著，居 12 个参试品种第一位。

中抗条锈病及赤霉病，且抗逆性较强，适应范围广。

该品种全生育期 208d 左右，较对照绵阳 31 早熟 2～3d，与汉麦 5 号熟期相同。适宜陕南汉中、安康的川道盆地和丘陵麦区推广种植。

（八）川麦 107

川麦 107（原代号川麦 89－107）是由四川省农科院作物所用 2469 为母本，80－28－

7为父本杂交，经6年6代选育而成的弱筋小麦品种，2000年通过国审。

该品种春性。全生育期190d左右，比对照迟熟2d。芽鞘绿色，幼苗半直立，叶色绿。株高85~90cm。茎秆粗、蜡粉轻。叶片大小适中，轻披。穗长方形，小穗着生较密，长芒，颖壳白色，脊明显。褪色落黄好，籽粒白皮，卵圆形，腹沟浅，半角质，穗整齐。千粒重45g左右，籽粒商品性好。

1997年参加省区试，平均亩产253.2kg，比对照种绵阳26减产5.4%。1998年、1999年继续参加省区试，平均亩产分别为354.8kg和319.3kg，比对照川麦28增产5.02%和12.46%，居参试种第二位和第三位。1999年生产试验，5个点全部增产，平均亩产为347.2kg，比对照川麦28增产13.3%。经大面积生产示范，丰产性、适应性和条锈病抗性表现较好。

中抗条锈病，中感白粉病和赤霉病。

适宜在长江上游冬麦区的四川、重庆、贵州、云南、陕西南部、河南南阳、湖北西北部等平坝和丘陵地区地区种植。

（九）川麦42

川麦42是四川省农科院作物研究所由SynCD768/SW3243//川6415选育而成，2004年通过审定。审定编号为国审麦2004002

春性。全生育期平均196d。幼苗半直立，分蘖力强，苗叶窄，长势旺盛。株高90cm，植株整齐，成株叶片长略披。穗长锥形，长芒，白壳，红粒，籽粒粉质–半角质。平均亩穗数25万穗，穗粒数35粒，千粒重47g。经品质分析测定其为优质弱筋小麦。

2002—2003年度参加长江流域冬麦区上游组区域试验，平均亩产354.7kg，比对照川麦107增产16.3%（极显著）。2003—2004年度续试，平均亩产量406.3kg，比对照川麦107增产16.5%（极显著）。2003—2004年度生产试验平均亩产390.9kg，比对照川麦107增产4.3%。

接种抗病性鉴定，秆锈病和条锈病免疫，高感白粉病、叶锈病和赤霉病。

适宜在长江上游冬麦区的四川、重庆、贵州、云南、陕西南部、河南南阳、湖北西北部等地区种植。

（十）绵阳31

绵阳31是四川省绵阳市农科所由绵阳90–310／川植89–076选育而成。2002年通过审定。审定编号为川审麦20020010。后引入陕西省，在陕南大面积种植。

春性，早熟。全生育期185d，比川麦28迟熟1~2d。植株芽鞘绿色，幼苗直立，窄叶，长度中等，分蘖力较强。株高80cm左右，穗长方形，顶芒，穗齐，结实40粒左右，千粒重45g左右。籽粒白皮、卵圆形、饱满，腹沟较浅，商品性好。耐肥抗倒。品质分析结果：籽粒粗蛋白质含量 11.5%，容重 794g/L，湿面筋 30.4%，沉降值 19ml，面团稳定时间 3.5min，属中筋小麦。

2001 年、2002 年参加四川省绵阳、成都市区试，两市两年区试平均亩产 371.7kg，比对照增产 21.1%。其中，绵阳市区试两年平均亩产 342.3kg，比对照川麦 28 增产 33%；成都市区试两年平均亩产 399.9kg，比对照绵阳 26 增产 9.3%。2002 年绵阳、成都两市生产试验，平均亩产 382.3kg，比对照增产 20.3%。其中，绵阳市比对照川麦 28 增产 34.5%，成都市比对照绵阳 26 增产 6.1%。

高抗条锈病和白粉病，中感赤霉病，近年来在陕南较感条锈病。

适宜在四川盆地及类似区域种植。

第三节　栽培要点

一、天水市山旱地小麦高产栽培技术

（一）选好前茬

选择合适的前茬对提高产量及保证品质有重要影响。良好的前茬，由于土壤中残留的有效养分多，即使少施肥料，小麦的产量及品质也较好；重茬种小麦对产量及品质有一定的影响。目前，天水地区小麦生产中一般以玉米、马铃薯、油菜为前茬，部分地区重茬。地膜栽培的地区，一般为地膜玉米收后，留膜免耕，用小麦地膜点播机原膜点播小麦，有的地区地膜小麦收后留膜，秋季原膜点播小麦。这两种种植方式增产显著。

（二）播前整地

深耕细作，创造一个良好的土壤环境，是保证全苗和培育壮苗的重要措施。为此，播前整地力争达到"早、深、净、透、实、平、细、足"。

早：指及早整地，在前茬收后要一块一块及早整地。

深：适当加深耕层，打破犁底层，一般适宜深度 25～30cm。

净：上茬小麦收获后要及早灭茬，播前拾净根茬和杂草。

透：犁深犁透，不漏耕不漏耙。

实：表层不板结，下层不翘空，上虚下实。上虚利于种子发芽出土，下实利于麦苗扎根。

平：地面平坦，有利于接纳雨水。

细：翻平扣严，耙深、耙细、耙匀，无明暗坷垃。

足：保证播前底墒充足，要求耕作层内含水量达田间持水量的70%。

（三）选用良种

因地制宜选用优良品种是提高小麦产量的一项重要措施。夺取小麦丰产，土是基础，肥是营养，水是命脉，种是根本、是内因。因此，必须有优良品种及相应的优质种子，才能更好地发挥土、肥、水的作用。选用优良品种的一般原则是选用高产、优质、抗逆、广适的品种。但结合不同的播种季节，在品种的熟期类型选择上，应选用不同熟期类型的品种，以充分利用其生长期间的温、光、水、肥条件，达到高产、优质的目的。

天水市选用抗旱、抗冻性、品质好的小麦品种，以及抗旱耐瘠或抗旱耐肥品种。土壤瘠薄的旱地应选用中梁31、中梁27、天选48、49、50、兰天24、25、26等抗旱耐瘠品种。土层深、施肥多、地力好，应选用抗旱耐肥品种，如天选51、中梁30、兰天19等品种。

（四）种子处理

1. 晒种　利用太阳热能，促进种子呼吸，增强种皮透性，以提高发芽率和发芽势。一般在播种前一周左右，将麦种摊晒 2 ~ 3d。

2. 精选种子　通过风选、筛选、水选，淘汰瘦小种子，清除杂质，秕粒，选出大而饱满的种子。水选的适宜溶液浓度为 1.1 ~ 1.2。泥水选种时，50kg 水约需泥土 20kg，硫酸铵溶液选种时，则需硫酸铵 8.5kg 左右，对种子还有肥育作用，用过的水又可作为肥料。

3. 种子消毒　对病菌附着种子表面或病原物混在麦种中传染的病害，如小麦腥黑穗、秆黑粉病和叶枯病等，可用福美双、五氯硝基苯有效成分250g；萎矮灵有效成分100g、拌种双有效成分40 ~ 80g、粉锈宁有效成分30g，均可拌种100kg，防治多种病害。多菌灵有效成分100g，加水 4kg，喷洒 100kg 麦种，拌匀后堆闷 6h，或用有效成分150g，加水150kg，浸种 36 ~ 38h。

4. 拌种　近年来，生产的一些新制剂，对于小麦抗旱和固 N 能力都有一定作用。如用种子重量0.5%的高分子吸水剂，溶于每克制剂30g 的清水拌种；用种子重量0.4%的抗旱剂 1 号，溶于种子重量10%的清水拌种；先将种子用清水湿润，再加入增产菌（每亩125g）拌种；或加入固氮菌（每亩500 g）拌种，随拌随用。

（五）播种方式

高产栽培和一般大田相比，叶面积容易过大，所以，群体分布特别重要。小麦种植方式，主要有下列几种。

1. 条播　这是应用比较普遍的方式。优点是利于机械操作，落籽均匀，出苗整齐，行间通风透光好，并适合间套复种。但要求整地精细，覆土一致，才能苗齐苗壮。条播还可分宽幅条播、窄行条播。根据气体流动规律，加大行距、缩小株距，有利于田间通风透光。

2. 点播　也称窝播和穴播，适于土质黏重，整地不易细碎，开沟条播困难的土壤。点播便于集中施肥，控制播量和播种深度，从而苗齐苗壮。但是，必须改变过去的稀大窝现象，而推广行之有效的小窝疏株密植，即采用 10cm×20cm 或 13.3cm×16.7cm 的穴行距，每亩在 3 万穴以上，使群体布局合理，光合效率较高。具体做法有撬窝点播、连窝点播，条沟点播等。近年来，点播机已研制成功，大大提高了劳动生产率。

3. 撒播　这是比较原始的方法。因其虽较省工，个体分布疏散，单株营养条件好，但覆土深浅不一，容易形成 3 籽（露籽、深籽、丛籽），出苗不全不齐，管理不便，杂草较多，所以，属于粗放种植。如果土壤肥沃，在增加播种量的条件下，实行全面全层播种，也可以有较高产量，显著降低成本。

天水地区小麦种植方式，山区一般采用人工撒种，然后用微耕机旋耕，后耙耱。梯田地大多采用畜力三行播种耧，后人工耙耱；交通方便的较大地块也采用拖拉机带动的 9 行或 12 行条播机进行播种，行距 15~20cm，牵引主要使用 20 马力和 30 马力的四轮拖拉机。

（六）适期播种

1. 播期对小麦生长和产量的影响　适期播种是冬小麦丰产的一个重要环节，对小麦的出苗、分蘖、各器官的形成，以及产量都有极大的影响。过早播种，由于气温较高，出苗快，幼苗易徒长成旺苗，群体易过度发展，植株养分过多消耗，而且，分蘖节中积累的糖分少，抗寒力弱，冬季易遭受冻害，越冬后还易转弱早衰，延迟返青。有些弱冬性品种播种过早，冬前可能拔节，这样，会大大降低抗寒能力，冬季易冻死。另外，过早播种，地下害虫比较活跃，易造成缺苗断垄。过晚播种，由于气温低，出苗时间延迟，养料消耗多，出苗率低，冬前积温不足，根系发育差，麦苗生长弱，分蘖少而小，易受冻害。春季发育迟，成熟晚，严重影响产量和质量。

2. 适宜播种日期的确定　适宜的播种期要根据当地气候特点和品种特性而定，温度是决定适时播种的主要因素。小麦的发芽、出苗、长叶、分蘖、生根都需要一定的温度。小麦发芽的最低温度为 1~2℃，最适温度为 15~18℃，最高为 36~40℃。超过界限，胚受高温影响易受损害，发芽减慢。温度低到 10℃以下，虽然也能发芽，但慢而不齐。小麦分蘖的最适温度为 13~18℃，超过 18℃时分蘖受到抑制。一般认为，冬性品种在日平均气温 16~18℃，弱冬性品种在 14~16℃播种，即为适期。张耀辉等（2008）研究表明：天水市小麦的适宜播期为 9 月 25 日至 10 月 8 日，海拔 1 600m 的山区最佳播期为 9 月 20~30 日，川道地区水地最佳播期为 10 月 15 日，晚播麦田最迟不要超过 10 月 25 日。

上述小麦播种期问题仅仅是从热量条件考虑的，在分析热量条件的同时，还需要根据以下几个因素对小麦播种期进行调整。一般来说，地力较瘦或阴坡地苗子发的慢，分蘖少，要先播；地力较肥或阳坡地，苗子发的快，分蘖多，要晚播；地势较高或沙性较强的地易失墒，应趁墒早播；冬性品种春化阶段长，可早播；春性品种麦苗生长快，易发旺，不抗寒，播期应适当晚些；山区及海拔高的地区，播期应比平原地区早些。总之，所谓适期，只是相对概念。不同年份在考虑适期时，还必须抓好主要矛盾，灵活掌握。

（七）合理密植

1. 产量因素及群体和个体的关系　每亩穗数、每穗粒数和穗粒重是构成小麦产量的主要因素。在这三个因素中，穗数是高产的基础，没有足够的穗数，光靠穗大粒多很难高产。但是，穗数很多而穗头很小也不易高产。每亩穗数的多少主要决定于个体数目的多少，即群体的大小，穗粒与粒重主要取决于群体内个体发育的好坏，然而三者的关系是相互依赖，而在一定条件下又是相互矛盾的。在肥水条件较差的麦田，个体和群体之间不构成主要矛盾，主要矛盾是生长发育与土、肥、水等生产条件的矛盾。改善土、肥、水条件，适当加大播种量，增加个体数目，穗数也随之增加。在高水肥条件下，若播种量不减，苗期个体与群体之间矛盾较小，个体得以充分发育，但起身拔节后，茎叶繁茂，互相遮阳，田间通风透光不良，群体内条件恶化，个体和群体矛盾激化，生长受到严重影响，产量降低，结构群体不合理。如果适当减少播量，产量又可上升。总之，合理密植就是要解决群体和个体发育的矛盾，协调穗数和粒数、粒重之间的关系，使3个产量因素都得到发展。合理密植的实质是针对小麦品种特性、当地土壤肥力条件、播种期的早晚和栽培技术水平等确定一个合理的基本苗数。

2. 确定合理的播种量及基本苗　基本苗是小麦群体结构形成的起点，对小麦群体的发展及合理具有关键作用。亩穗数的多少决定于基本苗、群体总蘖数和分蘖成穗率。所以，基本苗的确定应考虑有利于麦田群体与个体之间关系的协调，使之充分利用光能和地力。

麦田的土壤肥力水平、水肥条件和播种期是确定小麦基本苗数的主要依据。一般而言，天水地区旱地小麦不宜过密，否则，争水争肥矛盾突出，旱年易影响个体发育，穗头小、穗粒数小，产量低。所以，必须留足一定的单株营养面积，才有利个体生长。但也不能过稀，以免亩穗数不足而减产。在达到壮苗的基础上，要争取较多的单株分蘖。一般肥田、底墒好的亩播量以 12~15kg 为宜；旱坡地、薄地亩播量以 15~18kg 为宜。还应根据墒情好坏、品种分蘖力、播期迟早、整地质量等灵活调节播种量，使之达到理想的基本苗。

冬性品种播种量可采用适宜范围的上限，弱冬性品种可采用下限。播种偏早的苗数可减少1万~2万株/亩，偏晚的可增加2万~3万株/亩。一般来说，普通麦田露地播种，9

月 25 日播种，基本苗 22 万株/亩；10 月 1 日前播种，播期每推迟 1d，基本苗增加 1 万株/亩。10 月 1 日后播种，每推迟 1d，增加 2 万株/亩；10 月 8 日以后播种，基本苗必须保证在 40 万株/亩以上。高水肥地块，9 月 26 日以前播种，实行半精量播种，基本苗 18 万株/亩左右即可，9 月 27 ~ 30 日播种的基本苗 20 万/亩左右。本着高产麦田少些，中低产麦田多些；壤土地少些，黏土地多些；墒足地块少些，墒差地块多些的原则进行调整基本苗。地膜种植适当推迟播期，9 月 28 日至 10 月 10 日播种，基本苗 18 万株/亩；10 月 5 日后播种，基本苗增加到 20 万株/亩。播种方式以 20cm 等行距或 18 ~ 23cm 的大小行为宜。

为了精确计算播种量，播种前应测定种子发芽率，一般播种用的种子，发芽率应在 90% 以下。发芽率是在室内良好条件下的试验结果，由于不同地块耕作质量、墒情、地下害虫和播种质量等因素的影响，田间实际出苗率要小于发芽数字，田间出苗率一般按发芽率减 10% ~ 20%。

播种量的计算公式为：

$$每亩播种量（千克）= \frac{每亩计划基本苗数（株）\times 千粒重（克）}{1\,000 \times 1\,000 \times 发芽数\% \times 田间间出苗率}$$

或

$$每亩播种量（千克）= \frac{每亩计划基本苗数（株）}{每千克种子粒数 \times 发芽率（\%）\times 田间间出苗（\%）}$$

（八）科学施肥

1. 秸秆还田、合理轮作　强调秸秆还田和轮作培肥。应减少回茬麦、小麦与双垄沟地膜玉米的接茬种植比例将养地作物（如豆类、油菜）、饲料作物（如苜蓿等）、短时性松土作物（如马铃薯等）、休闲纳入轮作体系。

旱地秸秆还田量以 300kg/亩左右风干秸秆为宜。将小麦等秸秆先切成 5cm 左右的碎段，再结合耕作灭茬埋入土壤。秸秆还田宜早不宜迟，以便利用伏、秋季较多的降雨，加速在土壤中的腐化分解。

2. 施肥方法　旱地难以结合灌水追肥，可采用"一炮轰"法。旱地冬小麦在秋播前 3 ~ 5d，将全部肥料一次性作基肥深翻施入。播时可从总施 N 量中匀出 1 ~ 2kg/亩纯 N 作种肥。如未施基肥或基肥用量不足，出现黄苗、弱苗等脱肥症状，尽早在拔节前趁墒追肥。

3. 施肥总量和配施比例　旱地强调提高 P 肥使用比例，发挥 P 肥在抗旱、促根、促灌浆方面的作用。N、P 比一般以 1:（0.8 ~ 1）为宜，石灰性土壤尤其强调增施 P 肥。

一般参考总施肥量为：亩产 250 ~ 400kg 麦田，亩施腐熟有机肥 1 500 ~ 3 000kg、纯 N 8kg、P_2O_5 6kg；亩产 100 ~ 250kg 麦田，亩施有机肥 1 500kg、纯 N5kg、P_2O_5 4kg。在上述参考施肥量基础上，各地可根据产量水平、地力和养分平衡情况，参考当地测土配方结果，酌情增减 2kg/亩左右。

据试验资料（旱薄地），小麦不施肥亩产 116kg，籽粒蛋白质含量 11.97%，湿面筋 25.8%；亩施纯 N、P_2O_5 各 4kg，亩产 174kg，蛋白质、湿面筋含量分别提高到 12.47% 和 27.8%；亩施纯 N、P_2O_5 各 4kg 时，小麦亩产 204kg，蛋白质、湿面筋含量又提高到 12.9% 和 29.1%。可见，增施有机肥和无机 N 肥，N、P 合理搭配，则有利于提高籽粒中蛋白质含量。

根据生产实践，天水渭北旱地少雨欠墒年亩产 200～250kg 产量水平，全生育期亩施纯 N 5～7kg，P_2O_5 4～5kg；丰雨墒足年为 250～300kg/亩，亩施纯 N 7～9kg，P_2O_5 5～7kg。川道区产量水平 300～350kg/亩，亩施 N 8～10kg，P_2O_5 6～7kg，P、K 肥宜一次作底肥施入，N 肥前重后轻分次追施，底肥占 80%，返青起身期追施 20%。山旱地底肥占 90% 左右，春季视降雨追施 10% 左右，最晚应不晚于孕穗期。抽穗灌浆初期，叶面喷施 2%～5% 的尿素和磷酸二氢铵溶液，一般能提高籽粒蛋白质含量 1.5～2 个百分点，提高面筋含量 2～4 个百分点。由于尿素被植株吸收后迅速水解，形成的氨即用于合成蛋白质，故对提高产量和品质有明显的效果。

（九）适时收获

成熟后及时收获。因天水市每年 6 月中下旬阴雨较多，适当及早收获以避雨害，否则，易引起穗发芽而严重影响小麦产量及品质。人工收获适期为蜡熟期，若在完熟期收获，且需要拉回场里打碾，为减少掉穗落粒，应在田间堆垛回潮 10d 再搬运。

二、天水市小麦全膜覆土穴播高产栽培技术

全膜覆土穴播技术应用于冬小麦以来，经过积极地探索研究，形成了以"全膜覆盖、膜上覆土、留膜免耕、多茬种植"为特点的地膜小麦栽培技术。该技术具有抗旱保墒、省力节本、抑制杂草、增产增效的特点，是一项成熟完善的小麦抗旱增产栽培新技术。

（一）选地、整地施肥

宜选择地势平缓、土层深厚、肥力中上等的梯田地。要求精细整地，地面疏松平整，无根茬，无土块。结合播前整地一次性基施优质腐熟有机肥每亩 3 000～5 000kg、纯 N 10～12kg，P_2O_5 10～12kg。

（二）土壤处理

覆膜播种前用 40% 辛硫磷乳油 0.5kg/亩加细沙土 450kg 拌成毒土撒施，或用 40% 辛硫磷乳油 0.5kg/亩加水 750kg 喷施在地表以防治地下虫害；用 50% 乙草胺乳油 150g/亩加水 750kg 全地面均匀喷施，防除杂草。

（三）覆膜覆土

选用厚度为 0.008~0.010mm，幅宽 120 cm 或 70 cm 的高强度地膜全地面覆盖。覆膜时间视土壤墒情而定，墒情好时边覆膜边播种，干旱欠墒时应等雨抢墒覆膜保墒。土壤过湿时，翻耕晾晒 1~2d 后耙松整平再覆膜，宜采用覆膜机覆膜，以提高覆膜质量和工效。覆膜要求平整，前后左右拉紧，使地膜贴实地面，边覆膜边在膜上均匀覆 1cm 左右的细土。覆土过薄，压膜不实，导致地膜松动，容易造成穴苗错位，加大人工放苗强度，且遇大风天气易揭膜，并使地膜因长期受日晒风吹易老化，难以实现留膜免耕、多茬种植的目的，覆土过厚则穴孔遇降水易板结，出苗困难，且清除残膜时相对费时费工。铺膜后随时防止大风揭膜和人畜践踏，以延长地膜使用寿命。

（四）选用良种

地膜小麦易倒伏、易青干，易发白粉病，应选择抗旱、抗倒伏、抗条锈病、抗白粉病等高产、优质、矮秆小麦品种。适宜种植的小麦品种主要有兰天 26、天选 50、天选 51 等。播前按 100kg 种子用 15% 三唑酮可湿性粉剂 200g 拌种，预防条锈病和白粉病。

（五）适时播种

应适期晚播，一般较常规播种推迟 15~20d，适播期为 10 月上中旬。种植面积相对较大的川台地，可采用机械穴播机；一般地块宜采用手工穴播机播种。采用手工单行穴播机时，为了减少穴苗错位、人工放苗工序，应采取同行同向播种法，即在相邻的两膜上，去时在第一幅膜上播种，回时在第二幅膜上播种，第二次去时又在第一幅膜上播种，回时在第二幅膜上播种，依次在两膜上往返播种。播种深度一般 3~5cm，70cm 宽的地膜播种 4 行，两膜间加播 1 行；120cm 宽的地膜种 7~8 行。穴距因穴播机的规格而定，一般为 12cm，密度为每亩 3 万穴，每穴播籽 6~10 粒，播量每亩 9~12kg，降水量 450mm 以上的区域可适当增加播种量。播种时推机行走速度要均匀，严禁将穴播机倒推，并随时检查播种孔，防止播种孔堵塞，造成缺苗断垄。

（六）田间管理

如遇穴苗错位造成膜下压苗，应及时放苗，并立即封口，并随时人工拔除膜上钻出的杂草。中后期可用尿素、多元微肥，磷酸二氢钾等进行叶面追肥。在拔节初期可适量喷施多效唑或矮壮素，防止倒伏。同时，要及时防治小麦条锈病、白粉病、麦蚜等。

（七）适时收获

小麦成熟后及时人工低茬收割。收获时应注意保护地膜，留膜免耕，多茬种植。下茬播前尽早化学灭草。

（八）多茬种植

前茬作物收获后保护好地膜，休闲期及时除草和补施肥料，适时播种下茬作物。主要有小麦—小麦—油菜、小麦—油菜—大豆、小麦—油菜—小麦、小麦—大豆—胡麻等多茬种植模式。

三、汉中平坝早熟冬麦区高产栽培技术

（一）汉中平坝早熟冬麦区的高产限制因素

汉中平坝早熟冬麦区小麦种植的限制因子一是秋淋夏涝，湿害严重；地湿土黏，通透性差，难以耕作，再加上地下水位高，对回茬麦整地播种不利。二是整地粗放，播种质量差；小麦成苗率低，群体小，成穗不足。三是因处于中国西北和西南两大锈病流行区之间，与两大菌源越夏区相邻，而且是最接近锈病菌源越夏的冬繁区，自然气候条件又非常适宜条锈病发生，生育后期易遭条锈病并伴随赤霉病、白粉病为害。四是该区长日照时间较短，不能满足小麦生长发育所需条件。加上高温，往往使小麦不能正常成熟，而成为不正常的早衰或是逼熟。再者光照不足，小麦成熟推迟，来不及收获，遇到雨期，常常导致穗发芽，严重影响小麦产量及品质。五是有机肥使用量少，底肥不足；由于前茬是水淹密植作物，土壤速效养分接替不上。六是比较效益低，生产上农民历来重视水稻生产，小麦一般选择早熟品种，早收获为水稻插秧腾茬。

汉中平坝小麦种植方式主要有传统旋耕精播及稻茬小麦免耕栽培。

（二）传统旋耕精播高产栽培技术

1. 前茬水稻中期晒田、播前开沟排渍　汉中平坝小麦前茬为水稻，在水稻分蘖盛期后及时晒田，既利于抑制水稻无效分蘖和机械收获，也可保证田块不过分湿黏。水稻收获后，平整田面，铲除田间凹沟，割除过高稻桩，挑匀残留的短草，在田四周开挖边厢沟，中间开挖十字沟，及时排除田间渍水，降低田间水位，控水晾田，为播种做好前期准备。

2. 选择适宜品种、适期播种　选择适合当地的早熟、高产、抗病品种。一般汉中平川建议种植9503、汉麦5号、6号等品种。播前晒种，剔除病粒、瘪粒，部分地方为预防金针虫，麦沟牙甲等地下害虫可用辛硫磷或小麦种衣剂拌种，采用机械化条播及旋耕后撒播等播种方式。

经试验研究，汉中市平坝最佳播期为10月15～25日，此时播种出苗齐、有效分蘖多，不仅可形成壮苗安全越冬，且成穗率高，易高产稳产。若播种过早，越冬苗长势过旺，无效分蘖多，冬季易受冻害，后期通风不良易早衰；播种过晚，出苗晚，苗势弱，分蘖少，有效穗明显减少，难以形成高产的群体。

3. 精量播种、合理密植　稻茬麦田地力相对较高，墒情较好，若播种过多，群体过

大，势必造成个体与群体质量下降，抗倒伏和抗病能力降低，既造成小麦种子的浪费增加了成本，又造成后期麦田倒伏，穗小粒少，严重影响小麦高产稳产。

经试验研究，汉中市平坝在最佳播期内，每亩基本苗以 16 万～24 万株为宜。按照粮食作物种子 - 禾谷类（GB4404.1 - 2008）小麦种子标准，芽率最低 85% 折算，对中等籽粒（千粒重 42g）的种子，一般亩播量为 7～12kg。此播量能有效利用肥效，成穗率高，穗粒数和千粒重协调，易丰产稳产，且节省成本，经济实惠。当然，若播种期延迟到 10 月 25 日以后，要适当加大播种量。

4. 科学施肥，氮肥后移　施肥量大小及配比方式取决于土壤供肥力。一般汉中平坝每亩使用纯 N 6～7kg，P_2O_5 4～5kg，K_2O 1.5～2.5kg 配合作底肥即可满足小麦前期的生长。结合冬灌亩追施纯 N 4.6～6.9kg，或在拔节初期于雨后追施效果更佳。低于 4.6kg 纯 N，易早衰，产量显著降低；高于 6.9kg 纯 N，无效分蘖增多，成穗率下降，贪青晚熟甚至倒伏，产量亦随之减少，既增加了成本，又达不到高产稳产的目的。

该区一般土壤易板结，春季干旱少雨，后期易脱肥，可在 12 月底或翌年元月初灌越冬水，结合灌水，追施尿素。这样经过冬季的熟化，既可改良土壤结构疏松土壤，还可以缓解春季干旱，补充后期小麦对 N 肥的需求。有条件的地方，可在小麦拔节初期结合降雨追施尿素，N 肥后移，补 N 效果更好。

5. 适时收获　根据品种及栽培条件观察，麦粒较硬实时收获为宜。因汉中每年 5 月中下旬多连阴雨，适当及早收获以规避雨害，同时为下茬早插水稻腾田，否则，易引起穗发芽而严重影响小麦产量及品质。

（三）稻茬小麦免耕栽培技术

稻茬小麦免耕栽培技术是在水稻收获后，不翻耕，化学除草，适期直接在田面播种，然后用稻草覆盖的一种简易栽培技术。小麦免耕可以保持土壤结构，毛细管不破坏，通透性好，有利于微生物群落的生存和发展；省工，省时，节本增效；出苗快、出苗率高、苗齐苗壮，有利于早分低位大蘖，奠定高产基础；有利于培肥地力，保护环境。

1. 选用品种　选用抗湿、分蘖力强、丰产、优质、抗病虫强、早熟的品种，具体同前所述。

2. 管理目标　每亩基本苗 10 万～15 万株，冬前主茎叶龄 6 叶 1 心到 7 叶，3 大 2 小 5 个蘖，8 条以上次生根，分蘖缺位率低于 15%，有冻干叶尖，无冻死叶片。冬前总茎数 60 万～70 万株/亩，春季最大群体 80 万～90 万株/亩。亩穗数 30 万株以上，穗粒数 35～45 粒，千粒重 40g 以上，实现产量指标亩产 350～450kg。

3. 技术要求　该技术适宜田间湿度大、土壤黏重、灌水有保障的田块，遇秋淋可扩大应用。操作程序依次为：开沟除湿→化学除草→施底肥→面播小麦→覆盖稻草→常规管理。

4. 技术要点

（1）适时排水　掌握好适宜的稻田排水时间。排水过迟，水稻收获时易踩板弄浆耕层土壤。排水过早，既影响水稻灌浆，又不利于小麦播种出苗。一般应在水稻勾头散籽时排水，收获水稻时土壤含水量在 20% ~ 30% 为宜。

（2）齐泥收割　割稻时，要齐泥割稻，浅留稻桩，以便小麦播种时能使覆盖的稻草紧贴地面和种子。在水稻收获时，将稻草集中堆放于田中或田边，尽可能露出田面，让杂草生长出土，以便彻底化除。

（3）开厢除湿　收获后及时开沟做厢，平整田面。一般厢面宽 3 ~ 4m，沟宽 21 ~ 24cm，沟深低过犁底层，15 ~ 21cm，做到沟沟相通，并常清理三沟（边沟、中沟、腰沟），使明水能排，暗水自落。

（4）化学除草　免耕小麦播前进行田间化学除草是免耕栽培的关键技术环节。在播种前 1 ~ 3d，选用对土壤残留低、除草效果好、杀草作用快、安全性高、耐雨性强的灭生性除草剂草甘膦或百草枯，每亩用 150 ~ 200ml 加水 40 ~ 50kg，均匀周到地喷施全田进行化除，草厚草密的地方要喷透，严禁小麦发芽、出苗后施用。土壤特别干旱的田块，可在施药前 7 ~ 10d 灌一次跑马水，速灌速排，诱发杂草，提高除草效果。对个别播前化学除草效果差的田块，小麦出苗后，根据田间杂草种类选择性用药，方法参照前面旋耕精播的除草技术。

（5）平衡施肥　免耕播种。应注意防止烧种、烧苗，一般提倡使用小麦专用肥或复合肥，直接撒施田面，使用碳铵的农户可将其溶于尿水或清水中泼施于田面。按照重底肥和控 N、增 P、补 K 的施肥原则，以底肥为主，追肥为辅。在亩施 1 500kg 农家肥的基础上，亩总施 N 11 ~ 12kg，P_2O_5 6kg，总 N 量的 70% 和 P、K 肥全部作为底肥施入，30% N 肥在冬灌前或春季分次看苗追施。始穗期进行叶面喷肥，增粒数，增粒重，夺高产。

（6）适时播种　选用抗病优质高产良种。播前种子过筛精选，在 10 月 18 ~ 25 日，采取撒播、穴播、条播等方式进行播种。墒情差时，可在播种前 5 ~ 7d 灌跑马水，随灌随排，造墒播种，确保一播苗全。播量应控制在每亩 15kg 为宜。

（7）种子覆盖　小麦播种后，用稻草直接覆盖，尽量做到薄厚适度，紧贴地面，覆盖严实均匀。稻草铡碎后覆盖效果更好，一般 1 亩稻草覆盖 1.5 ~ 2 亩为宜。也可用腐熟的渣肥覆盖，如果遇到天旱，稻草过于干燥，可在草面上泼施粪水或清水，以促使稻草腐烂。

5. 注意事项　一是必须注重播前化学除草，严禁露芽后或出苗后喷施克无踪或克草快除草剂。二是必须用清水兑除草剂，浑浊泥水会降低药效。三是使用碳铵时，必须溶于水中泼施，以防烧种烧苗。四是必须开好三沟，以解决湿害。

四、汉中浅山丘陵中熟冬麦区高产栽培技术

(一) 汉中浅山丘陵中熟冬麦区的高产限制因素

汉中浅山丘陵中熟冬麦区小麦种植的限制因子有：立地条件差，地貌起伏大，造成坡度陡，耕地质量差，降水利用率不高。小气候类型多，降水变化快，旱涝灾害频繁。土壤质地差，山地石渣土、黄泥巴等瘠薄土壤面积大，土层薄，肥力水平低，缺 P 面积大。小麦耕作技术粗放等。

该区小麦增产可通过以下途径：综合治理，搞好农田基本建设，改造生产条件；增施有机肥和化肥，N、P 配合，平衡施肥，培肥地力；深耕改良土壤，重视抗旱保墒措施；适时播种，推广小麦留空行间套种植方式；选用良种，加强麦田管理；推广病虫害防治技术。

(二) 汉中浅山丘陵中熟冬麦区高产栽培技术

1. 技术目标

土壤肥力基础：活土层 25cm 以上，土壤有机质含量 0.8% 以上，速效 N 50mg/kg，速效 P 15mg/kg 以上，速效 K 120mg/kg 以上，耕作层土壤容重 1.2 ~ 1.4g/cm³。

冬前壮苗标准：半冬性品种 6 叶 1 心，偏春性品种 5 叶 1 心。半冬性品种单株分蘖 4 ~ 5 个，3 叶以上大蘖 2 ~ 3 个，单株次生根 9 ~ 10 个，偏春性品种单株分蘖 2 个，3 叶以上大蘖 1 ~ 1.5 个，单株次生根 7 ~ 8 条。

群体动态：半冬性品种大穗型，每亩基本苗 14 万 ~ 17 万株，冬前总茎数 50 万 ~ 55 万株，春季最大群体 60 万 ~ 70 万株；偏春性品种大穗型，每亩基本苗 16 万 ~ 18 万株，冬前总茎数 35 万 ~ 40 万株，春季最大群体 50 万株。亩穗数 26 万 ~ 28 万株，穗粒数 30 ~ 35 粒，千粒重 38 ~ 40g，实现亩产小麦 300kg 左右。

2. 栽培技术要点

(1) 精细整地、培肥地力　汉中秦巴浅山丘陵区小麦前茬多为玉米。玉米收获后，及时割除旱地杂草，清理玉米秸秆，深翻耙糖。播前浅耕并施足底肥，一般亩施有机肥 1 500 ~ 2 000kg，碳铵 50 ~ 60kg，过磷酸钙 35 ~ 50kg，可采用深施或条施，深度 10 ~ 15cm，为播种做好前期准备。

(2) 选择适宜品种、适期播种　选择适合当地的中熟、高产、优质、抗病品种。一般汉中丘陵建议种植川麦 107、川麦 42 及汉麦 7 号等品种。播前种子进行精选。为防地下害虫，可用辛硫磷乳油进行药剂拌种。地势较平坦的田块，应采取机播、楼播及条播；坡度较大的田块，宜采用水平沟条播或密窝播种，集中施肥，尽量杜绝撒播方式。

汉中高产播期 10 月 18 ~ 23 日，因丘陵区地势地貌复杂，可因地制宜，适当调整

播期。

（3）精量播种、合理密植 根据旱地墒情，精量播种，一般播量为 7～12kg/亩。若播种过多，群体过大，抗倒伏和抗病能力降低，严重影响小麦高产稳产。

（4）科学管理 按生育特性和产量目标进行田间管理。

（5）适时收获 该区小麦多与玉米或小杂粮轮作，土壤含水量较低，没有稻茬小麦水害、雨害严重，可适当延长收获时间。在小麦完熟后收获，以提高小麦的品质和产量，为挂面等加工企业提供充足的原料。

五、防病、治虫、除草

（一）主要病害及防治

1. 条锈病 小麦条锈病是世界范围内普遍发生的病害，在中国分布广泛，遍及大部分区域。小麦条锈病对小麦生产具有毁灭性为害，病害流行年份可导致小麦减产 40% 以上，甚至绝收。自 1949 年以来，小麦条锈病在中国每年都有不同程度的发生和为害，年均发生面积 400 万 hm² 左右、减产小麦 10 亿 kg 以上，特别是 1950 年、1964 年、1990 年和 2002 年 4 次病害全国大流行，发生面积均超过 667 万 hm²，损失小麦共计 120 亿 kg。汉中主要以条锈病为主，主要发生在小麦叶片上，其次是叶鞘和茎秆，穗部、颖壳及芒上也有发生。汉中市是小麦条锈病病菌的冬季繁殖区，条锈菌不能越夏，冬季可不断繁殖，是当地及其北部麦区病害春季流行的菌源基地。一般秋冬、春夏雨水多，感病品种面积大，菌源量大，锈病就发生重，反之则轻。天水市是小麦条锈病的核心疫源区，条锈菌既能越夏，也能越冬，能够形成条锈菌的周年侵染循环。

（1）症状 小麦条锈病主要发生在叶片上，其次是叶鞘和茎秆，穗部、颖壳及芒上也有发生。条形，鲜黄色，顺叶片的叶脉方向整齐地成直线排列。在感病品种上，幼苗期叶片上以侵入点为中心孢子堆排列成同心圆；成株期叶片上呈条形排列的夏孢子堆，散出鲜黄色粉末；后期病部出现黑色冬孢子堆，冬孢子堆短线状，扁平，常数个融合，埋伏在表皮内，成熟时不裂开。在抗病品种上，植株被侵染部位出现过敏性坏死或褪绿现象，或者没有肉眼可见的症状。

（2）发生规律 一般 12 月上中旬能见到发病叶片及中心，这些地区病菌能顺利越冬。但冬季气温对越冬存活影响较大，暖冬十分有利于越冬，春季这些地方首先发病，其后扩散至其他麦区。春季，汉中一般 3 月下旬前处于点片发生阶段，4 月上旬进入流行盛期，一直持续到 4 月底，5 月上旬进入衰退期。天水地区一般 4 月中旬前处于点片发生阶段，5 月中旬进入流行盛期，一直持续到 5 月底，6 月上旬进入衰退期。

（3）传播途径 小麦条锈病的发生与为害具有长期性、暴发性、流行性和变异性等特点，病菌可随高空气流远距离传播。

（4）防治 防治小麦条锈病主要采用使用抗病品种为主、栽培防治和药剂防治为辅的综合措施。

种植抗病品种：选育和使用抗病品种是防病保产的基本措施。随着环境的变化，小麦条锈菌优势小种在不断变化，抗病品种抗性存在丧失问题。因而，育种家必须变动抗源，不断选育新的抗病品种，替换原有品种。目前陇南麦区可加大抗病品种的推广，扩大抗锈品种中梁26、中梁27、天选43、中梁29、兰天19、兰天20等中梁系和兰天系抗锈品种的种植面积。

栽培防治：条锈菌越夏地区，特别是越夏越冬的关键地带要彻底铲除自生麦苗。冬小麦适期晚播可减少冬前菌源数量，可显著减轻春季发病程度，对白粉病、麦蚜、黄矮病等都有一定的控制力。另外，施用腐熟农家肥，增施P肥、K肥，做到N、P、K肥的合理搭配，增强小麦长势。施用N肥不宜过多、过迟，避免麦株贪青晚熟，以减轻发病。

药剂防治：目前，在防治条锈病时基本上采用的都是叶面喷雾，但要特别注意的是15%的粉锈宁（最好不使用复配剂）亩用量不少于100g，每亩用药液量应不少于40kg，喷雾时尽量能喷到小麦下部叶片。一般情况下，防治条锈病第一次用药为小麦拔节期前后，第二次用药为孕穗期前后，第三次用药为始花期前后。第一、第二次用药间隔为40d，第二、第三次用药间隔为30d左右。大发生流行年份，仅三次用药足可以达到高效防治的目的。

2. 白粉病 白粉病是一种世界性病害。在中国，该病是最主要的小麦病害之一。小麦白粉病可侵害小麦植株地上部各器官，但以叶片和叶鞘为主，发病重时，颖壳和芒也可受害。一般气温25℃下且天气多雨时，有利于白粉病的发生。小麦白粉病在天水地区以前就有发生，但近年来，随着水肥条件的改善、高产矮秆品种的利用及种植密度的加大，小麦生产田的通风透光性差，白粉病的发生更为严重，目前，已成为天水小麦生产上的主要问题。

（1）症状 是小麦后期的重要病害之一。该病是由子囊菌亚门引起的真菌性病害。该病可侵害小麦植株各器官，但以叶片和叶鞘为主，发病重时，颖壳和芒也可受害。初发病时，叶面出现1~2mm的白色霉点，后逐渐扩大为近圆形或椭圆形白色霉斑，霉斑表面有一层白粉，后期病部霉层变为白色至浅褐色，上面散生黑色颗粒。病斑多时可愈合成片，并导致叶片发黄枯死。病株穗小粒少，千粒重明显下降。

（2）发生规律 越冬的病菌先在植株底部的叶片上呈水平方向扩展，以后依次向中部和上部叶片发展。春季一般拔节期开始发病，抽穗至灌浆期达到高峰，乳熟期停止发展，病情发展流行呈典型的"S"形曲线。

（3）传播途径　病菌借助于气流传播，也可借助高空气流进行远距离传播。病菌孢子随气流传到感病品种的植株上，遇到合适的条件即可发病。

（4）防治　防治小麦白粉病应采取利用抗病品种，并根据品种特性和地力合理密植。施用堆肥或腐熟有机肥，采用配方施肥技术，自生麦苗越夏地区，冬小麦秋播前要及时清除掉自生麦。

药剂防治：在小麦白粉病菌越夏、越冬地区和常年易发区，秋播时利用三唑酮拌种，持效期可达 80~90d 以上，可以降低秋苗发病率，推迟发病时间，减少引起春季发病的菌源数量。成株期每亩用 20% 禾果利或用 15% 三唑酮 100g，加水 25kg 喷雾；用 20% 粉锈宁可湿性粉剂 75~100g 防治效果更好。

3. 小麦腥黑穗病　小麦腥黑穗病又称暗灰穗，是世界性病害。此病在甘肃各地均有发生，尤以冬麦区的山地为重，平均发病率在 10% 以上。此病严重发生时，不仅使小麦大幅度减产，而且，病粒内含有带鱼腥味的黑色毒物，人畜食后将会中毒。必须注意防治。

（1）症状　在生长期间，其病穗略呈暗绿色、颖壳张开露出病粒。病粒短粗，外包灰白色薄膜，其内充满黑色臭鱼腥味黑粉（即厚垣孢子）。腥黑穗病以种子传染为主，小麦脱粒时，病粒散出厚垣孢子粘附在麦粒表面或麦壳麦秸上，或随粪土施入土中。随着种子萌发，病菌很快侵入幼芽并随麦苗生长。孕穗时侵入幼穗，形成病穗。如不采取严格的防治措施，便可造成大面积发生。

（2）防治措施

种子拌种：50kg 小麦种子用 15% 粉锈宁可湿性粉剂 60g 干拌，搅拌均匀，堆闷 2~3h 播种；用 70% 五氯硝基苯或 50% 福美双粉剂，按种子重量 0.3% 拌种。

种子浸种：石灰 1kg 加水 100kg 浸小麦种 60kg，淹过种子 10~13cm 为宜。气温 20℃ 浸 3~4d，25℃ 时浸 2d，30℃ 时浸 1d。种子入水后禁止搅动以防破坏水面石灰膜，浸后晒干待播。

粪肥和土壤处理：对菌粉污染严重的麦田进行土壤消毒，即每亩地用 70% 甲基托布津可湿性粉剂 1~1.5kg 对细干土 45~50kg，均匀撒在地面，翻耕入土。带菌的麦秸、麦衣不要饲喂牲畜，可进行高温堆肥，腐熟后再施用。

4. 小麦散黑穗病　小麦散黑穗病俗称火棍子，国内外冬春麦区均有发生。

（1）症状　小麦散黑穗病为害以穗部为主。病株抽穗期略早于健株。初期病穗外面包有一层灰白色薄膜，病穗尖端略微露出苞叶时，即有黑粉散出。病穗抽出后，黑粉被风雨吹散，病穗上的小穗几乎全部被毁。一株发病，主茎和所有分蘖都出现病穗，在抗病品种中，也有部分分蘖穗能正常结实。

（2）防治措施　防治小麦散黑穗病的关键在于消灭潜藏于种子胚部的菌丝体。种子处理的方法有以下几种。

石灰水浸种：用生石灰或消石灰 0.5kg，加清水 50kg 浸种 30kg，防病效果可达 100%。

石灰水冷浸日晒：在伏天前或伏天后的晴朗天气，在 17 时将种子用 1% 石灰水浸种 15~16h，次日 9 时捞出种子，摊晒两天（要求晒场上最高温度达 50℃）。

冷水温汤浸种：先将麦种放在冷水中浸 4~6h 后，捞出放到 49℃ 的热水中浸 1min，然后放到 54℃ 的热水中浸 10min，随即取出迅速放入冷水中，冷却后捞出晾干。此法杀菌效果较好，但要求严格掌握规定的浸种温度和时间。

药剂处理种子：用种子重量 0.3% 左右的萎锈灵粉剂（有效含量 25%）拌种或用 0.2% 萎锈灵（纯量）溶液在 30℃ 条件下浸种 6h，可有效防治小麦散黑穗病。

建立无病种子田：由于散黑穗病菌依靠空气传播，其传播的有效距离 100~300m，故无病繁种田应设在大田 300m 以外。繁种田的种子应使用严格处理后的无菌种子。

拔除病株：在小麦抽穗前，加强田间检查，发现病穗立即拔除烧光，以减少病菌传播，减轻翌年病害的发生。

5. 小麦全蚀病　小麦全蚀病又称根腐病、黑脚病。小麦全蚀病菌的寄主范围较广，除小麦外，还能侵染大麦、青稞、黑麦、水稻等。这些寄主广泛分布于耕地和荒地，对保存菌源和病害的发生关系很大。

（1）症状　它是一种典型的根病，病菌只侵染根部和茎基部 15cm 的 1~2 节处。幼苗发病后，植株矮化，下位黄叶多，分蘖减少，类似干旱缺肥状。初生根（种子根）和根茎变成灰黑色，重病株的次生根也局部变黑色，严重时造成全株连片枯死。拔节期冬麦病苗返青迟缓、分蘖少，病株根部大部分变黑色。抽穗灌浆期病株出现"白穗"，病根变黑色，呈"黑脚"状，后颜色加深呈"黑膏药"状，易于拔起，但不易倒伏，成穗率低，千粒重下降。

（2）防治措施

①农业防治措施

深耕深翻：小麦全蚀病的寄居菌以菌丝遗留在土壤表层，深翻土层，把细菌深埋地下，会有效杀死细菌。

减少菌源：对于零星发病区，坚持就地封锁，就地消灭。发病田要单收单打，所收小麦严禁留种，且麦秆、麦糠不能直接还田，最好高茬收割，然后，把病茬连根拔掉焚烧，不能沤肥用，以尽量减少菌源。

合理轮作：对于严重发生小麦全蚀病的地块，可实行轮作换茬，推行麦菜、麦棉等轮作，以切断全蚀病菌源积累，控制病情的发展。

合理施肥：底肥增施有机肥、生物肥，提高土壤有机质的含量。化肥施用应注意 N、P、K 的配比。

②药剂防治措施

土壤处理：播种前可亩用 70% 甲基托布津可湿性粉剂 2～3kg 拌细土 20～30kg，耕地时均匀撒施。如防治地下害虫，可与杀虫剂混用，要求随撒随耕。

浸拌种：可用 12.5% 全蚀净（美国孟山都公司生产），亩用量 20g，拌 8～10kg 种子，闷种 6～12h，晾干后播种。

在小麦拔节期间，每亩用 15% 粉锈宁可湿性粉剂 150～200g，或用 20% 三唑酮乳油 100～150ml，加水 50～60kg 喷浇麦田，防效可达 60% 左右，加入 600～800 倍液粮食专用型"天达 2116"可明显提高防治效果。

药剂灌根：小麦返青期，施用蚀敌或消蚀灵每亩 100～150ml、加水 150kg 灌根。

6. 小麦黄矮病　小麦黄矮病又叫大麦黄矮病，天水群众称为"干筋""黄叶病"，目前，天水麦区时有发生。

（1）症状　主要表现叶片黄化，植株矮化。叶片典型症状是新叶发病从叶尖渐向叶基扩展变黄色，黄化部分占全叶的 1/3～1/2，叶基仍为绿色，且保持较长时间，有时出现与叶脉平行但不受叶脉限制的黄绿相间条纹。病叶较光滑。发病早植株矮化严重，但因品种而异。冬麦发病不显症，越冬期间不耐低温易冻死，能存活的翌春分蘖减少，病株严重矮化，不抽穗或抽穗很小。拔节孕穗期病株稍矮，根系发育不良。抽穗期发病仅旗叶发黄色，植株矮化不明显，能抽穗，粒重降低。黄矮病下部叶片绿色，新叶黄化，旗叶发病较重，从叶尖开始发病，先出现中心病株，然后向四周扩展。

（2）防治措施

鉴定选育抗病、耐病品种：一些农家品种有较好的抗耐病性，因地制宜地选择近年选育出的抗耐病品种。

治蚜防病：及时防治蚜虫是预防黄矮病流行的有效措施。拌种用种子量 0.5% 灭蚜松拌种。喷药用 50% 灭蚜松乳油 1 000～1 500 倍液、2.5% 功夫菊酯或敌杀死。抗蚜威每亩 4～6g。可减少越冬虫源。

栽培防治：加强栽培管理，及时消灭田间及附近杂草。冬麦区适期迟播，春麦区适当早播，确定合理密度，加强肥水管理，提高植株抗病力。冬小麦采用地膜覆盖，防病效果明显。

7. 小麦赤霉病　小麦赤霉病是典型的气候型病害，一般流行年份可减产 5%～15%，而且病麦中还产生对人畜有毒的物质，严重影响小麦品质和利用价值。在有大量菌源存在的条件下，小麦抽穗扬花期间若遇 3d 以上连阴雨，气温保持 15℃ 以上，赤霉病将大流行。

（1）为害症状 被害小穗最初在基部变水浸状，后渐失绿褪色而呈褐色病斑，然后颖壳的合缝处生出一层明显的粉红色霉层。一个小穗发病后，不但可以向上下蔓延，为害相邻的小穗，并可伸入穗轴内部，使穗轴变褐色坏死，上部没有发病的小穗因得不到水分而变黄色枯死。后期病部出现紫黑色粗糙颗粒。籽粒发病后皱缩干瘪，变为苍白色或紫红色，有时籽粒表面有粉红色霉层。

（2）发生规律 小麦抽穗扬花期间若遇连续阴雨，气温保持在15℃以上，在适宜的温度条件下，土表相对湿度在85%以上时，赤霉病将大发生。

病菌除在病残体上越夏外，还在水稻病残体中营腐生生活越冬。翌年在这些病残体上形成的子囊壳是主要侵染源。子囊孢子成熟正值小麦扬花期。借气流、风雨传播，溅落在花器凋萎的花药上萌发，先营腐生生活，然后侵染小穗，几天后，产生大量粉红色霉层（病菌分生孢子）。在开花至盛花期侵染率最高。穗腐形成的分生孢子对本田再侵染作用不大，但对邻近晚麦侵染作用较大。该菌还能以菌丝体在病种子内越夏越冬。

（3）传播途径 气流和雨水传播。

（4）防治措施

农业防治：引入、选育和推广抗耐病品种，各地因地制宜地选用抗病品种及品种定期轮换。在播种前及时开好三沟，合理排灌，降低田间湿度。搞好配方平衡施肥，合理施肥提高植株抗病力。在应用抗病品种时，注意抗锈品种合理布局。利用抗病品种群体抗性多样化或异质性来控制锈菌群体组成的变化和优势小种形成。避免品种单一化，但也不能过多，并注意定期轮换，防止抗性丧失。

化学防治：药剂拌种或浸种。用种子重量0.2%三唑酮，春季叶面喷雾。小麦拔节至孕穗期病叶普遍率达2%~4%，严重度达1%时开始喷洒20%三唑酮乳油或12.5%特谱唑（烯唑醇、速保利）可湿性粉剂1 000~2 000倍液，做到普防与挑治相结合。

（二）主要虫害及防治

1. 麦蚜

（1）为害 麦蚜是小麦生长后期的主要为害。当小麦抽穗后，蚜虫主要群集在小麦叶片、茎秆及穗部，吸取汁液。当虫口密集时，造成叶片枯黄色，植株生长不良；麦穗部被害后，造成籽粒不饱满，严重时，麦穗枯白色，不能结实，甚至整株枯死，损失很大。甘肃省小麦蚜虫种类较多，但发生普遍的主要有禾谷缢管蚜、麦二叉蚜、麦长管蚜等。

（2）防治方法

①农业防治 调整作物布局。在禾谷缢管蚜和黄矮病发生流行区，缩减冬麦种植面积，扩种春小麦，通过削弱麦蚜和黄矮病的寄主作物链，使之不能递增而控制病虫害的发生。

选用抗耐品种。可因地制宜选用抗麦蚜混合种群或者抗黄矮病品种（系）。

②生物防治　应用对天敌安全的选择性药剂，如抗蚜威、吡虫啉（一遍净）等，减少用药次数和数量，最大限度地保护和利用瓢虫、食蚜蝇、蚜茧蜂、蜘蛛、蚜霉菌等自然天敌。调整施药时间，避开天敌大量发生时施药。根据虫情，挑治重点田块和虫口密集田，尽量避免普治，减少对天敌的危害。

③药剂防治

防治策略：灭蚜和防病相结合，点片挑治和重点防治相结合。苗期或拔节期要特别注意防治虫源基地的蚜虫。

防治指标：重病区防治指标可适当从严，一般掌握在小麦拔节期百株蚜量在10头以上、有蚜株率5%以上，拔节至孕穗期连续喷药2~3次。轻病区及轻病年份防治指标可适当放宽，尽可能以点片挑治为主，最大限度地保护和利用自然天敌。在小麦孕穗期，当有蚜株率达50%、百株平均蚜量200~250头或灌浆初期有蚜株率70%、百株平均蚜量500头、天敌与麦蚜比小于1∶120时，即应进行防治。在非黄矮病流行期，重点防治穗期麦蚜，必要时田间选择轮换喷洒如下药剂：2.5%扑虱蚜可湿性粉剂或用50%抗蚜威可湿性粉剂3 500~4 000倍液，或用50%马拉硫磷乳油1 000倍液，或用50%杀螟松乳油2 000倍液，或用2.5%溴氰菊酯乳油（敌杀死）3 000倍液。也可选用40%辉丰1号乳油，每亩用30ml，对水40L，防治效果达99%。干旱地区每亩可用80%敌敌畏乳油75ml，拌土25kg，于小麦穗期清晨或傍晚撒施。为了保护天敌，最好选用对天敌杀伤力小的抗蚜威等农药。

2. 小麦吸浆虫　小麦吸浆虫为世界性害虫，广泛分布于亚洲、欧洲和美洲主要小麦栽培国家。国内的小麦吸浆虫亦广泛分布于全国主要产麦区。中国的小麦吸浆虫主要有两种，即红吸浆虫和黄吸浆虫。小麦红吸浆虫主要发生于平原地区的渡河两岸，而黄吸浆虫主要发生在高原地区和高山地带。在甘肃省红吸浆虫为害较为严重，尤其是河西的张掖、武威地区。

（1）为害症状　以幼虫潜伏在颖壳内吸食正在灌浆的麦粒汁液，造成秕粒、空壳。小麦吸浆虫以幼虫为害花器、籽实和麦粒，是一种毁灭性害虫。

（2）防治方法　小麦吸浆虫的防治应以蛹期土壤防治为主，成虫期防治为补救措施。

①蛹期土壤防治　在蛹期用50%辛硫磷乳油200~250ml加水5kg拌干细沙土25kg顺垄撒施，撒在麦叶上的毒土要及时用树枝、扫帚等辅助扫落在地表上。撒后及时浇水。保持良好的土壤墒情，土壤干燥往往防治效果不佳。撒毒土后浇水效果可达到78.2%~100%。

②成虫期（小麦灌浆期）防治　若错过蛹期撒毒土防治时期或防治效果不佳时，即可采取成虫期补救防治措施。可选用2.5%辉丰菊酯每亩25~30ml或4.5%高效氯氰菊酯每亩50ml加水50kg均匀喷雾防治。一遍防效为45%~60%，两遍防效可达到60%~90%。

3. 小麦红蜘蛛

（1）生活史　麦长腿蜘蛛每年发生3~4代，以成虫和卵在植株根际和土缝中越冬。

翌年 2 月中旬成虫开始活动，越冬卵孵化，3 月中下旬虫口密度迅速增大，为害加重。5 月中下旬麦株黄熟后成虫数量急剧下降，以卵越夏。10 月上中旬，越夏卵陆续孵化，在小麦幼苗上繁殖为害，12 月以后若虫减少，越冬卵增多，以卵或成虫越冬。

（2）为害症状　以刺吸式口器刺入植物组织取食为害。叶片被害后，呈现黄白色斑点，叶色发黄，影响光合作用，受害严重时小麦枯死。

（3）发生规律　以成螨或卵越冬，汉中为冬麦区，主要在杂草和冬麦田内越冬。翌年 2～3 月成螨开始活动产卵，此时，越冬卵也相继孵化。

（4）传播途径　麦长腿蜘蛛和麦圆蜘蛛均靠爬行和风力扩大蔓延为害。

（5）防治措施　从综合防治的角度予以介绍。

①农业防治　改变耕作制度，实行小麦和油菜轮作；改进栽培管理技术，实行浅耕灭茬杀伤害虫；选用优质高产多抗小麦品种推广种植；在早春结合追肥进行春灌可以大大减少小麦蜘蛛和蚜虫的为害。

②生物防治　汉中市麦田有益生物资源丰富，包括许多天敌瓢虫、草蛉、蜘蛛、捕食螨等，要发挥自然天敌防与治的双重作用。

③化学防治　在早春当麦垄单行 33cm 有红蜘蛛 200 头或每株有虫 6 头，大部分叶片密布白色斑时即可施药。用 2.0% 天达阿维菌素或用 15% 哒螨灵乳油 20ml/亩，15% 扫螨净乳油 15～20ml/亩，任选一种，加水 30～45kg 常规喷雾。

在小麦抽穗期选用抗蚜威与三唑酮、灭幼脲混用达到一喷多防的效果。

（三）杂草防除

1. 野燕麦　野燕麦属禾本科杂草。对小麦的产量影响很大，轻则使小麦减产 20%，重则减产 70%～80%。近年来，已上升为小麦等禾本科作物的主要恶性杂草。

适当深耕，轮作可以将大部分草籽埋于土壤深层，抑制杂草萌发，同时消灭出土杂草。对野燕麦为害严重地块推广春小麦与大蒜或马铃薯等夏收作物轮作，可以有效控制其为害。

严把种子关，加强春小麦种子精选及检疫工作，严禁从野燕麦发生为害区调入种子，实行统一供种，杜绝农民自留麦种。消除田边地头杂草、防止杂草种子向麦田传播。

适时防治。争取在小麦三叶期之间完成防治作业。此时，野燕麦组织幼嫩，麦田覆盖程度低，药液充分接触杂草，能达到好的防治效果。

提高化学防治水平。防治以野燕麦为主的春小麦田间杂草选用 6.9% 精恶唑和草灵水乳剂 70～80ml/亩，或用 15% 麦极可湿性粉剂 30～40g/亩，加水 30L 喷雾处理。严格掌握用药量，采取二次稀释法配药，做到喷雾均匀周到，确保防治效果。

2. 灰绿藜　别名灰条。藜科藜属。各省分布。

在幼苗期人工拔除，或在秋季翻犁大田埂窝，促使草根系裸露出土，然后进行暴光晒垄。

田间杂草如以灰条为主，每亩用2，4-D丁酯35～40ml，加水30kg喷雾，如既有灰条，又有刺儿菜、猪殃殃等阔叶杂草，每亩用2，4-D丁酯20～25ml加75%苯磺隆（如金仓、巨星等）1～1.5g，加水30kg喷雾。

3. 冰草　麦田冰草系多年生杂草，主要通过埂边窜根伸入大田边缘，吸收土壤养分和长成冰草成株为害作物。

（1）农业防治　秋后翻犁大田埂窝，促使冰草根系裸露出土，然后，进行暴光晒垄。地块翻犁只要宽度达到40cm，深度达到20～25cm，即可减轻翌年为害。

（2）化学防治　在麦收以后，利用秋雨使其茎叶充分生长一段时间，在茎秆尚未老化时，每亩地用草甘膦有效成分5～10ml进行叶面喷雾。市面上出售剂型有10%、30%和41%三种，应严格按照使用说明进行喷施。该药使用后，由于具有内吸传导作用，冰草叶片吸收后可将有效成分传导到根系当中，促其腐烂死亡，达到消灭冰草的目的。

4. 打碗花　该草是中国北方麦田和玉米田的一年生杂草，具攀缘茎，以地下茎和种子繁殖。发生于4～7月，由于特殊的生物学特性，其在冬小麦田的为害逐步上升。

（1）农业防除　进行深度不少于20cm的秋翻地；加强田间管理，在成熟前彻底清除田地周围的杂草。

（2）化学防除　在小麦抽穗前喷洒20%氯氟吡氧乙酸70～100ml/亩，防效在85%以上。防治效果较好的药剂还有巨星和2，4-D丁酯等除草剂。

另外，汉中市小麦田杂草主要有旱稗、野油菜、繁缕、猪殃殃、看麦娘等。防治应选择晴天，4d内无霜冻和大雨，且田间不泥泞积水，当日平均温度高于8℃时进行为宜。在冬前期墒情较好，杂草长势较旺较绿，气温高且稳定，5～7d无寒流时，就可以及时施药。15%炔草酯可湿性粉剂30～40ml或6.9%精噁唑禾草灵水乳剂80～100ml加使它隆200g/L或氯氟吡氧乙酸乳油20～25ml。加水40kg，在杂草齐苗后喷雾，均能够收到较好的防治效果。

第四节　小麦品质

一、小麦品质的综合概念

小麦品质是一个多因素构成的复杂的综合性概念，从不同角度看有不同的标准。营养学家从营养品质角度以小麦的蛋白质及人体必需氨基酸的含量多寡作为主要衡量标准；制粉企业首先要求出粉率高，制成的粉洁白而灰分含量较低，易磨粉而能耗少，以提高经济效益。对专用粉的生产则根据所制粉类又有不同的要求；食品加工界则以能否用适宜的价格获得适用于加工不同食品的小麦粉为衡量标准。一般可把品质分为营养品质与加工品质，加工品质又可分为一次加工品质即制粉的品质和二次加工品质即食品制作品质。在小麦收购、流通过程中，还经常采用籽粒形态品质的概念。

（一）营养品质

小麦的营养品质是指其所含的为人体所需要的各种营养成分，如蛋白质、氨基酸、糖类、脂肪、维生素、矿物质等。不仅包括其营养成分含量的多少，而且，包括诸营养成分是否全面和平衡，还要看其是否被人（畜）吸收利用以及抗营养因子和有毒物质的多寡等。小麦营养品质主要指蛋白质含量及其氨基酸组成的平衡程度。由于小麦是大众化主食，其营养价值的稍微提高即具有重大意义。在几种主要粮食作物中，小麦比较富含蛋白质，普通小麦平均含量在 13 % 左右，不同品种可变化在 6.9% ~ 2.0%，并含有各种必需氨基酸，是完全蛋白质，但其氨基酸组成不平衡，为不平衡蛋白质。

（二）加工品质

小麦籽粒对制粉以及制作不同食品的适应性和满足程度。小麦加工品质包括一次加工品质（磨粉品质）和二次加工品质（食品加工品质）。

1. 磨粉品质　指小麦籽粒在碾磨为面粉过程中，品质对磨粉工艺所提出的要求的适应性和满足程度。以籽粒容重、种皮厚度、硬度、出粉率、灰分、面粉白度等为主要指标。普通小麦的磨粉品质要求出粉率高，粉色白，灰分少，粗粒多，磨分简易，便于筛理，能耗低。这些特性对小麦籽粒的要求是容重高，籽粒大、整齐，饱满度好，皮薄，腹沟浅，胚乳质地较硬等。

2. 食品加工品质　食品加工品质因不同食品种类要求而不同，分为烘烤品质和蒸煮品质，是根据食品的加工工艺和成品质量对面粉特性的具体要求所决定的。

就烘烤品质而言，面包和饼干对面粉的要求完全不同。面包要求成品体积大，松软有弹性，孔隙小而均匀，色泽好，美味可口，这就需要选用蛋白质含量较高，面筋弹性好、筋力强，吸水率高的小麦及面粉。而饼干要求酥、软、脆，则需要选用蛋白质含量低，面筋弱，灰分少，粉色白，颗粒细腻，吸水率低，黏性较大的小麦及面粉。

就蒸煮品质而言，面条与馒头对面粉的要求也有所不同。制作面条的小麦一般为硬质或半硬质，面粉要求延伸性好，筋力中等。适应于馒头的小麦及面粉要求比面包低，一般要求蛋白质含量中等以上，面筋含量稍高，中等强度，弹性和延伸性好，发酵适中等。

总而言之，食品加工品质虽因食品种类不同而异，但都与小麦的蛋白质含量、面筋含量和质量、淀粉的性质和淀粉酶的活性、糖的含量等差异有关，其中，蛋白质含量和面筋的含量及质量是主要的决定性因素。食品加工品质也是一个相对的概念，适合于加工某种食品的小麦品种不一定适合制作另一种食品，仅把蛋白质含量的高低作为评价小麦品质的优劣是不全面的；同样，把优质小麦仅仅看作为适合制作面包也是不科学的。

二、小麦主要品质指标的评价

评价小麦品种的优劣，是通过一系列方法测定其籽粒、面粉和食品等多种特性来确定的。小麦品质评价指标很多，一般多从形态指标、营养指标、磨粉加工指标和面粉食品加工指标等来综合评价。

（一）形态品质指标

形态品质也称为物理品质，主要包括容重、籽粒硬度、角质率等。

1. 容重　容重是指单位容积内小麦的质量，以 g/L 表示。容重高，麦粒较饱满，出粉率亦较高。小麦籽粒容重在 750～810g/L。不同小麦品种间，容重高低并不能代表其品质优劣。一般而言，优质强筋小麦多为硬质小麦，蛋白质含量高，籽粒结构紧密，容重较高。对同一品种不同种植地的小麦而言，容重越高越好；而对不同品种的小麦，容重高，其品质不一定好。

2. 籽粒硬度　籽粒硬度是反映籽粒的软硬程度，是影响小麦磨粉品质和加工品质的重要因素。小麦籽粒硬度与胚乳质地密切相关。硬度主要取决于籽粒中淀粉和蛋白质间的粘连程度以及淀粉颗粒之间蛋白质基质的连续性。

3. 籽粒角质率　小麦籽粒胚乳由角质胚乳和粉质胚乳组成。籽粒角质率是根据角质胚乳在小麦籽粒中所占的比例来确定的，与籽粒的胚乳质地有关。在正常收获、干燥的小麦中，籽粒硬度与角质率之间一般呈显著正相关。但角质率与多数品质性状并无直接关系。一般把角质率在 70% 以上的小麦定为硬质小麦，把粉质率在 70% 以上的小麦定为软质小麦。

（二）营养品质指标

1. 蛋白质　小麦籽粒的各个部分都含有蛋白质，但分布不均。其中，胚占 3.5%，胚乳占 72.0%，糊粉层占 15.0%，盾片占 4.5%，果皮和种皮占 4.0%。

小麦蛋白质含量概括地反映了其营养品质水平的高低。小麦面粉能制作各种食品，主要是因为小麦蛋白质中含有面筋蛋白。因此，小麦蛋白质含量也概括地反映了其加工品质的好坏。普通小麦籽粒蛋白质含量平均为 13%，小麦面粉为 11% 左右。高纬度地区小麦的蛋白质含量略高，但品种之间差异很大。小麦蛋白质含量既受遗传控制，也受环境条件的影响。

从营养角度看，蛋白质含量越高越好，但不同加工用途对其含量和质量有不同要求。蛋白质含量在15%以上适于做面包，10%以下适于做饼干，12.5%~13.5%适于做馒头、面条等。

2. 氨基酸　氨基酸是组成蛋白质的基本单位。小麦籽粒蛋白质由20多种氨基酸组成。小麦蛋白质中的氨基酸含量很不平衡，其中，最为缺乏的是赖氨酸，平均0.36%左右，其含量只能满足人体需要的45%，故又称其为第一限制性氨基酸。因此，提高小麦蛋白质中赖氨酸含量是至关重要的。

3. 淀粉　淀粉在小麦籽粒中含量最多，是面筋的主要组成部分。淀粉只存在于胚乳中，占小麦籽粒重量的57%~67%，占面粉重量的67%，占胚乳重量的70%，是面食制品的主要热量来源，并对籽粒和面粉的烧烤、蒸煮品质具有重要作用。研究表明，直链淀粉含量的高低与馒头、面条的食用品质相关。直链淀粉含量适中或偏低的小麦粉制成的馒头体积大、弹韧性好、不黏，面条有韧性、不黏。

（三）磨粉品质指标

磨粉品质，即一次加工品质。出粉率和灰分是评价小麦磨粉品质的主要指标。磨粉品质优良的小麦品种一般具有出粉率高、易研磨、易筛理、耗能少、面粉色泽好、灰分含量低等特点。

1. 出粉率　出粉率是衡量小麦磨粉品质的重要指标，其数值的高低直接关系制粉企业的经济效益。出粉率与容重、角质率、籽粒硬度、降落数值、籽粒饱满程度、种皮厚度等很多因素有关。硬质小麦出粉率高，软质小麦出粉率低。用Buller磨生产标准面粉时，中国小麦的出粉率为79.0%~87.1%，平均为84.6%。一般来说，生产70粉时出粉率大于72%，生产85粉时出粉率大于86%的小麦品种受面粉厂欢迎。

2. 灰分　灰分是各种矿质元素、氧化物占籽粒或面粉的百分含量，是衡量小麦面粉加工精度的重要品质指标。面粉灰分含量与出粉率、清理程度和小麦内源性灰分含量有关。从加工优质面粉角度看，面粉中的灰分含量应尽可能低。新制定的小麦专用粉规定，面包小麦灰分≤0.6%，面条和饺子粉≤0.55%等。

3. 面粉白度　面粉白度是磨粉品质的重要指标，已被列入国家小麦面粉标准的主要检测项目。中国小麦面粉（70粉）的白度为70%~84%。小麦面粉的白度值与籽粒皮色、质地软硬、面粉粗细和含水量等有关。由于面粉颜色反映了灰分高低，国外常根据白度值大小来确定面粉等级。中国优质小麦规定一级大于76%，二级大于75%，三级大于72%。

（四）食品加工品质指标

1. 面筋含量　小麦面粉加水和成面团，将面团中的淀粉及溶于水和溶于稀盐溶液中的蛋白质等物质洗去，剩下带有弹性和黏滞性的胶状物质称为面筋。面筋是小麦蛋白质存在的一种特殊形式，小麦面粉之所以能加工成种类繁多的食品，就在于具有面筋。面筋中75%~85%是醇溶蛋白和麦谷蛋白，还含有少量淀粉、纤维素、脂肪和矿物质。面筋中的蛋白质约占小麦粉全部蛋白质含量的80%。面筋含量与质量决定了小麦品质的好坏，是小麦能够制作特有食品的物质基础。面筋有湿面筋和干面筋之分，湿面筋干燥脱水后即为干面筋。优质面包小麦的湿面筋含量一般在35%以上。

2. 沉降值　沉降值也称沉淀值，是一定量的小麦粉在特定条件下，在弱酸介质作用下吸水膨胀，形成絮状物并缓慢沉淀，在规定标准时间内的沉降体积，以ml表示。较高的面筋含量和较好的面筋质量都表现为较慢的沉降速度，即沉降值较高。测定值越大，表明面筋强度越大，面粉的烘烤品质就越好。

由于蛋白质含量和面筋强弱的差异，小麦面粉的沉降值可变化在8~78ml。中国新规定的优质小麦标准中，强筋粉的沉降值应≥45ml。

3. 高分子量谷蛋白亚基　小麦的面筋质量和面团加工性能主要取决于其贮藏蛋白的数量和组成。利用凝胶电泳技术，可将麦谷蛋白的亚基分开，形成不同的谱带类型。每个品种都有特定的谱带类型，完全取决于遗传特性，不受环境因素影响。面筋麦谷蛋白亚基组成与面筋质量和面团加工性能有关。其中，具有5+10谱带的小麦品质评分较高，因此，5+10谱带也称为面包带。除5+10谱带外，还有17+18、7+8、14+15等谱带对小麦品质的贡献也较大。根据品种的亚基组成在一定程度上可预测其加工品质。

4. 粉质特性　由粉质仪（Farirnograph）测的面粉吸水率、面团形成时间、稳定时间、软化度、评价值等参数是评价面团流变学特性的重要指标。

（1）吸水率　是指使面团最大稠度处于（500±20）BU时所需的加水量，用占14%湿基面粉重量的百分数表示。面粉吸水率高，则做面包时加水量大，不仅能提高单位重量小麦面粉的面包出品率，而且能做出疏松柔软、存放时间较长的优质面包。一般面筋含量高质量好的小麦面粉吸水率也高。面粉的吸水率一般60%~70%为宜。

（2）面团形成时间　是指从零点（开始加水）直至面团稠度达最大时所需揉混的时间。一般软质麦的弹性差，面团形成时间短，不宜做面包；硬质麦弹性好，形成时间也相对较长。美国面包粉的形成时间要求为（7.5±1.5）min。

（3）稳定时间　是指粉质图曲线首次穿过500BU和离开500BU之间的时间差。稳定时间说明了面团具有较强的耐搅拌能力。稳定时间越长，面团韧性越好。面筋强度越大，面团处理性质越好。稳定时间是粉质图参数中非常重要的指标。美国面包粉的稳定时间要求为（12±1.5）min。中国小麦稳定时间普遍偏低，中国优质小麦标准中，强筋粉的面团稳定时间应≥7min，弱筋粉应≤2.5min。

（4）软化度　也叫弱化度或衰减度，是指粉质图曲线最高点中心与达到最高点12min

后曲线中心两者之差，用 Bu 表示。软化度值大，面筋强度低。美国面包粉软化度要求为（20~50）BU。

（5）评价值 是利用粉质图评价尺根据面团形成时间和面团软化度等指标给粉质图一个单一的综合评分，其范围为 0~100。评价值高，说明面筋强，反之面筋弱。国外根据评价值给小麦面粉进行分类，强筋粉的评价值大于 65，中筋粉 50~65，弱筋粉小于 50。

5. 拉伸图参数 用拉伸仪（Exdensograph）可测定面团的延伸性和韧性的品质参数。

（1）面团抗拉伸阻力 也称抗延阻力，是曲线开始后在横坐标上到达 5cm 位置的高度，以 BU 或 EU 表示。

（2）面团延伸性 是以面团从开始拉伸直到断裂时曲线的水平总长度，以 mm 或 cm 表示，是面团黏性、横向延展性好坏的标志。

（3）拉伸比值 又称形状系数，为面团抗拉伸阻力与延伸性的比值，以 P/L 表示。

（4）最大抗拉伸（抗延）阻力 曲线最高点的高度，以 BU 或 EU 表示。

（5）能量 是指曲线与底线所围成的面积，以 cm^2 表示。代表面团的强度，可用求积仪测得。曲线面积亦称拉伸时所需的能量，它表示面团筋力或小麦面粉搭配数据，该值低于 $50cm^2$ 时，表示面粉烘焙品质很差。能量越大，表示面粉筋力越强，面粉烘焙品质越好。

尽管拉伸图可以提供这些参数，但是，反映面粉特性最主要的指标是能量和拉伸比值。能量越大，面团强度越大。拉伸比值是将面团延伸性和抗拉伸阻力两个指标综合起来判断面粉品质好坏。比值过小，意味着抗延阻力小，延伸性大，这样的面团在发酵时会迅速变软，面包或馒头会出现塌陷现象；若比值过大，意味着抗延阻力过大，弹性强，延伸性差，发酵时面团膨胀会受阻，面团坚硬，面包、馒头体积小，点心干硬。

除粉质仪和拉伸仪外，也可用吹泡示功仪和揉面仪来测定面团流变学特性。

三、专用小麦类型及其标准

（一）强筋小麦

1. 强筋小麦的概念 强筋小麦是指籽粒硬质，籽粒硬度大，蛋白质含量高，面筋质量好，吸水率高，具有很好的面团流变学特性，即面团的稳定特性较好，弱化度较低，评价值较高，面团拉伸阻力大，弹性较好，适于生产面包粉及搭配生产其他专用粉的小麦。

2. 面包粉对强筋小麦品质的要求 强筋小麦主要用于生产面包专用粉，同时它与其他不同品质类型小麦搭配，生产各种类型的专用粉。一般认为，制作面包的小麦籽粒为硬质，淀粉酶活性适中，有较高的容重和蛋白质含量，面团稳定时间长，抗延伸阻力大，弱化度较小，面团物理性状平衡，发酵性能好。烘烤的面包体积大，弹性高，孔隙度均匀，着色好。

3. 中国强筋小麦的品质指标　由于不同的专用小麦类型对品质指标的要求不同。1998年，国家质量技术监督局实施了中国优质专用小麦品种品质国家标准 GB/D17320 - 1998。同时为了适应粮食流通体制的改革，为商品小麦收购及市场流通过程中按质论价提供依据，促进小麦种质结构的调整，对优质专用小麦提出更高的质量要求，国家质量技术监督局于 1999 年又制定和发布了新的优质专用小麦国家标准。

（二）弱筋小麦

弱筋小麦是指粉质率不低于 70%，加工成的小麦粉筋力弱，适合于制作蛋糕和酥性饼干等食品的小麦。弱筋小麦品种品质性状的共同特点是籽粒结构为粉质，质地松软，硬度较低，蛋白质和面筋含量低，面团形成时间、稳定时间短，软化度高，粉质参数评价值低。

（三）中筋小麦

中筋小麦是指具有中等程度的籽粒硬度，籽粒结构属半角质率，也包括全角质率小麦（硬度中等），蛋白质含量中等，面筋含量为 28% ~ 32% 或更高一些，面筋质量应比较高。反映在面团流变学特性方面，吸水率应大于 57%。稳定时间应在 3.5min 以上，弱化度最好不超过 100EU，最大拉伸阻力 400EU 左右，不低于 300EU，延伸性与水煮性能好。适于制作中国传统面食品，如面条、馒头、饺子等。馒头体积大（或比容大），外形挺立，内部结构和口感较佳。中筋小麦是中国居民需要量最多的品种类型。

四、秦岭地区小麦品质特点

（一）筋性类型

汉中受秦巴山区特殊气候影响，生态生产条件复杂，按小麦品质区划属于陕南中弱筋冬小麦区。研究表明，该区小麦品质指标大多属中筋小麦，弱筋占 20% 左右。而且普遍蛋白质含量较高，湿面筋含量较低。很多品种往往是蛋白质含量达到中筋标准（≥13%，<14%），而湿面筋含量却不足 28%，达到弱筋标准。相较于北方小麦优生区因其生育期较短，小麦商品品质较差，千粒重较小，籽粒角质率较大。就中筋小麦而言，该区浅山丘陵中熟冬麦区小麦品质优于平坝早熟冬麦区。天水市按全国小麦品质区划属于黄淮北部强筋、中筋冬小麦区。研究表明，该区育成小麦品种及生产上应用的大面积品种大多属于中筋小麦，强筋品种所占比例不到 10%，弱筋品种则更少。

（二）高分子量麦谷蛋白亚基组成

大量研究证实，小麦高分子量谷蛋白亚基（HMW - GS）对小麦品质有重要影响。

HMW – GS 基因位于普通小麦的第一条同源染色体长臂上，由 Glu – A1，Glu – B1 及 Glu – D1 组成，统称为 Glu – 1 位点。高翔等（2002）研究表明，Glu – A1 位点上亚基 1、亚基 2 *，Glu – B1 位点上 14 + 15 亚基、17 + 18 亚基、7 + 8 亚基，Glu – D1 位点上的 5 + 10 亚基与面团品质均有显著的效应。张羽等（2005）采用 SDS – PAGE 技术对陕西汉中市引进和培育的 42 个小麦品种资源的高分子量麦谷蛋白亚基组成进行了比较系统的分析。结果表明，在 42 份小麦种质资源材料中，Glu – 1 位点共有 9 种亚基类型，其中，GluA1 位点有 3 种变异（Null、1、2 *），分别占 52%、40% 和 8%；Glu – B1 位点有 3 种变异（7 + 8、7 + 9、14 + 15），分别占 25%、43% 和 32%；Glu – D1 位点有 2 种变异（2 + 12、5 + 10）。在所有的材料中，与优质有密切关系的 2 * 亚基有 3 份（B96214 – 3、邯 3475、01046）。在 Glu – D1 位点上与优质有关的 5 + 10 亚基占 24%，与劣质密切相关的 2 + 12 亚基占 76%，Glu – B1 位点没有发现优质亚基 17 + 18. Glu – 1 位点的亚基组成类型有 12 种，其中，亚基组成为 Null，7 + 9，2 + 12 的类型最多（26.2%）；其次是 Null，7 + 8，2 + 12 和 1，14 + 15，2 + 12 的亚基组合类型（11.9%）；1，7 + 8，2 + 12 和 Null，14 + 15，2 + 12 亚基组成位居第三，这 5 种亚基组成的品种数量之和达到参试品种的 69%。依此推断，汉中小麦品质资源较多，但优良面团品质小麦较少。王红梅（2010）对甘肃省冬麦区 79 份品种资源的高分子量麦谷蛋白亚基组成进行了研究，结果表明，共有 16 种亚基组成类型，最多的是 Null、7 + 8、2 + 12（29.11%），其次是 Null、7 + 9、2 + 12（17.72%），由其他亚基组合的类型少，各种亚基出现频率相对分布均匀。含 5 + 10 的各组合类型中 Null、7 + 8、5 + 10 出现频率占 13.92%，其他组合类型出现频率较低，但从整体来讲，含 5 + 10 的各类组合的出现频率为 30.3%。说明甘肃冬小麦区小麦品种资源中优质小麦较少。

五、影响小麦品质的因素

小麦品质的优劣不仅由品种本身的遗传特性所决定，而且受气候、土壤、耕作制度、栽培措施等条件的影响，品种与环境的相互作用也影响品质。

（一）气候条件对小麦品质的影响

气候因子对小麦品质的影响往往不是单一的，而是多个因子综合作用的结果。国内外研究认为，干旱、少雨及光照充足有利于小麦中蛋白质和面筋含量的提高。

1. 温度的影响　在籽粒灌浆期间，雨量、空气湿度、温度、水分都会影响蛋白质含量。这个时期的高温低湿会提高蛋白质含量，可能的解释是高温时被籽粒吸收 N 的速度高于碳水化合物的积累速度，所以，籽粒灌浆期间的高温能促进含 N 物质的大量积累，因而，蛋白质的合成速度大于淀粉的合成速度。但是，这个高温也是有一定的限度的。也有人认为，直接影响蛋白质含量的温度是成熟 15～25d 的土壤温度和日最高气温，日气温在 32℃以下，小麦蛋白含量与温度呈正相关，当日最高气温超过 32℃时，则表现出负相关关系。

2. 光照的影响　光照是通过影响光合产物（碳水化合物）而影响小麦蛋白质含量的。小麦生育后期，光照条件好，籽粒产量高，而蛋白含量低。小麦植株 N 的积累需要短波光照射，所以，干旱草原上最强烈的短波光导致籽粒蛋白质的高含量。

3. 降水量和水分的影响　小麦籽粒蛋白质含量一般与降水量或土壤水分呈负相关，过多的降水会降低面筋的弹性，以致降低面包烘烤品质。降水或灌溉影响的原因主要是降水可使根系活力降低，造成土壤中硝酸根离子下移，有碍于蛋白质的合成。事实还证明，软质小麦是在降雨或灌溉条件下产生的，这也是栽培在旱地的小麦蛋白质含量较高的原因。

4. 土壤生态因子的影响　大量资料证明，除气候外，土壤类型对小麦品质有很大影响，蛋白质含量随土壤熟化度的好、中、差程度而逐渐降低。土壤水分影响着土壤微生物的各种生命活动，在土壤含水量较高或较低的条件下土壤微生物的活性都会受到抑制。在干旱环境中，土壤微生物会因缺少水分而处于休眠状态，活性降低，当干旱严重时甚至出现死亡；在土壤含水量过大的环境中，土壤中的孔隙被水填满，不利于空气中氧气向土壤中扩散，减少了土壤中的 O_2 含量，导致土壤微生物活性受到抑制。研究表明，不同的水势条件下，土壤中微生物的活性不同，高的水势条件下细菌活性较高，而相对低的水势条件下真菌，放线菌的活性较高。总之，土壤条件和栽培措施对小麦品质有很大影响，对强筋小麦而言，黏壤土小麦品质较好，沙壤土次之，沙土较差；有机质含量高的土壤，小麦营养和加工品质较好。

（二）人为生态因子的影响

1. 茬口的影响　农作物种类繁多，每种农作物均有自己的茬口特征，并且同一农作物在不同条件下其茬口特性也表现不同。因此，选择合适的前茬对保证专用小麦品质及高产有重要的意义。良好的前茬如大豆茬、油菜茬、休闲等，由于土壤中残留的有效养分多，即使少施肥料，小麦产量和品质也较好；耗地的作物茬如玉米、高粱、甜菜等，需施入较多的肥料才能保证小麦的高产、优质。良好的茬口有增加产量、改进品质的作用，蛋白质和面筋含量以休闲地最高，多年生草本植物次之，连作麦田含量最低。就汉中中筋小麦而言，玉米茬口优于水稻茬口。

2. 播期、播量的影响　播期的差异反应了生态条件的差异，因而，也影响籽粒品质。随着播期的推迟，籽粒蛋白质含量逐渐增加，透明度逐渐增加，面粉拉伸力逐渐增大，但籽粒产量明显下降，致使蛋白质产量下降。在一定范围内，随着播量的增减，产量表现的增减情况同蛋白质含量的增减情况相反，且播量对产量的影响程度远大于对籽粒蛋白质的影响程度。同一品种在同一地区不同播期条件下，小麦籽粒蛋白质含量随播期推迟而提高。蒋纪芸等（1988）进行的播期试验表明，随着播期推迟，籽粒产量呈下降趋势；蛋白质、透明度、面粉拉伸力增加。但并不是越晚越好，春播小麦蛋白质含量比秋播小麦蛋白质含量高。在一定范围内，随着播量的增减，产量的增减与蛋白质含量的增减负相关，播量对产量的影响远大于对籽粒蛋白质含量的影响。张耀辉等（2011）进行的播期试验表明，播期对粗蛋白含量、湿面筋含量、沉降值、面团形成时间和面团稳定时间都有一定的影响。随播期的推迟，蛋白质含量和沉降值呈下降趋势，湿面筋含量、面团形成时间和面团稳定时间明显增加。播种密度对粗蛋白质含量、湿面筋含量有一定的影响，密度过大或过小都会影响小麦粗蛋白质含量和湿面筋含量。随着播种密度的增加，面团形成时间、面团稳定时间、沉降值均呈下降趋势。密度对品质的总体影响较小。播期、密度互作效应对小麦品质有影响，播期一定时，小麦各品质性状随密度的变化而变化，当播期在 9 月 25 日时，粗蛋白含量随播种密度的增加而增加；当播期在 10 月 1 日时，粗蛋白含量随播种密度的增加而减少；当播期在 10 月 7 日时，随播种密度的增加，粗蛋白含量先增加后减少。随播期的推迟，沉降值、面团形成时间和稳定时间呈下降趋势，当播期一定时，又随播种密度的增加而减少。湿面筋含量也有不同程度的变化。

3. 施肥对小麦品质影响　N 素是影响小麦品质最为活跃的因素。在一定范围内，随施 N 量的增加，小麦籽粒蛋白质含量相应增加，施 N 比不施 N 能显著提高干湿面筋的含量和产量，并且随施 N 时期的推迟，其干湿面筋含量均有逐渐增加的趋势。可见，后期施 N 对提高干湿面筋含量有较好作用，但也不是越晚越好，以花期施 N 对籽粒蛋白质影响最大。关于 N 肥的施用期，许多学者强调，小麦生育后期施用效果很好，但也不是越晚越好，以花期施 N 对籽粒蛋白质影响最大。有研究表明，在小麦生育中后期，水、N 配合应用与只浇水相比，可以显著提高小麦产量和品质，以拔节期肥水增产效果最佳，后期增加 N 肥用量可以显著提高小麦品质。还有研究表明，小麦抽穗期保持旗叶高 N 含量是保证强筋小麦优良品质的重要条件。此外，不同品种的 N 利用率也是不同的，国外相关的试验已经进行了验证。

关于 P 素的影响，有研究表明，叶面喷 P 对小麦籽粒品质有良好作用，但由于施 P 使产量提高过快，造成籽粒中 N 被稀释，从而可能降低蛋白质含量，使籽粒蛋白质产量有所提高。N、P 配施对提高小麦产量和改进品质作用更大，是高产优质的一条重要途径。不同施 P 处理对小麦蛋白质含量、氨基酸含量均有较大的影响。施 P 使产量提高过快，造成籽粒中 N 被稀释，可能会降低蛋白质含量。研究发现，N、P 配施对提高小麦产量和改进品质作用很大，是高产优质的一条重要途径。

适当施 K 可以改善小麦品质，但必须有充足的 N、P 供应才能显示出良好的效果。因施 K 促进了对 N 的吸收，若 N 素供应不足，则不能很好发挥 K 素的作用。

4. 灌水的影响　水分对小麦品质的影响是复杂的。一般情况下，灌水增加，籽粒产量和蛋白质产量增加，而由于增加了籽粒产量，蛋白质的稀释作用使蛋白质含量有所下降。干旱在多数情况下会使蛋白质含量有所提高，却使籽粒产量和蛋白质产量降低。在肥料充足的条件下或在干旱年份，适当灌水可以使产量和品质同步提高。在较干旱时，肥料充足可以使蛋白质含量提高，肥料不足时，干旱或湿润都使蛋白质含量降低。欠水年灌溉可以提高籽粒产量、蛋白质和赖氨酸含量；丰水年灌溉过多则会降低蛋白质含量。有研究表明，随湿润条件增加，氨基酸含量和必需氨基酸、非必需氨基酸总量逐渐下降，而非必需氨基酸占氨基酸总量的比例呈逐渐上升趋势。

5. 基因型与环境互作的影响　大量研究和调查资料表明，不同小麦品种在不同地区或地点种植，品质性状既有品种间差异，也有地区或地点间差异。以籽粒蛋白质含量而论，高含量的品种在任何地点都与其他品种相比表现含量高，低含量品种在任何地点与其他品种相比都表现低含量；任何类型的品种，在不同地区或地点种植，蛋白质含量都有一个变化范围。任何地区或地点，都代表着特定的生态环境，其他品质性状表现也是如此。如汉中麦区地形地貌复杂，形成了许许多多小气候不同的生态区，与生态条件相似的四川或邻近的宝鸡也有很大区别。小麦品种秦农 142 在关中地区为优质强筋麦，在汉中种植后多数指标变为中筋；从北方引进的一些强筋小麦经两三年栽培驯化逐渐演变为中弱筋。不难看出，在不同的地域相同品种的品质有明显的差异。就汉中中筋小麦而言，在浅山丘陵区种植的同一小麦品种的品质也明显优于平坝区，而且，玉米茬口优于水稻茬口。

第五节　环境胁迫及其应对

环境胁迫是指环境对生物体所处的生存状态产生的压力。随着世界人口的增长和消费水平的提高，科学技术也得到了长足的发展。但与此同时，由于人类活动范围的扩大、程度的加深，环境资源受到了很大的破坏，环境对很多生物体引起的胁迫也日益严重。

环境胁迫的主要形式有水分胁迫、温度胁迫、盐碱胁迫与 UV - B 辐射等。

小麦是中国西北地区的主要粮食作物之一，其种植有较强的地域性，产量受气候和环境条件影响很大。西北地区经常缺水，干旱伴随着高温，还有不期而遇的寒流问题，这都使水分、温度成为影响小麦生产的重要环境因子。

一、水分胁迫

近年来，水资源缺乏已成为农业生产的严重障碍，当今全球水资源危机逐渐加重。据统计，世界上约有 1/3 的可耕地处于供水不足状态下，而且其他耕地也常因周期性干旱或难以预计的干旱而减产。中国在作物生长季节也经常发生季节性干旱，尤其西北干旱和半干旱地区，缺水问题一直是限制农业生产的最主要因素之一。因干旱造成的减产超过其他因素造成减产的总和。

水分不仅是植物生存的重要因子，而且是植物重要的组成成分。植物对水的需求有两种：一是生理用水，如养分的吸收运输和光合作用等用水；二是生态用水，如保持绿地的环境湿度，增强植物生长势。干旱是使植物产生水分亏缺的环境因子，是各种植物最具威胁性的逆境之一。

不论哪种状态，干旱的实质都是缺水。对植物而言，即水分胁迫，是指由于干旱，缺水所引起的对植物正常生理功能的干扰。

水分的淹涝胁迫就是水分过多，过多的土壤水分和过高的大气湿度都会破坏植物体内水分平衡，进而影响植物发育。淹水胁迫在西北干旱地区比较少见，在此不加详述。

（一）水分胁迫对小麦生长发育的影响

1. 水分胁迫对种子萌发和幼苗生长的影响　小麦是重要的粮食作物，其产量约占谷物总产量的 30%。水分胁迫是农业生产中面临的严峻挑战。徐国胜等（2006）研究表明，随土壤含水量的下降，小麦萌发率、苗高及叶绿素含量呈下降趋势，小麦幼苗 H_2O_2 与 MDA 含量呈上升趋势，且水分胁迫越严重趋势越明显。幼苗自由基清除相关酶活性的变化各不相同，SOD 与 POD 活性在水分胁迫初期呈上升趋势，后期呈下降趋势；CA 活性在水分胁迫初期变化不大，后期则呈下降趋势。说明水分胁迫能加剧小麦幼苗膜脂过氧化从而引起膜的损伤，且膜脂过氧化的程度随水分胁迫的加大而加深；幼苗自由基清除相关酶活性在胁迫初期会上升以抵抗水分胁迫，后期则下降，且不同的酶在抗水分胁迫中的作用不同。研究表明，小麦在水分胁迫下生长会导致幼苗体内活性氧的积累与膜脂过氧化增加、叶绿素含量下降，从而对幼苗产生伤害，且随着水分胁迫程度的加深，幼苗损伤加大。

2. 不同生育时期水分胁迫对株高和产量形成的影响　研究表明，水分胁迫对小麦生理生态的影响是多方面的，株高、叶面积可以作为水分胁迫对小麦影响的直观指标。水分胁迫下，小麦地上部生长受到抑制，株高降低、叶面积减小、叶片变得小而挺立、叶表面蜡质层加厚，程度随水分胁迫的加剧而加剧，此为植物适应逆境的一个自我调控的反应。在水分缺失的条件下，植物要尽可能减少蒸腾蒸发表面积来维持自身生长所需水分。株高、叶面积减少的直接结果是总生物量的减少,同时,水分胁迫又促使干物质向鞘部的运移,可见水分的缺失影响了干物质向"库"的运移,在成熟期之前,鞘部截获了向生殖器官运送的干物质;成熟期时另有一部分干物质向叶部、根部输送,水分胁迫促进了根系的生长,中度水分胁迫条件对根部的生长起到更好的促进作用。

轻度缺水虽对小麦叶片扩展有影响,但并不影响叶片气孔的开启,对光合作用影响不大;中轻度的水分胁迫结束后能诱发冬小麦根、茎、叶、总生物量的显著增长,生育后期总生物量干重增重最大期的日增重量提高;不同生育阶段的生物量累积对水分亏缺反应的敏感性、后效性不同;在某些发育期,减少土壤水分,诱导轻度至中度水分胁迫,可避免植株旺长,改变植株体内水分和养分的分配,使同化物从营养器官向生殖器官转移,有利于经济产量的形成;作物在中等水分亏缺条件下,有利于水分利用效率的提高,而且在作物发育的某一阶段施加一定的水分胁迫,有利于作物抗旱和品质的改善。中国传统栽培管理技术措施中的"促""控"措施,"蹲苗"或中耕切断部分根系,都是利用水分亏缺后的水分胁迫效应。

3. 花期干旱对小麦籽粒发育的影响 小麦籽粒品质既受遗传控制,又受生态环境和栽培措施的影响。中国小麦灌浆期乃至整个小麦生育期北旱南涝的灾害频繁出现,且灌浆期干旱呈不断拉长的趋势,对优质小麦生产造成不利的影响。已有研究表明,灌浆期土壤水分状况对小麦籽粒品质形成具有显著影响。灌浆期降水量或土壤含水量与小麦籽粒蛋白质含量呈极显著负相关,且小麦籽粒品质不仅与籽粒蛋白质含量有关,还与蛋白质的质量即蛋白质各组分含量、比例以及蛋白质亚基组成亦密切相关。研究表明,花期干旱处理明显降低了小麦籽粒产量和蛋白质产量。在整个灌浆期内干旱处理明显提高了籽粒蛋白质和醇溶蛋白含量。籽粒总淀粉和直链淀粉含量以渍水处理最高,而支链淀粉以对照最高。干旱处理提高了籽粒干湿面筋含量、沉降值和降落值。试验表明,干旱对小麦籽粒蛋白质与淀粉的含量和组分及面粉品质等均有不同程度的影响,从而,改变了不同品质类型小麦的籽粒品质。

(二)水分胁迫对小麦生理活动的影响

1. 水分胁迫对苗期生理特性的影响 研究发现,水分胁迫下不同小麦品种幼苗叶片相对含水量均有下降,但水分敏感型品种下降的程度较大,抗旱品种下降的程度较小;细胞膜相对透性、可溶性糖含量均上升,且上升的程度与抗旱性表现一致;而可溶性蛋白含量的变化趋势同抗旱性表现不一致。由此说明,细胞膜相对透性、相对含水量及可溶性糖含量的变化可作为小麦苗期可靠的抗旱性鉴定指标,而可溶性蛋白含量的变化在小麦苗期抗旱性鉴定中的作用还需进一步研究。

2. 水分胁迫对小麦幼苗呼吸及渗透调节物质积累的影响 刘丹(1990)研究发现,

抗旱力不同而又存在遗传相关的小麦品种，在 PEG 处理引起的水分胁迫下，幼苗叶片暗呼吸速率降低，线粒体超微结构受到破坏，葡萄糖在胁迫前期积累，后期下降。蔗糖含量下降。Na^+、水溶性 Ca^{2+} 在幼苗中有积累，K^+ 含量略有降低。抗旱品种还积累大量有机酸。植物的呼吸速率通常随水分胁迫的增强而降低。但不同植物，其呼吸在水分胁迫时的变化模式存在着差异，干旱或水分胁迫可使氧化磷酸化解偶联，破坏线粒体超微结构，改变呼吸代谢途经，但其机理仍不十分清楚。作为呼吸基质和中间物的可溶性糖、有机酸等通常是植物的渗透调节物质，它们之间可能进行很活跃的转化。

3. 水分胁迫对小麦幼苗蛋白质表达和一些生理特性的影响　蛋白质是生物体内重要的大分子物质之一，它不仅是生物体的重要组成物质，而且作为一些酶类在生物体的各种生理代谢中起重要作用，因此，蛋白质代谢对其他代谢过程的影响已引起人们的广泛重视。戴明等（2009）对不同抗性小麦品种的相对含水量、细胞膜相对透性及 MDA 含量的研究表明，在水分胁迫条件下，蛋白质条带表达相对较强、有新蛋白亚基出现的小麦品种相对含水量高、细胞膜透性小、MDA 含量低。越来越多的证据表明，蛋白质代谢受到多种因素的影响，环境胁迫包括干旱、水涝、盐渍、病虫害和紫外辐射等非正常的环境条件，都会影响细胞内逆境诱导蛋白的表达。水分胁迫诱导植物基因表达的调节与植物生长和生理特性反应之间的关系是一个非常复杂的问题，其中，涉及不同品种、不同发育阶段、不同组织或器官及不同胁迫方式等。

4. 水分胁迫对小麦幼苗保护酶体系的影响　植物细胞通过各种途径产生 O_2^-、·OH、H_2O_2 等活性氧自由基，同时，细胞内也存在这些自由基的清除系统。正常情况下，植物细胞内自由基的产生与清除处于动态平衡状态，细胞内自由基的水平很低，不会引起伤害；但在逆境胁迫下，平衡被破坏而产生过多的自由基离子。这些离子能启动膜脂过氧化或脱脂化，破坏膜结构和膜完整性，使膜透性趋向扩大，从而，导致代谢紊乱，植物组织耐旱性与其自身维持活性氧代谢平衡及控制膜脂过氧化的能力有关。由于植物体内存在清除活性氧自由基的超氧化物歧化酶（SOD），过氧化物酶（POD），过氧化氢酶（CAT）等保护酶，在一定程度上保护细胞膜，近年来，已成为抗逆性研究中颇受重视的酶类。在抗旱性研究方面，对 SOD 活性变化研究较多，但对于保护酶系与抗旱性关系的系统报道极少。赵会贤等（1992）对在水分胁迫条件下，抗旱性不同的冬小麦幼苗的保护酶活性及其同工酶、质膜透性变化进行了比较。结果表明，水分胁迫下小麦品种 POD、CAT 活性均增强；SOD 活性在适度干旱时有所上升，严重干旱时则降低。

5. 水分胁迫对小麦光合作用的影响　水分胁迫引起的植物光合作用减弱是干旱条件下作物减产的一个主要原因。通常认为，水分胁迫对光合作用的影响包括气孔限制和非气孔限制两个方面。前者是指水分胁迫引起气孔关闭，CO_2 供应受阻；后者是指叶肉细胞间

隙气相空间和 CO_2 扩散阻力增大，PSⅡ（光系统Ⅱ）及光合磷酸化活性下降，RuBP（1，5－二磷酸核酮糖）、羧化酶及 FBP 酶（果糖－1，6 二磷酸脂酶）活性降低，RuBP 再生受阻，光暗呼吸的变化等。两者对光合作用的影响不仅因植物种类、水分胁迫强度、时间和方式而异，而且亦因胁迫时期不同有较大差异。水分胁迫对小麦光合作用的影响具体表现如下。

（1）对光合速率的影响　水分胁迫使小麦光合速率降低，不同胁迫强度和胁迫时间引起光合作用下降的主要原因不同。在轻度水分胁迫条件下，光合作用下降的主要原因为气孔性的限制，但在较长时间轻度以上土壤干旱或严重干旱下，光合速率下降的主要原因是非气孔性的限制。不同品种对水分胁迫的反应不同，抗旱性较强的小麦品种在水分胁迫条件下光合速率下降幅度比干旱敏感品种小。同一植株不同部位的叶片光合速率对水分胁迫的反应亦不相同，上部叶片的光合速率受影响较小。Wardlaw（1967）及山仑等（1980）报道，灌浆期轻度干旱对小麦叶片光合作用有促进作用，轻度及中度干旱能促进穗子的光合作用。

（2）对气孔导度的影响　植株供水良好时，气孔启闭主要受光照和 CO_2 这两个因素调控，表现出昼开夜闭有规律的气孔运动现象。当植株缺水时，水分就成为控制气孔开闭的决定性因素。水分胁迫对小麦叶片气孔导度的影响因胁迫强度和时间而异，轻度土壤干旱下，气孔导度略有上升，中度以上的土壤干旱下气孔导度才显著降低。在轻度水分胁迫条件下气孔导度下降是光合作用降低的主要原因，而在严重水分胁迫条件下气孔导度下降不是光合作用降低的主要原因，此时，细胞间隙 CO_2 浓度反而升高。水分胁迫条件下小麦叶片的光合速率与气孔导度呈平行的下降趋势，两者之间的相关系数可达 0.952。

（3）对叶片气孔限制值和叶组织内浓度的影响　气孔是 CO_2 进入植物体和水分逸出植物体的通道。气孔限制光合作用的相对重要性可以通过计算气孔阻力同总阻力的比率—气孔限制值来衡量。气孔限制值越大，气孔扩散对 CO_2 吸收的相对限制就越大。水分胁迫初期，小麦叶片的气孔限制值增大，但超过一定时间后，气孔限制值反而下降，细胞间隙 CO_2 浓度的变化与气孔限制值相反，在胁迫初期，细胞间隙 CO_2 浓度下降，但随着气孔限制值的下降，细胞间隙 CO_2 浓度开始升高表明，不同胁迫强度和不同胁迫时间引起小麦叶片光合作用下降的主要原因不同。轻度水分胁迫条件下光合作用的降低主要是由于气孔关闭，CO_2 由外界向细胞内扩散的阻力增加，光合碳同化固定的底物减少，严重水分胁迫条件下光合速率降低的主要原因是非气孔因素限制。研究表明，不同抗旱性的小麦品种受到水分胁迫后光合作用对干旱的反应不同，抗旱品种的气孔限制向非气孔限制转变的时间比不抗旱的品种迟，这可能是抗旱性品种较耐旱的原因之一。

（4）对叶绿体排列及超微结构的影响　正常生长的小麦叶片，叶绿体呈纺锤形在叶肉细胞内沿质膜边沿排列，基粒片层整齐，并通过间质片层互相连接，类囊体腔小而扁平，叶绿体的双层被膜清晰可见。水分胁迫破坏叶绿体的排列，使叶绿体基粒数目减少，每一基粒的类囊体数目也减少。胁迫严重时，类囊体内腔膨大，基粒片层间发生粘连，叶绿体的双层被膜部分出现损坏，抗旱品种的叶绿体超微结构比不抗旱品种受水分胁迫的影响小。水分胁迫条件下叶绿体超微结构的破坏以及由此引起的一系列生理生化变化是光合作用下降的重要非气孔因素。

（5）对叶绿体光合放氧能力和 Hill 反应活力的影响　小麦叶片光合放氧活性在轻度干旱条件下变化不大，中度及严重干旱下，才受到明显的抑制。不同品种叶绿体光合放氧能力对水分胁迫的反应存在差异，干旱敏感品种的光合放氧能力比抗旱品种更容易受到水分胁迫的影响。Hill 反应（希尔反应）的变化，反映了环境因子对叶绿体电子传递的影响。水分胁迫下叶绿体 Hill 反应强度降低，但不同品种间存在差异，抗旱品种比干旱敏感品种下降幅度小表明，水分胁迫抑制小麦叶绿体的电子传递。

（6）对叶绿素的影响　叶绿素作为光合色素中重要的色素分子，参与光合作用中光能的吸收、传递和转化，在光合作用中占有重要地位。水分胁迫使小麦叶片叶绿素含量降低。冯福生等（1990）研究表明，随着胁迫时间的延长，叶绿素下降幅度加大，种间差异显著，抗旱品种比干旱敏感品种叶绿素含量下降幅度小。

（7）对叶绿素荧光强度和表观量子产额的影响　荧光测定技术已广泛运用于评价各种逆境对光反应系统，特别是 PS Ⅱ 的完整性和光抑制的影响。水分胁迫使小麦叶片叶绿素荧光强度降低，且不抗旱品种比抗旱品种下降幅度大。量子产额是光合效率的一种表示方法，水分胁迫使小麦叶片的表观量子产额下降，且抗旱品种比不抗旱品种下降幅度小。

（8）对光合羧化酶活性的影响　小麦是 C_3 植物，RuBP 羧化酶是其主要的羧化酶。试验结果表明，在缓慢的土壤干旱过程中，小麦幼苗的 PEP 羧化酶活性同 RuBP 羧化酶一样，也有一个上升过程。RuBP 羧化酶和 PEP 羧化酶活性下降是干旱条件下小麦光合作用下降的非气孔因素之一。

（9）对光合作用其他方面的影响　水分胁迫影响小麦叶片气孔导度的同时亦影响叶肉 CO_2 导度。轻度水分胁迫时，叶肉细胞导度略有升高，严重水分胁迫时，叶肉细胞导度显著下降，与叶水势变化趋势一致。

6. 水分胁迫对小麦叶片核糖核酸酶活力及合成的影响　Rnase（核糖核酸酶）活性变化是一种反映小麦品种抗旱性的生化指标。同一干旱胁迫条件下，抗旱性不同的品种存在着不同的干旱反应进程。干旱胁迫下，Rnase 活性升高不是因其蛋白质合成引起，而可能是酶的激活。很多研究表明，干旱胁迫下膜受到破坏引起透性增加，愈是敏感品种增加幅度愈大，即膜受到的破坏愈大，膜的破坏引起某些物质从细胞区隔中释出，可能是导致激活的直接或间接原因之一。许多研究表明，干旱胁迫下植物叶片核糖核酸酶活力增强，但活力增加的机制还不清楚。郭蔼光等（1994）讨论了胁迫下 RNase 活性增加的原因。指出干旱胁迫下，抗旱品种与干旱敏感小麦品种叶片中的核糖核酸酶活性均有所增加，增加幅度与其相对含水量变化呈显著负相关。发现干旱处理叶片的两个低分子量（12kD、17kD）具 RNase 活性的蛋白质的放射性渗入总量低于对照，但占总蛋白的放射性比例高于对照证明，干旱胁迫下存在 RNase 的从头合成。

7. 水分胁迫对小麦叶片抗病相关酶活性的诱导　小麦生长过程中，往往受到多种逆境环境的胁迫，其中，干旱与病源侵染分别是小麦在自然环境中最常遇到的外界胁迫。近年来，国内外学者就干旱胁迫对小麦生理代谢的影响及其与抗旱性的关系从微观和宏观方面进行了广泛研究，对小麦抗病机制的研究也取得许多成果，但是，目前关于两种胁迫相互影响机制的研究较少。商鸿生等研究发现，水分胁迫可以诱导部分小麦品种产生对条锈病的抗病性。已有大量研究表明，POD 活性与植物的抗病性呈正相关。多酚氧化酶（PPO）能将酚类物质氧化成对病原物有毒的醌类物质，与植物抗病性密切相关，因而该酶常被看成植物抗病性的生化指标。PAL 是苯丙烷途径的关键酶和限速酶，当植物被诱导后苯丙氨酸解氨酶活性明显增强，与木质素含量增加趋势吻合，并与系统获得抗病性表达存在相关性。虽然植物中并不存在几丁质物质，但几丁质酶却广泛存在于植物中，几丁质酶可以水解真菌细胞壁的结构组分，诱导植物全面的防卫反应，在植物保护尤其在抗真菌病害中具有重要的应用价值。

陈鹏等（2011）以水分胁迫可诱导其抗病性的小麦品种为材料，用不同质量分数 PEG-6000 模拟干旱胁迫，采用真空渗透离心法分离胞间隙液以及胞内蛋白，并对不同胁迫时间胞间隙和胞内抗病相关蛋白及酶活性进行分析，探讨水分胁迫诱导抗病性的机制。结果显示，随着胁迫强度的增加和处理时间的延长，叶片及胞间隙液 POD、PPO、PAL 胞间隙除外）、几丁质酶活性均表现出明显的上升的趋势，复水 2d 后下降，但各项测定指标均未恢复至对照水平。由此可知，水分胁迫可诱导小麦叶片中各种抗病防卫相关酶活性的增强表明，小麦对水分胁迫的响应与抗病信号转导途经之间可能存在共同的机制。

通过对小麦叶片和胞间隙液 POD 同工酶进行研究表明，叶内酶带比胞间隙酶带多，染色强度高，说明叶内 POD 活性远高于胞间隙，这与其酶活性测定结果相符合。与对照相比，PEG 处理后，叶片胞内及胞间隙各有 1 条新的同工酶带表达，并且在复水后消失，说明水分诱导产生了新的蛋白。对 PAL 活性测定发现，干旱胁迫下叶片内 PAL 活性显著升高，而不同质量分数 PEG 水分胁迫下胞间隙 PAL 活性均为零，可以推测胞间隙液中没有 PAL 的表达，这可能与其分子量较大，是典型的胞内诱导酶有关。关于几丁质酶的研究，在单子叶植物特别是小麦上较少，主要因为小麦的几丁质酶活性本底值很低，因此，对底物胶态几丁质的要求较高。陈鹏等（2011）研究表明，小麦叶片及胞间隙几丁质酶在干旱胁迫下活性升高。可见，在水分胁迫诱导下，小麦叶内及胞间隙抗病相关酶活性都显著升高，说明其在水分诱导的抗病性中起着重要作用。

植物诱导抗性形成过程中，植物会产生植物病程有关的蛋白，即 PR 蛋白，大部分 PR 蛋白都可在细胞间隙中积累。Veronika 等认为，质外体是植物防御病原侵染的第一道屏障，并对病原侵染的小麦叶片间隙液蛋白质组学进行研究，结果表明，在胞间隙中至少有 3 个蛋白具有抗菌活性且与小麦对叶锈病的抗性有关。本试验根据叶片胞内酶活性为叶片酶总活性与胞间隙酶活性之差，通过比较叶内酶活性和胞间隙液酶活性可以确定各酶在小麦叶片中的细胞定位。结果表明，几丁质酶主要定位于胞间隙。POD 和 PAL 则定位于胞内。PP 酶在处理的第二天至第四天胞内酶活性大于胞间隙，而到处理的第六天至第八天则相反。说明随着水分胁迫时间的延长，PEG 能诱导 PPO 在胞外表达。水分胁迫诱导 POD、PPO、PAL 和几丁质酶等小麦体内重要防御酶活性的升高，必然会提高植物抵御活性氧及氧自由基对细胞膜系统的伤害的能力；全面增强防御病源侵染能力，引发其抗病性的增强。水分胁迫诱导的由感病向抗病转变的机制，为研究小麦的抗病性机制提供了很好的材料，并有效克服研究材料背景差异引起的一系列问题，为从抗性交互作用的角度探讨小麦抗病性的分子机制提供较好的研究系统。

（三）水分胁迫的应对措施

小麦是中国的主要粮食作物之一，其产量高低与国计民生关系重大。甘肃省大部分地区属于干旱、半干旱地区，干旱常使冬小麦减产 5% ~20%，高者可达 40% 以上。如何减弱水分胁迫对小麦的影响，已成为提高小麦抗逆增加产量的重要议题之一。

1. 选用耐旱品种　近年来，由于水资源的缺乏，干旱已成为限制中国小麦生产的一个重要因素，因此，选育耐旱小麦新品种对于提高小麦产量具有重要意义。王岳光等（2000）研究表明，在干旱条件下，小麦产量与单株穗数、单株粒重、株高均呈极显著正相关，而与千粒重和穗粒重呈极显著负相关。因此，在耐旱品种选育过程中，以选择单株穗数多、成穗率高的材料为宜。

小麦产量是一个综合指标，是各个性状综合表达的结果，在选育抗旱高产小麦新品种时，应重视单株穗数的选择，选择分蘖力高，成穗率高的材料。其次要有一定的株高。在旱地条件下，由于缺水，地力较薄，不宜选择大穗型或大粒型材料。耐旱性是一非常复杂的特性，任何单一指标都不能作出正确评价。如果从农业生产和育种的实践考虑，耐旱性应以小麦品种在旱地条件下种植的表现和生产能力为主要指标进行评价，如果表现好、产量高，就说明其耐旱能力强。另外，耐寒品种表现抗寒性好、根系发达、分蘖力强，单位面积成穗数多；茎秆细，叶片小而上冲，抗干热风，落黄好。遇旱时，可有效减少水分不足的不利影响。

2. 及时补灌 首先得做到合理灌溉，经济用水，也就是说，既要及时满足小麦各个生长发育阶段的需水要求，又要提高灌溉效益，扩大灌溉面积，使有限的水发挥更大的作用。返青后对未浇冻水又存在旱情的麦田，要及时补灌，抗旱保苗，浇水后及时锄划，破除板结，其他正常麦田不要盲目浇水。有灌溉条件，保墒能力强、整地质量好、选用抗旱节水品种的麦田，前期适度干旱胁迫，促进根系下扎，增强后期抗旱能力。在小麦全生育期降水量 100mm 左右的年份灌好拔节、抽穗两次关键水，可实现节水高产。

3. 施氮的作用 水资源匮缺是当今世界各国共同面临的问题，而且，也导致了许多生态环境问题，尤其在中国西北旱地表现得更为突出。因此，提高水分和 N 素利用效率已成为目前研究的热点。水分胁迫对小麦的生长、发育具有严重不利影响，水分胁迫加剧了小麦地上、地下部水分的重新分配、导致生物量降低、株高缩短，单叶叶面积降低，因而，生产上应尽量避免发生重度或中度水分胁迫；但随着施 N 量的增加，生物量、单叶叶面积和株高有所上升说明，施 N 可以对冬小麦水分胁迫起到一定的调节作用。张艳等（2009）研究了水分胁迫下 N 肥对不同水 N 效率基因型冬小麦苗期株高、叶面积、植株含水率和含 N 量及地上、地下生物量的影响。结果表明，同正常供水相比，除根冠比外，水分胁迫明显抑制了冬小麦幼苗的生长发育，使地上生物量、株高、叶面积、植株含 N 量和含水率显著降低；适量供 N 减小了降低的程度。水分胁迫条件下适量供 N 能够减轻干旱对冬小麦生长发育的影响，且水、N 高效型品种较水、N 低效型品种对水分和 N 素胁迫具有更强的适应性。

4. 渍涝条件下及时排涝 旱浇地小麦成熟时若遇有阴雨或潮湿的环境，经常出现穗发芽。敏感的白皮品种经 3～4h 的降水即可导致穗发芽，耐性较好的白皮品种，可经受12h 降水而不发芽。耐性较好的红皮品种可经受 24h 或更长时间的降水。穗发芽导致小麦籽粒淀粉酶活性升高，面团或面制食品发黏，严重影响加工品质。种子田穗发芽还会影响种子的质量。降低穗发芽影响的基本措施，一是选用抗穗发芽或早熟、适应当地种植的小麦品种。成熟期降水概率较大的地区，应选用耐性较强的红皮品种。二是适期播种，避免晚播，使小麦成熟期较早，躲过当地的雨季。三是小麦成熟后及时收获，尽量晾干入库。水浇地在降雨较多时，应注意及时排涝。

成熟期遇到雨水，麦穗吸水膨胀后再失水，收获时容易落粒，机械收获应放慢速度。雨天抢收的麦子应注意及时进行晾晒，以防霉烂或品质下降。发生穗发芽的小麦，收后应注意及时晾晒，以防霉烂或品质骤降。要注意清选、剔除发芽严重的籽粒，提高小麦食用价值。麦收时遇烂场雨，应紧紧抓住晴好天气，适时进行小麦收获，并及时进行晾晒，以防霉烂或品质下降。

二、温度胁迫

温度是植物生存的重要因素，并决定植物的自然分布。植物也总是在达到一定温度总量才能完成其生活周期，不同植物各有其最适生长的温度范围，总是在达到一定的温度总量（积温）后才能完成其生活周期。适宜的温度是植物正常生长发育的必要条件，温度过高或过低都会对植物的生长产生有害的影响。植物生长对温度的反应有 3 基点，即最低温度、最适温度和最高温度。超过最高温度，植物就会遭受热害。低于最低温度，植物将会受到寒害（包括冷害和冻害）。温度胁迫即是指温度过低或过高对植物的影响。任何一种对植物生长发育产生不利影响的环境因素均称为胁迫。

小麦属于喜凉作物，对高温胁迫反应比较敏感。0℃是小麦停止与开始生长的界限，气温 1～3℃，小麦开始积极生长，并能分蘖；在 10℃以上的条件下，小麦就能抽穗开花；20℃左右是灌浆的适宜条件；超过 25℃，会加速小麦发育，缩短生育期，不利于有机物质的积累；达到 30℃，小麦会受到高温和干热风危险；40℃左右，则因高温致死。

（一）低温胁迫

冻害在不同年份发生的时期、症状、原因不同，对小麦生产的影响也不同。

1. **冬季冻害**　冬季冻害是小麦进入冬季后至越冬期间由于寒潮降温引起的冻害，极端最低温度、地温持续时间和冷暖骤变的程度决定其损害程度，严重时，主茎和大分蘖冻死，心叶干枯严重影响产量；较轻时，仅叶片黄白干枯，对产量影响不大。

冬小麦冬季冻害又可分为 3 类：初冬温度骤降型、冬季严寒型和越冬交替冻融型。

（1）初冬温度骤降型（11～12 月）　小麦越冬前突遇气温骤降天气，苗质弱、整地差、土壤孔隙大及缺墒的麦田会受冻害。播种过早或因前期气温高而生长过旺的小麦更易受害。

（2）冬季严寒型（12 月下旬至翌年 2 月初）　冬季有两个月以上平均气温偏低 2℃以上，并多次出现强寒流时，会导致小麦地上部严重枯萎甚至成片死苗。冬前积温少，麦苗弱或秋冬土壤干旱的年份受害更重。

（3）越冬交替冻融型（12 月下旬至翌年 1 月底）小麦正常进入越冬期后出现回暖天气，气温增高，土壤解冻，幼苗恢复生长，致使抗寒性减弱。暖期过后，若遇大幅度降温，会发生较严重冻害。外部症状是叶片干枯严重，先枯叶后死蘖。

2. **早春冻害**　早春冻害是小麦返青至拔节期（2 月中旬至 3 月下旬），因寒潮来临发生的霜冻危害。

3. **春末晚霜冻害与低温冷害**　春末晚霜冻害发生于 3 月末到 4 月上中旬，常称之为"倒春寒"。春末低温冷害发生时间多在 4 月上中旬的孕穗期小麦上，表现为"哑巴穗"。

4. 低温胁迫的生理反应　低温胁迫是对植物耐寒性的检验。植物耐寒性是对低温环境长期适应中通过本身的遗传变异和自然选择获得的一种适应性。植物的耐寒性是其固有的遗传特性，而且，总是在逐步降温的过程中得以适应，这即为冷驯化或谓抗寒锻炼。

低温胁迫包括植物 0℃ 以下的低温伤害—冻害和 0℃ 以上的低温伤害—冷害。目前冻害的机理有 3 点：

一是细胞内结冻；

二是原生质脱水；

三是生物膜体系破坏。冷害的原发反应是生物膜发生相变，液晶态变为凝胶态，原生质环流停止，植物体内乙烯增加，光呼吸速率下降。

随着温度的降低，小麦叶片内 SOD 活性、O_2^- 产生速率有所增加；可溶性蛋白和 MDA 含量有所下降，但蛋白质下降较少。低温胁迫导致植物光合作用强度的下降。在低温胁迫下，植物的呼吸作用在一定温度范围内随着温度的下降而下降，在冷害的初期有所加强，以后又下降。可溶性蛋白的含量与植物的抗冷性之间存在密切关系，多数研究者认为，低温胁迫下，植物可溶性蛋白含量增加。可溶性蛋白的亲水胶体性质强，它能明显增强细胞的持水力，而可溶性蛋白质的增加可以束缚更多的水分，同时，可以减少原生质因结冰而伤害致死的机会。在正常条件下，植物体内游离氨基酸含量很低，而低温胁迫条件下，游离氨基酸的含量迅速上升。

近年来，关于抗寒蛋白的研究比较前沿，它是一类抑制冰晶生长的蛋白，能降低水溶液中的冰点，但对熔点影响甚低，从而，导致水溶液的熔点和冰点之间出现差值。抗寒蛋白最早发现于极地鱼类中，它可改变有机体内冰晶的形成状态，提高生物体的抗寒性。

（二）高温胁迫

小麦属于喜凉作物，对高温胁迫反应比较敏感。高温对小麦造成的损失类型与程度有 3 类。

1. 高温胁迫的类型

（1）秋末冬初高温　播种至出苗期间遇到持续高温，会造成出苗加快，麦苗细弱，根系发育不良，次生根发育滞后，根冠比比例失调，同时，容易缺苗断垄。

（2）早春高温　小麦拔节期高温胁迫使小麦节间变长，不利抗倒伏。加快穗分化进程减少小穗数。抗寒能力下降易受倒春寒危害，加重春旱和叶枯病、蚜虫等病虫害。

（3）夏初高温　小麦灌浆期高温灾害性天气主要有干热风和雨后青枯。小麦受害表现轻者麦芒和叶尖干枯，颖壳发白色，重者叶片、茎秆和麦穗灰白色和青干枯死。

2. 高温胁迫的生理反应　植物所处环境中温度过高引起的生理性伤害称为高温伤害，

又称为热害。高温胁迫对植物的直接伤害是蛋白质变性，生物膜结构破损，体内生理生化代谢紊乱。热害往往与干旱并存，造成失水萎蔫或灼伤。不同植物所忍受的最高温度或致死温度是不同的，同一株植物不同器官或组织耐热性也有较大差异。根系对高温逆境最敏感，繁殖器官次之，叶片再次之，老叶的耐热性强于幼叶。

植物叶片是对高温非常敏感的器官，它又是植物各种生理活动的主要功能器官，高温引起叶片相关功能的变化，进而影响了植物的叶绿素含量、光合作用和蒸腾作用等生理活动。在高温胁迫下，通常呈现出随着胁迫时间的延长叶绿素含量下降的趋势，胁迫开始时叶绿素含量下降幅度较小，后期下降的幅度较大。光合作用是植物物质转化和能量代谢的关键，温度逆境对其影响很大。同时，光合作用也是植物对高温最敏感的部分之一。在一定温度范围内，随着温度的增加，蒸腾速率会加快达到降温的作用，防止叶片被高温灼伤。但当达到胁迫温度时，气孔关闭，蒸腾能力随之下降，叶温上升，植物正常的生理代谢活动会被扰乱。高温造成的伤害是多方面的，但最主要的是对胞内酶的破坏，造成细胞的正常代谢受阻，导致生长发育中止或者细胞死亡。但是，植物体对高温胁迫的响应并不是被动的，会发生相应的响应来降低胁迫造成的伤害，以维持基本代谢，甚至通过开启某些基因的表达对高温产生抗性。

植物在长期进化过程中，发展和形成了一套维持自身内稳态的生理机制以适应新环境。植物通过生理上的适应，对高温的耐受能力可以进行小的调整。

（三）温度胁迫的应对措施

1. 减少高温影响的基本措施

（1）秋末冬初高温　保墒整地，适期晚播；精量匀播，适量少种；耙耱镇压；中耕断根；化学调控。对于冬前高温旺长麦田，每亩用20%多效唑可湿性粉剂40～60g，或40%壮丰安乳油35～40ml，或麦业丰30～40ml，加水35kg，均匀喷洒，可抑制冬前小麦生长过快，达到控制旺长，实现壮苗目的。

（2）春季高温　春季高温旺长麦田要特别注意地温的变化或"倒春寒"，注意收听收看天气预报，遇到降温，应提前灌水防冻；深中耕；春肥后移；化学防控。喷施生长延缓剂烯效唑、多效唑或壮丰安。

（3）灌浆期高温

①浇好灌浆水　小麦扬花后10～12d，浇好灌浆水，切忌大水漫灌。

②重视叶面喷肥　灌浆期喷洒磷酸二氢钾2～3次。

③氯硫配合，重施硫肥　结合灌溉或降水，每亩施尿素和硫酸铵各5～10kg。

2. 提高植物抗寒性的措施

（1）抗寒锻炼　在低温来临前对植物进行冷锻炼是提高植物抗寒性的有效措施之一。

（2）施钙 Ca 有防止膜损伤和渗漏，稳定膜结构和维持膜的完整性的作用。近年来，有关 Ca 与植物抗逆性的研究越来越受重视，并已建立了较为完整的植物细胞内 Ca 信使系统的概念，即构成刺激 – 信使 – 反应偶联的体系。

（3）施用化学物质 施用化学物质如多效唑（PP333）、脱落酸（ABA）、多胺、低温保护剂等可提高植物的抗寒性。

（4）选育耐低温品种 提高植物抗寒性，寻找抗寒种质资源，选育抗寒品种是根本途径。通过对植物进行抗寒性鉴定，从中选出优良的抗寒品种。

本章参考文献

［1］陈贵，康宗利，张立军．低温胁迫对小麦生理生化特性的影响．麦类作物，1998，18（3）：42 – 43，64.

［2］陈光华，闫季泽，张佼，等．冬小麦主要害虫及天敌的时间动态及其相关性研究——以西安市长安区为例．陕西农业科学，2012（5）：38 – 41，88.

［3］陈金平．豫南稻茬小麦生长发育特点研究．中国农学通报，2009，25（21）：161 – 165.

［4］陈鹏，彭海霞，张静．水分胁迫对小麦叶片抗病相关酶活性的诱导．西北农业学报，2011，20（2）：56 – 61.

［5］陈术奇，康亚东．冬小麦节水灌溉技术试验研究．现代水务，2013（2）：15 – 19.

［6］陈万权，康振生，马占鸿，等．中国小麦条锈病综合治理理论与实践．中国农业科学，2013，46（20）：4 254 – 4 262.

［7］陈万贤．小麦白粉病的识别与防治．农技服务，2007（1）：32，46.

［8］陈怡平，王玉洁，贺军民．UV – B 胁迫下冬小麦光合作用对温度变化的差异响应．地球环境学报，2010，1（1）：73 – 78.

［9］成尚廉，王新妩．小麦白粉病大发生的气象条件分析．湖北植保，2001（1）：18 – 19.

［10］戴明，邓西平，杨淑慎，等．水分胁迫对不同基因型小麦幼芽蛋白质表达和某些生理特性的影响．应用生态学报，2009，20（9）：2 149 – 2 156.

［11］杜文勇，何雄奎，胡振方，等．不同灌溉技术条件对冬小麦生产的影响．排灌机械工程学报，2011，29（2）：170 – 174.

［12］范雪梅，姜东，戴廷波，等．花后干旱和渍水对不同品质类型小麦籽粒品质形成的影响．植物生态学报，2004，28（5）：680 – 685.

[13] 冯汉青, 吴强, 李红玉, 等. 干旱与条锈病复合胁迫对小麦的生理影响. 生态学报, 2006, 26 (6): 1 963 - 1 974.

[14] 傅凯廉, 苏毅, 和有杰. 小麦玉米两熟制农田杂草化学防除技术研究. 杂草学报, 1989, 3 (4): 38 - 40.

[15] 高书晶, 庞保平, 于洋, 等. 麦田昆虫群落的结构与时序动态. 生态学杂志, 2004, 23 (6): 47 - 50.

[16] 郜俊红, 梁宗锁, 赵荣艳, 等. 水分胁迫对不同小麦品种幼苗生理特性的影响. 中国农学通报, 2008, 24 (10): 141 - 145.

[17] 顾蕴倩, 刘雪, 张巍, 等. 花后弱光逆境对弱筋小麦产量构成因素和籽粒品质影响的模拟模型. 中国农业科学, 2013, 46 (21): 4 416 - 4 426.

[18] 郭蔼光, 张慧, 王保莉, 等. 干旱胁迫对小麦叶片核糖核酸酶活力及合成的影响. 核农学报, 1994, 8 (2): 75 - 79.

[19] 郭建平, 高素华. 土壤水分对冬小麦影响机制研究. 气象学报, 2003, 61 (4): 501 - 505.

[20] 韩占江, 吴玉娥, 郜庆炉, 等. 施氮水平对小麦灌浆特性、产量及品质的影响. 湖北农业科学, 2007, 46 (6): 907 - 909.

[21] 何一哲, 宁军芬. 高铁锌小麦特异新种质"秦黑1号"的营养成分分析. 西北农林科技大学学报 (自然科学版), 2003, 31 (3): 87 - 90.

[22] 贺可勋, 赵书河, 来建斌, 等. 水分胁迫对小麦光谱红边参数和产量变化的影响. 光谱学与光谱分析, 2013, 33 (8): 2 143 - 2 147.

[23] 胡利平, 张华兰, 安晶, 等. 气候变化对天水冬小麦生产潜力开发程度的影响. 安徽农业科学, 2010, 38 (12): 6 394 - 6 397.

[24] 霍治国, 李世奎, 白月明, 等. 冬小麦中轻度水分胁迫的增产节水效应研究. 自然资源学报, 2003, 18 (1): 58 - 66.

[25] 姜东, 戴廷波, 荆奇, 等. 有机无机肥长期配合施用对冬小麦籽粒品质的影响. 生态学报, 2004, 24 (7): 1 548 - 1 555.

[26] 江华, 师生波, 许大全. 冬季小麦叶片光合作用对温度响应方式的变化. 植物生理学报, 2000, 26 (1): 69 - 74.

[27] 李朝苏, 汤永禄, 吴春, 等. 播种方式对稻茬小麦生长发育及产量建成的影响. 农业工程学报, 2012, 28 (18): 36 - 43.

[28] 李刚, 李启干, 张波, 等. 小麦全蚀病的鉴别与防治. 安徽农业科学, 2006, 34 (16): 3 932, 3 946.

［29］李进斌，兰茗清，杨进成，等．不同栽培模式对小麦条锈菌群体结构的影响．云南农业大学学报，2014，29（1）：11-15．

［30］李永庚，蒋高明，杨景成．温度对小麦碳氮代谢、产量及品质影响．植物生态学报，2003，27（2）：164-169．

［31］李兆英．陕西秦岭瓢虫亚科昆虫资源与利用．陕西农业科学，2011（2）：110-112．

［32］李正辉，向晶晶，陈婧鸿，等．小麦赤霉病拮抗菌的分离与鉴定．麦类作物学报，2007，27（1）：149-152．

［33］林作楫，王美芳，雷振生，等．小麦加工品质评价指标若干问题探讨．粮食加工，2007，32（2）：12-14．

［34］蔺吉祥，李晓宇，唐佳红，等．温度与盐、碱胁迫交互作用对小麦种子萌发的影响．作物杂志，2011（6）：113-116．

［35］刘冰，黄丽丽，康振生，等．小麦内生细菌对全蚀病的防治作用及其机制．植物保护学报，2007，34（2）：221-222．

［36］刘丹．水分胁迫下小麦幼苗呼吸及渗透调节物质积累的变化．云南农业大学学报，1990，5（1）：30-37．

［37］刘洪展，郑风荣，赵世杰．高温胁迫下氮素营养对小麦幼苗叶片中活性氧代谢的影响．福建农业学报，2006，21（2）：168-172．

［38］刘建军，何中虎，杨金，等．小麦品种淀粉特性变异及其与面条品质关系的研究．中国农业科学，2003，36（1）：7-12．

［39］刘坤，陈新平，张福锁．不同灌溉策略下冬小麦根系的分布与水分养分的空间有效性．土壤学报，2003，40（5）：697-703．

［40］刘丽平，欧阳竹，武兰芳，等．灌溉模式对不同密度小麦群体质量和产量的影响．麦类作物学报，2011，31（6）：1 116-1 122．

［41］刘萍，郭文善，浦汉春，等．灌浆期高温对小麦剑叶抗氧化酶及膜脂过氧化的影响．中国农业科学，2005，38（12）：2 403-2 407．

［42］刘学著，张连根，周守华．基于冠层温度的冬小麦水分胁迫指数的实验研究．应用气象学报，1995，6（4）：449-453．

［43］吕文彦，秦雪峰，杜开书．麦田害虫与天敌群落动态变化研究．中国生态农业学报，2010，18（1）：111-116．

［44］马红群，梁丽娇，周忆堂，等．低温胁迫对小麦黄化苗转绿过程中生理生化指标的动力学研究．西南大学学报（自然科学版），2007，29（10）：71-75．

［45］马香花，周秋峰，王保林，等．浇水因子对强筋小麦产量和品质的影响．中国农学通报，2008，24（9）：203-205．

［46］毛广富，杨道荣．小麦夏玉米两熟均衡高产配套栽培技术．大麦与谷类科学，2007（4）：26-28．

［47］聂胜委，黄绍敏，张水清，等．不同施肥措施对冬小麦灌浆期氮素吸收分配的影响．土壤，2013，45（4）：591-597．

［48］蒲金涌，姚小英，杨全保，等．天水地区条锈病的发生与气象条件关系研究．干旱气象，2008，26（3）：63-66．

［49］蒲金涌，姚小英，袁伯顺，等．冬小麦水分适应性变化研究——以天水市为例．安徽农业科学，2008，36（21）：8 985-8 986，8 990．

［50］乔宏萍，黄丽丽，王伟伟，等．小麦全蚀病生防放线菌的分离与筛选．西北农林科技大学学报（自然科学版），2005，33（增刊）：1-4．

［51］任霞，周素梅，王强．不同品种小麦籽粒中戊聚糖含量分析．核农学报，2010，24（6）：1 238-1 244．

［52］荣飞，翟保平，姜玉英．小麦条锈病典型越夏区孢子传输的数值模拟．生态学杂志，2008，27（12）：2 099-2 104．

［53］史吉平，董永华．水分胁迫对小麦光合作用的影响．国外农学——麦类作物，1995（5）：49-51．

［54］宋迎波，陈晖，王建林．小麦赤霉病产量损失预测方法研究．气象，2006，32（6）：116-120．

［55］孙君艳，张凯，程泽强．不同类型小麦在豫南地区的品质表现．河南农业科学，2005（7）：25-26．

［56］汤永禄，李朝苏，吴春，等．成都平原周年耕作模式对稻茬小麦产量与品质性状的持续效应．中国农业科学，2012，45（18）：3 721-3 732．

［57］田坤发，刘卫民．小麦田害虫自然控制讨论．湖北植保，2000（1）：17-18．

［58］王春玲，申双和，王润元，等．天水地区冬春地温变化与冬小麦生长和产量的相关分析．干旱地区农业研究，2012，30（5）：41-45．

［59］王红梅，陈玉梁，厚毅清，等．甘肃冬小麦品种资源高分子量谷蛋白亚基组成研究．农业现代化研究，2010，31（1）：110-112．

［60］王化岑，刘万代，李巧玲．水稻及玉米茬口对强筋小麦品质性状的影响．西南农业学报，2003，16（2）：42-44．

［61］王焕如．小麦锈病防治中选育和推广抗病品种问题．国外农学——麦类作物，

1990 (1): 41 – 45.

[62] 王利国, 尚鸿生, 井金学. 高温抗条锈性小麦品种的筛选和鉴定. 西北农业学报, 1995, 4 (1): 35 – 38.

[63] 王林, 赵刚, 杨新军, 等. 小麦赤霉病田间病情与病粒率关系探讨. 植保技术与推广, 2003, 23 (10): 9 – 10.

[64] 吴永成, 周顺利, 王志敏. 氮肥运筹对华北平原限水灌溉冬小麦产量和水氮利用效率的影响. 麦类作物学报, 2008, 28 (6): 1 016 – 1 020.

[65] 夏玉荣, 封超年, 王正贵, 等. 小麦抽穗至灌浆期蚜虫防治技术研究. 麦类作物学报, 2009, 29 (3): 543 – 547.

[66] 徐国胜, 王军辉, 鲍丽娟. 水分胁迫对小麦种子萌发及幼苗生长的影响. 安徽农业科学, 2006, 34 (22): 5 784 – 5 785, 5 787.

[67] 姚素梅, 康跃虎, 刘海军, 等. 喷灌和地面灌溉条件下冬小麦的生长过程差异分析. 干旱地区农业研究, 2005, 23 (5): 143 – 147.

[68] 姚素梅, 康跃虎, 刘海军. 喷灌与地面灌溉冬小麦干物质积累、分配和运转的比较研究. 干旱地区农业研究, 2008, 26 (6): 51 – 56.

[69] 张保军, 袁彦云, 徐福利, 等. 保墒灌溉对渠灌类型区冬小麦产量构成及生理特性的影响. 西北植物学报, 2006, 26 (11): 2 367 – 2 371.

[70] 张保军, 张正茂, 李思训, 等. 提升陕西省小麦生产能力的区域分析. 麦类作物学报, 2009, 29 (4): 701 – 705.

[71] 张礼军, 张恩和, 黄高宝. 灌溉与供磷对小麦//玉米//马铃薯间作系统小麦产量和品质的调控效应. 麦类作物学报, 2007, 27 (4): 687 – 692.

[72] 张铭, 蒋达, 缪瑞林, 等. 不同土壤肥力条件下施氮量对稻茬小麦氮素吸收利用及产量的影响. 麦类作物学报, 2010, 30 (1): 135 – 140.

[73] 张雅倩, 林琪, 姜雯, 等. 水分胁迫条件下不同肥水类型小麦抗旱特性的研究. 华北农学报, 2010, 25 (6): 205 – 210.

[74] 张艳, 张洋, 陈冲, 等. 水分胁迫条件下施氮对不同水氮效率基因型冬小麦苗期生长发育的影响. 麦类作物学报, 2009, 29 (5): 844 – 848.

[75] 张羽, 习广清. 汉中主要小麦种质资源高分子量谷蛋白亚基组成分析. 麦类作物学报, 2005, 25 (5): 109 – 112.

[76] 赵春, 宁原堂, 焦念元, 等. 基因型与环境对小麦籽粒蛋白质和淀粉品质的影响. 应用生态学报, 2005, 16 (7): 1 257 – 1 260.

[77] 赵刚, 樊廷录, 李尚中, 等. 不同基因型冬小麦冠层温度与产量和水分利用效

率的关系 . 核农学报，2008，22（5）：701 - 705.

　　［78］赵会贤，汪沛洪，郭蔼光 . 水分胁迫对小麦幼苗保护酶体系的影响及其与抗旱性的关系 . 西北农业学报，1992，1（1）：28 - 32.

　　［79］钟承锁，钱志恒 . 小麦赤霉病的发生与防治 . 现代农业科技，2007（3）：54.

　　［80］朱统泉，袁永刚，曹建成，等 . 不同施氮方式对强筋小麦群体及产量和品质的影响 . 麦类作物学报，2006，26（1）：150 - 152.

　　［81］张耀辉，宋建荣，岳维云，等 . 陇南雨养旱区播期与密度对冬小麦产量与品质的影响 . 麦类作物学报，2011，29（6）：74 - 78.

第四章　水稻种植

第一节　水稻生产布局和生长发育

一、生产布局

依据梅方权等（1988）的水稻种植区划，秦岭西段南北麓水稻种植在华中双单季稻稻作区的川陕盆地单季稻两熟亚区（包括川、陕、豫、鄂、甘）范围内。主产区的汉中市，稻油或稻麦两熟制，以杂交籼稻为主，常年种植面积 120 万亩左右，年产稻谷约 50 万 t，种植面积和总产约占全省水稻种植的 70%，占汉中全市粮食播种面积和总产的 30% 和 50% 以上。

（一）汉中的稻作气候生态条件

1. **充裕的稻作光温资源**　水稻原产热带，具有喜湿好温的特性，≥10℃积温 2 000℃以上的地方才能种植水稻。汉中从 4 月 10 日到 9 月 30 日期间，≥10℃ 的积温达 3 000℃以上，年降水量 800~900mm，日照时数 1 152h，能够充分满足水稻生长对温度、湿度、光照的要求。汉中市又是籼稻主产区，日平均气温稳定超过 12℃的始日在每年的 4 月 10 日左右，因此，4 月 10 日是汉中市水稻安全播种期。从多年试验及生产实践看，8 月 10 日前齐穗的空秕率低、千粒重高，产量高而稳。此期日平均气温 26.4℃，日照时数 9 h 左右，最有利于水稻抽穗扬花，因此，8 月 5~10 日是汉中中籼杂交稻的最佳高产出穗期。

2. **优良的籼稻生态气候**　西北农林科技大学优质米区划课题组开展多年的稻米气候生态研究结果认为：水稻灌浆结实期的日平均气温、日平均太阳辐射量、日平均相对湿度与稻米品质的关系密切相关，其中，日平均气温对米质的好坏影响最大。提出稻米品质气候资源评价指标：I 级籼稻区的日平均气温 22.0~24.0℃、日平均太阳辐射量 ≥14.6MJ/m^2、日平均相对湿度 75%~80%。汉中平坝丘陵区水稻灌浆结实期的 8 月中旬至 9 月上旬日平均气温 23~24℃、日平均太阳辐射量 >16MJ/m^2、平均相对湿度 80.7%，除相对湿度略大外，基本达到了 I 级优质籼米气候资源条件指标（张嵩午，1993）。

3. **洁净无污染的绿色大米生产基地**　汉中北屏巍峨的秦岭，南拖逶迤的大巴山，山青水秀，空气清新，水质洁净，森林覆盖率达 60% 左右，被公认是地球上同纬度地带中最适合人类生活的地方，"朱鹮之乡"的美誉被公认为是汉中生态良好的重要标志。2003 年农业部农业环境检测站对汉中市 7 县区 32 个水稻生产基地的空气、水质和土壤进行检测，结果全部符合国颁绿色食品产地环境条件，构建洁净无污染的绿色大米生产基地具有得天独厚的自然条件。

（二）汉中稻作垂直分布

汉中稻区按海拔高度大体分 3 个垂直区域，海拔 650m 以下川道盆地的中籼稻迟熟区、秦岭 800m 以下及巴山 900m 以下浅山丘陵区的中籼中早熟区、秦岭 800m 以上、巴山 900m 以上秦巴山区的早籼早中粳区。

1. 汉中川道盆地区

（1）水稻生产气候条件　汉中盆地位于秦岭和大巴山之间，西自勉县，东至洋县，东西长约 80km，南北宽 10 ~ 15km。海拔 400 ~ 650m。气候温暖，湿润多雨，年平均气温 14 ~ 16℃，昼夜温差小，≥10℃积温 4 400 ~ 5 000℃，水稻生长季 200 ~ 216d。其中，水稻生长季的 4 月 10 日到 9 月 30 日，≥10℃的积温达 3 000℃以上。年平均降水量 850 ~ 900mm，其中，水稻生长季的 4 ~ 10 月降水量 750 ~ 800mm（张嵩午，1988）。该区稻麦或稻油两熟制，水稻灌浆结实期的 8 月中旬至 9 月上旬日平均气温 23 ~ 24℃、日平均太阳辐射量 > 16MJ/m²、平均相对湿度 80.67%，是中国 I 级优质籼米生态区。

（2）水稻种植面积及产量水平　喜温的水稻是这里的主要粮食作物之一，其单产和总产均列陕西省之冠。常年稻田面积 100 万亩左右，以中籼迟熟杂交稻为主栽品种，如宜香 725、内香 8518、隆优 305、内 5 优 5399、川优 6203、K 优 082，常规稻黄华占等，4 月 10 日前后播种，5 月 25 日前后插植、亩插 0.8 万 ~ 1.2 万穴，9 月 15 日前后收获，平均亩产 550kg 左右，是陕西省水稻优质高产区。

2. 秦岭海拔 650 ~ 800m、巴山海拔 650 ~ 900m 的浅山丘陵区

（1）水稻生产气候条件　该区地处低山，山体互相遮挡，日照较盆地少，雨量较盆地多，温度偏低，昼夜温差较大。年平均气温 12.5 ~ 13.5℃，≥10℃积温 3 800 ~ 4 000℃，水稻生长季 185 ~ 195d。年降水量东片 710mm，西片 1 200mm。

（2）水稻种植面积及产量水平　稻田面积 25 万亩左右，主要分布在河溪沿岸的山间沟坝，部分是低山梯田。以中籼中早熟杂交稻为主，如明优 6 号、D 优 2362 等，4 月 20 日前后播种，6 月上旬插植、亩插 1.4 万 ~ 1.5 万穴，9 月 15 日前后收获，平均亩产 450kg 左右。

3. 秦岭海拔 800m 以上、巴山海拔 900m 以上的秦巴山区

（1）水稻生产气候条件　该区处于稻区垂直分布最高层区域。多处在山涧谷底、小盆

地或山顶台地。山高、水冷、土凉、云雾重，多为冬水田，一年一熟。年降水量900mm左右，巴山西段多达1 200mm以上，为陕西省多雨区。年平均气温12℃左右，≥10℃积温3 500℃以上，水稻生长季170d（按粳稻计）。

（2）水稻种植面积及产量水平　稻田面积11万亩左右，以早籼早中粳为主，如D优162、金优117等。4月25日前后播种，6月上旬插植、亩插1.4万~1.5万穴，9月15日前后收获，平均亩产400kg左右。

二、水稻生长发育

水稻属于高温短日型作物，在汉中地区的两熟制条件下，温光条件不是生长发育限制因素。但品种的熟期类型要适宜。

（一）水稻的"三性"

1. 基本营养生长性　在最适于水稻生长发育的短日、高温条件下，水稻品种也要经过一个必不可少的最低限度的营养生长期，这种特性称为水稻的基本营养生长性。较高温度要到出苗后才对水稻的发育产生效应，大约在4叶期前后才对高温敏感。而短日照要到分蘖期才能促进水稻发育，苗体至少要有4~5片叶才有感光能力。所以，水稻有一段不受光、温影响的时期。

中籼稻基本营养性强，在保证安全齐穗的情况下，早播、晚播均能满足正常发育生长，在茬口安排上适应性大。

2. 感温性　水稻每完成一个阶段的发育，需要一个最低的总热量，进行生长点发生质变所必须的生化反应和植株的生长。这种总热量以有效积温、活动积温和总积温来表示。不同类型的水稻品种，对积温都有一定的要求，并且相当稳定。不同品种要求积温不同，但生殖生长期要求的积温在品种间并无多大差异，主要是营养生长期要求的积温不同。晚熟品种，完成营养生长要求的积温多。水稻各生育时期要求的积温是稳定的，所以，当温度升高时，满足所需积温时间变短，生育期缩短；当温度降低，满足所需积温时间变长，生育期延长。这便是水稻的感温性，也称感温阶段。

早熟品种感温性强，迟播时温度高，生育期会大大缩短，营养生长量不足，容易出现早穗和小穗。为夺取高产，应尽可能适期早播、早插，用较短秧龄并适当密植，还要早施肥早管理，促使早生快发。

3. 感光性　水稻是短日照作物，对开花起诱导作用主要是长暗期的作用，必须超过某一临界暗期才能引起生长点的质变，由营养生长转向生殖生长。光照缩短，暗期加长，完成光周期诱导快，幼穗便提早分化。光照延长，暗期缩短，完成光周期诱导慢，幼穗分化延迟。这就是水稻的感光性，也称感光阶段。

晚熟品种感光性强，在热量得到满足的条件下，出穗期比较稳定，过早播种并不早熟、生育期长。所以，人工栽培时要注意培育长秧龄壮秧，以及安全齐穗、正常灌浆、及时腾茬等问题。

（二）生育期和生育时期

1. 生育期 生育期即播种到成熟历经的天数。汉中海拔 650m 以下川道盆地种植的水稻，生育期 155d 左右，属中籼迟熟类型；秦岭海拔 650～800m、巴山海拔 650～900m 的浅山丘陵区种植的水稻，生育期 145d 左右，属中籼中熟类型；秦岭海拔 800m 以上、巴山海拔 900m 以上的秦巴山区种植的水稻，生育期 135m 左右，属早籼类型或早中粳类型。

2. 生育时期（物候期）

（1）播种期 当日平均温籼稻稳定超过 12℃、粳稻稳定超过 10℃时，撒播破胸露白的芽谷种的日期。

（2）出苗期 50% 水稻秧苗露出土面约 2cm，视为水稻出苗期。

（3）幼苗期 包括水稻种子萌动发芽、出苗至三叶期。

（4）秧田期 播种至大田移栽历经的天数，以天表示。一般人工插秧 40～50d，机插秧 30d 左右。

（5）插秧期 秧苗移栽于大田的日期，以月/日表示。一般冬闲田 5 月 15 日后移栽，油菜茬 5 月 20 日后移栽，小麦茬 5 月 25 日后移栽。

（6）"换衣"返青期 移栽后的秧苗，晴天时，有 50% 植株的新叶重新展开，地下有新根长出。一般历经 7d 左右。

（7）分蘖期 返青后进入分蘖期，直至开始穗分化为止。此期长分蘖、长根，是每亩穗数的定型期，也是为长茎、长穗奠定基础的时期。一般历经 35d 左右。

（8）幼穗分化期 剥取主茎顶端生长点，镜检发现幼穗原基开始分化，肉眼可看见幼穗长约 1mm 为幼穗分化期。

（9）孕穗期 水稻的剑叶叶枕露出至水稻的第一粒露尖，历经 9d 左右。

（10）长穗期 水稻生长到分蘖末期，开始茎秆节间的伸长和幼穗的分化，直到地上部分节间伸长完毕，幼穗长大至出穗为止，称为长穗期。历经幼穗分化和孕穗两个时期。此期是每穗粒数的定型期，也是为灌浆结实奠定基础的时期，一般历经 30d 左右。

（11）始穗期 10% 茎秆稻穗露出剑叶鞘的日期，以月/日表示。

（12）抽穗期 50% 茎秆稻穗露出剑叶鞘的日期，以月/日表示。

（13）齐穗期 80% 茎秆稻穗露出剑叶鞘的日期，以月/日表示。

（14）结实期 水稻从抽穗开花到成熟，包括抽穗、开花、灌浆、成熟等时期。此期是开花受精和灌浆结实，它是最后决定粒数、粒重，最终形成产量的时期，一般历经30～35d。

（15）乳熟期　50％以上的稻穗中部籽粒内容物充满颖壳，内容物为乳浆状时。

（16）蜡熟期　50％以上的稻穗中部籽粒内容物浓结，无乳浆状物时。

（17）成熟期　籼稻85％以上、粳稻95％以上实粒黄熟、且稻穗基部青谷粒也已经坚硬的日期，以月/日表示。

（三）生育阶段

水稻一生，可以分为3个阶段。自种子萌发到幼穗分化开始，这一时期生长根、茎、叶，称为营养生长阶段；幼穗分化到抽穗，这一时期幼穗茎叶同时生长，是营养生长和生殖生长并进阶段；抽穗以后开花授粉和籽粒灌浆、结实，称为生殖生长阶段。不同生育阶段之间有着互相联系、相互制约的关系。协调好营养生长和生殖生长之间的关系，是水稻高产栽培的重要原则之一。

（四）各生育阶段在栽培措施上的主攻方向

水稻产量是由单位面积上的穗数、每穗结实粒数和千粒重3个因素所构成。这3个因素，是分别在不同生育阶段形成的。

1. 营养生长阶段

（1）幼苗期　水稻在秧田中生长的时期叫做幼苗期，也叫秧田期。单位面积上的穗数，是由株数、单株分蘖数、分蘖成穗率三者组成的。株数决定于插秧的密度及移栽成活率，其基础是在秧田期。所以，防低温烂秧以及施好"断奶"肥、分蘖肥、"送嫁"肥，进而育好秧、育壮秧是此期栽培措施上的主攻方向。

（2）分蘖期　大田栽秧返青后至幼穗分化开始叫分蘖期，是决定单位面积上穗数的关键时期。在壮秧、合理密植的基础上，一般分蘖越早，成穗的可能性越大。后期出生的分蘖不容易成穗。所以，促进前期分蘖，适当晒田控制后期分蘖是此期栽培的主攻方向。

2. 营养生长和生殖生长并进阶段

长穗期　幼穗分化至抽穗阶段，幼穗茎叶同时生长，是营养生长和生殖生长并进阶段，是决定每穗粒数的关键时期。穗的大小，结粒多少，主要取决于幼穗分化过程中形成的小穗数目和小穗结实率。在幼穗形成过程中，如养分跟不上，常会中途停止发育，形成败育小穗，减低结实率，造成穗小粒少。此期栽培的基本要求是增施穗肥，培育壮秆大穗，防止小穗败育。

3. 生殖生长阶段

结实期　水稻从抽穗开花到成熟阶段为结实期，是决定粒重及最后产量的关键期。水稻粒重是由谷粒大小及成熟度所构成。籽粒大小受谷壳大小的约束，成熟度取决于结实灌浆物质积累状况。籽粒中，物质的积累主要决定于这时期光合产物积累的多少。如水稻出现早衰或贪青徒长，以及不良气候因素的影响，就会灌浆不好，影响成熟度，造成空秕粒，降低粒重，影响产量。因此，增施粒肥和防早衰，促进粒大、粒饱，防止空秕粒，是此期栽培的基本要求。

以上3个产量因素，在水稻生长发育过程中，有着相互制约的关系。一般每亩穗数超过一定范围，则随着穗数的增多，每穗粒数和粒重便有下降的倾向。所以，水稻高产是穗数、粒数和粒重矛盾对立的统一。其本质是群体和个体矛盾对立的统一。

（五）水稻的穗分化

水稻幼穗分化要经过 30d 左右才能完成。可分为若干过程，个人划分方法不一。其中，丁颖等划分为八个时期较为国内所常用，前四期为幼穗形成期，后四期为孕穗期。

1. 第一苞原基分化期　这个时期在基生长锥基部产生环状凸起，这个凸起叫第一苞原基，它标志着幼穗分化开始。经主茎幼穗剥检，此期形态特征是顶端生长点出现水泡样的小白点，一般看不见。约经历 3d。

2. 第一枝梗原基分化期　第一苞分化后，不断增大形成环状，绕苞生长点的基部、生长点也增大，并相继分化第二苞、第三苞原基。经主茎幼穗剥检，此期形态特征是苞毛浅，顶端生长点变长，周边出现少量白色尖毛。约经历 4d。

3. 第二次枝梗原基和颖花原基分化期　第一枝梗原基分化结束后，在其顶端分化出第二次枝梗，第三次枝梗原基分化顺序是从上而下。经主茎幼穗剥检，此期形态特征是毛丛丛，幼穗周边长满了丛丛白毛。约经历 4d。

4. 雌雄蕊形成期　首先穗顶端第一次枝梗顶部的小穗开始分化雌雄原基，被内外稃所包围。雌雄蕊分化顺序由上而下。经主茎幼穗剥检，此期形态特征是粒粒见，穗粒已分化成型清晰可见。约经历 5d。

5. 花粉母细胞形成期　花粉是在花药中形成和发育的，成熟的花药内有 4 个花粉囊，花粉囊内有造孢细胞，花粉母细胞是由造孢细胞发育成的。经主茎幼穗剥检，此期形态特征是颖壳分化，内外颖壳开始分化，颖壳中间出现一条直线。约经历 4d。

6. 花粉母细胞减数分裂期　随着花粉母体积增大，颖花长度达到最终长度的 1/2时，花粉母细胞进行减数分裂，形成单倍染色体的四分体（染色体数目减半）。经主茎幼穗剥检，此期形态特征是谷（穗）半长，外部观察剑叶叶枕与倒二叶叶枕相平。约经历 4d。

7. 花粉内容充实期　四分体分散形成小单核花粉、单核花粉发育，并进行一次有丝分裂，形成一个生殖核和营养核，生殖核又进行丝分裂，形成两个精子，这时花粉迅速积累淀粉。经主茎幼穗剥检，此期形态特征是穗定型，穗上部可见青色。约经历 4d。

8. 花粉完熟期　颖花在抽穗前 1~2d，花粉充实完毕，变成浅黄色。经主茎幼穗剥检，此期形态特征是穗将出，穗达全长。约经历 3d。

第二节　秦岭西段南北麓水稻品种沿革

一、种质资源

（一）悠久的水稻种植历史与复杂的生态条件形成了丰富的种质资源

据考古发现，在秦岭西段汉中盆地的西乡县李家村和何家湾两处的遗迹中，发现在老官台文化时期的红烧土块中，有稻壳遗迹说明，在新石器时期已经有水稻种植，距今有7 000年历史。在洋县溢水河流域的范坝村发现春秋平王姬宜臼年间古墓葬内，有黑米、红米的痕迹说明，特种稻种植历史有3 000年。

秦岭淮河一线是中国气候的南北分界线，以北是暖温带气候带，以南是亚热带气候带。秦岭不但是气候分界线，而且山势雄伟，海拔差异大。汉中盆地的西乡县茶镇海拔345m，秦岭主峰的太白山海拔3 772m。水稻主要在海拔800m以下的汉中盆地种植，但海拔350~1 700m都有水稻种植。

秦岭西段水稻种植区域不但是海拔高度差异和纬度不同形成了多样的生态条件，而且，海拔高度差异不大因地形地貌也形成了复杂的生态条件。如位于秦岭南麓的汉中盆地稻区，不但北有秦岭，而且南有巴山。由于山体的抬高作用，使其成为中国亚热带北缘地带海拔较高的盆地川道稻区。因秦岭对大气的阻隔作用，使其春季受西伯利亚寒流入侵的影响小，秋季受北方冷暖气流南下，降温幅度也小，主要种植籼稻类型，其中，海拔700m以下主要种植全生育期150 d左右的中籼迟熟品种。位于秦岭北麓海拔600m左右的岐山稻区，以北是关中平原和黄土高原，由于受春秋季节北方南下的冷暖气流和寒流入侵导致气温多变不稳定，水稻生长季明显少于汉中盆地相同海拔区域，只能种植中熟粳稻或早熟中籼品种。

另外，秦岭深山区的洋县华阳镇，在海拔950~1 000m形成了1.2万亩的高山小盆地，传统上种植1.05万亩早熟籼稻。在秦岭中深山区的城固县小河镇的桃园河，海拔900m形成了地势平缓的山区河谷，传统上种植中籼品种。在秦岭中山区的城固县双溪镇水磨河，海拔700~800m形成的高山河谷地带，种植中籼品种都有水稻秋封的危险。

这种水稻种植区域复杂的生态条件差异和人们在长期的水稻种植活动中，对稻米用途和要求不同，通过长期自然变异、自然和人为选择，形成了籼粳亚种、黏糯类型、特早熟、早熟、中熟和晚熟生态型、普通稻和特种稻类型丰富的地方稻种资源。

（二）稻种资源的分类

20世纪50年代，汉中市农科所等单位对陕西省（主要是汉中市）农家种进行全面收集，交由汉中市农科所统一整理，到1985年，经过30年的补充收集和研究整理，分批交由国家种质资源库保存663份，其中，地方品种资源642份、选育稻种资源合计15份、国外引进稻种资源合计6份（详见《中国稻种资源目录》，农业出版社，1992年5月，IS-BN7-109-021，68-8/s.1427和《中国稻种资源目录》，农业出版社，1992年5月，IS-BN7-109-00169-5/s.119）。这些农家种的70%是由汉中盆地征集而来，育成品种是在陕西省（主要是汉中盆地）推广种植的品种。

在秦岭西段50年代以前种植的水稻品种全部是农家品种，50年代农家种与育成品种并存，60年代开始育成品种全面取代了农家种，70年代前全部是常规品种，70年代引进杂交品种，80年代后以杂交品种种植为主。截至2014年，种植了200多个人工育成品种，其中，当地育成品种30多个，其余全部是引进品种。

据李新生，吴升华（1998）资源科学《陕西黑稻资源及其开发利用》介绍，陕西已入库的稻种资源共562份，其中，特种稻米约占总数的25%。

另据张羽，冯志峰等（2008）安徽农业科学，《陕西汉中地区水稻主要种质资源的调查及利用》介绍，汉中地方稻种有350种左右，选育品种17个，主要引进品种16个。

综上所述，尽管各人文章介绍的陕西省稻种资源数量有差异，但是，总体共同反映出资源丰富。

虽然进入国家库的稻种资源份数不多，但其类型丰富，别具特色。

从生育期分，有特早熟的早籼类型如南郑四兰早，播种到成熟110d；有生育期在160d以上迟熟品种如西乡蛮谷子等。

从籼粳亚种来分，75%以上是籼型品种，15%是粳型品种；但是，有将近10%的品种性状不典型，表现似籼非籼，似粳非粳，称作籼粳中间型品种。使秦岭地区成为籼粳中间型品种的发源地。

从黏糯分，80%以上是黏稻类型，如曾经种植面积很大的城固小香谷；糯稻类型不足20%，如四兰黏。

从稻米色泽来看，75%以上是无色的，如小香谷；有将近25%是有色的，包含有黑米、红米、绿米和黄米4种。其中，黑米类以发源于溪水河流域的洋县黑米、城固黑谷为代表，种植时间长，民间古传为补血珍品，此类包括洋县黑谷子、城固黑谷子、汉中黑谷子、褒城黑谷等10个品种。红米以洋县三粒寸为代表，米色粉红，糯性，米粒特长，有香气，此类品种包括洋县红米、城固红谷子、千阳桃花米、长安柳叶米、宝鸡红稻子等96

个品种。绿米以商南县红壳稻为代表，米色成熟后为浅绿色，米质优良。黄米以洋县香米为代表，米色浅黄，香气宜人，米质优良，此类品种较少。

从是否有香味分，具有香气类品种较多，如宁强黄坝驿香米、城固小香谷、洋县香米等，大多米质优良。

另外，还有疗效型的品种有红毛黏、红花稻、红须黏等 5 个品种，据民间验方认为，这些品种有治疗肝炎的作用。

（三）稻种资源的利用与开发

这些丰富的水稻种质资源大多是种植历史久远的地方高秆品种，产量水平低，现在没有直接利用价值，但它们为现代品种的改良提供了优异的种质基础。

利用秦岭地区的这种似籼非籼，似粳非粳的品种育成了籼粳广亲和性品种，实现了籼、粳亚种间的直接杂交。现代水稻育种上，许多籼型品种导入了粳型亲缘，品种的耐寒性有了较大幅度的提高，株型更加理想；不少粳型品种导入了籼型亲缘，抗病性和丰产性有了较大的提高。

汉中盆地是中国黑米、香米、红米的主要发源地之一。利用农家种色香等特性育成了香米、黑米、紫米、红米、绿米、黄米等多个特种稻品种，既保留了原有品种的优良特性，产量水平又有了较大的提高，促进了特种稻规模化生产和产品深层次开发。

民间利用糯米酿酒已有千年历史，20 世纪 70 年代著名的（洋县）谢村黄酒就是用糯米进行工业化生产的。1983 年，洋县黑米酒厂用洋县黑米为原料生产的黑米酒，填补了国内空白。现在汉中市用黑米为原料生产的黑米酒系列、黑米快餐食品系列、黑米粉丝、黑米饴糖等系列化黑米产品在国内具有一定的影响，部分产品已经走向国际市场。利用黑米、紫米、红米、绿米和黄米加工的五彩米具有观赏、营养和保健作用，已经在国内俏销。汉中盆地已经成为中国特种稻重要产地和产品深加工基地。

2006 年洋县黑米、2012 年洋县红米分别通过了国家地理标志认证。现在，汉中大米、香米和千阳桃花米、城固面皮米正在申请国家地理标志认证。

二、品种更新换代

1949 年以来，秦岭西段无论是普通稻米还是特种稻，低海拔还是高海拔，都经历过多次大的水稻品种更新换代，尤以汉中盆地最为典型。

每次品种更换都带来栽培技术的改进和水稻产量水平的提高。

（一）海拔 900m 以下的主栽区水稻品种的 5 次更新

海拔 900m 以下水稻种植面积占该区水稻总面积的 95% 以上。其中，占稻田总面积 65% 的海拔 700m 以下的盆地、平坝、川道和丘陵区的品种更换速度较快，海拔 700 ~

900m 的浅山区品种更换速度较慢。

1. 人工育成品种替代农家种　第一次是 1953—1966 年。用引自于四川的人工育成高秆品种胜利籼、云南白和自育品种高籼 64 代替以前的农家种城固小香谷、南郑鸡爪子、西乡蛮谷子、四兰早等。以后有用丰产性有所提高的华东 399、桂花球（粳稻）和自育品种沙蛮 1 号、稗 09 等取代云南白、胜利籼，到 20 世纪 60 年代已经全面取代了农家种，基本结束了几千年种植农家种的局面。

这次水稻品种更换，带来了育秧技术改进和密度增加。以汉中盆地为例，由 1949 年以前的育秧时望天播种、深水大灌改为铺盖育秧、浅水勤灌；由原来农家种采取的插植 50cm×50cm 的密度改为插植 30cm×30cm 密度，亩插植穴数由 2 600 ~ 2 700 穴提高到 7 000 穴以上。

在品种更换和栽培技术改进的共同作用下，水稻产量水平有较大提高，平均亩产 1949 年 192kg，1956 年达到 231kg，1965 年达到 250kg。

2. 矮秆品种取代高秆品种

第二次是 1967—1978 年。引进并推广珍珠矮 11、二九矮 4 号、广矮 3784（称作老三矮）等为代表的矮秆品种开始取代高秆品种，1972 全面普及了矮秆品种。其后又推广了丰产性、适应性有所提高的南京 11、早金凤 5 号、广二矮 104（称作新三矮）以及桂朝 2 号和自育品种三珍 96、西粳二号、商辐 1 号、安育二号等系列品种。产量水平有了进一步提高，到 1977 年水稻亩产达到 295kg。

在栽培上推广了"五对口"育秧技术，插植密度提高到 20cm×13.3cm 规格，推广使用 N 肥，结束了几千年来水稻育"牛毛秧"稀植低产的历史。

3. 杂交稻取代常规稻　1976 年引进南优 2 号、3 号晚熟杂交稻试验，全生育期达 160d 以上，比常规稻亩增产 80 ~ 100kg，1978 年开始在平坝稻区空茬田推广。1979 年引进了全生育期 160d 以内适应性较好的威优圭、汕优圭在早茬田大面积推广。

杂交稻示范推广取得了巨大成功，比一般常规稻亩增产 50 ~ 80kg，农民种植热情高涨，出现了种子紧缺的局面。1979 年汉中盆地平坝区的城固县、勉县、洋县、汉台区、南郑县、西乡县开始进行杂交稻种子生产，缓解了种子紧缺局面，1981 年推广面积达到 40 万亩。

1982 年，中早熟杂交稻威优激、汕优激开始在山区推广，在平坝又推广了全生育期 155d 左右的威优 6 号，实现了杂交稻由平坝到山区，由空茬到早茬再到小麦茬的全面推广。到 1985 年，汉中盆地杂交稻种植面积就达到 120 万亩。1986 年杂交稻占水稻总面积比例在秦岭西段主峰以南达到 80% 以上、主峰以北在 50% 以上，实现了第三次品种更换。

这次品种更换带来了栽培技术重大改革，推动了水稻温室两段育秧技术，秧田亩播种量由 40~50kg 降低到 8~10kg，播种期由 4 月下旬提早到 4 月上旬，使汉中盆地进入培育多蘖老壮秧获得水稻高产时期。

在此期间，当地研究的水稻秋封、高产出穗期理论，为汉中盆地杂交稻稳产高产奠定了基础。

4. 高产抗病适应性强的杂交稻和优质品种取代普通杂交稻　第四次是 1985—2001 年。1985 年稻瘟病大流行之后，一批高产、抗病、适应性强的杂交稻品种汕优 63、协优 63、D 优 10 号、金优 527、汕优 287、I 优 122、汕优 64、金优晚 3 号等很快成为骨干品种，在生产上大面积推广。

这次品种更换带来了水稻规范化栽培和"三两法栽培（每亩大田 1kg 种子、秧田双苗寄插、大田双株移栽）技术及病虫综合防控技术的应用，水稻栽培水平有了重大提高，水稻生产潜力得到了较好的发挥，汉中盆地平坝区 100 万亩水稻亩产突破了 500kg 大关。

5. 优质高产抗病杂交稻取代高产抗病杂交稻　第五次是 2002 年之后。为了适应市场对优质稻米的需求，引入宜香系列、中优系列、丰优系列等优质杂交水稻品种，从根本上解决了杂交水稻高产不优质的问题。从 2010 年起，陕西省水稻品种审定标准更加严格，除要求品种区域试验增产不低于 5% 以外，还规定稻谷品质达不到《优质稻谷》三级、品种对稻瘟病抗病性在 5 级以上者，不予审定，为陕西省优质稻米产业发展奠定了品种基础。

这次品种更换，促进了汉中盆地水稻生产由产量型向质量效益型的转变，进入了优质化时代，为水稻产业化发展和汉中大米走向全国奠定了基础。

（二）海拔 900m 以上中高山区品种的四次更换

这一区域水稻种植面积不足全区水稻面积的 5%，表现为规模小，气候和水源条件差异大，品种更换慢，更换不彻底。

1. 人工育成粳稻品种替代农家种　该区域 1978 年以前种植的全部是农家种，其中，1 000m 以上主要是粳稻品种如冷水白，海拔 900~1 000m 是籼粳混种地带，种植的品种如四兰早（籼稻）、四兰黏（粳稻）等。

1978 年引进中国农业科学院育成的中系 7608、中系 7609 粳稻品种示范种植，到 1984 年，有 60% 的面积实现了品种更换，解决了原来农家种易秋封的问题。

但是，海拔 1 100m 以上的 1.5 万亩水稻还是没有适宜品种更换，生产上种植的农家种常常因秋封或稻瘟病暴发造成绝收，政府不得不采取政策引导、经济帮助与技术支持的办法，实行水改旱种植地膜洋芋或地膜玉米，从而，彻底改变了这种现状。

2. 杂交稻取代常规稻　1986 年引进辽宁省农业科学院育成的杂交粳稻黎明 A/C57 开始示范推广，逐步取代常规品种，到 1990 年推广面积达到 60% 左右，实现了第二次品种更换。

3. 杂交籼稻取代粳稻　由于黎明 A/C57 不抗稻瘟病，1988 年引进推广了湖南杂交稻中心育成的早熟抗病杂交籼稻品种汕窄 8 号，1999 年开始推广国家杂交稻中心育成的早熟杂交籼稻 D 优 162，2000 年推广国家杂交稻研究中心育成的早熟杂交籼稻金优 974。2002 年这些杂交籼稻推广面积达到 80%，实现了第三次品种更换，解决了中高山区水稻品种产量过低的问题。

4. 全面推进籼改粳　在中高山区籼型杂交稻推广，仍然存在两大问题：其一是育秧期间易于造成低温烂秧问题；其二是后期遇到阴雨天气容易引起秋封减产问题。因此，2010 年以来先后引进了辽宁省育成的系列粳稻品种辽星 11、辽粳 31、沈稻 11 示范推广，到 2014 年基本普及，实现了第四次品种更换。

（三）特种稻的品种更换

特种稻包括有色稻米、香味稻米和专用稻米 3 类。由于其特殊的营养、保健和特殊用途等特点，受到国内外的广泛重视。

有色稻米是指糙米带有天然色泽的稻米。以黑米（包括紫米）和红米（包括桃花米）为主，还有黄色和绿色。

香味稻米品种是指稻米有香味的水稻品种。

专用稻米是指有特殊用途的品种。如药用稻米品种、蒸米面皮专用品种等。

这些特种稻品种根据用途不同，种植面积不同，投入的科技力量不同，品种更换次数差异较大，但是，都进行过不同程度的品种更换。

1. 黑米品种的四次更换　地方品种如"洋县黑谷"株高在 150cm 以上，易倒伏，产量水平很低，仅 213.3kg/亩左右。到 1977 年年种植面积不足 1 500 亩。1982—1989 年推广了陕西省农科院和汉中市农科所分别育成的秦稻一号、汉中黑糯产量提高到 266.7kg/亩。这两个品种不但产量有所提高，而且，株高降低到 95～100cm，抗性明显提高，种植效益亦有所提高，受到农民欢迎，全面取代了农家种，到 1989 年面积恢复到 3 万亩（相当 1949 年的面积），实现了第一次品种更新。

1988 年陕西省水稻研究所育成了黑糯二号、洋县农场育成了粳型黑米新品种洋县黑香粳糯，1989 年洋县黑米名特作物研究所育成了黑粳稻新品种"秦稻二号"。这 3 个品种一般产量比汉中黑糯增产 10% 以上，1990 年开始推广，实现了黑谷品种的籼粳配套，汉中盆地掀起了黑米产品加工热潮。据不完全统计，有 30 余家企业投入黑米产品的深加工，黑米营销企业有 50 多家，汉中黑米和黑米产品走红全国，黑谷种植面积逐年扩大，种植效益逐年提高。到 1993 年种植面积扩大到 7.5 万亩，全面取代了汉中黑糯和秦稻一号，实现了第二次黑米品种的更换。

　　陕西省水稻研究所 1992 年育成了糯性品种黑丰糯，同时，由广东省农科院引进了黑度更好的黑黏米品种黑优占。这两个品种一般单产 400 ～ 433.3kg/亩，比黑谷推广品种"黑糯二号"增产 15 % 左右，1992—1997 年在汉中盆地大面积推广，农民种植效益显著提高。1997 年种植面积扩大到 15 万亩，黑谷种植面积占水稻总面积的 10% 左右，汉中盆地一度成为中国黑米品种种植和产品加工的三大基地之一，实现了黑稻米品种的第三次更换。

　　1997—2000 年，全国黑色食品降温，汉中盆地黑谷种植和产品加工进行调整，面积和加工规模有所降低。2000 年陕西省水稻研究所育成了食用、蒸煮品质优良的品种黑帅，从浙江省引进了黑黏稻品种"黑宝"，2001 年洋县育成了洋黑 4 号。这 3 个品种 2001 年推广，全面取代黑丰糯和黑优占，实现了第四次品种更换。

　　2. 红米、绿米、黄米的品种更换　红米农家品种尽管类型多，但是，产品开发加工力度远不如黑米。农家种时代红米多作为普通食用稻米种植。20 世纪 70 年代种植面积不足 750 亩，80 年代以后逐渐扩大，2014 年汉中盆地种植面积达到 1.05 万亩。进行了两次大的品种更换。

　　第一次品种更换始于 80 年代后期，用当地育成的矮秆红米品种洋县红香寸取代了农家种，种植面积逐渐扩大，产品开始得到开发，实现了第一次品种更换。

　　第二次品种更换始于 2011 年，用当地育成的红香二号，逐步取代了洋县红香寸，实现了第二次品种更换。

　　绿米品种和黄米品种现在年种植面积分别为 1 500 亩左右，主要用于五彩米加工。2000 年前后，分别用当地育成品种绿香一号、黄香 2 号取代了农家种。

　　3. 蒸米面皮专用品种的四次品种更换　汉中米面皮的原料是大米。20 世纪 80 年代以前，主要是自蒸自食为主，对稻米品质要求不严格；80 年代开始逐渐走向市场，现在已成为走向全国的风味地方小吃，对品质要求严格。

　　实际上，蒸米面皮专用稻米要求直链淀粉含量高，膨胀系数大，蒸出的面皮柔软，适口性好。

　　70 年代，用育成品种桂花球取代了农家种实现了第一次品种更换。

　　1980 年前后用高产品种桂朝二号、广二矮 104 取代了桂花球，其后用特三矮二号取代了桂朝二号和广二矮 104 实现了第二次品种更换。

　　1990 年开始用杂交品种岗优 22、Ⅱ优 838 取代了常规品种，实现了第三次品种更换。

　　2000 年开始用高产杂交稻协优 57 取代岗优 22 和Ⅱ优 838，近年用 D 优 202 取代协优 57 实现了第四次品种更换。

　　另外，药用品种种植面积很少，在此不予叙述。

（四）香米品种的三次更换

香米生产随着经济发展，变化起伏较大。

农家种时期，大部分品种具有香味，少数品种香味较浓，但产量水平较低。随着育成品种推广，原有品种退出生产。到20世纪60～70年代，香米生产几乎绝迹。

1983年汉中市农科所育成了汉中香糯并迅速在生产上应用，香米种植开始恢复。

1990年由泰国引进了香米品种泰香1号进行推广，其后从江苏引进了美国茉莉香推广。这两个品种成熟期与普通稻谷接近，克服了汉中香糯成熟早易受老鼠麻雀为害的不足。实现了香米生产由专用型向普通型的转变，也是香米品种第一次更换。

2003年由江苏省引进了杂交稻丰优香占并开始推广。该品种香味较浓，一般亩产比泰香1号高100kg，实现了常规稻香米品种向杂交稻香米品种的转变，也成为香米品种第二次更换。

2005年以来，随着宜香系列、泰香系列、丰优系列、粤优系列品种的全面推广，香米完成了特种稻的使命，进入普通稻阶段，并实现了第三次品种更换。

（五）优质米水稻品种的更换

优质水稻生产随着经济发展，变化起伏大。

农家种时期，部分品种如城固小香谷等米质较好。但是，当时没有优质米的概念和标准。随着育成品种推广，原有品种因产量低退出生产。

1985年汉中市农科所育成了汉中水晶稻、西北农林科技大学育成了西农8116。这两个品种被农业部评为首批优质米品种并得到了推广。但是，由于单产低（只相当于杂交稻产量的50%～60%），被当作特种稻种植。

1990年以后，由湖南省引进湘晚籼三号、由泰国引进泰引1号等优质米品种得到了推广，产量水平相当于杂交稻的70%左右，实现了第一次品种更换。

1992年，由汉中市农科所育成的优质杂交稻青优黄、黄晴被农业部评为优质稻品种，推广后产量水平与普通杂交稻接近，结束了优质稻作为特种稻的历史。其后，又从广东省引进优质品种银丝占推广，实现了第二次品种更换。

在此期间，汉中盆地稻米加工企业对设备逐步改造，开始适应优质米加工需要。

2000年开始，随着宜香系列杂交稻推广，其后，加之丰优香占推广，实现了第三次品种更换。同时，掀起了优质米基地建设和产品开发的热潮。优质稻米已经成为普通水稻主推品种。

2005年以来，随着金优系列、宜香系列、丰优系列等优质品种的全面推广，汉中盆地逐步把生态资源优势转化为产品优势，进入优质米时代。实现了第四次品种更换。

三、优良水稻新品种简介

随着经济和社会的发展，科技在水稻生产中的重要性越来越突出。品种作为增产增效的基础，更加得到重视。现在生产上大面积应用的水稻品种，都具有品质优良、丰产性和稳产性好、综合抗性好、适应性强，生育期适宜的特点。并且出现了多品种互相竞争，百家齐鸣的局面。据不完全统计，2014 年汉中盆地种植的合法水稻品种多达 178 个，包括国家审定允许在汉中盆地种植的品种 100 个，陕西省审定允许在汉中盆地种植的品种 78 个。

（一）适宜平坝川道种植的品种

1. 丰优香占　杂交水稻丰优香占，母本粤丰 A 由广东省农业科学院水稻研究所李传国等育成；父本 R6547 由江苏省里下河地区农业科学研究所育成并组配成功。2004 年 4 月，由汉中市农科所和安康市农科所共同申报陕西省品种审定，审定编号为陕审稻 2004002。

该品种在陕南种植全生育期 156d 左右。叶色深绿，株高 120cm. 平均每穗总粒数 195粒，实粒数 170 粒，结实率 85%，成熟时青秆黄穗。其精米粒型细长，晶莹透明，无垩白，食味柔软爽口，香味宜人。

在汉中盆地种植，亩产 550kg 以上。

经鉴定，对穗颈瘟、纹枯病抗性强。秆粗，抗倒伏性强。

适宜在汉中、安康两市海拔 600m 以下的平川和丘陵稻区种植。

2. 宜香725　杂交水稻。母本宜香 1A 由四川省宜宾农科院林纲等育成。父本绵恢 725由绵阳市农业科学研究所王志等育成并组配成功。2005 年陕西省同意引进种植（陕引稻2005001）。

陕南种植全生育期 153 ~ 155d。该品种株型较紧凑。株高 113cm 左右，穗长 27cm。每穗着粒 160 粒，结实率 79%，千粒重 31g。稻米品质达到国颁三级优质米标准。

汉中盆地种植亩产 600kg 以上。

经鉴定，对稻瘟病的抗性强于对照汕优 63。

适宜在汉中、安康两市海拔 600m 以下的平川和丘陵稻区种植。

3. 金健 6 号　杂交水稻金健 6 号（原名中优 117），母本中 9A 由中国水稻所育成，父本常恢 117 由湖南金健种业公司和常德市农科所合作育成，并组配成功。2008 年 4 月通过陕西省审定（陕审稻 2008004）。

在陕南种植全生育期 153d。该品种株高 117.4cm。穗长 26.6cm，每穗总粒数 160 粒，每穗实粒数 132.0 粒，结实率 82.9%，千粒重 28.4g。分蘖力中等偏上，籽粒长粒型，稃尖、谷壳、秆黄色，剑叶长，后期转色好，不早衰。稻米品质达《食用稻品种品质》3 级标准。

汉中盆地种植一般亩产 600kg。

经鉴定，中感稻瘟病。

适宜陕南海拔 650m 以下稻区种植。

4. 宜香 1979　杂交水稻。母本宜香 1A、父本宜恢 1979 由四川省宜宾农科院林纲等育成并组配成功。2006 年 8 月通过国审（国审稻 2006026）。

在陕南种植全生育期平均 153d。该品种株型紧凑，长势繁茂，后期转色好。株高 122.9cm。每亩有效穗数 17.3 万穗，穗长 26.2cm，每穗总粒数 173.4 粒，结实率 79.1%，千粒重 26.9g。

在汉中盆地种植亩产 590kg 左右。

稻瘟病平均 5.7 级，最高 9 级，抗性频率 21.4%。

适宜在陕西南部平坝稻区种植。

5. Q 优 6 号　杂交水稻。母本 Q2A、父本 R1005 由重庆市种子公司选育并组配成功。2006 年通过国审（国审稻 2006028）。

在陕南种植全生育期平均 154d。该品种株型紧凑，叶色浓绿。株高 112.6cm。每亩有效穗数 16.0 万穗，穗长 25.1cm，每穗总粒数 176.6 粒，结实率 77.2%，千粒重 29.0g。米质达到国家《优质稻谷》标准 3 级。

在汉中盆地种植平均亩产 560kg。

稻瘟病平均 6.4 级，最高 9 级，抗性频率 75.0%。

适宜在陕西南部平坝稻区种植。

6. 内 5 优 5399　杂交水稻。母本内香 5A、父本内恢 3399 由四川省内江杂交水稻科技开发中心肖培村等育成并组配成功。2009 年 8 月通过国审（国审稻 2009005）。

该品种茎秆粗壮，株型适中，叶片宽大直立，熟期转色好。叶鞘、叶缘、颖尖、茎节均为紫色，穗顶部少量谷粒有短芒。株高 113.2cm。每亩有效穗数 16.0 万穗，穗长 24.6cm，每穗总粒数 170.9 粒，结实率 80.1%，千粒重 29.0g。稻谷达到国家《优质稻谷》2 级标准。

在汉中盆地种植平均亩产 590kg。

稻瘟病综合指数 3.8 级，穗瘟病损失率最高 5 级。

适宜在陕西南部平坝稻区种植。

7. 天优华占　杂交水稻。母本天丰 A，由广东省农业科学院水稻研究所李传国等育成。父本华占，由中国水稻研究所和中国科学院遗传与发育生物学研究所朱旭东、李家洋等选育并组配成功。2011 年通过国审（国审稻 2011008）。

在陕南种植，全生育期平均 153d。该品种株型适中，群体整齐，剑叶挺直，颖尖紫色，谷粒有短顶芒，熟期转色好。株高 99.0cm，穗长 22.7cm。每亩有效穗数 16.9 万穗，每穗总粒数 177.8 粒，结实率 81.7%，千粒重 25.4g。米质达到国家《优质稻谷》标准 2 级。

在汉中盆地种植平均亩产 574.1kg。

稻瘟病综合指数 3.4 级，穗瘟损失率最高级 5 级。茎秆偏软，抗倒性一般。

适宜在陕西南部平坝稻区种植。

8. 内 5 优 39 杂交水稻。母本内香 5 A、父本内恢 2539 由四川省内江杂交水稻科技开发中心肖培村等人育成并组配成功。2011 年通过国审（国审稻 2011009）。

在陕南种植，全生育期平均 157d。该品种株型紧凑，叶片较宽，叶鞘、叶缘、颖尖、茎节紫色，熟期转色好。株高 112.2cm，穗长 25.6cm，每亩有效穗数 15.3 万穗，每穗总粒数 168.6 粒，结实率 82.1%，千粒重 29.2g。米质达到国家《优质稻谷》标准 2 级。在汉中盆地种植平均亩产 602kg。

稻瘟病综合指数 4.0 级，穗瘟病损失率最高级 5 级。

适宜在陕西南部平坝稻区种植。

9. K 优 082 杂交水稻。母本 K18A，由四川省农科院水稻高粱所选育，父本"R082"由汉中市农科所杂交选育并组配成功。2013 年通过陕西省农作物品种审定（陕审稻 2013001）。

在陕南种植，全生育期平均 153d 左右。该品种分蘖力较强，成穗率较高，茎秆粗壮，抗倒伏，成熟转色佳。鞘紫色，叶缘紫色，叶片挺直，株型适中，谷粒顶芒，稻谷颖尖紫色。株高 119.0cm，穗长 25.0cm，每亩有效穗数 17.3 万穗，每穗总粒数 155.8 粒，结实率 85.3%，千粒重 30.5g。米质达到国家《优质稻谷》标准 3 级。

一般亩产 600kg。

适宜陕南汉中、安康海拔 650m 以下的丘陵、平川稻区种植。

（二）适宜浅山丘陵及秦岭北麓稻区主要栽培品种

1. 明优 6 号 杂交水稻。母本 T98A、父本明恢 2155，由福建六三种业有限公司选育，汉中秦丰种业有限公司引进。2007 年通过陕西省审定（陕审稻 2007001）。

在陕南浅山丘陵全生育期平均 150d。该品种叶色浓绿，剑叶长，直立；分蘖力中等，不早衰；颖壳、颖尖均淡黄色；多数籽粒无芒，个别籽粒有短芒。株高 108.3cm。成穗率 69.1%。穗长 23.85cm，穗粒数 151.6 粒，结实率 74.7%，千粒重 26.9g。

平均亩产 530kg。

中感穗颈稻瘟病。

适宜陕南海拔 850m 以下及关中稻区种植。

2. 特优 801　杂交水稻。母本 T818A、父本特早 801，由汉中现代种业申宝峰等人选育成功。2011 年通过陕西省审定（陕审稻 2011001）。

在陕南浅山丘陵种植全生育期 146d。该品种叶片宽短、挺直，株型适中。株高 100cm。平均穗长 24.1cm，平均穗总粒数 155.2 粒，结实率 83.0%，千粒重 26.8g。米质达到国家《优质稻谷》标准 3 级。

汉中浅山丘陵种植平均亩产 535kg。

中感稻瘟病。

适宜在陕南 850m 以下浅山丘陵及关中稻区种植。

（三）适宜汉中平坝机械化插秧品种

以黄华占为例。

优质常规水稻黄华占父本黄新占、母本丰华占，由广东省农科院周少川等人通过杂交育种选育。2013 年通过陕西省审定（陕审稻 2013005）。

该品种株型适中，叶片较窄，叶姿挺直，颖尖无色，无芒，熟期转色好。株高 98.31cm，穗长 22.45cm，亩有效穗数 15.3 万穗，每穗总粒数 145.3 粒，结实率 85.0%，千粒重 23.5g。米质达到国家《优质稻谷》标准 1 级。在陕南种植，全生育期平均 148d。

在汉中盆地种植平均亩产 518kg。

中感稻瘟病。

适宜在陕西南部平坝稻区作机械化插秧品种。4 月 20～25 日播种，5 月 20～25 日插秧。

第三节　栽培要点

一、选好前茬

汉中是稻麦或稻油一年两熟水旱轮作方式的老稻区，前茬是小麦或油菜。油菜和小麦分别在 5 月 20 日前后和 5 月 28 日前后收获。

二、选用良种

选用经过省级以上审定或办理了引种手续的高产、优质、抗逆、广适的品种。海拔 650m 以下川道盆地选用内香 8518、内 5 优 5399、隆优 305、宜香 725 等品种；海拔 650m

以上的浅山丘陵区选用中优 360、泸优 11、D 优 2362、明优 6 号等品种；海拔 900m 以上的高寒山区选用 D 优 162、特优 801、汕优窄 8 号等品种。定期更换品种，合理布局，防止越界种植（任满丽等，2011）。

海拔 650m 以下川道盆地发展优质米订单农业生产，选用丰优香占、黄华占，其中，黄华占也是开展机插秧的首选良种。

三、培育壮秧

（一）秧田准备

1. 人工插秧秧田准备　秧田与本田按 1:（8～10）预留，冬前干耕干整，拣净残茬杂物。

浸种时即可灌水泡田，施农家肥 1 500～2 000kg/亩，过磷酸钙 30kg/ 亩，犁耙整平，掏沟做畦，晾秧板 1～2d。

畦宽 100～130cm，畦长随田块而定，畦沟宽 20～25cm，畦面平整、上实下虚。

2. 机插秧秧田准备　选择排灌、运秧方便，土壤肥沃、通风向阳、便于管理的田块做秧田。

秧田面积按照秧田与本田 1:（80～100）的比例备足秧田，冬前干耕干整，拣净残茬杂物。

播种前 7d 做秧畦，秧田在预先水浸、犁耙平的情况下，苗床规格为畦面宽约 130cm，秧沟宽约 25cm、深约 15cm，四周沟宽约 30cm 以上、深约 25cm. 做到沟沟相通，利于排灌。

秧板做好后需一定时间的晾晒，使秧板沉实，板面达到"实、平、光、直"。

营养土准备要求土肥、无菌、细（手捏成团，落地即散），每亩大田用秧共需备足营养土 100kg。

方法一：选择菜园土、熟化的旱田土、稻田土或淤泥土，在育秧前 10～20d 采用机械或半机械手段进行碎土、过筛（要求土壤颗粒细碎、均匀、粒径在 5mm 以下）。用三元复合肥 0.5～0.6kg/100kg 细土培肥。除 1/3 营养土留作盖土不拌壮秧剂外，其余 2/3 营养土每 100kg 细土拌 1 袋（0.5～0.8kg）壮秧剂（含多种微量元素、消毒剂及活性物质），拌匀后集中堆闷，形成酸碱度适宜（pH 值 5.5～7.0）的底土。

方法二：采用中国水稻研究所研制的水稻育秧基质母质：本土为 1:2、充分混合配制营养土。亩大田备足 100kg 营养土，覆土用本土。需注意不得直接使用水稻育秧基质母质，勿添加壮秧剂等其他材料。

（二）种子处理（选种，浸种催芽）

由于秧苗三叶期以前，其生长所需的养分主要是由种子胚乳本身供应，种子饱满度与秧苗的壮弱有密切关系，充实饱满的种子是培育壮秧的物质基础，因此，要精选种子。

1. 选种

（1）比重法选种　用 50kg 清水放入 15～20kg 黄泥或 10kg 盐，充分搅拌，成为黄泥水或盐水后，检测方法是鲜鸡蛋放入溶液中，浮出水面面积为 5 分硬币大小即可。溶液选种后，要用清水洗净，防止影响发芽，洗后晒干备用或直接浸种。

（2）风选、筛选法选种　除去病粒、秕粒、虫粒和杂质，然后用 20% 盐水充分搅拌，捞出浮在上面的秕粒和杂质，取出下沉饱满的种子放入清水中冲洗干净即可浸种。

人工插秧每亩需备精选过的种子 1kg，机插秧每亩需备精选过的种子 1.7～2.1kg。

2. 浸种催芽　第一天清水浸泡 24h、第二天强氯精药水浸泡 24h、第三天再用清水浸泡 24h，第四天催芽。或用 80% 抗菌剂 402 以 2 000 倍药液浸种 3d，然后用清水冲洗干净后催芽。催芽适宜温度 35～38℃，不要超过 40℃，以防烧芽。催芽长度一般要求是：人工插秧根长达谷粒长度，芽长约半粒谷长；机插秧刚破胸露白为好。

（三）适时播种

1. 播期　温度是水稻生产的一大限制因素，前期既要防止低温烂秧、后期又要防止"秋封"，确保 8 月 19 日前安全齐穗。因此，4 月 10～15 日，当日均温稳定超过 12℃时是汉中人工插秧的水稻安全播种期或寄插秧期。海拔 650m 以下川道盆地，机插秧由于受前茬及机插秧对秧苗素质的刚性要求影响，油菜茬 4 月 20 日前后播种，小麦茬 4 月 25 日前后播种。

2. 人工插秧播种方法　提倡温室两段育秧，于 4 月初进温室，每盘播干谷种 0.5kg 左右，播种要求均匀，不重叠，不留空。露地撒播芽谷种需按每亩秧田撒播干谷种 15kg 的量计算播种。

3. 机插秧播种方法　按每亩大田备 25～30 个育秧盘，每盘播种 70g 干谷种的量计算播种。采用手推式播种器或可一次性完成底土、洒水、播种、覆土 4 道工序的流水线播种机。

（四）培育壮苗，防止烂秧

1. 温室两段育秧技术　温室两段育秧是指经温室育成一叶一心小苗秧，然后按一定规格寄插秧母田而育成适宜大田移栽的 6～8 片叶大秧的育秧方法。作用是增加有效积温，提早长生育期品种在安全齐穗期前抽穗，达到高产的目的。

（1）适期播种　浸种 72h（三天三夜、第二天用强氯精）后，于 4 月 5 日前后进温室，每亩备种 1kg 左右。播种前用 500 倍液多菌灵药液或高锰酸钾药液对温室及秧盘进行彻底消毒。每盘播干谷种子 0.5kg 左右，播种要求均匀，不重叠，不留空。

（2）温室管理　进室 1～2d，高温破胸，温室保持在 35～38℃，谷芽水汪汪，秧盘无积水，以后每天室温下降1.5~2℃。进室3~4d，室温降至25~30℃，注意及时用小木板镇压，芽尖挂露珠，根毛湿润不积水。进室5~6d，温室降至20~25℃。第七天停止加温，低温炼苗，注意及时通风炼苗。整个温室育苗期间都要注意及时喷水调盘，育成一叶一心小苗，准备寄插。

2. 地池育秧技术

（1）准备地池　在房前或菜园向阳处用肥土与河沙按1:1的比例拌匀，做成宽130cm，深8~10cm的地下池，长度依种子量而定，东西走向，便于采光。地池育秧由于池内温度较低，播期应比温室两段育秧提早5~10d，将催好芽的种子均匀撒入，一般70cm长撒0.5kg种子，上覆细土，用喷壶喷足水。然后将220~240cm长的竹片按50cm插一根，插成拱架型，中央拱高50cm，上覆薄膜且四周用泥土压严保温即可。

（2）地池管理　播后至出苗期一般不揭膜不浇水，使出苗快而整齐。适宜温度28~30℃，超过35℃应立即揭开两头通风降温，如床土干燥应补水。遇阴雨天气气温低时可加温，用一煤灶上烧一水壶，壶嘴上套一塑料管通入地池。齐苗到一叶期适温长苗，膜内适宜温度25℃，晴天膜内温度较高时，打开两头降温，及时喷水保持一定湿度，促进小苗生长，一叶期后晴天打开膜的两头降温，通风炼苗。每1m²苗床用2.5g敌克松对成1 000倍液喷施，防止立枯、青枯病的发生。寄插前两天揭膜炼苗。7~8d即小苗一叶一心时寄插。

3. 地膜覆盖育秧技术　地膜覆盖育秧是湿润育秧的基础上加盖薄膜的育秧方法。

（1）播种　将催了芽的种子在预留做好的秧畦上，按1亩秧母田撒播15kg干谷种的播量计算播种（饱和吸水量34%），然后，用木模轻抹于泥下，以刚不见谷种为宜，上覆细灰粪。

（2）搭架、覆膜　将2.2~2.4m长的竹片按50cm插一根，插成拱架型，中央拱高50cm，上覆膜且四周用泥压严保温即可。

4. 机插秧集约化盘育秧技术　采用手推式播种器或可一次性完成底土、洒水、播种、覆土4道工序的流水线播种机。每亩大田需备秧盘25~30个，每盘备经过水选或风选后的干种子70g左右（芽谷种100g左右）。种子经浸种、消毒、催芽、破胸露白沥干水，按药种比1:15的旱育保姆拌种后播种。

（1）装土　在育秧盘上铺放营养土，土层2cm左右，表面平整；

（2）播种　每盘播芽谷种100g左右，要求播种准确、均匀、不重不漏。

（3）覆土　播种后要覆土，覆土厚度0.3~0.5cm，以不见芽谷为宜。

（4）秧田摆盘　将秧盘在预先做好的秧畦上，横排成2行，紧密整齐摆放，盘底与床面相贴紧密，忌有水放盘。

（5）浸水　摆盘完后秧沟中放水慢慢浸上秧盘，利用"毛细作用"使秧盘中的土吸足水，随后退水至半沟水，切不可使水漫到秧盘。

（6）搭拱棚　盘上秧板后拱棚覆盖保温（拱高50cm、每60cm插2m长竹片），确保高温高湿促齐苗，并防止雨水冲刷秧盘土造成种子外露或翻根倒芽，根据气温变化掌握揭膜通风时间和揭膜程度。

（五）秧田管理

1. 温室两段育秧与地池育秧秧田管理

（1）小苗寄插　在预留做好的秧畦，抢晴天规格寄插、密度约5cm（1.5寸）见方，双株寄插。要求苗直立，根沾泥，寄插后用细灰粪掩根或搭塑料拱棚，起到保温稳苗或防冻防烂秧的作用。

（2）秧田灌水　小苗寄插后一周内畦面不上水，畦沟晴天满沟水，阴天半沟水，雨天退干水，保持畦面干爽，促进根系下扎，"换衣"后灌浅水。三叶期前干湿交替，遇持续低温寒潮天气，采取深水护苗和覆膜防冻等保温措施，防止秧苗受冻。寒潮过后慢退水，并于16～17时以后或阴天露水干后喷施多菌灵、敌克松防止立枯病、青枯病的发生。三叶期以后保持浅水层，插秧前一周灌深水，以利拔秧。

（3）秧田追肥　秧苗2叶1心期，每亩秧田泼腐熟淡尿水1 000kg或追施尿素3～5kg，作断奶肥。4～5叶期每亩追施尿素5～8kg，促进分蘖的发生。插秧前一周每亩追肥尿素3～5kg作"送嫁肥"。

（4）秧田除草　人工拔除秧田杂草。

（5）壮秧标准　移栽前仍能保持叶蘖同伸规律，秧龄40～50d，叶龄6～8叶，苗高35～40cm，单株带蘖3～5个，白根10条以上，叶片老壮，清秀无病虫。

2. 地膜覆盖育秧秧田管理　播种至显青扎根期要严盖保温，促进萌发生长，畦面不上水。出苗后可放浅水上畦面，晴天膜内温度高于32℃时，应揭开膜的两端头换气降温。如遇连晴，温度上升，可部分揭开秧厢半边地膜，16时后再将膜盖好，覆膜至4月底。其他同温室两段育秧秧田管理技术。

3. 机插秧集约化盘育秧秧田管理

（1）立苗期　播种后要拱棚盖膜，保持膜内温度28～35℃、相对湿度90%以上，确保立针一轰而齐，快出芽，出齐苗。遇到大雨，及时排水，避免苗床积水。

（2）炼苗期　一般在秧苗出土2cm（二叶期），揭膜炼苗。揭膜原则：由部分至全部逐渐揭，晴天傍晚揭，阴天上午揭，小雨雨前揭，大雨雨后揭。日平均气温低于12℃时，不宜揭膜。秧厢太长的可适当在中间开小天窗换气。当日均气温稳定通过14℃，或叶龄3叶左右时，及时炼苗揭膜。炼苗时分步分次进行，由少到全部地揭膜，坚持揭膜前必须灌水或浇透水。

（3）揭膜—插秧　晴天中午若秧苗出现卷叶要灌薄水护苗，雨天放干秧沟水。遇到寒潮降温，要盖严膜，加强保温覆盖。若持续湿冷天气，需要在秧田水温、土温和气温差距逐渐缩小时，采取勤灌勤排方法，以提高水温和供给氧气，防止死苗。冷后暴晴要及时灌深水护苗，缓和温差，后逐渐排水透气，提高秧苗根系活力。切忌不能在天转晴时立即排干水，以防秧苗体内水分收支失衡，造成生理失水，发生青枯死苗。移栽前 3～5d 控水炼苗。

（4）秧田追肥　秧田期共施断奶肥、送嫁肥两次。

①断奶肥　2 叶一心期断奶肥亩用 5kg 尿素加水 500kg 于傍晚浇施。

②送嫁肥　移栽前 3～4d 送嫁肥。浓密叶下披的不施；正常的亩用 1～1.5kg 尿素加水 100～150kg 喷施；色淡的亩用 4～4.5kg 尿素加水 500kg 于傍晚均匀喷施或泼浇并随即洒一次清水，防肥害烧苗。

4. 病害防治　秧苗期根据病害发生情况，做好防治工作。同时，应经常拔除杂株和杂草，保证秧苗纯度。如遇低温发生青枯病、立枯病的，每亩秧田用 30% 瑞苗青加水 3 000 倍液喷施、或用 70% 敌克松 1 000 倍液洒施防治。机插秧如遇气温高，雨水较多，秧苗长势快的情况下，每亩用 15% 多效挫可湿性粉剂 50g、2 000 倍液加水喷雾（忌用量过大，已用壮秧剂或育秧基质母质的不得使用）。如有叶瘟病发生，结合施肥用 40% 稻瘟灵可湿性粉剂每亩 60～75g 加水 30kg 喷雾防治。

四、适时栽插

（一）本田准备

汉中主要是小麦茬或油菜茬。因季节衔接较为紧张，前茬收获后就立即抓紧时间进行耕耙。整田前要铲除田边杂草，夯实田埂，挖掉夯实老鼠洞和黄鳝洞，耙田前要糊好田坎，防止漏水，提高保水保肥能力。整田结合使用基肥，使用全层施肥法即将底肥的 70%于犁田前全田均匀撒施后，再犁田或旋耕，底肥的 30% 于插秧前作面肥施入。

1. 人工插秧整田要求　表土松、软、细、绒，田间无残茬及杂草，田块表面平整，做到"有水棵棵到，排水时无积水"。

2. 机插秧整田要求　大田耕翻深度掌握在 10～15cm，田平寸水不露泥，田面整洁无残茬。待沉实后移栽，土壤类型为沙土的上水旋耕整平后需沉实 1～2d，黏土一般要待沉实 2～3d 后再插秧。

（二）适时栽插

汉中水稻高产插期为 5 月 15～30 日。一般 5 月中旬开始插冬闲等一季田，5 月 25 日至 6 月 5 日插植油菜茬和小麦茬、尽量早插植。

（三）插秧规格及密度

分蘖力弱，秆矮，株型紧凑，叶片短、挺直的品种宜密，反之宜稀；长龄秧宜密，短龄秧宜稀；肥田宜稀，瘦田宜密；迟栽田宜密，早栽田宜稀。

1. 人工插秧规格及密度

（1）海拔 650m 以下川道盆地：30cm × 17cm 或 33cm × 17cm 插秧规格，每亩插 1.2 万～1.3 万穴，8 万～10 万株/亩基本苗。提倡宽窄行插植规格，宽行 33cm、窄行 20cm，株距统一为 17cm，每亩插 1.2 万～1.3 万穴，8 万～10 万株/亩基本苗，可提高田间通风透光性，有利于植株健壮生长，减少病虫害的发生。

（2）海拔 650m 以上的浅山丘陵区及高寒山区　（23.3～26.7）cm×17cm 插秧规格，每亩插 1.5 万～1.7 万穴，11 万～12 万株/亩基本苗。

2. 机插秧规格及密度　一般行距 30cm、株距 15cm，每亩约栽 1.5 万穴，穴苗数 4～6 苗左右。在行距不可调的情况下，杂交稻宜稀、株距可调大至 16～17 cm，常规稻宜密、株距可调小至 13～14cm。

（四）大田管理

1. 人工插秧大田管理

（1）控氮、增磷、补钾平衡施肥、增施有机肥　每亩总 N 量控制在 10～12kg（黄姜田和沙田应适当提高）、P 肥（P_2O_5）5～6kg、K 肥（K_2O）7～8kg、硫酸锌 1～2kg。将 70% 的 N 肥和全部的 P、K、Zn 肥于插秧前的最后一次耙田施入作底肥，其余 30% 的 N 肥，在插秧后 5～10d 追施，沙田和稳水性能差的田，也可每亩留 2～3kg 尿素在孕穗期追施。出穗前叶面喷施 150～200g 磷酸二氢钾和 40% 禾枯灵 75～100g，防早衰，增粒重，夺高产。

以单元素常用肥料为例。具体施肥方法是：将 14～15kg 的尿素 + 40～50kg 的 P 肥 + 11～13kg 的 K 肥 + 1～2kg 的硫酸锌作底肥于插秧前的最后一次耙田施入；6.0～6.6kg 的尿素，在插秧后 5～10d 追施，沙田和稳水性能差的田也可每亩留 2～3kg 尿素在孕穗期追施。

（2）科学灌水、合理促控　大田做到浅水插秧、深水返青、寸水促蘖、够苗（亩苗数达到 17 万株）或到时（6月底7月初）及时退水促进根系下扎，控制无效分蘖。够苗早的田块，旺长田以及烂泥田要重晒。孕穗期和抽穗扬花期田间保持浅水层；沟头散籽后采取干干湿湿间歇灌溉，增强土壤通透性，提高根系活力，促进谷粒充实。为便于收获，一般于收割前 7d 排水落干，秋雨多的年份以及烂泥田可提前退水，沙田可推迟。后期既要注意防止断水过早，避免发生青枯降低粒重，又要防止灌水过深，导致秆软倒伏，影响收获。

2. 机插秧大田管理

（1）配方施肥、合理运筹

①底肥　插秧前的最后一次耙田施入。每亩施入尿素7.8kg、P肥50kg、K肥4.8kg。

②追肥　一般在栽后5d施一次返青分蘖肥，并结合使用除草剂和杀虫剂进行化学除草和防二化螟（钻心虫）。每亩用7.8kg尿素。施后田间水层保持5～7d，禁忌水淹没秧心造成药害。栽后10d，每亩用尿素5.2kg、K肥3.2kg再施一次接力肥，以满足机插水稻早分蘖的要求。

③穗肥　晒田结束第一次复水后，每亩施尿素5.2kg、K肥4kg作穗肥。

（2）水分管理

①水分管理原则　有效分蘖期、孕穗期、抽穗扬花期是水稻水分敏感期，应保持水层；分蘖后期至幼穗分化初期是水稻水分不敏感期，应退水晒田，控制无效分蘖；灌浆结实期以湿润为主。

②水量调控　薄水栽插，水层深度1～2cm；寸水活棵，栽后建立3～4cm水层，促进换衣返青；换衣返青后应浅水勤灌，灌水时以水深达3cm左右为宜，待其自然落干，再上新水，如此反复，达到以水调肥，以水调气，以气促根，使分蘖早生快发；孕穗（晒田复水）至抽穗后15d应建立浅水层，以利颖花分化和抽穗扬花；抽穗后15d至灌浆结实期间歇上水，干干湿湿，以利养根保叶，活熟到老，切忌断水过早。

③晒田　机插秧分蘖势强，高峰苗来势猛，可适当提前到预计穗数（80%～90%）时排水晒田，分两次，由轻到重，晒至田中不陷脚，叶色褪淡即可，以利抑制无效分蘖并控制基部节间伸长，提高根系活力。

五、科学施肥

（一）平衡施肥

平衡施肥要掌握以土定产、以产定氮、因缺补缺、有机无机相结合、N、P、K平衡施用的原则。其方法如下。

一是测土。测土是平衡施肥的前提，通过对土壤养分分析测定，较准确地掌握土壤的供肥性能，为平衡施肥提供科学依据。

二是配方。配方是平衡施肥的关键。在测土的基础上，根据水稻每生产100kg稻谷需要吸收N素2.0～2.4kg，P_2O_5 0.9－1.4kg，K_2O 2.5－3.8kg，N、P、K配比约为1：0.5：1.3的比例，再结合土壤特性、气候特点、栽培习惯、生产水平等条件，确定目标产量，提出N肥的最适用量和N、P、K的最佳比例。

三是配肥（供肥）。选择优质、高效的单质肥料或专用肥、复合肥、有机无机复混肥等肥料品种。

四是施肥模式。根据土壤类型、作物的生育特性和需肥规律，制定相应的施肥方法。

张久成等（2010）研究出的陕西优质水稻高产栽培最佳施肥量，结合水稻土壤的供肥特点和水稻的需肥规律等因素，在增施有机肥的基础上，一般中等肥力的田块水稻亩产600～700kg 的平衡施肥技术操作规程如下。

1. 氮磷钾配比用量　水稻亩产600～700kg，共需纯 N 9～10kg，P_2O_5 5～6kg，K_2O 7～8kg，N、P、K 配比为1∶0.6∶0.8。

2. 肥料品种选择　选用优质高效的尿素、碳酸氢铵、钙镁磷或过磷酸钙；硫酸钾或氯化钾等单质肥料或水稻专用肥、复合肥等。

3. 施用时期　人工插秧，插秧前施底肥，插后 5～10d 施追肥，出穗前喷施磷酸二氢钾等叶面肥；机插秧，插秧前施底肥，插后每隔 5d 施一次追肥共两次，晒田结束第一次复水时施穗肥，出穗前喷施磷酸二氢钾等叶面肥。

4. 施肥用量及方法

（1）人工插秧施肥方法

①底肥　亩用 14～15kg 的尿素＋40～50kg 的 P 肥＋11～13kg 的 K 肥＋1～2kg 的硫酸锌作底肥，于插秧前的最后一次耙田施入。

②追肥　亩用 6.0～6.6kg 的尿素，在插秧后 5～10d 追施，沙田和稳水性能差的田，也可每亩留 2～3kg 尿素在孕穗期追施。

③叶面肥　出穗前每亩喷施 150～200g 磷酸二氢钾和 40% 禾枯灵 75～100g，防早衰，增粒重，夺高产。

（2）机插秧施肥方法

①底肥　插秧前的最后一次耙田施入。每亩施入尿素 7.8kg、P 肥 50kg、K 肥 4.8kg。

②追肥　施两次。一般在栽后 5d 每亩用 7.8kg 尿素施第一次返青分蘖肥，并结合使用除草剂和杀虫剂进行化学除草和防二化螟（钻心虫），施后田间水层保持 5～7d，禁忌水淹没秧心造成药害。栽后 10d 每亩用尿素 5.2kg、K 肥 3.2kg 再施一次接力肥，以满足机插水稻早分蘖的要求。

③穗肥　晒田结束第一次复水后，每亩施尿素 5.2kg、K 肥 4kg 作穗肥。

④叶面肥　出穗前每亩喷施 150～200g 磷酸二氢钾和 40% 禾枯灵 75～100 g，防早衰，增粒重，夺高产。

（二）施足基肥

基肥又叫底肥，是水稻生育期的基本营养，必须按目标产量的需肥量施足底肥，奠定高产基础。

1. 基肥的作用　一是改良土壤。施足以猪牛粪等有机肥为主的底肥，可以增加土壤中有机质的含量，促进团粒结构的形成，改善土壤的通气性，有利于庞大根系的形成，使水稻根深叶茂，健壮生长；二是可促进秧苗早发。底肥以有机肥为主，配合适当比例的 N、P、K 速效化肥，秧苗开始发新根就有养分供应，有利于秧苗早生快发；三是有机肥的肥效持续时间长，能保持秧苗中后期稳健生长，不脱肥早衰。

2. 基肥的用量　基肥的施用量，因品种的需肥水平和目标产量而定。张久成等（2010）研究认为，汉中中等肥力田块，一般亩产要达到 600～700kg，每亩需施纯 N 9－10kg，P_2O_5 5～6kg，K_2O 7～8kg。人工插秧基肥的施 N 量要占总施 N 量的 70% 左右，全部的 P 肥和 K 肥及 1～2kg 的 Zn 肥作基肥。机插秧基肥的施 N 量要占总施 N 量的 30% 左右，全部的 P 肥 +40% 的 K 肥 +1～2kg 的 Zn 肥作基肥。

3. 基肥的施用方法　于插秧前的最后一次耙田施入，提倡采取全层施肥法。全层施肥法是于犁地前撒施基肥总用量的 60% 再翻耕，最后一次耙田时，施入基肥总用量的 40%，做到全层有肥，泥肥融合。

（三）合理施氮

合理施 N 对机插秧来说尤为重要。因机插秧群体密度大，约是人工插秧的 1.2 倍，在亩产 600～700kg 的情况下，施 N 量可调至每亩 10～12kg。

1. 基肥　因为机插秧中小苗移栽时，秧苗个体小，吸肥能力有限，因此，基肥不宜重施，以总施 N 量的 30% 左右作基肥。

2. 追肥　返青后，发苗迅速分蘖快，需肥量大，以总施 N 量的 50% 左右作追肥，且间隔 5d 分两次施入，两次分别按总施 N 量的 30% 和 20% 施入。

3. 穗肥：晒田复水后，水稻进入幼穗分化期，此期施肥有利于攻大穗。以总施 N 量的 20% 配合 K 肥作穗肥施入。

（四）不同形态氮肥合理配比

N 肥分为 3 种类型：即铵态 N 肥、硝态 N 肥和酰胺态 N 肥。水稻常用的是铵态 N 肥和酰胺态 N 肥。

1. 铵态氮肥　凡含有氨或氨离子（NH_4^+）形态的 N 肥均属铵态 N 肥。如硫酸铵、碳酸氢铵、氨水等，但常用的是碳酸氢铵、且只作基肥。碳酸氢铵为白色结晶，略带氨臭味，含 N 量在 17% 左右，易挥发，所以，在作基肥时人工插秧按总施 N 量的 70% 左右、机插秧按总施 N 量的 30% 左右算出所需碳酸氢铵用量与 P、K 肥拌匀后，于最后一次耙田时施入，随施随耙。

2. 酰胺态氮肥　凡含有酰胺基或在分解中产生酰胺基的 N 肥，叫作酰胺态 N 肥，如尿素。尿素为白色针状结晶，含 N 量在 46% 左右，既能作基肥，也可作追肥。作基肥时人工插秧按总施 N 量的 70% 左右、机插秧按总施 N 量的 30% 左右算出所需尿素用量与 P、K 肥拌匀后，于最后一次耙田时施入，随施随耙；作追肥时人工插秧按总施 N 量的 30% 左右、机插秧按总施 N 量的第一次追肥 30% + 第二次追肥 20% + 穗肥 20% 分 3 次算出所需尿素用量，适期施入。

（五）稻草还田，配施化学 N 肥

仅适宜于部分冬闲田。冬前，将稻草粉碎成长度 10~15cm 的稻秸后，按每亩 600kg 的用量施用，随后翻埋（单提波等，2010）。翌年栽秧施肥的总 N 量按每亩施纯 N 9kg，配合 P、K 肥施用。具体 N、P、K 配比及施用方法参见上述的平衡施肥技术操作规程。

（六）施用生物有机菌肥

生物有机菌肥是指特定功能微生物与主要以动植物残体（如畜禽粪便、农作物秸秆等）为来源并经无害化处理、腐熟的有机物料复合而成的一类兼具微生物肥料和有机肥效应的肥料。

1. 施用生物有机菌肥的优点 改良土壤，提高肥料利用率。水稻施用生物有机菌肥，在减少 72% 的 N 肥用量的情况下，不但具有与化学肥料相同的增产比率，而且，还可改善稻米品质，提早成熟，降低植株高度，增强抗倒伏能力，是发展绿色有机稻的必然选择。

2. 施用方法 施用生物有机菌肥，亩总施纯 N 量可由常规的 9~10kg 降为 2.5~2.8kg 的用量，依据生物有机菌肥的含 N 量确定亩总施生物有机菌肥的用量。大田犁耙前施用 60% 作基肥，栽后 7~10d 和晒田结束后，各施用 20% 分别作追肥和穗肥。以"施倍得"牌生物有机菌肥为例，有效成分为：有效活菌数 2×10^7 个/g，N 6.88%，P_2O_5 10.68%，K_2O 16.79%，有机质 12.56%，水分 17.59%。则亩总施"施倍得"牌生物有机菌肥的用量为 36~40kg，其中，亩施基肥 21~24kg、追肥 7~8kg、穗肥 7~8kg（鲁杰等，2009）。

六、合理灌溉

张卫星等（1977）研究认为，因水分亏缺而引起的植物生长和作物产量的减少超过了所有其他非生物胁迫的影响总和。水分的亏缺会影响水稻的生长发育以及生理生化的影响，包括生理代谢变化，主要涉及渗透压、CO_2 体内再循环、脯氨酸、ABA 积累叶片衰老、气孔反应等，最终影响光合作用（陈国林等，1998）。同时，土壤水分亏缺是影响水稻颖花分化、灌浆结实及稻米品质的一个重要环境因素。

秦岭西段南北麓主要作物种植

（一）水稻生育过程的水分平衡

水稻具有耐水性，这是它在系统发育中形成的对水分反应的遗传特性。水稻生育过程中，存在着对缺水非常敏感，且需水量较大或最大的时期，这个时期称为水分"临界期"或需水"临界期"。

水稻各生育期生理需水的适宜水分状况：萌芽至三叶期前、分蘖末期至幼穗分化前及蜡熟期间的最适水分状况，为土壤最大持水量的70%~80%，此期间，田间可无明水。其余各期的适宜水分状况，都是淹有水层（最适界限的水层深度，在同一生育期内都有相当大的变幅）和土壤湿度接近饱和状态。生殖生长阶段较营养生长阶段对适宜水分的要求尤高，在生殖生长过程中，水分稍有不适，就会影响生殖器官的发育，导致减少产量。

第一个水分"临界期"在水稻有性生殖形成配子阶段，也就是无性世代向有性世代转化的阶段，处于孕穗后期的花粉母细胞形成期、花粉母细胞减数分裂期、花粉内容充实期至花粉完成期。也是胚囊母细胞经胚囊四分体至胚囊成熟期。第二个水分"临界期"在水稻有性生殖的主要阶段，即扬花授粉受精阶段。第三个水分"临界期"，在完成有性生殖由有性世代向无性世代转化的阶段，具体地说，是在受精后至灌浆高峰期。"临界期"田间不可断水。

（二）几种水稻灌溉方式简介

水稻的传统灌溉方式造成水资源浪费严重。魏铁军等（2008）通过对几种水稻节水灌溉技术的研究试验表明，在节水灌溉条件下，水稻会在一定程度上表现出对水分胁迫的适应性，植株和叶片保水性、根系活力和吸水能力增强，而且，一定的水分亏缺也有利于水稻增产。

1. 淹灌　淹灌（又称格田灌溉），是用田埂将灌溉土地划分成许多格田，灌水时，使格田内保持一定深度的水层，借重力作用湿润土壤。

2. 畦沟灌溉　畦沟灌溉（国内有人称之为垄作灌溉）是在淹水平作基础上，经起垄，持续垄沟浸润灌溉。畦是用土埂、沟或走道分隔成的作物种植小区。做畦有利于灌溉和排水。分为平畦、高畦。用做畦机、犁、锹、铲等进行做畦。畦沟是畦与畦之间的小沟。便于排水、灌溉和进行田间管理。

3. 湿润灌溉　使稻田水分接近饱和，但不建立水层的灌水方式。

4. 间歇灌溉　水稻间歇灌溉特点是每灌一次水，待其自然消耗后，田面呈湿润状态，再灌下次水，做到后水不见前水，形成几天有水层，几天无水层，构成浅水与湿润反复交替，浅、湿、干灵活机动的灌溉模式。间歇灌溉的优点：

一是提高降雨的利用率；

二是提高水稻后期的抗旱能力；

三是土壤的通气能力增强，使水稻的根系在生长过程中能够获得更多的氧气；

四是控水期增加了土壤中空气与大气的交换，保持土壤中空气的新鲜度，增加了水稻抗虫害的能力。

5. 调亏灌溉　调亏灌溉是在作物生长发育某些阶段（主要是营养生长阶段）主动施加一定的水分胁迫，促使作物光合产物的分配向人们需要的组织器官倾斜，以提高其经济产量的节水灌溉技术。

该技术于 20 世纪 70 年代中期由澳大利亚持续灌溉农业研究所 Tatura 中心研究成功，并正式命名为调亏灌溉。它的节水增产机理，依赖于水稻本身的调节及补充效应，属于生物节水和管理节水的范畴。从生物生理角度考虑，水分胁迫并不总是表现为负面效应，适时适量的水分胁迫对作物的生长、产量及品质有一定的积极作用。国外对调亏灌溉的研究应用大多集中在果树方面，而中国从 80 年代末开始研究调亏灌溉技术，并将其应用范围由果树、蔬菜，推广到冬小麦、玉米、水稻和棉花等主要农作物。与充分灌溉相比，调亏灌溉具有节水增产作用。

6. 非充分灌溉　非充分灌溉是针对水资源的紧缺性与用水效率低下的普遍性而提出的一种新的灌溉技术。非充分灌溉广义上可以理解为：灌水量不能完全满足作物的生长发育全过程需水量的灌溉。就是将有限的水科学合理（非足额）安排在对产量影响比较大，并能产生较高经济价值的水分临界期供水。在非水分临界期少供水或不供水。非充分灌溉作为一种新的灌溉制度，不追求单位面积上最高产量，允许一定限度的减产。在水资源有限地区，建立合理的水量与产量关系模式，通过增加灌溉面积而获得大面积总量的均衡增产，力求在水分利用效率（WUE）—产量—经济效益 3 方面达到有效统一。

7. 控制灌溉　控制灌溉比较适宜在平原地区使用，在闽东南沿海小平原也使用。具体是指在返青活苗以后的各个阶段，以根层土壤水分作为控制标准，不同的阶段分别采用不同的饱水率，而不再建立灌溉水层，以达到节水的目标。该技术是由河海大学研究的，已经在全国范围内得到广泛的应用，灌水的时间和灌水量都由根层土壤的含水率决定，一般情况下在土壤饱和含水率的 60% ~ 80%，视水稻的不同生育阶段对水分的需求具体而定。该方法从植物的耗水本身研究节水的要领，改变了土壤、植物根部长期泡在水下的情况，也增加了植物根部与阳光的接触，提高了化肥的使用效率，达到了节水、优质、高产的多重目标。具体的操作就是在返青期间保持田间湿润，分蘖初期保持田间灌水层盖过泥土，分蘖末期进入晒田，保持田地的干燥，黄熟以后，再灌一层水，避免植株早衰。

8. 干湿交替灌溉　干湿交替灌溉是在水稻的生长过程中，通过灌溉保持田间的水层，待蓄水量自然下落至 0mm，土壤开始干裂时再进行灌溉，如此循环往复，在保证植物生长用水的同时，达到节水的目的。

这一技术正在中国和南亚、东南亚国家如孟加拉国、印度、越南推广应用，且取得了明显的节水效果。张自常等（2011）研究表明，水稻生长期间，如果一直在水层的浸泡之中也并非好事，含水量相对下降时，反而会提高整精米率，低水位也有利于水稻根系的通风，保持根系较高的活力，改善稻米的品质。

9. 无水层灌溉　虽然水稻在生长期内需要大量的水分，但是，并不是每一个生长阶段都需要水层，如果长期有大量的水分囤积在根部，会导致化肥、养分的流失，不利于根部的呼吸，影响水稻的生长。无水层灌溉就是在水稻返青后不在田间留有水层，而是根据生长的需要，保持土壤不同水平的含水率。这种灌溉方法能够将灌溉的频率降到原来的1/3，将耗水量降低到原来的一半。这种灌溉方法的技术要点就是水种湿管，是在返青期间、孕穗期间、抽穗扬花等比较敏感的期间，保持田间的水层，其他时期只需要保持土地的湿润，只湿不淹，根据降雨的实际情况进行具体的灌溉。

10. 薄露灌溉　薄露灌溉的薄是让田间水层尽量薄（返青期间反常高温或低温情况除外），露是指每次灌溉包括降雨都要使得田地自然露干，避免田地、植物根系长时间泡在水里。具体来说，薄露灌溉每次灌溉时，水深在20mm左右，如果因为降雨或其他原因田地泡在水中超过5d就需要人工排水，让土壤和根部通风透气。薄露灌溉不仅能够提高水稻的产量，还能够提高水稻的质量，能够提高稻米中赖氨酸、蛋白质的含量，降低粗脂肪的含量。

11. 浅、薄、晒、湿灌溉法　这是福建省近年来使用比较广泛的一种节水灌溉方法，在水稻秧苗的返青移栽期间，由于此时秧苗比较小，需要生理用水不多，可以使用薄水插秧浅水养苗。在初期适合使用浅水湿润管理法，要长时间保持田间水分处于饱和湿润状态。

（三）汉中地区稻田节水灌溉

1. 发展节水灌溉的紧迫性　汉中位于陕西省西南部，北依秦岭，南屏巴山，汉水横贯全境，形成汉中盆地。盆地东西长约100km，南北宽5～25km，根据地形可分为平坝区、丘陵区和山区。平坝区地势平坦，主要种植水稻等粮食作物，为石门水库灌区。近10多年来，汉中市气候异常，降水量连年偏少，每年都发生不同程度的干旱，水资源严重缺乏，直接影响当地农村产业结构调整和农民增收。杨晓永等（2004）对汉中盆地丘陵区经济作物节水灌溉发展模式进行了探讨。

汉中盆地的水资源主要依靠降水形成。汉中市多年平均降水量860mm，但时间分配上很不均匀，主要集中在5～8月，其降水量占全年总量的80%。降水量在空间分布上呈马鞍形，平坝和山区高，丘陵区则较低。水资源的时空分布不均，使得天然降水无法满足丘陵区各种经济作物生长发育的需要，发展节水灌溉势在必行。

2. 稻田节水灌溉采用的方式和技术

（1）秧田期　播种至"立针"出苗，湿润灌溉，畦面不上水；"立针"出苗至三叶期，干湿交替灌溉；三叶期至拔秧移栽，有水灌溉，其中，拔秧前一周灌深水。

（2）大田期　浅水插秧，减少漂秧；深水返青，加快返青进度；寸水促蘖，利于低位蘖的发生；够苗（苗数达目标穗数的80%～90%或时间至6月底7月初）退水晒田，控制无效分蘖；孕穗及抽穗扬花期田间保持浅水层，不可断水，利于幼穗分化形成大穗；勾头散籽后采取干干湿湿间歇灌溉、后水不见前水，增强土壤通透性，提高根系活力，促进谷粒充实；收割前7 d左右排水落干，以利收获。

七、防病、治虫、除草

（一）主要病害及防治

1. 水稻稻瘟病　稻瘟病又名稻热病，是由 *Phyricularia grisea*（Cooke）Sacc. 引起的一种真菌病害，是汉中水稻上的主要病害，尤以丘陵及山区重发，重发年份，部分村组水稻减产达60%以上，甚至绝收，对水稻生产为害很大。

（1）为害症状　稻瘟病可以为害水稻的各个生育期，汉中稻区以叶瘟和穗颈瘟为害为主，造成的损失较大。

①叶瘟　发生于水稻3叶期至成株期的叶片上。病斑梭形，外层黄色，稍内红褐色，中央灰白色，有褐色坏死线贯穿病斑并向两头延伸。

②穗颈瘟　发生在穗颈上，病斑黑褐色及黑色等，条件适宜时，可产生大量灰色霉层。发病早且严重的主颈可折断，形成白穗，发病迟的粒重减轻。

（2）发生规律及传播途径　病菌以分生孢子或菌丝体在病谷和病稻草上越冬，带菌种子播种后即可引起苗瘟，天气变暖，带菌稻草遇雨水变潮湿时，即可产生大量分生孢子，借风传播，使秧田或大田稻株发病。且病菌可不断繁殖，进行再侵染。

不同水稻品种对稻瘟病抗性差异十分明显。据刘文强等（2009）报道，目前，水稻中已鉴定出60多个抗稻瘟病的主效基因。当气温24～28℃，湿度90%以上，分生孢子发芽侵入只需6～8h，潜育期4d，易流行。汉中盆地多年旬平均气温7月下旬26.28℃、8月上中旬分别为26.37℃、24.54℃，此时恰遇山区早熟品种，平坝、丘陵中晚熟水稻抽穗期，就温度而言有利于穗颈瘟发生。另外，偏施N肥、灌水过深、栽植过密，均可引起稻瘟病的严重发生。

（3）综合防治

①选用抗病品种　处理好病谷病草和田边杂草；推广测土配肥，合理灌水，适时晒田等措施可降低田间湿度，提高水稻抗病性，预防稻瘟病的流行。

②药物防治　对发生叶瘟的秧田进行普防，对大田发生叶瘟的要挑治，对发病中心一定要认真防治。用20%三环唑WP每亩100～150g或40%稻瘟灵EC每亩400ml加水50kg

喷雾防治，效果较好。

穗颈瘟病重在预防。在水稻破口前 2 ~ 5d，病叶率大于 2% 时即可防治。齐穗后防治效果不理想，已发现白穗再防治，则基本无效，用药种类与方法同防治苗叶瘟。

2. 水稻纹枯病　纹枯病俗称"花脚""花秆""烂脚瘟"和"尿疤印子"，是由 *Rhizoctonia solani* Kuhn 引起的一种真菌病害。近年来，已经上升为汉中水稻的主要病害之一。稻株受害后，一般减产 5% ~ 10%，严重的可达 50% ~ 70%。

（1）为害症状　纹枯病在水稻全生育期均可发生，以抽穗期前后为甚，主要在叶鞘、茎秆及叶片上产生水渍状、暗绿色、不规则状云纹斑，严重时，也可为害穗部和深入茎秆内部，影响抽穗、灌浆及结实。

（2）发生规律及传播途径　纹枯病菌主要以菌核在土壤中越冬，也能以菌丝和菌核在病稻草、稻茬上越冬。第二年插秧后，越冬菌核、菌丝粘附于稻株近水面的叶鞘上萌发侵入寄主形成病斑，病斑上的菌丝、菌核可以再侵染。

经王晓娥等（2003）研究，在汉中平川稻区，6 月下旬到 7 月上旬的气温及湿度是影响越冬菌源初侵染的一个关键因素，高温高湿利于越冬菌核的萌发和越冬菌丝的激活，有利于初侵染的成功。7 月中旬到 8 月初，是纹枯病侵染的迅速扩展期，寡照，多雨，高湿是纹枯病菌侵染扩展的重要因素，有利于该病的发生。

纹枯病的发生与品种及栽培条件等关系密切。王胜宝等（2008）对近 10 年陕西省水稻区试品种抗纹枯病分析，品种之间抗病性有一定差异，但抗病品种十分缺乏。播种过早、密度高、偏施 N 肥、迟施追肥、灌水过深等均为诱发病害的主要因素。

（3）综合防治　推广抗病良种。清除田间残留的稻秆、稻茬、杂草，打捞菌核，减少初侵染菌源；适时播种、合理密植，适时晒田、控制无效分蘖，增施 P、K 肥等栽培管理措施可有效预防纹枯病的发生。

张先平等（2001）研究，当病丛率大于 75% 时每亩使用 20% 井冈霉素 WP 25g、或用多效井冈霉素 WP 40g，加水 50kg 在水稻孕穗期喷雾防治，可有效地控制纹枯病的为害。

3. 水稻稻曲病　水稻稻曲病又称绿黑穗病、谷花病、青粉病，是由 *Ustilaginoidea oryzae*（Patou.）Bref = *U. virens*（Cooke）Tak 引起的一种真菌病害。汉中稻区 20 世纪 80 年代末发病严重，近年偶有发生，为害较轻。一般情况下，优质稻品种更易感染稻曲病。随着品种审定对稻米品质要求的提高，稻曲病已成为陕西省水稻优质高产的重要限制因素。

（1）为害症状　稻曲病只为害穗部谷粒。病菌侵入花器后，在颖壳内生长，形成直径 0.8cm 左右近圆球形的"稻曲"，表面墨绿色，内层橙黄色，中心白色。一般一穗有一粒至数粒受害，甚至数十粒。

（2）发生规律及传播途径　邓根生等（1990）研究，在汉中稻区稻曲病主要以菌核在土壤中越冬。翌年 7 ~ 8 月，当菌核遇到适宜条件时，气温 24 ~ 32℃均可，可萌发产生子囊孢子或分生孢子，侵入水稻花器及幼颖，后形成墨绿色"稻曲"。抽穗扬花期遇雨及低温天气则发病重；抽穗晚的品种发病较重；偏施迟施 N 肥的田块发病重。另外，管理粗放、密度过大、灌水过深、排水不良等都会加重病害发生。

（3）综合防治

①选用抗病品种　深耕翻埋菌核；改进施肥技术：采用配方施肥，邓根生等（1990）研究，一般汉中稻区每亩施纯 N 应控制在 13kg 之内，超过此量，发病明显加重。

②铜制剂　是防治稻曲病的有效药剂，但铜制剂在水稻始穗后使用易产生药害，所以，常采用在水稻始穗前 5 ~ 10d（水稻破口期），用 77% 氢氧化铜 WP 600 倍液，或 16% 井 . 酮 . 三环唑 WP 600 倍液喷雾防治。

（二）主要虫害及防治

1. 水稻螟虫　水稻螟虫包括二化螟、三化螟及大螟，汉中稻区尤以二化螟发生最普遍，为害最严重。水稻二化螟别名钻心虫，学名 *Chilo supperssalis*（Walker），属鳞翅目，螟蛾科。在中国各稻区均有发生，汉中稻区一年发生 2 代，以 1 代为主害代。

（1）为害特征　水稻插入本田后，成虫立即将卵产在叶片上，初孵幼虫先侵入叶鞘集中为害造成枯鞘，2 龄以后开始转移分散钻入茎秆为害，分蘖期受害，出现枯心苗和枯鞘；孕穗期、抽穗期受害，出现枯孕穗和白穗；灌浆期、乳熟期受害，出现半枯穗和虫伤株，秕粒增多，遇刮大风易倒折。除水稻外，二化螟还能为害茭白、玉米、高粱、甘蔗、麦类以及芦苇等。

（2）生活习性及发生规律　据汉中市农科所研究，二化螟在汉中稻区每年发生 2 代，属于一代多发型。二化螟常以第二代 4 龄以上幼虫在稻茬、稻草中或其他寄主的茎秆内、杂草丛、土缝等处越冬。成虫有趋光性，喜把卵产在幼苗叶片上，圆秆拔节后产在叶宽、秆粗且生长嫩绿的叶鞘上，孵化后钻入叶鞘，后钻入茎秆为害，造成枯心苗、枯孕穗或白穗。该虫生活力强，食性杂，耐干旱、潮湿和低温条件。

（3）综合防治　冬季拾净稻茬，早春灌水 2 ~ 3d 杀蛹，消灭越冬虫源；7 月上中旬结合晒田，灌水灭第二代蛹。

尽量避免混栽，栽秧时间和水稻成熟期差异不宜太长，减少"桥梁田"。

配套肥、水管理和栽培措施，提高水稻抗螟害能力。

保护利用天敌，提高自然控制螟害能力。

采取狠治 1 代，挑治 2 代的措施。第一代在 5 月下旬至 6 月初，秧苗插至本田后 3 ~ 5d 进行防治，可用 5% 杀虫双 GR 每亩 2kg 与除草剂及追肥拌匀撒施，保持 3 ~ 5cm 浅水层持续 3 ~ 5d，可提高防效。7d 后若枯鞘丛率达 5% ~ 8%，每亩可用 80% 杀虫单 SP 40g、或用 25% 杀虫双 SL 250ml、或用 25% 噻虫嗪 WG 2~4g、或用 20% 三唑磷 EC100ml 加水 50kg 进行喷雾防治。第二代挑治虫害严重的晚熟稻田,于 7 月下旬至 8 月上旬进行喷雾防治,药剂同上。

2. 稻苞虫 稻苞虫又名稻弄蝶、苞叶虫、搭棚虫、青虫,学名 *Casinaria colacae* Sonan,属鳞翅目,弄蝶科。主要为害水稻,也为害多种禾本科杂草,是汉中稻区水稻上的主要害虫。

(1)为害特征 幼虫于水稻抽穗前为害,吐丝缀连水稻数张叶片横卷成苞,并蚕食叶片,轻则造成缺刻,重则吃光叶片,使稻穗卷曲,无法抽出,不能开花结实,或造成白穗减产。严重发生时,可将成片稻田的稻叶吃完,稻穗枝梗咬断,造成绿叶面积锐减,稻谷灌浆不充分,千粒重低,严重影响产量。

(2)生活习性及发生规律 据汉中市农科所研究,稻苞虫在汉中稻区每年发生 4 代,以第三代为主害代。常以幼虫在避风向阳的田、沟边、塘边及湖泊浅滩、低湿草地等处禾本科杂草上越冬,5 月上中旬羽化。第一、第二代虫量少,对水稻为害不大,第三代幼虫在 8 月为害中晚熟水稻。成虫昼出夜伏,喜在芝麻、南瓜、千日红等植物上吸食花蜜。卵散产在稻叶上,以叶背近中脉处为多,在叶色浓绿、生长茂盛的分蘖期稻田里产卵量大。幼虫共五龄,一龄、二龄幼虫在靠近叶尖的边缘咬一缺刻,再吐丝将叶缘卷成小苞,自三龄起所缀叶片增多,四龄后食量大增,取食量占一生食量的 93% 以上,老熟幼虫在苞内化蛹,蛹苞两端紧密,成纺锤形。

该虫为间歇性猖獗的害虫,其大发生的气候条件是适温 24~30℃,相对湿度 75% 以上。在 6~7 月,雨量和雨日数多,尤其是"时晴时雨,吹东南风、下白昼雨"可作为大发生的预兆;高温干燥天气,则不利其发生。

(3)综合防治

①减少越冬虫源 春季铲除田边、沟边、塘边杂草及茭白残株等。

②人工剥除 幼虫虫量不大或虫龄较高时,可人工剥除虫苞、幼虫和蛹。

③生物菌防治 每亩用 100 亿孢子/g 苏云金杆菌菌粉 100~200g,加水 60~100kg,于幼虫 2~3 龄时喷雾防治。

④寄生蜂防治 如释放拟澳洲赤眼蜂。自卵盛期开始,每百丛稻有卵 5~10 粒以上的稻田,每隔 3~4d,亩放蜂 1 万~2 万头,连放 3~4 次。

⑤药剂防治 当百丛水稻有卵 80 粒或幼虫 40 头时,在 3 龄盛期时施药,可每亩使用 40.7% 毒死蜱 EC 80~120ml、或用 20% 三唑磷 EC 100~120ml、或用 80% 杀虫单原粉 50~60g、用 90% 晶体敌百虫 100g 加水 50~60kg 常量喷雾。由于稻苞虫晚上取食或换苞,故在 16 时以后施药效果较好。施药时,田间最好留有浅水层。

3. 稻蝗 稻蝗别名蝗虫、蚂蚱，在汉中为害水稻的稻蝗主要是中华稻蝗，学名 *Oxya chinensis*，属直翅目，蝗科。稻蝗食性杂，除为害水稻外，还为害玉米、甘蔗、茭白等。以成虫、若虫取食水稻叶片为害，严重者减少光合面积，导致千粒重降低，秕粒增加，降低产量5%~7%，严重的减产10%以上。

（1）为害特征 主要以成虫、若虫咬食叶片，咬断茎秆和幼芽。水稻被害叶片成缺刻，严重时稻叶被吃光，也能咬坏穗颈和乳熟的谷粒。一般靠近草带宽广、杂草丛生地的田多于近渠边、沟边的田；在同一田中，田边多于田中；在同一类型田中，生长嫩绿茂密的田虫口密度大；早禾田多于晚禾田。

（2）生活习性及发生规律 张春辉等（1994）研究，稻蝗在汉中稻区一年发生一代。以卵在田坎、沟、渠边及荒地的表土中越冬；越冬卵一般于5月中旬孵化，5月下旬为孵化盛期；初孵若虫先集中在禾本科杂草上取食，5月中旬进入秧田，6月初秧田盛发；6月上旬本田见虫，6月下旬为盛发期；7月下旬始见成虫，8月中旬达盛发期；8月下旬至9月上旬是成虫交配盛期，10月下旬成虫大批死亡。

三龄以下若虫食量小，且群居为害，随着虫龄增大，食量大增，开始向全田扩散。成虫能短距离迁飞转移，且食量很大，为害水稻直至收获。在同一海拔高度上，平坝多于山区，同一区域内随着海拔高度的增加稻蝗发生量逐渐减少，在汉中稻区以平坝稻区发生最普遍，为害最重。

（3）综合防治 冬春结合油菜、小麦田开沟排湿及整理秧母田、本田等农艺操作，铲除田边、沟边草皮，打捞田中浪渣，消灭卵块、压低越冬基数。

在若虫盛孵期集中防治沟边、渠边、田坎草丛及秧田；插秧换衣后，防治本田田边6m之内的秧苗。用45%马拉硫磷 EC 30~40ml/亩加水50kg 进行喷雾。

因稻蝗活动能力强，必须以乡镇、村、组为单位开展统防统治，集中连片防治，效果较好。

4. 稻水象甲 稻水象甲又名稻水象、美洲稻象甲、稻根象、伪稻水象，学名 *Lissorhoptrus oryzophilus*，属鞘翅目，象甲科。1986年中国将其列为对外检疫对象。1988年5月传入中国河北省唐山市唐海县。后又蔓延至台湾、天津、北京等省（市）。2003年在汉中留坝县发现，近年来，逐渐成为汉中水稻上的主要害虫之一，水稻受害后减产10%~50%。

（1）为害特征 以成虫及幼虫为害水稻，尤以幼虫为害最烈。邓根生等（2010）观察，成虫沿水稻叶脉啃食叶肉或幼苗叶鞘，被取食的叶片仅存透明的表皮，在叶片上形成宽约0.5mm，长约30mm，两端钝圆的白色长条斑；低龄幼虫在稻根内蛀食，高龄幼虫在稻根外咬食。成虫可为害10科64种植物；幼虫可为害5科15种植物。

（2）生活习性及发生规律　据张先平等（2008）研究，稻水象甲在汉中一年发生一代。以成虫在田埂、沟渠边的禾本科杂草、林地落叶下及附近草根基部或表土5cm内越冬。成虫具有较强的迁飞习性，一次飞行距离可达4～6km。成虫亦具有趋光性、趋嫩性、群聚性、抱团性与假死性。3月下旬越冬成虫出土，4月中下旬迁入秧母田为害秧苗，此时为第一个防治关键时期；尔后飞入本田为害并产卵，此时为第二个防治关键时期；5月下旬为产卵高峰期，卵产在临近水面的叶鞘里，6月中旬为幼虫发生盛期，此时为第三个防治关键时期；幼虫期约1个月，老熟幼虫在稻根或田间杂草根上做土茧化蛹，7月中旬为化蛹盛期，7月下旬为羽化盛期，9月中下旬成虫陆续迁入稻田四周杂草丛，准备越冬。

（3）综合防治　加强植物检疫。

冬春结合油菜、小麦田开沟排湿及整田等农艺操作，铲除田边、沟边草皮，消灭越冬成虫；虫害严重发生区禁止串换秧苗，稻田灌水坚持"只灌不排"，杜绝近距离传播；水稻收获后，及时将稻草、稻桩、田边杂草销毁或沤肥，消灭遗留成虫。

利用成虫的趋光性，在3月下旬至9月上旬设立高压频振式杀虫灯，每15亩1个，诱杀成虫。

以秧田期防治最为关键。3月底至5月下旬在成虫越冬场所、秧田期及本田期用25%噻虫嗪WG每亩4g，或20%三唑磷EC每亩120ml加水50kg喷雾防治成虫。在6月中旬至7月中旬用3%毒死蜱GR每亩1kg、或25%噻虫嗪WG每亩4g拌10～15kg细土撒施防治幼虫。

5. 稻纵卷叶螟　稻纵卷叶螟别名刮青虫，学名 Cnaphalocrocis medinalis Guenee，鳞翅目，螟蛾科，为远距离迁飞性害虫。因稻纵卷叶螟不能在汉中越冬，为害的虫源主要从南方迁入，在汉中稻区稻纵卷叶螟偶有发生。

（1）为害特征　稻纵卷叶螟为害水稻时，以幼虫缀丝纵卷水稻叶片成虫苞，后匿居其中，取食叶肉，仅留表皮，形成白色条斑，可导致水稻秕粒增加、粒重降低，影响产量。

（2）生活习性及发生规律　该虫有远距离迁飞习性。据汉中市农科所研究，在汉中一年发生三代，以第二代为主害代。每年春季，成虫随季风由南向北而来，随气流下沉和雨水拖带降落下来，成为汉中稻区的初始虫源。秋季，成虫随季风回迁到南方进行繁殖，以幼虫和蛹越冬。成虫白天在稻田里栖息，遇惊扰即飞起，有趋光性和趋嫩性，喜欢吸食蚜虫分泌的蜜露和花蜜。幼虫期共5龄，一龄幼虫不结苞；二龄幼虫吐丝缀卷叶尖或近叶尖的叶缘，即"卷尖期"；三龄幼虫纵卷叶片，形成明显的束腰状虫苞，即"束叶期"；3龄后虫苞膨大，进入4～5龄频繁转苞为害，被害叶呈枯白色。幼虫活泼，剥开虫苞查虫时，迅速向后退缩或翻落地面。老熟幼虫多爬至稻丛基部，在无效分蘖的小叶或枯黄叶片上吐丝结成紧密的小苞，在苞内化蛹。

稻纵卷叶螟在汉中稻区当年是否大发生与迁入期迟早，迁入量多少直接有关。如果成虫盛发和卵孵期，雨日约 10d，雨量 100mm 左右，温度 25～28℃，相对湿度 80％以上，则大发生。田间灌水过深，施 N 肥偏晚或过多，引起水稻徒长，为害重。第二代 2 龄、3 龄幼虫盛发期 7 月下旬至 8 月初，为防治关键时期。

（3）综合防治

①健身栽培　合理施肥，加强田间管理，促进水稻生长健壮，以减轻受害。

②人工释放赤眼蜂　在稻纵卷叶螟产卵盛期，分期分批放蜂，每亩每次放 3 万～4 万头，隔 3d 1 次，连续放蜂 3 次。

③喷洒杀螟杆菌、青虫菌等　每亩用每克含活孢子量 100 亿的菌粉 150～200g 加水 50kg，加入 50g 的洗衣粉作湿润剂配成菌液喷雾。

④药剂防治　掌握在幼虫 2～3 龄盛期或百丛有新束叶苞 15 个以上时，每亩用 80％杀虫单 SP100g，或用 40％毒死蜱 EC100ml、或用 15％阿维．毒死蜱 EC150ml、或用 24.3％甲维．氟铃脲 EC100ml 加水 50kg 进行喷雾。

6. 稻飞虱　稻飞虱俗名火蠓虫，属同翅目，飞虱科。为害水稻常见的有褐飞虱（*Nilaparvata lugens*）、白背飞虱（*Sogatella furcifera*）、灰飞虱（*Laodelphax striatellus*）。3 种飞虱在汉中均有，以白背飞虱为主。稻飞虱为长距离迁飞性害虫，是汉中浅山、丘陵区水稻重要害虫之一，水稻受害后减产 5％以上。

（1）为害特征　稻飞虱的若虫、成虫主要刺吸植株汁液，常造成水稻叶尖发黄色、枯死，使水稻生长受阻，继而大片死秆倒伏，形成"通火田"。除此而外，成虫产卵刺伤植株，破坏输导组织，妨碍营养物质运输并传播病毒病。

（2）生活习性及发生规律　稻飞虱的越冬虫态和越冬区域因种类而异。褐飞虱及白背飞虱越冬的北限在北纬 26°左右，所以，褐飞虱、白背飞虱不能在汉中稻区越冬。稻飞虱长翅型成虫均能长距离迁飞，趋光性强，且喜趋嫩绿。白背飞虱、褐飞虱成虫和若虫均群集在稻丛基部叶鞘上刺吸汁液，遇惊扰即跳落水面或逃离。卵多产在稻丛下部叶鞘肥厚部分组织中。植株嫩绿、荫蔽且积水的稻田虫口密度大。一般是先在田中央密集为害，后逐渐扩大蔓延。水稻孕穗至开花期的植株中，水溶性蛋白含量增高，有利于短翅型的发生。此型雌虫产卵量大，雌性比高，寿命长，常使虫口激增。在乳熟期后，长翅型比例上升，在秋季又从北向南回迁。

稻飞虱的发生与迁入虫量、气候、水稻品种和生育期、栽培管理技术、天敌有密切关系。白背飞虱生长发育适温 15～30℃，相对湿度 80％以上。凡盛夏不热、夏秋多雨的年份，易酿成大发生。以水稻分蘖盛期、孕穗期、抽穗期最为适宜，此时增殖快，受害重。偏施 N 肥和长期浸水的稻田，也易暴发。

该虫在汉中一年发生4~5代，繁殖速度快，世代重叠，6月上中旬始见，7月中旬到8月上中旬有明显的突增高峰，是防治的关键时期，以8月下旬发生达最高峰。

（3）综合防治　选用抗虫品种。对不同的品种进行合理布局，避免稻飞虱辗转为害；同时，加强肥水管理，适时适量施肥和适时晒田，避免长期浸水。

保护天敌。在农业防治基础上科学用药，避免对天敌过量杀伤。

狠抓主要发生世代。7~8月的药剂防治，用10%吡虫啉WP15g/亩、或用20%吡虫·三唑磷EC100ml/亩、或用25%噻嗪酮WP 20~30g/亩，加水50kg喷雾防治。用药时，须注意从周围向中间包围型喷雾，以防飞虱逃逸。

7. 稻管蓟马　为害水稻的蓟马以稻蓟马、稻管蓟马最常见，尤以稻管蓟马为害最严重。稻蓟马 Chloethri psoryzae（Wil.）、稻管蓟马 Haplothrips aculeatusgracethrips，rice thrips 均属缨翅目，前者属蓟马科，后者属管蓟马科。稻管蓟马以前在汉中极少发生，2003年发现，随后几年偶有发生，近几年，汉台区、城固、洋县等地发生较重，上升为汉中稻区水稻主要害虫，一般减产10%以上，严重者减产超过6成。2010年、2014年发生面积明显增大，为害严重，有些田块甚至绝收。

（1）为害特征　汉中稻区一直有稻蓟马的为害，主要在苗期、分蘖期为害。成虫、若虫锉吸叶片，吸取汁液，轻者出现花白斑，重者使叶尖卷褶枯黄，受害严重者秧苗返青慢，萎缩不发。

稻管蓟马主要在水稻后期为害穗粒和花器，在汉中平坝稻区，特别是汉水流域发生较严重，主要在水稻孕穗至抽穗扬花期为害。邓根生等（2010）观察，受害早而严重的田块，植株生长受阻，部分植株节间变短，株高明显不整齐，有些植株枯心不能正常抽穗，或从叶鞘侧面拱出，扭曲畸形，或从节上分枝变成畸形株。水稻生育期明显推迟，分蘖极不整齐。有些颖壳变为褐色、或不能闭合、或扭曲畸形；发生迟或轻的田块，大多数株高正常，少部分植株发育迟缓，株高变矮，颖壳不能闭合或为畸形。由于受害植株表现症状好像病菌为害，加之稻管蓟马很小，难以发现，因此，有些群众误以为水稻得了病或以为是种子质量问题。

（2）生活习性及发生规律　8月中旬至水稻收割前，将受害穗采集后，在白纸上抖，可见到稻管蓟马；有时剥开剑叶叶鞘，亦能发现稻管蓟马。稻管蓟马在水稻整个生育期均有出现，但在水稻生长前期，发生数量比稻蓟马少（水稻前期稻叶尖卷枯主要是稻蓟马而非稻管蓟马为害所致）。稻管蓟马多发生在水稻扬花期，以穗粒与花器为主要为害部位，在颖花内取食、产卵繁殖，使被害稻穗出现不结实、颖壳畸形、不闭合。成虫强烈趋花，若虫取食水稻的繁殖器官对其发育有利。

据其他地方报道，一年发生8代左右，以成虫越冬。稻管蓟马在汉中稻区的发育历期及世代数目前不详。据汉中市农科所调查，品种间抗虫性有一定差异，其中，D优13、D优193、中优117、国稻6号发生相对较重。2010年9月14日、29日在洋县调查，其中，一块400m²协优527，基本绝收。

因稻管蓟马具有微小性、孤雌生殖性、为害隐蔽性、发生具有偶然性等特点，预测有一定难度，给精准防治带来了一定困难。

（3）综合防治 结合稻蓟马的防治，兼治稻管蓟马。

冬春铲除田边、沟边禾本科杂草等越冬寄主，减少虫源基数。

同一品种、同一类型田应集中种植，改变插花种植现象。

栽插后加强水肥管理，促苗早发，适时晒田，使水稻生长老健，提高植株耐虫能力。

抓住关键时期，积极进行预防。汉中稻区主要在7月中旬，稻蓟马为害卷叶率达20%～30%时，用25%噻虫嗪WG每亩2～4g加水50kg、或用10%吡虫啉WP 2 500倍液、或用10%阿维菌素EC 6 000倍液进行喷雾，每间隔7d再防治1次，须防治两次以上，方能有效。施药期间要保持一定的水层，从田周围向中间包围式喷药，防治效果显著。

（三）稻田常见杂草及防除

稻田杂草是指生长于水田、田埂的水稻以外的草本植物，它们不仅与稻株争夺养分、水分和阳光，恶化水稻的生长环境，造成减产和品质下降，而且，许多杂草是传播水稻病、害虫的重要中间寄主。据张勇等（2000）调查，汉中市稻田杂草有21种之多，隶属于14科19属，优势种群有眼子菜、鸭舌草、异型莎草、香附子、稗草、牛毛草等。其中，丘陵稻区的优势种群为眼子菜和鸭舌草，浅山稻区的优势种群为莎草科杂草和眼子菜，平坝稻区优势种群主要是稗草、莎草科杂草（异型莎草、香附子、牛毛草、碎米莎草、野荸荠、萤蔺）。

1. 稻田主要杂草的识别和生物学特性

（1）稗 为禾本科一年生杂草，又称稗草、稗子。株高50～130cm，茎秆直立或斜体，丛生。叶片主脉白色，明显，叶鞘光滑柔软，无叶舌及叶耳。圆锥花序，须根庞大。苗期稗草与稻苗很相像，但稗叶光滑无毛，无叶舌，可以和稻苗区别开。

稗以种子繁殖，生长周期一般情况下和水稻同步。7～8月开花，8～9月结果，成熟的稗籽易脱落掉入田中，或混入稻种中，成为第二年草源。稗草繁殖力极强，一株稗草可分蘖10多枝到100多枝，结子可达600～1 000粒，其成熟比水稻早，水稻收割前，稗草的种子就已纷纷落地，借风、水流或动物传播。

（2）异型莎草 为莎草科一年生杂草，又名江头草，球穗莎草、碱草、三方莎草等。茎直立，丛生，株高10～60cm；叶线形，先端渐尖，叶鞘绿带紫色，质地柔软；伞形花序，小坚果三棱状。

异型莎草以种子（小坚果）繁殖，发芽的最适温度为 30～40℃ 的高温，发芽的土层深度为 2～3cm。一般 5～6 月出苗，6～7 月开花结实，小坚果成熟落地，由风、水传播，经 2～3 个月的休眠后即可萌发，每年发生两代。

（3）其他莎草科杂草　牛毛草、香附子、碎米莎草、野荸荠、萤蔺等。

牛毛草为多年生杂草，又名牛毛毡。地上茎直立密集如牛毛，一般高达 5～6 cm。叶退化，茎顶单生穗状花序 1 个。以根茎、越冬芽和种子繁殖，5 月出苗，6 月开花，7 月种子陆续成熟，同时，产生新的地下根茎和越冬芽。

（4）鸭舌草　为雨久花科一年生杂草，又名鸭仔菜、菱角草等。基部生有匍匐茎，海绵状，多汁。株高 6～25cm。茎很短，有分枝。叶丛生，叶形变化很多，幼叶线形到披针形，大叶卵形至卵状披针形。总状花序，着生紫蓝花 3～6 朵。种子较细小，长卵圆形，顶端具有急尖的凸起。以种子繁殖，果实成熟后落籽入土，经 2～3 个月的冬季休眠发芽，5～6 月大量发生，花果期 8～9 月。

（5）眼子菜　为眼子菜科多年生水生杂草，又名竹叶草、水上漂。地下部具细长根茎，并具有 2～3 条联结在一起的根茎芽。叶片有沉水叶和浮水叶两种，浮水叶黄绿色、长椭圆形、叶表具蜡质、光滑；沉水叶褐色、狭长、叶边缘波形。肉穗花序，种子少，长有不规则的角或凸起。

眼子菜主要以根茎芽越冬和繁殖。一般 5 月上旬，越冬芽和种子相继萌发，7 月开花，8 月种子陆续成熟，同时，产生匍匐根茎和越冬芽。实生苗需经 2～3 年才能开花结实。

（6）慈姑　为泽泻科多年生水生杂草，有矮慈姑和野慈姑两种，稻田以野慈姑为主。

野慈姑别名狭叶慈姑、三脚剪、水芋。根状茎横生，较粗壮，茎顶端膨大成球茎。根出叶簇生，大多数叶片为狭窄箭形，叶尖和叶耳尾均长尖。总状圆锥花序，花白色。以球茎顶芽进行繁殖，一般 5 月球茎顶芽成新幼苗，6～10 月开花，10～11 月结果，同时，形成地下球茎，霜冻后地上部分死亡。

2. 稻田常用除草剂及使用方法

（1）吡嘧磺隆　剂型 10% WP，又名草克星、水星、韩乐星等。可以防除一年生和多年生阔叶杂草和莎草科杂草，如异型莎草、水莎草、萤蔺、鸭舌草、野慈姑、眼子菜、青萍、鳢肠，对稗草、千金子无效。

使用方法：一般在水稻 1～3 叶期使用，每亩用 10% WP 15～30g 拌毒土撒施，也可加水 30kg 喷雾。药后保持水层 3～5d。移栽田在插后 3～20d 用药，药后保水 5～7d。目前，常用的同类产品还有苄嘧磺隆，其杀草谱、使用方法基本与吡嘧磺隆同。

（2）氰氟草脂　剂型 10%、15% EC，用于除水稻田千金子、双穗雀稗、稗草等禾本科杂草。防治 3～5 叶期的稗草效果最好，对水稻安全。

（3）五氟磺草胺 剂型 2.5% OF，又名稻杰。可用于水稻田防除稗草及一年生莎草和多种阔叶杂草，而且对大龄稗草也有良好的防效。对水稻安全，不存在敌稗的急性药害，也不存在二氯喹啉酸类药剂的慢性药害问题。

使用方法：在水稻秧田期使用，稗草 1~3 叶期每亩用 40~60ml，3~5 叶期每亩用 60~80ml，5 叶期以后适当增加用药量，加水 30kg 喷雾；毒土或毒肥法施用每亩 60~100ml，施药后保水 5~7d。

3. 稻田常规除草方法 秧母田一般于播后 15~20d，秧苗三叶期过后，使用吡嘧磺隆或苄嘧磺隆或五氟磺草胺按推荐使用剂量加水喷雾。田间必须持水 5~7d。

秧苗移栽本田后 5~10d，使用吡嘧磺隆或苄嘧磺隆、或五氟磺草胺按推荐使用剂量与杀虫剂、追肥拌成毒土撒施。田间必须持水 5~7 d。

也可根据田间杂草种类，针对性、选择性施药。

八、控制稻田甲烷排放

上官行健等（1993）研究认为，甲烷（CH_4）是主要的温室效应气体之一，它能引起全球气温上升和臭氧层耗竭。目前全球大气中的甲烷浓度约 1.75mg/kg，每年平均递增约 1%。甲烷在大气中的滞留期较长，约为 10 年，甲烷具有强烈吸收地表红外辐射的能力，就单分子的温室效应作用与 CO_2 比较，CH_4 是 CO_2 的 20~30 倍。

中国是水稻生产大国，稻田甲烷排放总量约占全世界排放总量的 1/4。稻田甲烷是在严格厌氧条件下，土壤发酵菌和产甲烷菌分解土壤有机质产生的。长期淹水是稻田土壤产生甲烷的必要条件。首先，土壤有机质被矿化为乙酸和 H_2、CO_2，然后再经产 CH_4 菌的作用生成 CH_4。产生的甲烷一部分在土壤中被氧化为 CO_2 和水，另一部分通过水稻植株排放入大气（占排放的 90%），少部分通过水表面冒泡和扩散逸出（占排放的 10%）。

（一）影响稻田甲烷产生和排放的因素

土壤氧化还原电位；土壤 pH 值；土壤温度；有机物和养分有效性；肥料种类；甲烷的土壤吸附和氧化；水稻植株和水稻品种的影响；水量管理。

（二）减少稻田甲烷排放的农业措施和途径

1. 控制未腐解有机物的施用量 土壤产甲烷量和甲烷排放量随有机质含量增加而提高，与土壤中易矿化有机碳含量呈显著相关。外源有机碳加入，促进了土壤排放甲烷，刺激效果与外源有机碳的用量和组成有关。还原力强的有机物如纤维素和半纤维素较还原力弱的有机物如类脂和多糖能够产生更多的甲烷。

2. 合理肥料管理，选择沼渣作有机肥 N 肥施用量对稻田甲烷排放量也有重要的影响。研究表明，不同施肥处理的稻田甲烷排放具有一致的规律，混施有机肥的处理甲烷排放大于单施 N 肥的处理，同施与稻草相比，发酵猪粪处理的甲烷排放较少；使用腐熟度较高的沼渣等代替一般的农家堆肥作为稻田的基肥，无机 N 肥在可能的条件下施用硫酸铵，尿素则应深施。

3. 实行间歇灌溉，减少淹水时间　水稻灌水对稻田甲烷排放的影响巨大。其中，水分对土壤中甲烷的产生起着决定性作用。袁伟玲等（2008）通过间歇灌溉模式下稻田 CH$_4$ 和 N$_2$O 排放及温室效应评估研究表明，间歇灌溉稻田 CH$_4$ 排放通量明显低于长期淹灌稻田，且 CH$_4$ 排放主要集中在分蘖期。土壤淹水水位的深度决定了产甲烷的厌氧土壤区域的大小和甲烷的排放量。如淹水稻田会有大量甲烷气体产生，间歇灌溉可以增产并明显降低甲烷排放，常湿灌溉对稻田甲烷排放的减排作用最大，但水稻有较大幅度的减产。而近年来，节水灌溉模式（如"薄浅湿晒""薄露""浅湿晒""控制灌溉"等）的推广增加了土壤水分状况的"多样化"，特别是晒田控苗及干湿交替增粒重技术，不但增产，而且，有效地降低了甲烷排放量。

4. 选择水稻品种　水稻品种也是影响植株传输甲烷的一个重要因素，在相同条件下，品种间甲烷的排放通量相差很大。研究表明，水稻干重、根体积、根系干重和孔径、分蘖数以及产量都与稻田甲烷排放量呈正相关。

5. 施用甲烷排放抑制剂　人们对甲烷排放的抑制剂主要方向倾向于微生物的开发和利用。如中国农业科学院农业气象研究所研制了两种类型的甲烷抑制剂，其中，一种为肥料型甲烷抑制剂 AMI—AR2，其主要成分是腐殖酸，可降低甲烷生成基质，从而降低甲烷排放量。试验表明，AMI—AR2 抑制剂可降低稻田甲烷排放量 30.5%。

6. 实行生态种养　可显著降低稻田甲烷排放量。如湖南长沙在 2001—2002 年进行了湿地稻—鸭复合生态系统的小区试验表明，与常规稻田相比，实行稻—鸭生态种养，稻田土壤氧化还原状况也得到明显改善，显著降低稻田甲烷排放量，且土壤肥力有所增加。

九、适时收获

（一）成熟标准

籼稻 85% 以上、粳稻 95% 以上实粒黄熟即为成熟。此时，茎秆的含水量在 40%～60%，谷粒的含水量在 20% 左右。一般历经 3 个时期。

1. 乳熟期　开花 3～5d 进入乳熟期，这时，籽粒中有淀粉沉积呈乳白色。

2. 蜡熟期　乳熟期过后，白色乳液变浓，直至成硬块蜡状。谷壳变黄色，米粒中淀粉增加，米粒硬化，粒色及茎、叶呈黄绿色。

3. 完熟期　在蜡熟后 7～8d 进入完熟期，谷壳变黄色，米粒白而坚硬，完全成熟。这时米粒硬固，背部绿色褪去呈白色，水稻一生至此结束。

（二）收获时期

水稻的最佳收获期是在水稻的完熟期。这个期间水稻的营养积累达到最大值，如果收割太早，会因为还有部分籽粒没有完全成熟，影响水稻产量，俗话叫做伤镰。如果收割太晚，会因为营养的流失及雀、鼠、畜的为害等原因，产量逐渐降低。收获的越晚，产量下降越多。

（三）水稻的收获方式

1. **手工收获**　手工收割是最原始的收获方式，就是用镰刀先把水稻割掉，然后脱粒。中国南方的籼稻有自然落粒习性，割倒后必须马上脱粒，随着机械化的发展，淘汰了脚踏脱粒机，改用由电动机或柴油机带动的机动脱粒机脱粒。这种收获方式效率很低，现在已经很少有人采用。

2. **利用联合收割机直接收获**　张翔等（2004）对人工割捆机脱、半喂入式直收、机割机拾、全喂入式直收这四种收获方式进行比较，对其进行效益分析，结果表明，采用机割机拾两段收获的方式效益最佳，能够加快收获进度，提高稻谷品质，减少稻谷损失。利用联合收割机直接收获是效率最高，成本最低的收获方式。目前，80%以上的水稻面积采用这种收获方式收获。收获时要特别注意水稻的水分，没有烘干或者晾晒条件的地方，一定要等水稻水分降至安全水分以下时开始收获。严防收获的水稻入库后发热变质。在水稻生产实践过程中，因收获时水分过高造成水稻上场后发霉变质的现象时有发生，给稻农带来重大损失，应当引起特别注意。收获时，机手应当根据水稻的水分及脱谷质量随时调整脱谷转速，尽量减少谷外糙米的数量。谷外糙米对水稻的贮藏有很大影响。目前，直接收获的水稻谷外糙米的数量大部分偏高（有的高达10%），致使稻农的收益降低。

（四）水稻联合收割机机型介绍

水稻联合收割机械可分为半喂入联合收割机和全喂入联合收割机。半喂入联合收割机是将割下的水稻用夹持链夹持着茎秆基部，仅使穗部进入脱粒装置脱粒。因此，脱粒时消耗的功率少，并可保持茎秆的完整。但是，这种机型生产率不够高。全喂入联合收割机是将割下的水稻穗部连同茎秆全部喂入脱粒装置中，这类机型生产率较高，对作物的适应性强。无论半喂入还是全喂入联合收割机，均或多或少采用了自动调节装置、监视仪表以及液压装置，从而，提高了机器作业性能，改善了驾驶员劳动条件。由于联合收割机把切割、脱粒、清粮等项作业在田间一次完成，机械化程度高，作业质量好，可以提高劳动生产率，在农时紧迫的季节可以及时收获，确保增产增收。

目前，中国市场上销售的半喂入收割机主要还是日本机型的天下，有久保田、洋马、井关，另外，近两年韩国的产品也开始进入中国，主要有国际、大同、东洋等。国产机型主要有太湖、福田、东方红、中农机等品牌。该类机型价格贵，每台售价在15万～30

万元。

1. 福田雷沃谷神 GN70 联合收割机

品牌：雷沃谷神，型号：GN70，分类：全喂入联合收割机，配套功率：160 马力，工作幅宽：457cm，适用作物：小麦，水稻，大豆，喂入量：7kg。

产品名称：雷沃谷神 GN70 全喂入联合收割机

生产厂家：福田雷沃国际重工股份有限公司

福田雷沃谷神 GN70 联合收割机产品特点：技术先进，作业高效，作业适应性好。

产品配置：

标配：玉柴 117kW 发动机，割幅 4.57m，前后高花，四轮驱动，切流 + 单纵轴流脱粒装置，离心风扇 + 双层振动筛清选装置，杂余回滚筒复脱，粮仓容积 3.5m³，双转向油缸、液压翻转卸粮筒，4（前进档）+ 1（倒退档），1 000 系列桥。

选配：换装 4.57m 挠性割台；换装两轮驱动；换装锡柴 103kW 发动机。

2. 久保田 PRO588I 半喂入联合收割机

品牌：久保田；型号：PRO588I；分类：半喂入联合收割机；配套功率：60 马力；工作幅宽：145cm；工作行数：4 行。

产品名称：久保田 PRO588I 半喂入联合收割机

生产厂家：久保田农业机械（苏州）有限公司

产品主要参数、配置、配套形式：外型尺寸（长 × 宽 × 高）（mm）：4 250 × 1 900 × 2 200；整机重量（kg）：2 300；发动机型号（型式）：久保田牌 V2403 - M - DI - TE2 - CKMS2（立式水冷 4 缸 4 冲程直喷式涡轮增压柴油机）；发动机功率/转速（kw(ps)/rpm）：44.1（60）/2700；使用燃油：0 号柴油（高等级）；履带宽 × 接地长（mm）：400 × 1 350；履带平均接地压力（kgf/cm²）：≤0.24；变速方式：液压无级变。

3. 奇瑞重工谷王 PQ35（4LZ - 3.5QA）水稻联合收割机

品牌：谷王；型号：PQ35（4LZ - 3.5QA）；分类：水稻收割机；配套功率：90 马力；工作幅宽：290cm；适用作物：水稻；喂入量：3.5kg。

奇瑞重工谷王 PQ35（4LZ - 3.5QA）水稻联合收割机

生产厂家：奇瑞重工股份有限公司

奇瑞谷王 PQ35 水稻联合收割机产品特点：

工作高效，成本低，筛选谷物更干净；新式割台，平顺通畅，装卸方便；升级改进拨禾轮，作业精准，防止缠草；操纵灵敏可靠；方便使用的粮仓；全新材料改进，适应各种环境；轻松进行夜间作业；品质优良，更耐用，全面优化各系统，提升品质；升级空滤，延长发动机使用寿命，喂入搅龙更经久耐用；复脱器内衬板，采用高硬度材料，耐磨性提高；采用航空级油管，有效避免行业内普遍存在的渗漏油现象。

4. 洋马 AG600 半喂入联合收割机

品牌：洋马；型号：AG600；分类：半喂入联合收割机；配套功率：60 马力；工作幅宽：140cm；工作行数：4 行。

生产厂家：洋马农机（中国）有限公司

该型号主要配置及参数。发动机：日本洋马 4 缸、水冷、四冲程柴油机；行走变速：液压无极变速（HST）；脱粒：轴流式二次脱粒，脱粒深度自动控制；报警装置：二次搅龙、水温、油压、充电、燃油量、割台、切草机、排草、粮箱；安全装置：割台辅助输送、切草机堵塞、发动机自动熄火；技术参数：功率：44.1kW（60 马力）；效率：0.30～0.50hm^2/h（4.5～7.5 亩/小时）；前进速度：1.65m/s；收割行数及割幅：4 行、1 400mm。

（五）水稻收获存在的问题

伴随着水稻收获机械化的发展，大部分水稻都利用联合收割机收获。在水稻生产实践中，80% 以上种植的水稻因为晾晒问题不能在水稻的最佳收获期收获，给水稻生产造成很大损失（损失率 5%～10%）。为解决水稻生产过程中这个难题，建议龙头企业、专业合作社引进水稻烘干设备。联合收割机的生产厂家及研制部门，应当利用发动机的余热，在联合收割机上增加粮食烘干装置。对他们来说这是一个很大的商机。

十、特殊栽培简介

（一）直播栽培

1. 直播水稻应用地区和条件　水稻直播栽培是指在水稻栽培过程中，省去育秧和移栽作业，在本田里直接播种的水稻生产技术。与移栽水稻相比，具有省工、省力、省秧田、省育秧等优点。但是，采取这种种植方法的水稻生产，因为，省去了水稻育苗的过程，也就没有了水稻与上季作物的共栖期，因此，选择的品种一般生育期较育秧水稻短（丁存英等，2008）。陕南、关中稻区因一年两熟，要选择空茬田或早茬田种植，在陕北稻区可以在所有田块种植。

直播水稻在中国大部分省区都有种植，但是面积不大，现在华东、东北和新疆有一定面积。在世界上人少地多的国家如美国，面积较大。

2. 栽培技术

（1）选择适宜良种　选择适合当地光温条件的优良品种，能在安全抽穗期抽穗，最好能在高产抽穗期抽穗的品种。其标准是，播种后抗低温能力强，发芽成苗率高，苗期生长速度快，抽穗期短而集中，秋季灌浆结实速度快，耐冷、抗旱、抗倒伏、耐病性强。

（2）整地施底肥 直播稻对整地质量要求较高，要做到早翻耕。毛永兴（2003）通过对直播水稻生长发育特性及其配套栽培技术试验研究表明，耕翻时每亩施腐熟的有基肥700~1 000kg、高效复合肥15kg、碳铵30kg作底肥。田面整平，高低落差不超过3cm，残茬物少。一般每隔3m开1条畦沟，作为工作行，以便于施肥、打农药等田间管理。开好"三沟"，做到横沟、竖沟、围沟"三沟"相通，沟宽0.2m左右、深0.2~0.3m，使田中排水、流水畅通，田面不积水。等泥浆沉实后，排干水，厢面晾晒1~2d后播种。

（3）选种 选择发芽率95%以上的种子。播种前选晴天，薄薄地摊开在晒垫上，晒1~2d，做到勤翻，使种子干燥度一致，提高种子的发芽力。

晒种后，剔除混在种子中的草籽、杂质、秕粒、病粒等，选出粒饱、粒重一致的种子。再用食盐水选种（配制食盐水的方法是10kg水加入2~2.1g食盐），将种子倒入配制成的液体之中进行漂洗，捞出上浮的秕粒、杂质等，然后，用清水将种子冲洗3遍。

（4）浸种催芽 浸种可以用ABT生根粉，有促进前期生育发根的作用。种子消毒可以用"402"或强氯精。如果用强氯精浸种消毒时，注意浸种两天应该用清水淘洗干净，再继续浸种。

浸种一般籼稻浸72h，粳稻浸84h。

催芽以种皮破胸为宜，芽不可过长，以防机播时伤芽、伤根。

（5）播种 水稻生长发育对温度要求较严格，直播水稻要做到不违农时，适时播种。陕北水稻品种抗寒性较强，以日平均气温稳定通过10℃作为安全播种始期；籼稻以日平均气温稳定通过12℃作为安全播种始期。陕北粳稻水直播5月上旬播种；旱直播4月下旬播期。陕南籼稻在4月中旬播种。关中在4月下旬播种。

常规稻直播每亩大田播种量为3~4kg，可以用机械播种，也可以用手直播。杂交水稻种子每亩用种量一般为2~2.5kg。职业农民一般种植面积较大，可以采用水稻直播机械播种，调整好播种量后，直接进行播种。播种过程中，要防止漏播和重复播种。

另外，也有种肥一次播种的机械，可以将底肥与种子一次性播入，能够提高肥效。

（6）田间管理

①苗期管理 直播稻从播种到水稻4叶前统称为苗期。水稻播种后，经过4~7d就可以出苗。直播水稻在苗期管理上，做到出苗后及时查苗、补苗。对于缺苗严重的地块，要及时移密补稀，使稻株分布均匀，个体生长平衡。

在水浆管理上，全田播种结束后及时灌水，灌水后1h开始退水，防止田面集水。要求做到稻田排尽水，田面不积水，保持湿润。从播种到1叶1心期，要做到晴天平沟水，阴天半沟水，雨天排干水，保持田面湿润而不淹灌，确保水稻扎根立苗。从1叶1心期到

3 叶 1 心期，以湿润灌溉为主，促进根系下扎。

苗期如果遇到寒潮入侵，应该灌深水护苗。但是，不能长期淹水，使根系生长不好。3d 以上的低温天气，可以采用夜灌昼排的办法护苗。

②分蘖期水分管理　从水稻幼苗的第四完全叶形成起到稻穗开始分化，为分蘖阶段。水稻的大部分叶片和根系也都是在这一期间形成的。

直播水稻在分蘖初期（4~5 叶期）坚持间歇灌溉，干湿交替，促进扎根分蘖。在其后的分蘖期间，要保持浅水层（3~4cm），这样有利于提高地温水温，促进分蘖的生长。

当分蘖数达到有效穗数的 80% 时，及时退水晒田，控制无效分蘖发生。晒田结束后，要灌深水抑制无效分蘖的发生。其后，进行正常水分管理。

③科学施肥技术　直播稻分蘖早、分蘖多，与育苗移栽的水稻相比生育期提前 2~3d，根系分布浅，容易倒伏。所以，在施肥上要重施基肥，少施分蘖肥，少量追施穗肥。一般亩产 550kg 的直播稻，每亩需纯 N 10~12kg、P_2O_5 6~8kg、K_2O 8~10kg。

基肥以有机肥与化肥相配合，采用全层施肥方法，不要面施。在大田翻耕时，将腐熟的有机肥和 100% P 肥、60% N 肥、70%~80% K 肥一次性施入 10cm 的土层中，以提高肥料利用率和缓慢发挥肥料作用，促使根系向下生长。

分蘖肥追施 N 肥占总 N 量的 30% 即可，不宜使用过量。

穗肥可在晒田结束后追施，用占总量 10% 的 N 肥和 20%~30% 的 K 肥，以促使幼穗分化和提高结实率。后期视水稻长势，可用叶面肥美洲星或磷酸二氢钾进行叶面喷肥防早衰。

3. 草害防治技术　化学除草是直播稻田除草最有效方法，常采用"一封二杀三补"的策略。"一封"是针对空茬田，采用播前灌水的方法，先诱发杂草，在杂草出土后进行机械耙地灭草或用除草剂灭草，降低杂草基数。对有前茬的田块，在播后出苗前趁土壤湿润时，及时施用除草剂封闭土壤防除第一批杂草。"二杀"是在播后 10~15d、水稻 2~3 叶期施用除草剂，防除第一高峰期杂草。"三补"是对那些优势杂草和有第二出草高峰的杂草，应根据"一封"、"二杀"后除草效果，于播后 30d 补杀（吴爱民，2006）。

病虫害防治同插秧。

（二）抛秧栽培

1. 抛秧水稻应用地区和条件　农村抛秧有两种情况，一种情况是把还没完全成秧的种子抛在田里；另一种情况是已经长成秧苗，在长得不高的时候就抛在田里。与插秧不同，它是直接用手抛在田里，比插秧更省时，更轻快。

抛秧是指育成秧苗后改插秧为抛秧的一种省力种稻方法。1958 年，浙江省永康、缙云等县农民为了战胜早春低温阴雨，实现早播、早栽、早分蘖要求，运用"密播、早育、短龄、带土、带肥"5个相关环节，采取手栽、摆栽或抛栽的水稻栽培新技术，结果抛栽取得了三省（省秧田、省劳力、省成本）、二早（早发、早熟）、二增（增产、增效）的明显效果，但限于该项技术用手工铲秧、掰土等过程较费工，抛栽本田除草困难，阻碍了扩大应用。

2. 栽培技术

（1）整田施底肥　抛秧大田要求必须做到"田平、水浅"。做到"寸水不露泥，表层有泥浆"。若免耕田块，则要求充分吸饱水分即可。冬闲田上午整，隔日抛，回茬田上午整，下午抛。底肥用量占总用肥量比例为小苗50%，中苗60%，大苗70%，做到N、P、K配合施用。

注意抛秧田要田平、草净、面糊、无积水、残渣少。

将秧苗连带秧盘一起拔起，可叠放3～5层，运往田间。拔秧时，注意减少损伤根系和秧盘。

抛秧方式有人工手抛和机抛。抛秧时要划块定量均匀抛苗，先抛2/3的苗，再用剩下的苗补空补缺，同时，移密补稀。注意要顺风抛2～4m高，让秧苗按抛物线方向落下，提高立苗比例。职业农民水稻种植面积较大，可以采取机械化抛秧的办法抛秧。

抛秧时，人员应后退着抛，抛高3m左右。若田块过大，当开厢抛栽，抛出后不能成团，以免抛不均匀，每隔3m用绳子拉两道线，间隔30cm作走道，走道内的秧苗补到两边稀处。抛完秧后，全田复查，对不均匀的地方，须匀密补稀，防止成堆成团。

（2）田间管理　抛秧后倾斜苗无需扶正。如果抛秧后人工扶秧，影响秧苗扎根，尤其是抛秧后2～3d，用人工扶秧苗则会加重损伤秧苗，造成新生根折断。

抛秧后3d之内不能灌水，保持湿润即可，利于根系迅速向下生长，形成扎根之苗。如遇大风雨应及时排出积水，以防深水漂秧。要求晴天灌薄水，阴天平沟水，晚上适当露田，促扎根立苗；立苗后，宜灌1～3cm的浅水，促进分蘖。

其他管理同手插秧。

（三）富硒栽培

王洁等（2009）研究认为，Se是对人体和动物极为重要的微量元素之一。适量摄入不仅能预防缺Se引起的克山病和大骨病，而且对癌症的预防和治疗具有重要的作用。中国居民摄入的总Se量中，70%来自谷物，而国内约有25%的土壤处于缺Se状态，15%的土壤处于潜在性缺Se状态，因此，开展水稻富Se栽培，关乎人们的健康水平，很有必要。

1. 选用适栽品种　应选择能适应当地生态条件、产量较高、米质较优、最好还带有香味的水稻品种进行栽培。

2. 适期育苗，适龄移栽，合理密植　根据所选水稻品种的特性，选择适宜的播期和播种量进行播种育苗，并在适宜的秧龄期移栽，合理密植。一般人工插秧于 4 月 10 ~ 15 日播种，5 月 20 日至 6 月 5 日插秧，亩插穴数杂交稻 1 万 ~ 1.3 万，常规稻 1.3 万 ~ 1.5 万；机插秧 4 月 20 ~ 25 日播种，钵体毯状育苗，5 月下旬插秧，亩插穴数杂交稻 1.3 万穴左右，常规稻 1.5 万穴左右。

3. 加强田间管理　水稻富 Se 栽培，除叶面喷施 Se 肥外，其他同一般大田生产。

4. 配施硒肥　于水稻齐穗期，每亩用 0.5g（亚硒酸钠 Na_2SeO_3）加水 30kg 叶面喷施。喷施时应注意避开高温和降雨等不利天气，选择在阴天、晴天早上露水干或 18 时后气温较低时喷施。若喷后 2h 内遇降雨，要等量重喷。不可与其他农药混施。

5. 适期收获　水稻的最佳收获期是在水稻的完熟期。即籼稻 85% 以上、粳稻 95% 以上实粒黄熟，谷壳变黄色，米粒白而坚硬，完全成熟。收获后，及时对收获的稻谷进行烘干或晾晒并贮藏，也是保证富 Se 稻米品质的重要环节。

第四节　水稻品质

一、水稻品质的综合概念

稻米品质是对稻米在流通与消费过程中的一种综合评价。是以食用稻生产的稻谷为试样，对各项品质指标分析测定的数据进行综合评判的结果。水稻品质共分为六大品质类别，碾米品质，外观品质，蒸煮食味品质，营养品质，市场品质，卫生品质。共计 12 项指标，即糙米率、精米率、整精米率、粒长、长宽比、垩白粒率、垩白度、透明度、糊化温度、胶稠度、直链淀粉含量和蛋白质含量（表 4 - 1）。

表 4 - 1　中国优质食用籼稻分级标准

品　质 指　标		分　级				
		1	2	3	4	5
糙米率（%）	长粒	≥81.0	79.0 ~ 80.9	77.0 ~ 78.9	75.0 ~ 76.9	<75.0
	中粒	≥82.0	80.0 ~ 81.9	78.0 ~ 79.9	76.0 ~ 77.9	<76.0
	短粒	≥83.0	81.0 ~ 82.9	79.0 ~ 80.9	77.0 ~ 78.9	<77.0
精米率（%）	长粒	≥73.0	71.0 ~ 72.9	69.0 ~ 70.9	67.0 ~ 68.9	<67.0
	中粒	≥74.0	72.0 ~ 73.9	70.0 ~ 71.9	68.0 ~ 69.9	<68.0

品 质指 标		分 级				
		1	2	3	4	5
整精米率（%）	短粒	≥75.0	73.0~74.9	71.0~72.9	69.0~70.9	<69.0
	长粒	≥50.0	45.0~49.9	40.0~44.9	35.0~39.9	<35.0
	中粒	≥55.0	55.0~54.9	45.0~49.9	40.0~44.9	<40.0
	短粒	≥60.0	55.0~59.9	50.0~54.9	45.0~49.9	<45.0
垩白米率（%）		≤10	1~20	21~30	31~60	>6.0
垩白度（%）		≤2.0	2.1~5.0	5.1~8.0	8.1~15.0	>15.0
透明度（级）		1	2	3	4	5
碱消值（级）		≥6.0	5.0~5.9	4.0~4.9	3.0~3.9	<3.0
胶稠度（mm）		≥70	60~69	50~59	40~49	<40.0
直链淀粉（%）		17.0~22.0	15.0~16.9 或22.1~24.0	13.0~14.9 或24.1~26.0	11.0~12.9 或26.1~28.0	<11.0 或>28.0
蛋白质（%）		10.0	9.0~9.9	8.0~8.9	7.0~7.9	<7.0

农业部行业标准：食用稻品种品质 NY/T-593-2002

二、秦岭地区水稻品质特点

高如嵩，张嵩午等著《稻米品质气候生态基础研究》中认为，秦岭以南地区属陕南、四川西北盆地单季中稻优质米亚区，本亚区水稻全生育期的活动积温 3 000~3 500℃，降水量 400~1 000mm，太阳总辐射量 2 048~2 675MJ/m²，日照时数 700~1 050h。本亚区水稻灌浆结实期的气候生态条件利于米质优化，普遍达到优质 I-II级水平。汉中平坝，丘陵稻区 8 月中下旬至 9 月上旬水稻灌浆结实期间日平均气温为 22~24℃，日平均太阳辐射量 16MJ/m²，平均相对湿度 80.6%，全面达到了 I级优质米气候资源条件指标。在优质米品种类型的布局上，应在平坝、丘陵稻区种植优质籼米，在浅山稻区发展优质粳米。秦岭以南地区历来有种植优质稻的习惯，曾经种植的桂花秋、水晶稻，近年来大面积种植的胜泰一号、丰优香占、黄花占，无论外观品质还是食味品质都受到了大米加工企业及消费者的好评。

三、影响水稻品质的因素

（一）品种内在因素的影响

1. 遗传的影响

（1）碾米品质受遗传的影响　碾米品质中最重要的是整精米率，由基因与环境互作控制，同时，也与谷粒大小，形状，硬度和垩白有关。杂交组合的整精米率高低与亲本的遗传与选择有密切关系。研究结果表明，若双亲的整精米率较高，可选育出整精米率较高的杂交组合。

（2）外观品质受遗传的影响 外观品质包括稻米的形状，大小和整齐度以及胚乳透明度、垩白和糙米颜色等。广西农学院研究表明，米粒长宽厚不仅受到细胞核基因的控制，而且受到核质互作及细胞质基因的影响。

（3）蒸煮和食味品质受遗传的影响 高直链淀粉含量对低直链淀粉含量表现为不完全显性，由一对主基因和少数修饰基因所控制。糊化温度是一典型的受三倍体遗传控制的质量－数量性状，由一个主基因和若干微基因共同控制。从大多研究结果来看，稻米的胶稠度受一对主效基因控制，胶稠度决定米饭的柔软度，但胶稠度并不影响杂交稻的蒸煮和食味品质。

2. 稻米营养成分 稻米中含有多种营养成分，包括淀粉、脂肪、蛋白质、必需氨基酸、维生素及矿质元素等，营养价值较高。稻米营养品质是指稻米中各种营养成分的含量。稻米的营养成分主要是指精米的蛋白质含量和赖氨酸含量。国外优质籼米的蛋白质含量一般在8%左右，粳米在6%左右。优质米育种是追求蛋白质的高质量，而不是高含量，如国际水稻研究所育成蛋白质含量只有7%而赖氨酸为4%的品系，品质非常好。

3. 籼稻与粳稻的品质差异 籼稻一般粒型较长，直链淀粉含量较高，粳稻多为椭圆粒形，直链淀粉含量偏低。稻米营养品质主要受粗蛋白含量的影响，稻米蛋白质的品质是谷类作物中最好的，氨基酸配比合理，易为人所消化吸收，因此，大米是人们（尤其是亚洲人）蛋白质的基本来源之一。通常情况下蛋白质含量：米糠为13%～14%，糙米为7%～9%，精米为6%～7%，米饭为2%。稻米蛋白质含量愈高，其营养价值也愈高。从营养价值来看，蛋白质含量应在7%以上，但一般认为，其含量在7%以下食味较佳。而蛋白质含量过高时，醇溶谷蛋白含量升高，导致食味品质下降。另外，稻米中氨基酸的含量、粗脂肪含量也是评价其营养品质的重要指标。稻米与其他粮食相比，其所含粗纤维少，淀粉粒特小，易于消化，各种营养成分的可消化率和吸收率都高，适于人体需要。

4. 早中晚稻的品质差异 中国稻米品质气候条件的地域分布特征较复杂，但从总体上看，北方稻区的品质气候条件普遍要优于南方，晚稻要优于早稻。对双季早籼而言，各地利于优质形成的气候条件均不甚理想，其中，以江南丘陵平原双季稻区与海南南部最差。与之相反，双季晚籼及晚粳稻米品质形成的气候生态条件则有明显的改观，气候生态条件较有利于优质晚籼或晚粳稻米的生产。与北方稻区相比，中国南方稻区双季早粳品质形成的气候条件普遍不佳。

5. 植株性状与稻米品质的关系 已有的研究结果表明，碾磨品质性状与有效穗数、长宽比、千粒重存在明显的正相关，与株高、剑叶长、穗长、每穗粒数、穗颈粗和植株生产力等农艺性状间存在着明显的负相关。李勇等（1999）和李明贤（2001）研究认为，整精米率与剑叶面积、倒二叶面积、倒二叶夹角、倒三叶面积呈显著的负相关，精米率与最高分蘖数呈显著的正相关。聂呈荣等（2001）研究认为，粒形与株高、成穗率之间，垩白率与千粒重之间呈较高负相关，大多数研究者认为，千粒重过高，会使垩白粒率增大，同时增加垩白度。包劲松（2001）研究认为，直链淀粉含量、胶稠度和糊化温度与各个时期株高呈正相关。聂呈荣等（2001）研究认为，直链淀粉含量与穗长、单株生产力之间呈较高负相关；胶稠度与单株生产力、剑叶张角之间呈负相关。吕文彦等（1997）研究表明，胶稠度与着粒密度呈显著的负相关，与穗颈长呈显著正相关。稻米的营养价值主要取决于蛋白质以及必需氨基酸的含量。聂呈荣等（2001）研究认为，蛋白质含量与单株生产力呈较高的负相关，与其余的农艺性状关系不大。孙义伟等（1990）也认为，蛋白质含量与单株产量、株高、穗长、穗数及抽穗期等都呈负相关关系。在稻米外观品质与植株农艺性状的关系中，大多数研究者认为，千粒重过高，会使垩白粒率增大，越是理想株型，选择出无垩白的可能性越小；垩白粒率与株高、穗颈弯曲度等呈显著负相关。

6. 水稻粒形与稻米品质间相关性 水稻谷粒的长、宽、及长宽比和千粒重直接决定着稻米的长、宽、长宽比和粒重，而这些性状恰好是组成稻米品质的重要部分。研究表明，水稻粒形与稻米品质相关性很大，一般认为，长粒形的品种米质较好，而粒长太长时又会出现整精米下降，粒宽太大时也会出现垩白增大现象，只有谷粒绝对长度较大，粒形较好（长/宽 > 3.0）和千粒重较小的品种，才是优质米育种的目标。

（1）粒形与碾磨品质 李成荃等（1988）在分析南方稻区38个杂交稻组合和相应的不育系和同型的保持系及恢复系的稻米品质遗传关联时，以糙米率作为目标性状，与籽粒外观性状作通径分析和逐步回归，认为具有正向贡献的性状中，糙米厚度是最主要的，其次是谷粒长宽比、糙米千粒重。而谷粒长、宽则表现为负向贡献，尤以谷粒长最为显著，其余性状对于糙米率变异皆无显著作用。整精米率高低决定于粒宽、粒厚和长宽比，粒宽过大者在碾米过程中最易出现碎粒，其原因可能是米粒垩白部分淀粉积累比较疏松，在加工过程中容易被折断，只有长宽比适当，厚而充实的品种才可能获得较高的整精米率。

（2）粒形与外观品质 石春海（1994）利用6个籼型不育系和3个籼型恢复系按不完全双列杂交方式配制杂交组合，考察稻米外观品质等米质性状，认为粒宽与长/宽和垩白面积间的表型协方差和遗传协方差均达显著或极显著水平。李成荃等（1988）在分析南方稻区38个杂交稻组合和相应的不育系和同型的保持系及恢复系的稻米品质遗传研究认为，糙米宽、厚与垩白大小均呈极显著正相关，糙米长、长/宽与垩白大小呈负相关，糙米长、长/宽、厚、宽与垩白率均呈正相关。

（3）粒形与蒸煮、营养品质 陈能，罗玉坤等（1997）在对全国的78个优质米样品进行食用稻米品质的理化指标与食味相关性研究认为，籼稻食味与粒长、长宽比均达极显著正相关，与直链淀粉含量均达极显著负相关，即粒形细长、直链淀粉含量较低的籼稻有较好的食味品质。杨联松等（2001）在分析安徽省农科院水稻所育成的 17 个品种粒形与稻米品质间的相关性认为，粒长、长/宽与碱消值间达显著负相关。粒宽与碱消值间达显著正相关，千粒重与碱消值间相关不显著，同时认为，粒宽与直链淀粉含量达显著性正相关。

（二）水稻品质性状的地域差异

水稻品质形成不仅受基因型控制，而且，还受不同地域自然资源和生态气候环境的影响，两者相比，基因型差异只起一定的作用，地域差异即环境和生态条件的变化对品质性状的作用更重要、更敏感。研究结果得出，不同水稻品种在同一生态稻作区种植和同一水稻品种在不同生态稻作区种植，其稻米品质会发生一定的变化，说明稻米品质是品种基因型与环境互作的结果，受生态条件的影响较大。其中，整精米率、垩白粒率、直链淀粉含量和蛋白质含量差异达极显著水平，整精米率在不同试点的变化最大，最大差值可达到28.8%，所以，在稻米品质中，整精米率的高低对其综合品质影响较大。

不同类型的水稻品种有其自身的对地域生态环境的不同要求。一般籼稻比较适宜在高温、强光和多湿的热带及亚热带生长；粳稻比较适宜于气候温和的温带和热带与亚热带高海拔高地、华东太湖流域、华北、西北及东北等温度较低的地区。因此，地域生态环境决定了水稻类型的分布，同时也在一定程度上决定了中国稻米品质的地域差异性分布。

研究表明，不同类型水稻品种稻米加工品质因地域的变化而变化，且对地域差异的敏感性有强弱之分。中熟中粳稻和迟熟中粳稻的加工品质在苏中地区表现较优，而杂交中籼稻加工品质呈现南低北高的趋势（沈新平等，2002）。另有研究分析指出，不同基因型水稻稻米加工品质和外观品质在不同生态地区的差异及变化表明，不同的水稻品种对不同生态环境的适应性存在着差异，粳稻的加工品质与品种生态类型相关，籼稻的加工品质在苏中北部地区表现较好，粳稻品种的外观品质在苏中里下河稻区较优，籼稻品种的外观品质则以纬度较高的地区较优（吉志军等，2005）。

不同稻米品质随纬度的变化趋势不同，加工品质随纬度的升高呈增加趋势，外观品质中粒长、粒宽和长宽比随纬度的变化较小，说明其受地点的影响较小。垩白度和垩白粒率呈南高北低的趋势，食味品质随纬度的升高呈提高趋势，营养品质的蛋白质含量则呈现南高北低的趋势。

（三）气候条件对水稻品质的影响

水稻生长期间每个生育时期的气候条件都与品质的形成有关，特别是抽穗成熟期的气候条件最为重要。影响稻米品质的气候因子主要有温度、光照、湿度和风等。

1. 温度的影响　稻米的加工品质受遗传因素的影响较少，受环境因素影响较大。在各种气候环境因子中，温度被普遍认为是对稻米品质影响最为显著的因子，特别是灌浆结实期的温度。有研究认为，这段时期温度影响品质的贡献率达88.51%。通常情况下，水稻灌浆结实期气温以21~26℃为宜，过高或过低均不利于米质的形成。

在生产实践中，经常发现晚季栽培的品质要优于早季栽培，在高海拔地区种植的品质要优于低海拔地区，中稻收割后蓄留的再生稻米质较好（特别是生长期为8月中旬至10月上中旬的再生稻），其主要特点是垩白粒率和垩白大小明显偏低，糊化温度低，整精米率中上，米饭适口性好。主要原因就在于抽穗后气温差异所致。在水稻结实期不同时段的温度与稻米品质的关系方面，周德翼等（1994）研究认为，结实期日平均气温与稻米综合品质呈二次曲线关系，结实前中期为决定稻米综合品质优劣的温度敏感时期。孟亚利等（1994）研究认为，结实期不同时段日平均气温对稻米品质的影响不同，结实中期对品质的影响最大，是影响稻米品质的关键时期。在水稻灌浆结实期，温度的高低及变化，是维持稻米品质的关键因素之一。研究结果表明，在水稻灌浆期，影响稻米品质的主要气象因子是日平均温度，且形成最佳稻米品质的温度是21.1~24.5℃。日平均温度对稻米品质影响的顺序为：垩白度＞垩白粒率＞整精米率＞精米率＞蛋白质含量＞直链淀粉含量。其中，垩白度、垩白粒率和直链淀粉含量随日平均温度的升高而增加；整精米率、精米率、蛋白质含量随日平均温度的降低而升高。

（1）对加工品质和外观品质的影响　灌浆结实期的高温会使灌浆速率加快，持续期缩短，稻谷淀粉颗粒灌浆不紧密，从而，影响米粒的充实，导致稻米的垩白面积增大，垩白粒率提高，透明度降低。高温不利于良好加工品质的形成，特别是整精米率下降，碎米增多。抽穗期低温常导致水稻不能安全齐穗或不能正常灌浆充实，影响同化产物的积累和运转，使稻米的"青米率"增加，垩白增大。在温度与整精米率关系的研究方面，不少研究指出，整精米率与灌浆结实期的气温呈负相关的趋势。张嵩午等（1993）利用早籼、中籼、晚籼、早粳和晚粳5种类型的19个品种在全国不同地区13个试点进行分期播种试验结果发现，不同水稻品种的整精米率随结实期平均温度不同而变化，呈现出直线型和抛物线型两种类型，对温度反应的灵敏程度因品种而异并可分为多种类群，所要求灌浆结实期的最适温度与品种类型、熟期有关，在籼稻类型的品种中，最适温度大多在21.0~23.0℃，倾向于温凉，并呈现出早熟种＞中熟种＞晚熟种的趋势；在粳稻类型的品种中，最适温度除晚粳青林9号外都在20℃以下，低于籼稻类型品种，但当降至一定的低温范围时整精米率不再升高反而下降。米粒的垩白面积直接影响其商品性，是一个重要的外观品质。

（2）对蒸煮品质和食用品质的影响　高温会导致蒸煮品质和食用品质变差，主要表现在对糊化温度、胶稠度、直链淀粉含量等方面的影响。在温度影响稻米的糊化温度方面，高温会使稻米的糊化温度升高，低温则会使糊化温度降低。高铸九等（1983）的研究提出了日均温与品种的糊化温度级别（碱消值）呈极显著负相关。王守海（1987）研究指出，日均最低温对稻米糊化温度的影响较大。朱碧岩等（1994）认为，抽穗后 20d 内的环境温度对稻米糊化温度的影响较大，抽穗之前 10d 和抽穗 20d 以后的影响较小。在温度影响稻米的胶稠度方面，唐湘如等（1991）认为，灌浆成熟期温度提高，稻米的胶稠度变硬，而李欣等（1989）则认为，胶稠度随着灌浆成熟期温度的升高呈变软的趋势。温度对淀粉合成的影响很大程度上反映在籽粒的生理活性上，与淀粉沉积过程中的 ADPG 焦磷酸化酶、UDPG 焦磷酸化酶、蔗糖合成酶、R 酶、淀粉分枝酶、Q 酶等的活性相关。水稻结实期的温度与稻米的直链淀粉含量关系密切，温度对直链淀粉含量的影响因品种而异。周德翼等（1994）研究提出，多数品种的直链淀粉含量与结实期温度间存在二次曲线关系，高直链淀粉含量品种在较高温度下的直链淀粉含量最大，而中低直链淀粉含量品种在较低温度下达到品种的最大直链淀粉含量值。

（3）对营养品质的影响　抽穗后遇到高温会使稻米的营养品质发生变化，主要表现在对蛋白质含量的影响。唐湘如等（1991）研究认为，在高温条件下，水稻灌浆成熟期间的茎、鞘、叶的蛋白质酶浓度保持较高水平，且高温对其活性增加有利，从而，使蛋白质很快转化为氨基酸等可溶性氮化物向籽粒运输，可促使籽粒氨基酸增多，进而促进蛋白质合成，最终导致籽粒蛋白质含量升高。而灌浆成熟期温度降低则有利于优质稻米的形成。灌浆期日平均温度显著影响稻米品质中的整精米率、垩白粒率和垩白度的变化。由于灌浆期的高温会使灌浆速率加快，持续时间短，稻谷淀粉粒排列不紧密，从而，影响米粒的充实，导致稻米垩白面积增大，垩白粒率提高，透明度降低。

2. 水分的影响　相对湿度和降水量对稻米品质也有一定的影响。降水量对稻米品质变化的影响不显著，相对湿度与糊化温度、胶稠度和垩白面积一般呈正相关，而与直链淀粉含量呈负相关，但品种间不一致。不同雨量环境对米粒延伸性、直链淀粉含量及糙米蛋白质含量有显著影响，且环境与品种之间存在显著互作。随降水量的增多，精米率、垩白度、垩白粒率和蛋白质含量增加，精米率和直链淀粉含量降低，其对稻米品质的影响顺序为：蛋白质含量 > 垩白粒率 > 垩白度 > 精米率 > 直链淀粉含量 > 整精米率。

（四）人为因素对水稻品质的影响

稻米品质主要受品种自身遗传基因所控制，但是，环境因素对稻米品质的形成也有着很大影响。环境因子包括水稻生长期间的气候条件、栽培措施及土壤水分与肥力状况等多方面。而从稻米品质性状的环境影响角度来看，目前，多数品种的品质性状在不同环境生态条件下表现有相当大的变幅，直链淀粉含量差异可达 10 个百分点，蛋白质可达 6 个百分点，垩白粒率和垩白度可有更大的相差。从前人的研究结果来看，在诸多的环境因子中，水稻灌浆结实期间的气温是影响稻米品质的首要环境因子。其次是栽培条件，而栽培条件中，对稻米品质影响最大的是施肥，各种肥料成分中，N素肥料又显得尤为突出。

1. 施氮对水稻品质的影响　国内外研究一致认为，稻米蛋白质含量随着施N量的增加而增加，施N时期后移，蛋白质含量也增加。刘宜柏等（1982）分别在穗分化期、孕穗期、齐穗期施N肥，3个品种的平均蛋白质含量随着施肥期的推迟而增加，与对照相比，穗分化期、孕穗期增加显著。大多研究表明，在施肥量相同的情况下，适当降低前期用量，增加中后期N素的施用，具有提高整精米的作用，有利于改善稻米的碾磨品质。灌浆期间（或齐穗前）追施N素能防止早衰，维持根系活力和叶片光合能力，提高叶片光合速率，促进物质运转，增加粒重和籽粒充实度。同时体内含N量增加，向穗部运转的N素化合物增加，谷粒硬度也随之增大，耐磨品质得到改良，整精米率、精米率显著提高。但也有施N量与碾磨品质性状关系不大的研究结论。

关于N素对外观品质的影响，目前，尚有争议。一种认为，后期增施N量有利于外观品质的提高。金军等（2004）研究表明，施N量增加可降低垩白粒率5%～10%；金正勋等（2001）试验结果表明，随着N素施用量增加，各品种稻米垩白粒率均逐渐降低，而且水稻全生育期施用量相同时，抽穗期追N素与生育前期追N素相比，能明显降低稻米垩白粒率，其降低幅度达0.3%～13.9%。Zhang等（2009）研究认为，水稻后期施用N素，可以改变垩白的大小，降低垩白度，提高透明度。另一种认为，增施N素不利于对外观品质的提高。如张洪程等（2003）研究发现，垩白粒率、垩白大小、垩白度均随施N量的增加呈上升趋势。关于N素对外观品质影响的研究结果存在差异，主要原因，一是供试品种不同，如籼、粳两种类型对肥料的反应不同，同一类型不同品种的外观品质性状对N素敏感性也不一样；二是各试验所处温光环境不同。

诸多研究表明，增施N素不利于蒸煮食味品质的提高。金正勋等（2001）试验结果表明，随着N素施用量增加，稻米直链淀粉含量逐渐降低，胶稠度变短；水稻全生育期施用量相同时，与生育前期追N素相比，抽穗期追N素，稻米直链淀粉含量降低，胶稠度变短。金军等（2004）研究表明，在一定的施N水平范围内，随施N量的增加，胶稠度显著变软；直链淀粉含量、糊化温度对N素反应不敏感。Zhang等（2009）研究表明，低N水平下，米饭有变软和变黏的趋势。

施N量对黏土和沙土两种类型土壤的稻米品质影响一致，随着N肥用量的增加，加工品质得到改善，蛋白质含量增加。虽然稻米中的蛋白质含量在谷类作物中属于低值，但稻米蛋白的赖氨酸含量比其他一些粮食种子高，氨基酸组成配比也比较合理，在生物体中的利用率比其他谷类要优越，因此，质量最好。关于N素对蛋白质含量的影响，国内外研究结论较为一致，即稻米蛋白质含量随着施N量的增加而增加，施N时期后移，蛋白质含量也增加（吴洪恺等，2009）。徐大勇等（2003）研究表明，增施 N 素能提高苏氨酸、蛋氨酸、异亮氨酸、缬氨酸、亮氨酸、苯丙氨酸和赖氨酸 7 种必需氨基酸含量，尤其在抽穗期追 N，能大大提高赖氨酸含量。湖南省优质稻米生产体系及其应用理论研究协作组研究表明，增加 N 肥可以改善稻米营养价值，尤其是稻米蛋白质含量随 N 量的增加，呈直线相关，还能显著提高苏氨酸、蛋氨酸、异亮氨酸、缬氨酸、亮氨酸、苯丙氨酸和赖氨酸 7 种必需氨基酸含量，尤其是抽穗期追 N，能大大提高赖氨酸含量。

研究普遍认为，适当增施 N 肥可改善稻米加工品质，糙米率、精米率、整精米率均随施 N 量的增加呈上升趋势。杨泽敏等（2002）研究表明，齐穗期喷施尿素溶液能改善稻米加工品质，N 素主要促进米粒横向发展，因 N 肥用量增加而导致粒宽增加的效应大于粒长增加的效应。结实期追施 N 肥能提高籽粒蛋白质含量，谷粒硬度增大，碾磨品质得到改良，显著提高精米率和整精米率。傅木英（1982）指出，早稻齐穗期追 N 肥，晚稻孕穗期追 N，特别采用根外追肥，能显著地提高糙米蛋白质含量。

周瑞庆（1989）研究表明，不同生育期追 N 对稻米蛋白质含量的影响大小依次为：抽穗期＞减数分裂期＞枝梗分化期＞分蘖期，以减数分裂期和抽穗期追 N 肥对籽粒中蛋白质影响最大。不同生育时期追 N，对稻米直链淀粉含量的影响与对蛋白质含量的结果正好相反，分蘖期、枝梗分化期、减数分裂期、抽穗期追施 N 肥使米粒中直链淀粉含量分别较对照降低 6.1%、26.3%、23.7%、27.2%。诸多试验结果中，N 肥对米质指标影响比较一致的有：增加 N 肥可以提高整精米率，施 N 量增加胶稠度变硬、糊化温度增大。N 肥用量越大、施用期越迟稻米中粗蛋白含量越高。化肥 N 素过多、过迟施用会影响稻米的外观及食味，蛋白质含量过高的稻米色泽差、食味不佳。施标等（2001）在日本以优质稻米品种"越光"为材料研究认为，稻米品质优良与否主要与其粗蛋白、直链淀粉含量及 Ca、Mg 等含量密切相关，通常将精米中粗蛋白含量在 6.9% 以下、直链淀粉在 20% 以下、无机盐含量在 0.6% 左右的稻米划分为优质稻米。N 肥用量过多容易使精米中粗蛋白含量增加而影响米质，同时，穗肥 N 肥施用时期过晚、用量过多，不仅引起精米中的粗蛋白含量增加，而且，会使植株贪青、倒伏，影响产量与品质。

2. 脱粒和干燥方式的影响 研究认为，稻谷采用收割机脱粒、机械通风干燥的处理方式，加工出来的成品米质量将较为理想。在稻谷脱粒过程中，采用拖拉机碾压和人工链杆击打的脱粒方式，会导致稻谷受到较大的挤压力而产生裂纹，在加工过程中易产生碎米。以往研究认为，稻谷加工前的干燥、运输、贮藏等处理，碾米工艺，设备性能和操作管理水平等都直接或间接地影响碎米的产生。比较而言，稻谷本身的质量和加工环节对碎米的影响更大。研究证明，稻谷的脱粒环节对碎米的产生以及其他品质因素的影响也是不容忽视的。

四、水稻垩白度

（一）什么是垩白度

垩白度为表示稻米垩白品质的重要指标之一。其中，垩白是稻米胚乳中白色不透明的部分，为胚乳淀粉粒之间存在空隙引起透光性改变所致。垩白度是指稻米中垩白部位的面积占米粒投影面积的百分比。其计算公式：垩白度（%）=（米粒中垩白部位投影面积/米粒投影面积）×100，一般取30粒米的平均值。垩白与稻米透明度呈极显著负相关，是稻米品质的主要性状之一。垩白米硬度低，碎米率高，使碾米品质降低。

（二）中国稻米垩白度形成的地域分布

中国由于稻作制的不同，使各稻区稻作期间自然条件的分布也不一样。总的来看，东北和西北为一年一熟单季稻区，华北平原与云贵高原为一年一熟和麦稻两熟的过渡区，前者以一熟单季稻为主，后者为两熟单季稻，长江流域稻区北部以麦稻两熟的单季稻为主，南部及华南多为双季稻。气象垩白地域分布规律东北、西北和华北一年一熟单季稻区，水稻齐穗后15d的温度状况在22~24℃，低于粳稻气象垩白<5%的气象指标。所以，在北方一年一熟单季粳稻气象垩白一般不会超过5%，外观品质表现良好。在一年两熟单季稻区，四川盆地、滇南稻区、江淮中籼中粳区及沿江江南中籼中粳区水稻齐穗后15d的平均气温为27.8~28.1℃，和中籼品种气象垩白的指标相比较，这几个区的气象垩白变化在5%~10%，黄淮中粳中籼稻区、陕南鄂北中籼稻区，贵州高原中籼中粳稻区及滇北川西中粳稻区水稻齐穗后15d内的均温偏低，气象垩白变化<5%，华中、华南一年三熟双季稻区，早稻齐穗后15d内的均温偏高，为28~29.8℃，其气象垩白的变化在10%~20%，晚稻齐穗后15d内的均温偏低，气象垩白的变化一般<5%。

从全国来看，从北向南稻米气象垩白随水稻齐穗后15d内均温变化，<5%的稻区为四川盆地以北、淮河以北及云贵高原地区，5%~10%的稻区为四川盆地、滇南以及淮南至沿江江南地区，早稻的稻区为云贵高原以东，长江以南地区。中国北方稻区气象垩白较小，南方早稻气象垩白较大，四川盆地、滇南以及淮南至沿江江南地区介于两者之间。育种上应该把低垩白品种的选育作为品质育种的主要目标之一，生产上应尽量选用抗高温或耐高温低基础垩白的品种，同时，要加强水稻后期的栽培管理以减轻齐穗后高温对稻米外观品质的不良作用。

（三）水稻直链淀粉含量与垩白度的相关性

直链淀粉含量与垩白度是评价稻米品质的两个重要的理化指标。汪莲爱等（2002）研究认为，直链淀粉含量和垩白度变化范围在早稻组和中稻组之间有一定的差异，即早稻变化范围较大，中稻变化范围较小，相关系数也明显不同，表明中稻的直链淀粉含量与垩白度间几乎无相关性，早稻在两者之间存在中度相关。曾大力等对稻米垩白三维切面的遗传分析，直链淀粉含量属于遗传性状，不同栽培方法和不同季节栽培对直链淀粉含量的影响不显著，垩白度则易于受环境影响。

五、秦岭西段水稻品质特点

秦岭、淮河过渡区是中国极富特色的一个地区，可分为东、西两段。西段主要是陕南秦巴山地，北有秦岭，南有巴山，中隔汉水谷地，形成"两山夹一川"的地貌结构；东段主要在淮河和长江之间，广阔而平坦的长江中下游平原上。这是一个典型亚热带湿润气候向暖温带半湿润气候过渡的地带，这里形成了多样化的气候类型。尤其西段，由于地形复杂，川道、丘陵、中山、高山纵横交错，更是造就出得天独厚的多元生态气候条件。

关于西段和东段，无论哪种类型的水稻，各地晚茬口的米质气候指标普遍大于早茬口。所谓早茬口，主要指空茬、油菜茬、大麦茬等，水稻灌浆结实的主要时段在8月。所谓晚茬口，主要指小麦茬、马铃薯茬等，水稻灌浆结实的主要时段在8月中旬至9月中旬。很明显，8月各地均炎热高温，不利于水稻灌浆结实。

陕南川道盆地的海拔为250～600m，其中，汉中位于盆地西部，安康位于东部，浅山丘陵为600～900m，中山山地为900～1 200m。1 200m以上基本无水稻种植。气候生态形成了各具特色的3个区域。第一层次，热量最丰，利于晚熟籼、粳优质，且主要以晚茬口为优；第二层次，热量减少，但仍较丰富，中熟种上升至主要地位，除了晚茬口仍利于稻米优质外，早茬口的生态气候条件也明显变好；第三层次已甚高寒，无法进行籼型优质米生产，但仍可在早茬口上栽植出早中熟粳型优质米。

陕南川道盆地是陕西省最温暖、雨量充沛和生长季最长的地区，非常适合水稻的生长。但是，由于地形下凹闭塞，焚风效应等，在夏季形成一个相对高温少雨的暖区，致使早茬水稻灌浆结实时的生态气候条件不够优越，直到晚茬水稻灌浆结实时，由于冷空气的频频侵入，气候变得温和，才使生态气候条件跃升为最优或很优状态。但是，也有不利因素，就是秋季连阴雨的到来。陕南浅山丘陵区属气候和水稻种植的第二层次。虽说山体并不高大，但由于地势变高，地形起伏，温度比川道降低，降水增多、湿度变大了，日照也相应减少了。对于晚茬口水稻，虽遇到了比川道严重的秋雨因素，但从整个灌浆结实期的生态条件看，对稻米优质还是很好的。至于早茬，由于气候比较温和，也使米质优化明显好转。陕南中山山地为气候、水稻种植的第三层次。该层地势高，沟狭窄，稻田水冷而田凉，具有明显的高寒特点，宜栽植早中熟粳型水稻。

上述过渡区稻米品质时空分布规律和多年试验结果是符合的，即水稻灌浆结实期处在较为温和的温度、充足的日照和适中的湿度下是特别利于优良米质形成的。过强或过弱的日照，过大或过小的湿度均不适宜。尤其高温，米质将明显变坏，低温则会使成熟度大幅下降，因而，温度更居于关键地位。

第五节　环境胁迫及其应对

由于广泛的地域分布和生长周期内复杂的生态环境，水稻生产常会遭受到不同程度的生物胁迫和非生物逆境的影响，其中，环境因素对水稻生长发育的影响极为重要。它的变化和胁迫，严重制约水稻的生产和发展。水分和温度是重要的环境胁迫因素，它们影响着水稻的生长发育、生理活动、稻米品质和产量。

一、水分胁迫

水是作物生长的基本条件，水分亏缺对其生长发育、产量和品质有很大的影响。水分胁迫不但使水稻生长受到抑制，如干物重减少，株高降低，叶面积减小，节间长度变短，根冠比在水分胁迫初期增大，水分胁迫后期减小等，而且，水分胁迫还会引起水稻生理生化活动的改变。水分含量的变化密切地影响着水稻生命活动，对其生存起着决定性的作用。

（一）水分胁迫对水稻生长发育的影响

1. 水分胁迫对水稻种子萌发的影响　种子萌发是植物生长过程中的重要阶段，也是一个复杂的生理过程，当种子从休眠状态进入吸胀萌动阶段时，充足的水分是其萌发的必要条件。此时，如果受到水分胁迫，种子吸水受到抑制，将影响到与碳氮代谢相关酶的活性及其代谢产物，从而影响种子萌发。郁飞燕等（2011）利用 PEG 模拟干旱胁迫，探讨在干旱条件下水稻种子萌发中酶活性及其代谢产物的变化。结果表明，PEG 浓度较低时，水稻种子中淀粉酶活性提高，淀粉分解加速，可溶性糖含量提高，为种子内各种代谢提供了充足能源；同时，对水稻种子根生长具有显著促进作用，根系活力也得到提高。但随着 PEG 浓度提高，水稻种子吸水受到限制，细胞膨压丧失，基质中水分含量减少，生活力降低，有氧呼吸减弱，代谢活动缓慢，根系活力下降，根系生长受到抑制；水稻种子中各种生理代谢过程也发生了很大变化，种子萌发率大幅度降低。

2. 分蘖期水分胁迫对水稻生长发育的影响　水稻在分蘖期对水分反应迟钝、抗旱性强，节水潜力大。在分蘖期进行不同的控水处理，轻度水分胁迫会使植株的根、叶、茎、穗和地上部分的干重及总干重较对照均在一定的程度上得到增加，而重度胁迫则严重制约着水稻株高的生长、叶面积的扩展、水稻分蘖数降低。具体表现为：分蘖期进行适度水分胁迫处理可有效的抑制无效分蘖；有助于植株干物重的增加；对水稻有效穗数没有影响；对株高没有影响；对水稻叶面积指数影响不大；而重度水分胁迫则抑制了水稻的有效分蘖；造成植株的生长发育不良；降低了水稻的有效穗数；对株高影响较大；叶面积指数明显降低。

3. 水分胁迫对水稻水分利用效率的影响　田间水分利用效率（WUE）使抗旱生理指标与农艺性状得到较好的统一，是作物和环境的综合效应的反映。王美菊（2009）通过试验表明，分蘖期通过不同强度的水分胁迫，WUE 以轻度胁迫处理最高，它比淹水处理和重度胁迫处理分别高 10.0% 和 14.1%。轻度水分胁迫可增加水稻的实粒数、千粒重及结实率，水稻产量提高 3.02%，耗水量降低 6.56%，水分利用率提高 10.0%。而重度胁迫则水稻产量降低 14.6%，耗水量降低 11.2%，水分利用率下降 4.0%，产量下降幅度高于耗水节约幅度。因此，分蘖期进行适度的水分胁迫可以提高水稻产量和水分利用率，达到节本增效的目的。

梁满中等（2000）通过干旱胁迫各处理水稻的耗水量试验结果表明，水种旱管栽培的节水效果最好，WUE 比对照高 4.18kg/hm.mm，提高 35.82%。旱种处理虽然耗水量较低（为对照的 69.71%），但产量较低，WUE 反而最低。这说明，在一定供水量的范围内，随着供水量的增加，水稻的 WUE 降低，但水稻旱种时例外。

（二）水分胁迫对水稻生理活动的影响

1. 不同生育时期水分胁迫对水稻根、叶渗透调节物质变化的影响　水稻在不同生育期间经常会受到干旱胁迫的危害，对生长发育和产量及其品质造成不同程度的影响。渗透调节是植物适应水分胁迫与产生自我保护反应的一个重要生理机制，植物通过渗透调节在干旱条件下维持一定的膨压，从而，维持细胞生长、气孔开放和光合作用等生理过程的进行。

在人为控制水分的盆栽条件下，蔡昆争等（2008）对水稻的分蘖期、幼穗分化期、抽穗期、结实期分别进行水分胁迫，研究水稻根系及叶片渗透调节物质的变化规律。不同生育期干旱胁迫后叶片水势均显著下降，根系和叶片的有机渗透调节物质如可溶性糖、游离氨基酸、脯氨酸和无机渗透调节物质包括 K^+、Ca^{2+} 等的含量均大幅度上升，而且，幼穗分化期和抽穗期这两个对水分胁迫最敏感的时期上升幅度最大，其中，又以有机渗透调节物质变化最显著。不同生育期渗透调节大小的顺序为：抽穗期 > 幼穗分化期 > 结实期 > 分蘖期，反映了不同生育时期渗透调节能力的差异。而无机离子则变化规律比较复杂，有的升高有的则降低。叶片的渗透调节能力大于根系，无论是叶片或根系都是 K^+ 对渗透调节的贡献最大，其次是 Ca^{2+}，6 种渗透调节物质含量大小排列顺序为 $K^+ > Ca^{2+} >$ 可溶性糖＞Mg^{2+}＞游离氨基酸＞脯氨酸。同时，这些渗透调节物质的变化规律在水稻根系与叶片表现一致，表明了根系与叶片在适应干旱逆境方面的协调统一性。

2. **拔节期水分胁迫对水稻叶片叶绿体色素的影响** 叶绿体是光合作用的重要细胞器，叶绿体色素在光合作用过程中不仅对光能的吸收与转化具有重要作用，而且，在环境变化过程中能动态地调整它们之间的比例关系，合理地分配和耗散光能，保证光合系统的正常运转。郝树荣等（2006）通过盆栽试验，对水稻拔节期不同程度、不同历时的水分胁迫及复水后叶片叶绿体色素含量变化及其机理研究认为，胁迫历时对叶绿体色素的影响大于胁迫程度对叶绿体色素的影响。短历时（5d）胁迫会增加叶绿素含量，复水后会降低叶绿素含量，且重度胁迫复水后对叶绿素的补偿效应强于轻度胁迫复水后对叶绿素的补偿效应；长历时（10d）胁迫会降低叶绿素含量，复水后会增加叶绿素含量，且轻度胁迫复水后对叶绿素的补偿效应强于重度胁迫复水后对叶绿素的补偿效应。水分胁迫会增加叶绿素 a 与叶绿素 b 的质量比，复水后会降低叶绿素 a 与叶绿素 b 的质量比，类胡萝卜素含量的变化趋势与叶绿素含量的变化趋势一致。

胁迫期间轻旱叶绿素质量分数大于重旱叶绿素质量分数说明，重旱对叶绿素合成的抑制作用更大。短历时胁迫复水后，重旱叶绿素降低速率小于轻旱叶绿素降低速率，说明重旱后复水对叶绿素的补偿效应强于轻旱后复水对叶绿素的补偿效应。长历时胁迫复水后，轻旱叶绿素质量分数恢复速率大于重旱叶绿素质量分数恢复速率，叶绿素质量分数大于对照叶绿素质量分数，而对照叶绿素质量分数大于重旱叶绿素质量分数。这说明，长历时重旱对叶绿素的破坏程度大，复水虽对叶绿素有所补偿，但补偿有限，不能弥补胁迫造成的损失，叶绿素质量分数未达到对照水平，因此，水稻拔节期应避免长历时重度胁迫。

3. **不同灌浆时期水分胁迫对水稻籽粒灌浆性状的影响** 水稻籽粒灌浆充实度由遗传基因控制，同时又受外界多种环境因素制约。灌浆结实期土壤水分胁迫，会严重降低水稻产量和品质，断水越早，秕粒率越高，籽粒充实度越差。随着断水的推迟，秕粒将会有所下降，充实度将会提高。朱庆森等（1994）研究发现，籽粒灌浆在初期对低土壤水势反应敏感，但在末期有促进灌浆的作用。赵步洪（2004）和王维（2006）则认为，水分胁迫可以提高籽粒灌浆速率，但同时，易加速植株衰老，适度水分亏缺提高籽粒灌浆速率的作用超过灌浆期缩短所带来的负作用，能有效改善贪青稻株的籽粒充实状况。杨建昌（2005）、刘凯（2008）和 Yang J 等（2005）研究表明，结实期土壤轻度落干或轻干—湿交替灌溉显著降低了籽粒乙烯释放速率，增加了灌浆中后期籽粒中蔗糖合酶、腺苷二磷酸葡萄糖焦磷酸化酶、淀粉合酶和淀粉分支酶活性，从而，提高了粒重并改善了稻米品质。

大量的研究认为，籽粒含水量是表示籽粒库容活性的一个有效指标，适度干旱可以降低籽粒含水量、促进籽粒灌浆充实、明显提高粒重和籽粒充实度。在保证籽粒适宜含水量的基本前提下，降低籽粒含水量（适度干旱）可以显著提高籽粒灌浆速率，增加粒重和充实度，对弱势籽粒作用尤其显著。因此，在水分调控实践中，应根据灌浆各期的特点进行，灌浆初期（花后 5d）控水有促弱抑强作用，但会因影响大部分籽粒灌浆而降低产量；花后 10d 控水不利于弱势籽粒灌浆充实；灌浆后期（花后 30~40d）控水主要促进弱势籽粒灌浆充实而对强势籽粒影响较小，但此时强弱势籽粒含水量均处于较低水平，强弱势籽粒灌浆速率均较低，而且，籽粒开始脱水成熟，此时，控水不利于灌浆速率的提高，而且，增产的意义已经不大；花后 15~25d 适度控水，可同时提高强弱势籽粒的粒重及充实度。

4. **水稻减数分裂期颖花中激素对水分胁迫的响应** 生殖生长期是作物对水分胁迫较敏感的时期，其中，减数分裂期是最敏感的时期。水稻在减数分裂期遭受水分胁迫可造成小花退化或花粉不育而导致严重减产。杨建昌（2008）以旱 A-3（抗旱性品种）和武运粳 7 号（干旱敏感品种）为水分胁迫材料，在减数分裂期（抽穗前 15~20d）进行充分灌溉和土壤水分胁迫处理，结果表明，颖花中的玉米素 + 玉米素核苷、吲哚-3-乙酸和赤霉素（GA1 + GA4）浓度在充分灌溉与水分胁迫处理间以及在两品种间无显著差异。水分胁迫显著增加颖花中脱落酸（ABA）、乙烯和 1-氨基环丙烷-1-羧酸浓度。水分胁迫时，乙烯的增加超过 ABA 的增加，而 HA-3（抗旱性品种）乙烯与 ABA 增加量大致相等。在减数分裂早期对水分胁迫稻穗施用氨基-乙氧基乙烯基甘氨酸（乙烯合成抑制剂）和 ABA，颖花的不孕率显著降低；施用乙烯利（乙烯释放促进物质）和氟草酮（ABA 合成抑制物质），结果则相反。

杨建昌等（2008）观察到，在水分胁迫下，颖花中 ABA 浓度显著增加；在水分胁迫条件下，用 ABA 处理幼穗后，空粒率显著减少，穗重显著增加。不仅如此，用 ABA 的合成抑制物质氟草酮处理后则空粒率显著增加，穗重显著降低。说明在减数分裂期遭受水分胁迫，颖花中需要较高 ABA 的量来维持颖花育性。有人认为，在水分胁迫下植株体内 ABA 增加的主要功能是抑制乙烯过多产生从而维持植株的正常生长（2004）。有研究报道，在受胁迫的植株中 ABA 的增加可产生许多保护作用，包括减轻膜的伤害，诱导逆境基因的表达和上调抗氧化酶的活性等（2000、2002）。由此推测，与乙烯的作用机理相反，在水分胁迫下，颖花中 ABA 通过抑制乙烯和 ROS 的过量产生以及活化抗氧化酶系统等保护颖花的育性。植物激素间既可以相互协同，也可以相互拮抗，其平衡最终决定植物的生长发育。在水分胁迫下，颖花中 ABA 和乙烯的相互拮抗作用调控颖花的发育，颖花中较高 ABA 与乙烯的比值是水稻适应水分逆境的一个生理特征。

5. **水分胁迫对水稻结实期活性氧产生和保护系统的影响** 活性氧是植物在光合、呼吸、固氮等正常代谢过程中产生的超氧阴离子自由基（O_2^-）、过氧化氢（H_2O_2）和单线态氧等一类物质的总称。在植物体内抗氧化保护酶系统如超氧化物歧化酶（SOD）、过氧化氢酶（CAT）和过氧化物酶（POD）及非酶类系统如抗坏血酸（AsA）、还原性谷胱甘肽（GSH）等的协同作用下，活性氧能不断地产生和被清除，使植物维护正常的代谢水平而免于伤害。在水分胁迫条件下，因植物体内活性氧过量产生、积累而打破了活性氧的产生和清除之间的平衡，使植物直接或间接地遭受氧化胁迫而引发细胞膜脂过氧化，导致植物体发生一系列的生理生化变化，严重时，可引起细胞代谢紊乱，最终影响产量和品质。

近年来，曹慧（2004）、蒋明义等（1994）大量的研究证明，植物在遭受水分胁迫时，光合器官功能受损，光合能力降低，过剩的光能会激发叶绿体活性氧含量增加，破坏了以 SOD 为主导的细胞保护系统和抗氧化还原剂的含量，引起自由基积累攻击膜系统，使细胞膜脂组分及膜结构发生改变，细胞相对电导率增加，MDA 含量上升。然而，植物遭受水分胁迫时会产生一系列的适应性反应，轻度水分胁迫下，超氧阴离子自由基水平和过氧化氢含量增加，能诱导 SOD、POD、CAT 等保护酶活性的增加，提高其抗旱性，而且，抗旱性强的品种其逆境下保护酶对干旱反应强烈，酶活性增幅较大。水分胁迫导致水稻结实期伤害的主要原因是体内活性氧代谢失调。抗旱性强的品种具有较高的保护性酶活性和还原型谷胱甘肽（GSH）、抗坏血酸（AsA）含量以清除活性氧自由基的增加，从而，降低其对膜系统的伤害程度。

6. 水分胁迫对叶片光合效率的影响　光合作用是对水分胁迫最敏感的生理过程之一。水分胁迫造成碳同化过程中的关键酶 1，5 - 二磷酸核酮糖羧化酶（Rubisco）活性降低，进而引起光合速率下降。有研究表明，水稻叶片的光合作用对水分胁迫也十分敏感，在水分胁迫时会出现光合速率下降的现象。陈贵等（2007）对不同形态 N 素和水分胁迫耦合作用下水稻的光合作用进行研究时发现，供 N 形态相同，在水分胁迫条件下的水稻，其生物量增量和净光合速率与非胁迫条件下的相比有不同程度下降。但供 NH_4^+ - N 营养水稻的光合速率下降较少，与非水分胁迫处理无显著差异；而 NO^{3-} - N 营养水稻的光合速率下降最多，推测水分胁迫对 NH^{4+} - N 营养水稻和 NO_3^- - N 营养水稻光合效率的调控机理有所不同。

在水分胁迫条件下，介质供应 NH_4^+ - N，水稻的光合速率并没有下降。Rubisco 含量和活化程度都是影响光合速率的限制因子，不同形态 N 素营养能够通过调节水稻叶片的 Rubisco 含量与活性影响水稻叶片的光合速率。NH_4^+ - N 营养水稻新完全展开叶的羧化效率与非水分胁迫下相应供 N 形态处理无显著差异，其原因可能是水分胁迫条件下，NH_4^+ - N 营养水稻新完全展开叶中 Rubisco 含量的显著增加弥补了 Rubisco 活性下降对羧化效率和净光合速率的不利影响。对于 NO_3^- - N 营养水稻，在水分胁迫条件下，其新完全展开叶的 Rubisco 含量和活性不但均明显低于同等水分条件下 NH_4^+ - N 营养水稻，而且，其羧化效率和净光合速率也均明显低于非水分胁迫下的相应供 N 氮形态处理。此外，供 NH_4^+ – N 营养水稻新完全展开叶 Rubisco 含量的增加说明了 NH_4^+ – N 营养可能与水分胁迫下水稻叶片 Rubisco 的合成有关。因此，NH_4^+ – N 营养水稻新完全展开叶单位面积 Rubisco 含量的增加可能也是其对干旱的一种适应性反应，说明 NH_4^+ – N 营养水稻具有较强的耐旱性。

NH_4^+ – N 营养水稻单位 Rubisco 活性受水分胁迫的抑制作用小于供 NO_3^- – N 营养水稻。水分胁迫对供 NH_4^+ – N 营养水稻净光合效率的抑制效应小于供 NO_3^- – N 营养水稻。

（三）水分胁迫的应对措施

1. 及时补灌　水稻是喜水作物，从播种到收获需要大量的水分，水分的亏缺会导致水稻生长受到抑制和生理代谢变化。如果在水稻对水分胁迫最敏感的时期出现干旱，会造成严重减产甚至绝收，稻米品质也下降。因此，掌握水稻各生育期需水规律，适时适量、科学供水补灌，是夺取水稻高产、稳产的重要措施之一。水稻在返青、拔节、抽穗到乳熟前期，对水分比较敏感，出现水分亏缺，应当及时补灌。其他时期则对水分反应迟钝，可以减少灌水或进行适度水分胁迫，有利于水稻的生长发育。总之，在水稻各生育时期采用不同的灌溉或排水技术，以调动水稻自身调节机能和适应能力。同时，在充分利用雨水的基础上，合理减少灌溉水的无效消耗，可以达到节水高产的目标。

2. 施氮的作用

氮素是水稻生长发育必需的且最重要的营养元素之一，而水、氮在水稻发育过程中，是相互影响和制约的两个重要环境因子，也是调控水稻产量和品质形成的两大因素。孙园园等（2013）研究发现，在土壤中施用不同形态氮素可以提高结实期干旱条件下水稻的耐旱性，结实期适度干旱（ –25kPa）条件下，施用铵态氮含量≥50% 肥料，并适当增硝态氮可减轻水分不足对产量的不利影响。土壤水势 ≤ –50kPa 时，增加硝态氮产量优势减弱，相反，增加铵态氮肥的比例更有利于产量形成。增加铵态氮有利于分蘖盛期前稻株对氮的吸收，但在保证一定铵态氮比例下，适当增加硝态氮有利于加快中后期对氮素的吸收速度和氮素累积量，为结实期氮素向籽粒转运及提高氮素利用效率提供保证。适度水分胁迫能促进结实期水稻对氮素的吸收，促进结实期干物质累积，提高各器官中营养物质向籽粒运转，进而有利于收获指数的提高。

二、温度胁迫

环境温度是水稻生长发育的重要影响因子，温度过低或过高均不利于水稻的生长。低温在苗期易造成烂秧死苗；中期易造成小穗畸形或停止发育，花粉母细胞破坏；后期影响水稻的安全抽穗扬花，造成秋封。高温在水稻抽穗开花期和籽粒灌浆期危害最大，开花期水稻遭遇热害，小穗育性会严重下降，导致结实率降低。灌浆期水稻遭遇热害会影响籽粒干物质积累、籽粒充实障碍，导致千粒重和稻米品质下降。

（一）低温胁迫

1. 低温胁迫对水稻幼苗抗寒性生理生化指标的影响　水稻属喜温作物，对温度变化相当敏感。低温冷害是水稻生产上的一大威胁，可造成水稻明显减产，甚至颗粒无收，常常造成经济上的巨大损失。水稻在苗期遭遇低温胁迫，会引起幼苗一系列的生理生化指标的改变。如含水量下降、电导率上升、根系活力降低、脯氨酸含量升高、保护酶活性上升、丙二醛含量升高等。这些生理生化指标的改变，是作物对低温环境做出的一种保护反应，能调节植物细胞膜的稳定性，还具有清除活性氧和稳定细胞结构的作用。

李海林等（2006）对低温胁迫后水稻幼苗抗寒性生理生化指标变化研究认为，幼苗抗寒性生理生化指标之间的相关性相对于低温胁迫前发生了一些变化表明，生理生化指标因低温处理而发生了改变。其中，电导率与 CAT 活性、含水量与 SOD 活性、根系活力与 POD 活性以及根系活力与 SOD 活性之间的相关性与低温处理前一致，都达到了显著水平。此外，低温胁迫还导致电导率与 MDA 含量、脯氨酸与 POD 活性两两呈显著正相关；根系活力与 CAT 活性呈显著负相关；POD 与 SOD 活性以及 CAT 与 MDA 含量呈现出两两极显著相关。处理恢复生长 2d 后，各指标之间的相关性继续发生变化，其中，电导率与含水量以及含水量与 CAT 活性两两之间呈显著负相关；电导率与 CAT 活性、电导率与 MDA 含量、含水量与根系活力两两之间呈显著正相关。此外，电导率与根系活力、根系活力与 CAT 活性、根系活力与 MDA 含量之间两两呈极显著负相关；CAT 与 MDA 含量之间呈极显著正相关。

2. 开花期低温胁迫对水稻剑叶保护酶活性和膜透性的影响　生物膜是植物细胞及细胞器与环境的一个界面结构，各种逆境对细胞的影响首先作用于生物膜，细胞膜系统是植物受低温伤害的初始部分和敏感部位。水稻对温度最敏感的时期为孕穗期至抽穗扬花期，此时期如遇日平均气温低于 20℃、日最高气温低于 23℃的低温或"寒露风"，开花就会减少，或虽开花而不授粉，形成空壳，从而，降低产量。低温胁迫下，质膜的结构和功能受到伤害，导致细胞膜透性增大，电解质外渗，电导率增大，它能够比较客观地反应植物在低温逆境中的受伤害状况。王萍等（2006）认为，夜间低温引起水稻剑叶类囊体膜脂过氧化加剧，脂肪酸不饱和度上升。施大伟等（2006）认为，抽穗期杂交水稻剑叶光合色素含量和抗氧化酶活性与其耐冷性紧密相关，温度越低，对水稻剑叶伤害越大。

低温胁迫下水稻剑叶中超氧化物歧化酶（SOD）、过氧化物酶（POX）、过氧化氢酶（CAT）和抗坏血酸过氧化物酶（AsA-POX）活性呈先升后降趋势；随低温胁迫时间延长，膜脂过氧化产物硫代巴比妥酸反应产物（TBARS）和过氧化氢（H_2O_2）、超氧阴离子（O^{2-}）含量迅速上升，膜透性增加；低温胁迫下，水稻剑叶保护类酶维持较高的活性，

降低 O_2^-、H_2O_2、TBARS 含量和膜透性,是作物耐低温的生理基础。

(二)高温胁迫

1. **高温胁迫对水稻花粉活力的影响** 抽穗扬花期是水稻对高温最为敏感时期,这一时期花药易受到热害而引起不育,导致结实率下降,造成减产。已有研究表明,水稻抽穗开花期持续 5d 高温,就会影响花粉管伸长和正常散粉,导致不能受精而形成空粒。花粉囊开裂时花粉粒快速膨胀是花药开裂的直接动力,而花期高温抑制了花粉粒的膨胀使花药不开裂或散粉量少,散粉量少可能是由于开花遇高温花粉粒具有黏性而留在花药内。黄福灯等(2010)试验结果表明,花粉活性与花药开裂程度有关,高温胁迫导致花粉育性下降的同时,也使花药开裂性变差。与适温对照相比,扬花期高温胁迫明显降低了花粉的可染率和花药活性,并且伴随胁迫温度的升高,降幅越大。在 41℃ 高温中处理 3d,花粉的可染率和花药活性明显降低,其中,花粉可染率下降到 10% 左右,花药活力接近于 0,在 38℃ 高温中处理 5d,花粉活力基本维持正常水平,7d 花粉活力迅速下降,其中,花粉可染率下降到 6% 左右,花粉活力下降到 3% 左右。

2. **高温干旱双重胁迫对水稻剑叶光合特性的影响** 高温干旱双重胁迫在水稻灌浆结实期会经常遭遇,对水稻剑叶光合特性和生理指标有很大的影响,使水稻剑叶中光合速率、气孔导度、蒸腾速率和叶绿素质量分数均呈下降趋势,而丙二醛(MDA)质量分数和游离脯氨酸(Pro)质量分数持续增加。许多研究表明,高温胁迫有加强水分胁迫的效应,水分胁迫也会加剧高温伤害,高温伴随干旱对膜的伤害远远大于高温、干旱单因子分别对膜造成的伤害。剑叶中光合色素质量分数是衡量植物光合能力的一个重要参数,环境因子的改变会引起光合色素质量分数的变化,进而引起光合性能的改变,而光合性能的好坏最终将影响作物的生长、产量和品质。刘照等(2011)认为,高温干旱条件下光合速率受阻,同时叶绿素的质量分数也减少,它主要通过气孔因素和非气孔因素(叶绿体活性)2 个限制因素抑制叶片光合作用。前者是指高温造成的水分胁迫使气孔导度下降,CO_2 进入叶片受阻而使光合下降;后者是指光合器官光合活性的下降。气孔作为水分和 CO_2 进出的窗口,对光合和蒸腾具有调节作用。

3. **高温胁迫在灌浆结实期对叶绿体荧光、抗活性氧活力和稻米品质的影响** 叶绿素是光合作用中能量转化的物质基础,其含量是反映作物衰老状况和光合能力的一个重要指标。叶绿素荧光动力学是以光合作用理论为基础,利用体内叶绿素来研究和探测植物光合生理状况及外界因子对其细微影响的一种新型植物活体测量和诊断技术。灌浆结实期高温胁迫降低了叶绿素的合成速率,并引起活性氧的积累,加速了叶绿素的降解,导致叶绿素含量降低与水稻叶片功能期和光合产物的积累期缩短。

灌浆结实期高温胁迫使水稻叶片产生光抑制和光氧化,进而引起稻米品质严重下降。

滕中华等（2008）试验表明，高温胁迫使水稻叶片电子传递链（PSII）原初光能转换效率下降，潜在活性中心受损，光合作用的原初反应受到抑制，导致光抑制产生。抗活性氧活力的变化也可以反映叶片氧化伤害情况。高温胁迫下叶绿素含量的降低和电子传递的受抑一方面可以将过剩的光能转化成 Mehler 反应的激发能，导致活性氧的产生；另一方面以分子态氧为受体的光合电子传递支路反应的增强也提高了活性氧的积累量。这些活性氧若不及时清除，必然造成氧化胁迫，引起膜脂过氧化，导致膜系统破坏。

稻米品质是由遗传因素和环境条件共同作用决定的，高温胁迫下水稻的稻米品质会发生较大变化，灌浆期高温胁迫会导致稻米碾磨品质下降；垩白面积、垩白米率增加；稻米直链淀粉含量降低；蛋白质含量增加；米粒碱消值会降低，糊化温度随之上升；稻米蒸煮食味品质变差，从而，降低稻米的综合品质。

4. 高温胁迫对水稻花器官的影响 近年来，水稻在开花灌浆期频繁遭遇异常高温，对中国水稻产量造成了极大的损失，水稻高温热害成为一个亟待解决的问题。有研究表明，温度每增高1℃，水稻产量将下降10%，究其原因有两方面，其一是高温胁迫使水稻花器官发育不完善，花粉发育不良、活力下降；其二是水稻正常开花散粉过程和花粉管伸长受阻，导致不能受精而形成空秕粒，致使水稻大幅减产、品质降低。

水稻正常开花授粉结实是由颖花、花药开裂程度、花丝伸展程度、花粉活力及柱头着粒率等诸多因素共同作用影响的。高温胁迫会影响水稻花器官，造成小穗育性降低，从而降低产量。早在1982年，就有研究表明，高温对花器官发育、成熟有较大影响，会导致花药延缓成熟、抑制花药开裂，进而导致柱头无法受精。水稻抽穗扬花期遭遇高温热害胁迫，花粉粒膨胀受阻，从而导致花药不开裂或部分开裂、花粉的散粉量减少，可能是导致水稻花期高温热害主要原因之一。高温胁迫还会导致水稻开颖角度减小、花丝伸展受阻，花粉粒直径增大，花粉活力下降，最终造成颖花不育，产量下降。

（三）应对措施

水稻对温度的要求，包括两个方面，生存温度和有性生殖温度。一般认为，水稻营养生长的温度在12~40℃，生殖生长温度在18~33℃，超过这个温度范围，水稻就会受到低温冷害或高温热害。在汉中盆地，低温冷害对水稻生长发育的影响较大，高温热害出现的几率较小。因此，在水稻生产实践中，必须优化栽培措施，提高水稻对高低温耐受性，减轻高低温胁迫的不利影响。

1. 水稻冷害的防御措施 早春育秧期间，汉中容易出现低温阴雨的"倒春寒"天气，造成烂秧死苗，影响水稻生产。因此，在生产上应选用苗期抗低温能力强，抽穗后灌浆较快，抗寒性较好的品种，减轻育秧期低温烂秧死苗和灌浆期低温结实不良的危害；秧苗期遇到低温，灌水可以起到保温御寒的作用，气温下降幅度愈大，灌水深度也要增加，以防烂秧死苗；灌浆期遇到低温，可通过叶面喷施化学药物和肥料，如磷酸二氢钾、氯化钾、尿素、增产灵等都有一定的防效。

2. 高温危害的防御措施　随着全球气候的变暖，出现高温危害的频率在增加。汉中尽管气候温润，但是在水稻抽穗扬花期也易遭受高温伏旱的影响。因此，在生产上，选择耐高温较强的品种和合适的播种时间，充分利用当地的光热资源培养壮秧，以增强其对高温的耐受性和适应性。将开花和乳熟前期安排在高温到来之前或之后，确保水稻丰产和增产；如在开花灌浆期遇到高温，实行灌溉，也可有效降低穗部温度，减轻高温危害。

本章参考文献

［1］卜容燕，任涛，鲁剑巍，等．水稻－油菜轮作条件下氮肥效应及其后效．中国农业科学，2012，45（24）：5 049－5 056.

［2］蔡昆争，吴学祝，骆世明．不同生育期水分胁迫对水稻根叶渗透调节物质变化的影响．植物生态学报，2008，32（2）：491－500.

［3］产祝龙，丁克坚，檀根甲，等．水稻恶苗病发生规律的探讨．安徽农业大学学报，2004，31（2）：139－142.

［4］陈光飞．水稻恶苗病发生的原因及防治措施．温州农业科技，2003（2）：14，19.

［5］陈贵，周毅，郭世伟，等．水分胁迫条件下不同形态氮素营养对水稻叶片光合效率的调控机理研究．中国农业科学，2007，40（10）：2 162－2 168.

［6］陈国林，王人民，王兆骞．不同灌溉方式对水稻产量与生理特性的影响．生态学杂志，1998，17（3）：20－26.

［7］陈婷婷，杨建昌．移栽水稻高产高效节水灌溉技术的生理生化机理研究进展．中国水稻科学，2014，28（1）：103－110.

［8］陈晓东．水稻稻瘟病发病规律和病害症状的鉴别．农技服务，2007（1）：37－39.

［9］程方民，刘正辉，张嵩午．稻米品质形成的气候生态条件评价及我国地域分布规律．生态学报，2002，22（5）：636－641.

［10］单提波，魏宏国，王安东，等．稻草还田配施化学氮肥对水稻生长发育、产量和品质的影响．江西农业大学学报，2010，32（2）：0 265－0 270.

［11］邓根生，陈嘉孚，等．稻曲病菌厚垣孢子在侵染循环中作用的研究．中国农学通报，1990，6（2）：20－22.

［12］邓根生，陈嘉孚，等．施肥及播期与稻曲病发病关系的研究．农业科技教育，1990，1（2）：50－52.

［13］邓根生，张先平，王晓娥，等. 陕西省水稻新发病虫害为害特征及防治方法. 现代农业科技，2010（23）：169，173.

［14］邓化冰，史建成，肖应辉，等. 开花期低温胁迫对水稻剑叶保护酶活性和膜透性的影响. 湖南农业大学学报（自然科学版），2011，37（6）：581-585.

［15］丁存英，郜微微，李进，等. 直播水稻不同茬口品种选用的研究. 现代农业科技，2008（9）：116-117，119.

［16］高焕晔. 王三根，宋学凤，等. 灌浆结实期高温干旱复合胁迫对稻米直链淀粉及蛋白质含量的影响. 中国生态农业学报，2012，20（1）：40-47.

［17］耿立清. 植株农艺性状与稻米品质关系的研究进展. 中国稻米，2005（1）：12-13.

［18］龚金龙，张洪程，胡雅杰，等. 灌浆结实期温度对水稻产量和品质形成的影响. 生态学杂志，2013，32（2）：482-491.

［19］郝树荣，郭相平，王为木，等. 水稻拔节期水分胁迫及复水对叶片叶绿体色素的影响. 河海大学学报（自然科学版），2006，34（4）：397-400.

［20］贺帆，黄见良，崔克辉，等. 实时实地氮肥管理对水稻产量和稻米品质的影响. 中国农业科学，2007，40（1）：123-132.

［21］黄国勤，熊云明，钱海燕，等. 稻田轮作系统的生态学分析. 土壤学报，2006，43（1）：69-78.

［22］黄福灯，李春寿，刘鑫，等. 高温胁迫对水稻花粉活力的影响. 浙江农业科学，2010（6）：1 272-1 274.

［23］黄农荣，钟旭华，陈荣彬，等. 水稻三控施肥技术示范效果及增产增效原因分析. 中国稻米，2009（3）：54-56.

［24］贾志宽，高如嵩，张嵩午，等. 中国稻米垩白形成的地域分异规律之初步研究. 中国水稻科学，1992，6（4）：159-164.

［25］简红忠，张万春，刘红梅，等. 汉中盆地水稻最佳抽穗扬花期及播期探讨. 陕西气象，2006（1）：30-31.

［26］解晓林，陆玉权. 稻田杂草发生规律及其防除技术初探. 上海农业科技，2008（1）：105-106.

［27］李海林，殷绪明，龙小军. 低温胁迫对水稻幼苗抗寒性生理生化指标的影响. 安徽农学通报，2006，12（11）：50-53.

［28］李良应，陈水生，杨淮南，等. 稻田杂草种类调查. 安徽农业科学，2004，32（5）：917-918.

［29］李茂柏，曹黎明，程灿，等．水稻节水灌溉技术对甲烷排放影响的研究进展．作物杂志，2010（6）：98－101.

［30］李新生，吴升华．陕西黑稻资源及其开发利用．资源科学，1998，20（6）：67－73.

［31］梁满中，谭周镃，陈良碧，等．干旱胁迫对水稻水分利用效率的影响．生命科学研究，2000，4（4）：351－355.

［32］刘广明，杨劲松，姜艳，等．基于控制灌溉理论的水稻优化灌溉制度研究．农业工程学报，2005，21（5）：29－33.

［33］刘文强，李小湘，等．水稻稻瘟病抗性基因研究进展．杂交水稻，2009，24（3）：1－7.

［34］刘照，高焕烨，王三根．高温干旱双重胁迫对水稻剑叶光合特性的影响．西南师范大学学报（自然科学版），2011，36（3）：161－165.

［35］鲁杰，刘宝忠，周传远，等．生物有机菌肥对水稻产量及稻米品质的影响．中国农学通报，2009，25（6）：146－150.

［36］吕强，赵全志，熊瑛，等．不同灌浆时期土壤水分对水稻籽粒灌浆性状的调控效应．河南科技大学学报：自然科学版，2011，32（5）：45－49.

［37］毛永兴．直播水稻生长发育特性及其配套栽培技术研究．耕作与栽培，2003（1）：30－31.

［38］梅方权，吴宪章，姚长溪，等．中国水稻种植区划．中国水稻种植区划，1988，2（3）：97－110.

［39］潘日鸿，张孝辉，谢秋平．山地水稻无公害超高产栽培技术．作物杂志，2006（4）：57－59.

［40］钱晓晴，沈其荣，王娟娟，等．全程与阶段性非充分灌溉条件下水稻的生长及部分生理反应．土壤学报，2004，41（4）：641－644.

［41］屈发科，赵强，史莉娜，等．汉中盆地水稻优质高产综合配套技术．陕西农业科学，2008（4）：191－192.

［42］任满丽，王虎军．汉中市水稻生产现状、问题及对策．陕西农业科学，2011（2）：90－91，223.

［43］任鄄胜，肖陪村，陈勇，等．水稻稻瘟病病菌研究进展．现代农业科学，2008，15（1）：19－23.

［44］上官行健，王明星．稻田 CH_4 排放的控制措施．地球科学进展，1993，8（5）：55－62.

［45］沈旦军，潘云枫，张小虎，等．稻田杂草群落演替规律、成因和农业防治．上海农业科技，2002（1）：34－35.

［46］孙小淋，杨立年，杨建昌．水稻高产节水灌溉技术及其生理生态效应．中国农学通报，2010，26（3）：253－257.

［47］孙园园，孙永健，杨志远，等．不同形态氮肥与结实期水分胁迫对水稻氮素利用及产量的影响．中国生态农业学报，2013，21（3）：274－281.

［48］滕中华，智丽，宗学凤，等．高温胁迫对水稻灌浆结实期叶绿素荧光、抗活性氧活力和稻米品质的影响．作物学报，2008，34（9）：1 662－1 666.

［49］田卡，钟旭华，黄农荣．"三控"施肥技术对水稻生长发育和氮素吸收利用的影响．中国农学通报，2010，26（16）：150－157.

［50］田小海，杨前玉，刘威．不同脱粒与干燥方式对稻米品质的影响．中国农学通报，2003，19（2）：46－49.

［51］汪莲爱，周勇，居超明，等．水稻直链淀粉含量与垩白度相关性分析．湖北农业科学，2002（6）：28－29.

［52］王贺正，马均，李旭毅，等．水分胁迫对水稻结实期活性氧产生和保护系统的影响．中国农业科学，2007，40（7）：1 379－1 387.

［53］王洁，张瑜，张星，等．水稻富硒栽培研究进展．河北农业科学，2009，13（6）：24－26，43.

［54］王秋菊．分蘖期水分胁迫对水稻生长发育的影响．中国稻米，2009（5）：29－31.

［55］王胜宝，邓根生，等．陕南水稻纹枯病主要发病因素及其防治指标．植物保护学报，2008，35（4）：375－376.

［56］王志刚，王磊，林海，等．水稻高温热害及耐热性研究进展．中国稻米，2013，19（1）：27－31.

［57］魏征，彭世彰，孔伟丽，等．生育中期水分亏缺复水对水稻根冠及水肥利用效率的补偿影响．河海大学学报（自然科学版），2010，28（3）：322－326.

［58］吴爱民．直播稻田杂草综合防除策略及除草剂安全性评析．杂草科学，2006（2）：1－3.

［59］吴向东，刘成益，梅雪华．山区无公害优质单季稻栽培技术．中国稻米，2009（3）：63－64.

［60］吴余良，沈睿，吴常军，等．直播稻田杂草的生态特点和控制技术研究．上海农业科技，2004（3）：30－32.

［61］徐敦明，李志胜，刘雨芳，等．中稻稻田害虫与天敌区系调查．西北农林科技

大学学报（自然科学版），2003，31（5）：101－105.

［62］徐林娟，徐正浩，李舸，等．不同土壤水分供给下水稻叶水势的变化规律．核能学报，2011，25（3）：553－558.

［63］许尊伍．陕西汉中盆地水稻冷害初探．气象学报，1982，40（1）：89－96.

［64］杨建昌，杜永，吴长付，等．超高产粳型水稻生长发育特性的研究．中国农业科学，2006，39（7）：1 336－1 345.

［65］杨建昌，刘凯，张慎凤，等．水稻减数分裂期颖花中激素对水分胁迫的响应．作物学报，2008，34（1）：111－118.

［66］杨联松，白一松，许传万，等．水稻粒形与稻米品质间相关性研究进展．安徽农业科学，2001，29（3）：312－316.

［67］杨泽敏，胡孔峰，雷振山，等．晚粳稻米品质性状的综合分析．吉林农业大学学报，2002，24（4）：30－34，39.

［68］叶建人，黄贤夫，冯永斌．常用杀虫剂对稻田迁飞性害虫的控制作用及其对天敌的安全性评价．浙江农业学报，2007，19（5）：373－377.

［69］易婧，王石华，谭学林．温度和离体失水胁迫对开花期水稻花粉粒活性的影响．作物杂志，2010（3）：64－68.

［70］郁飞燕，张联合，李艳艳，等．干旱胁迫对水稻种子萌发的影响．山东农业科学，2011（8）：36－39.

［71］袁伟玲，曹凑贵，程建平，等．间歇灌溉模式下稻田 CH_4 和 N_2O 排放及温室效应评估．中国农业科学，2008，41（12）：4 294－4 300.

［72］张久成，张永勤，曹文元．汉中优质水稻生产肥料运筹技术研究初报．陕西农业科学，2010（5）：3－6.

［73］张嵩午．汉中盆地水稻区气候生态条件的综合评判和分型问题．生态学杂志，1988，7（4）：35－39.

［74］张嵩午．我国秦岭－淮河过渡区稻米品质的气候分析．自然资源学报，1991，6（3）：211－219.

［75］张嵩午．我国南北气候过渡地区稻米品质的地域分布．应用生态学报，1993，4（1）：42－46.

［76］张嵩午，程方民，吴永常．稻米品质温光潜势的估算及其在我国的地域分布．自然资源学报，1997，12（4）：323－329.

［77］张薇，司徒淞．稻田土壤水分优化调控技术研究．中国水稻科学，1995，9（4）：211－216.

［78］张卫星，朱德峰．水分亏缺对水稻生长发育、产量和稻米品质影响的相关研究．中国稻米，2007（5）：1－4．

［79］张先平，李爱玲，等．水稻纹枯病的防治适期探讨．中国农学通报，2001，17（2）：84－85．

［80］张勇，刘刚．汉中地区稻田主要杂草种类调查与防除．陕西农业科学，2000（7）：44－45．

［81］张羽，冯志峰，吴升华，等．陕西汉中地区水稻主要种质资源的调查及利用．安徽农业科学，2008，36（1）：159－161．

［82］张羽，陈雪燕，王胜宝，等．陕西汉中地区主栽水稻品种的 SSR 多态性分析．中国农学通报，2011，27（7）：34－37．

［83］张自常，李鸿伟，陈婷婷，等．畦沟灌溉和干湿交替灌溉对水稻产量与品质的影响．中国农业科学，2011，44（24）：4 988－4 998．

［84］赵启辉，马廷臣，夏加发，等．高温胁迫对水稻花器官及稻米品质影响的研究进展．生物技术进展，2013，3（3）：162－165．

［85］钟旭华，黄农荣，彭少兵，等．水稻纹枯病发生与群体物质生产及产量形成的关系研究．江西农业大学学报，2010，32（5）：901－907．

［86］周福余，孟爱中，孙春来，等．水稻恶苗病发生与防治．上海农业科技，2003（6）：28－29．

［87］周宜贵，周福才，孙万庭，等．水稻不同栽插方式对稻田主要害虫种群的影响．安徽农业科学，2007，35（18）：5 475－5 476．

［88］邹继颖，刘辉，祝惠，等．重金属镉污染对水稻生长发育的影响．土壤与作物，2012，1（4）：227－232．

第五章 马铃薯种植

第一节 马铃薯生产布局和生长发育

一、生产布局

(一) 中国马铃薯种植区划

马铃薯（土豆、山药蛋、地蛋、洋芋）是非谷类作物中重要的粮食作物之一。具有产量高、用途多、分布广、粮菜兼用的特点。块茎中富含淀粉，还含有丰富的蛋白质、糖类、矿物质盐类和维生素 B、维生素 C 等，均显著高于小麦、水稻和玉米。每 100g 新鲜块茎能产生 110kcal 的热量，约为胡萝卜的 2 倍、甘蓝的 3 倍、番茄的 4 倍。因此，马铃薯在人类食物中占有重要地位，是中国高寒山区人民的主粮之一。

中国马铃薯的栽培有 400 年的历史，已遍及全国各个省、自治区、直辖市。北起黑龙江省，南至海南岛，东起沿海地区、台湾省，西至青藏高原，一年四季均有马铃薯种植。从北到南，由于纬度上的差异，活动积温 1 400～9 000℃；无霜期 80～365d。从北部的春播秋收年种一季马铃薯，到中原地区的春播夏收、夏播秋收以及南方的秋播冬收、冬播春收年种两季马铃薯。从东到西，由于海拔高度的变化，低海拔地区，马铃薯可年种两季。海拔 1 200m 以上的地区，只能春播秋收年种一季。

由于地区间纬度、海拔、地理和气候条件的差异，造成光照、温度、水分、土壤类型的不同，以及与其相适应的马铃薯栽培制度、耕作类型、品种类型，因此，将中国马铃薯的栽培区划分（腾宗藩等，1994）为 4 个各具特点的类型。即北方一作区、中原二作区、南方冬作区、西南单双季混作区。具体划分如下。

1. 北方一作区　从昆仑山脉由西向东经唐古拉山，巴彦喀拉山脉，沿黄土高原 700～800m 一线到古长城为本区南界。本区包括黑龙江、吉林、辽宁（辽东半岛除外）、河北北部、山西北部、内蒙古、陕西北部、宁夏、甘肃、青海东部和新疆天山以北。本区种植马铃薯为一年一熟，一般 4 月中下旬至 5 月上旬播种，8 月下旬至 10 月上旬收获。块茎贮藏时间可长达半年以上。适于本区的品种类型，以中晚熟为主，要求休眠期长，贮藏性好，抗逆性强的品种，并搭配种植早熟品种。

秦岭西段南北麓主要作物种植

　　种植面积占全国的 50% 左右。本区无霜期 110 ～ 170 d，年平均气温 - 4 ～ 10℃，最热月平均气温不超过 24 ℃，最冷月平均温度在 - 8 ～ 2.8 ℃，大于 5℃ 积温 2 000 ～ 3 500℃。一般年降水量 50 ～ 1 000mm，分布很不均匀。东北地区的西部、内蒙古自治区（全书称内蒙古）东南部及中部狭长地区、宁夏回族自治区（全书称宁夏）中南部、黄土高原东南部为干旱地带，雨量少而蒸发量大，干燥度（K）在 1.5 以上；东北和黄土高原东南部则为半湿润地带，干燥度多在 1 ～ 1.5；黑龙江的大小兴安岭地区的干燥度只有 0.5 ～ 1.0，可见本区的降水量极为不均衡。一年只栽培一季。由于春季蒸发量大，易发生春旱，尤其西北地区气候干燥，局部地区马铃薯生育期间降水量偏少，时呈旱象，马铃薯产量不够稳定。

　　该区是中国种薯生产基地。在种薯繁育体制上，早熟品种，采用早收留种的栽培方式，即春季适当早播，夏季提前收获。中晚熟抗晚疫病品种，有时采用夏播留种的栽培方式，即 7 月中下旬播种，9 月下旬收获。马铃薯为中耕作物，块茎是在地表下 15 ～ 20cm 处膨大，需要疏松、有机质含量高的土壤条件。所以，本区域耕作上通常采用秋翻结合撒施有机肥，然后耙耱整平，待翌年春季播种。栽培上通常采用垄作，但在干旱地区则为平作方式。近年来，较南的省份和地区结合当地气候特点，充分利用光热和土地资源，以马铃薯为主，搭配相应的作物进行间种、套种和复种，面积逐年扩大，形成了本区另一种栽培模式。

　　2. 中原二作区　　位于北方一作区南界以南，大巴山、苗岭以东，南岭、武夷山以北各省。包括辽宁、河北、山西、陕西 4 个省南部，湖北、湖南 2 省的东部，河南、山东、江苏、浙江、安徽、江西等省。本区因夏季长，温度高，不适于马铃薯生长，商品薯生产于 2 ～ 3 月播种，5 ～ 6 月收获。所收新块茎催芽后，于 8 ～ 9 月秋播，11 ～ 12 月收获作为留种栽培。

　　种植面积占全国的 10% 左右。本区无霜期较长，为 180 ～ 300d。年平均气温在 10 ～ 18℃，最热月平均 22 ～ 28℃，最冷月平均温度 1 ～ 4℃，大于 5℃ 积温 3 500 ～ 6 500℃。年降水量 500 ～ 1 750mm。因温度高，蒸发量大，在秦岭淮河一线以北的地区干燥度 >1。栽培马铃薯需有灌溉条件，此线以南的地区干燥度 <1，旱作时不需灌水。

　　本区气候条件适合马铃薯作物生长的季节主要在春、秋两季。马铃薯与粮、棉、菜等作物间作套种是主要栽培方式，也是二季作区马铃薯扩大发展的有利条件。该区域春作马铃薯栽培，一般在 2 月中旬至 3 月上中旬播种，5 月中下旬至 6 月上中旬收获，生育日数 90d 左右。播期和收获期的差幅是因地理位置及气候条件的差别所决定。春播期关系收获期的早晚和产量。春播适宜时期，一般是在当地终霜期前 30 ～ 40d。秋作马铃薯一般在 8 月上中旬到 9 月上旬播种，11 月初到 12 月上旬收获。秋播时期要根据当地气候、土质、种薯处理方法、种薯生理年龄等因素确定。一般以秋作马铃薯生长终止的临界日期，即当地的枯霜期，再根据种薯生理年龄，确定马铃薯秋季播种期，秋季早熟品种的生育期一般不少于85d。间作套种是马铃薯春、秋二作区生产上的主要栽培形式。这种栽培可大幅度提高单位面积产量和经济效益。常用的间作套种模式有马铃薯双垄、玉米双行宽幅套种，马铃薯双垄、玉米3行套种，马铃薯双垄、棉花两行宽幅套种，马铃薯双垄、棉花4行宽幅套种，与喜温、生长期长的直立型蔬菜间套，与喜温、生长期长的爬蔓性蔬菜间套。

3. 南方冬作区 即苗岭、武夷山以南的各省（区），包括广西壮族自治区（全书称广西）、广东、福建、台湾等省（区）。本区农业以水稻栽培为主，故只是在稻作后栽培马铃薯。因其栽培季节多在冬末春初，与中原春秋二作不同，故称为南方冬作区。

种植面积占全国的5%左右。本区无霜期在300d以上，最长可达365d，即终年无霜。年平均气温18~24℃，最热月份平均气温为28~32℃，大于5℃积温为6 500~9 500℃。年降水量为1 000~3 000mm。

本区以水稻生产为主，多为两稻一薯（即早稻→晚稻→冬种马铃薯）的栽培方式，通过水旱轮作获得稻薯双丰收。由于马铃薯生育期短，棵矮，利于与其他作物间作套种，有时在冬季也采用马铃薯与蔬菜、甘薯等作物套、复种等形式。本区无霜期长，冬季少有霜冻危害，故马铃薯的播种期可根据晚稻的收获期、早稻的播种期而有所变化。一般马铃薯的播种期可由11月初延至翌年1月上旬，收获期在1月下旬至4月初，播种期和收获期的变幅较大。本区冬季时逢旱季少雨，多需人工灌溉，为了便于排灌，种马铃薯多采用畦作形式。城郊地区蔬菜产区也有垄作栽培。

该区另一栽培特点是以闽南山区为代表的春马铃薯→杂交水稻或早中熟水稻→秋马铃薯的模式。闽南山区，境内山峦起伏，海拔1 000m以上的山峰有258座，多数耕地分布在海拔400~900m。气候温暖，既无>30℃的酷暑，又无<0℃的严寒，年平均气温15.6~19.5℃。年降水量1 800~2 000mm，相对湿度在80%~84%。春马铃薯播种期是在1月下旬至2月上旬，收获期4月上中旬，然后，种一季杂交水稻。秋马铃薯多分布在海拔600m以下地区，单季水稻收割后，于9月上中旬播种，12月中下旬收获。

4. 西南一季、二季作混作区 本区包括云南、贵州、四川、西藏自治区（以下称西藏）等省（区）及湖南、湖北的西部山区。本区多系山地和高原，区域辽阔，地势复杂，海拔高度变化很大，因而有立体农业之称。所以，马铃薯生产在本区内也呈一作与二作，不同栽作类型垂直交错生产的局面。其中，低山平坝和峡谷地区，无霜期达260~300d，1 000~2 000m的低山地带都适于马铃薯二季作栽培；1 000m以下的江边、河谷地带可进行冬作种植；半高山无霜期为230d左右，马铃薯主要与玉米套种；高山区无霜期不足210d，有的甚至只有170d左右，马铃薯以一年一熟为主。

种植面积占全国的 35% 左右。本区无霜期 150 ~ 350d，年平均气温 6 ~ 12℃，最热月份平均气温大于 28℃，大于 5℃ 积温为 2 000 ~ 8 000℃。年降水量为 500 ~ 1 500mm。

本区按照地理位置和马铃薯分布的情况，大体分为两个主产区。其一是沿巫山、大巴山的两侧，南至武陵山，北至秦岭以南地区。在海拔 700 ~ 1 700m 的山地主要为旱作马铃薯与玉米套种；水田栽培以春、秋马铃薯与水稻连作。另一主产区为云贵高原与川西高原组成。马铃薯主要分布在海拔 1 300 ~ 2 500m。这一主产区的马铃薯栽培面积为 900 万亩，高寒山区以一年一熟的一季作为主，平坝水田二季作较多，中低山区以与玉米套种为主。

（二）秦岭西段南北麓马铃薯生产布局

秦岭西段北麓属甘肃省天水市，马铃薯种植在北方一作区范围内；南麓属陕西省汉中市，马铃薯种植在中原二作区范围内。随着近几年市场经济、商品农业和加工业的发展，马铃薯生产在农民增收和农村经济发展中的优势地位日益突出。为了加快马铃薯生产的发展，建立与市场经济相适应的产业格局，达到农业增效、农民增收的目的，两市各级政府和农业部门逐年加大工作力度，积极引导农民调整种植结构，改进耕作制度，优化品种布局，扶持加工企业，建立脱毒马铃薯繁殖推广和产销服务体系，有力地促进了全市马铃薯生产规模、产量水平、产品质量、加工销售和经济效益的全面提升，使马铃薯产业呈现出良好的发展局面。

1. 天水市马铃薯生产概况 天水市从 20 世纪 70 年代开始先后引进示范推广马铃薯新品种。经过 40 多年发展，马铃薯品种已基本实现良种化，一个以陇薯、天薯系列等优良品种为主体，常规品种、脱毒品种并举的良种高效利用格局基本形成。同时，丰产栽培技术经过一系列由单一到综合，由简单到复杂的技术发展过程，逐步使栽培技术走上了规范化的道路。随着农业现代化进程的不断发展，各地以马铃薯为主的间作、套种、复种面积逐年扩大，均为不同地区实现增产增收、发展区域经济、实现马铃薯生产潜力的深度开发开辟了新途径。

1978—2013 年天水市马铃薯种植规模、亩产、总产等情况如下。

1978—1980 年，马铃薯年种植面积 57.5 万亩，年平均亩产 110.3kg，总产累计 19.04 万 t，占同期粮食总产的 13.6%。1981—1985 年，马铃薯年种植面积 59.5 万亩，年平均亩产 103.5kg，总产累计 30.79 万 t，占同期粮食总产的 12.7%。1986—1990 年，马铃薯年种植面积 78.9 万亩，年平均亩产 117.7kg，总产累计 46.5 万 t，占同期粮食总产的 15.6%。1991—1995 年，马铃薯年种植面积 85.9 万亩，年平均亩产 126.9kg，总产累计 65.41 万 t，占同期粮食总产的 15.1%。1996—2000 年，此间由于遭受连续干旱灾害，造成马铃薯严重减产，种植面积下滑，年均种植面积 77.3 万亩，平均亩产 101.6kg，总产累计 39.26 万 t，占同期粮食总产的 12.6%。特别是严重干旱的 1997 年，马铃薯种植面积

74.54 万亩，总产为 3.4 万 t，平均亩产仅为 45.61kg，为历史最低产量。2001—2005 年，是马铃薯恢复生产的阶段。年平均种植面积 76.9 万亩，平均亩产 136.2kg，总产累计 52.46 万 t，占同期粮食总产的 13.7%。2006—2010 年，是马铃薯生产迅速发展的阶段。年种植面积 94.7 万亩，年平均亩产 216.8kg，总产累计 103.82 万 t，占同期粮食总产的 21.1%。2007 年亩产超过 200kg，较以前亩产产量大幅提高。2011—2013 年，是马铃薯快速生产阶段。种植面积不断扩大，产量大幅度提高。3 年累计种植 300.22 万亩，总产达到 69.27 万 t，平均亩产为 230.7kg，占同期粮食总产的 20.3%。2011 年亩产达 245.9kg，创历史最高水平。

2. **天水马铃薯产区**　天水市位于秦岭西段北麓，地跨黄河、长江两大水系，分属秦岭、六盘山两个山系，南北差异明显。海拔 760～3 120m。年平均气温 7～11℃，≥0℃积温 2 100～4 700℃。年降水量 470～610mm。全年无霜期 165～230d，属半湿润半干旱区。光照资源丰富，冷凉湿润，水热同季气候特征极有利于发展马铃薯生产，属马铃薯北方一作区范围内。同时，马铃薯也是天水市三大作物之一，栽培历史悠久，分布区域广，播种面积大，经济效益高。常年播种面积 100 万亩左右，约占全市粮田面积的 16%，种植面积仅次于小麦和玉米。

马铃薯种植区域分布在天水市 2 区 5 县，主要集中在半山区、高山区及河谷川道区，根据天水的自然条件，管辖范围和栽培习惯，以及马铃薯品种特性布局，在长期生产实践中，形成 4 个栽培区：

（1）温暖半湿润川塬浅山春、夏马铃薯栽培区　系指天水市境内海拔 1 500～1 600m 以下的川塬浅山地带，以渭河干流及支流川塬台地为主。多为一年两熟或两年三熟，复种指数高。马铃薯既可春播又可夏播，近年来，尤以大棚、地膜栽培发展较快。区内年平均温度 8～11℃，马铃薯生育期降水量 320～380mm。本区种植马铃薯约 9.4 万亩，占全市马铃薯种植面积的 10.6%，平均亩产 244.5kg，高于全市马铃薯平均亩产 9.5%。该地区麦后复种马铃薯面积年均达 3 万亩左右，主要种植克新 1 号、2 号、6 号、LK99 等中早熟品种。

（2）温凉半湿润沟壑春播马铃薯栽培区　系指秦岭山区北坡及渭北东部海拔 1 500～2 000m 半湿润（湿润）低山区。包括麦积、秦州渭河以南各乡在上述海拔范围地区，甘谷县的六峰、白家湾的全部及古坡、武家河乡的部分山区，武山县洛门、温泉、城关、山丹乡的大部分地区及滩歌、马力、四门乡川道及浅山地带，秦安县中山、莲花、五营、陇城乡的全部，张家川县的恭门、张家川、刘堡、胡川、大阳、木河、川王、连五、龙山、马关、梁山等乡的全部，清水县的秦亭、白沙、新城、黄门、白驼、松树、王河、远门、土门、草川、陇东等乡的全部和山门海拔 2 000m 以下地区及永清、红堡、贾川、金集、丰望等乡海拔 1 600m 以下地区。区内平均温度 7 ~ 9℃，年降水量 570 ~ 750mm。马铃薯种植面积 38.6 万亩，占全市马铃薯种植面积的 40.8%，平均亩产 240.2kg，高于全市马铃薯平均亩产 7.6%，是天水市马铃薯主栽区之一。主要种植庄薯 3 号、天薯 10 号、11、青薯 9 号、陇薯 7 号等品种。

（3）温凉半干旱沟壑春播马铃薯栽培区　系指渭北西部半干旱低山地区。包括秦安县葫芦河流域中山、莲花及安伏海拔 1 500m 以上部分地区，清水县郭川河流域高峰科梁以西海拔 1 500m 以上地区，甘谷县渭北海拔 1 500m 以上地区，武山县渭北海拔 1 500m 以上地区。区内平均温度 7 ~ 9℃，年平均降水量 450 ~ 490mm。马铃薯种植面积 35.4 万亩，占天水马铃薯种植面积的 37.4%，平均亩产 152.9kg，与全市马铃薯平均亩产持平，是天水市马铃薯主栽区之一。主要种植天薯 11、陇薯 3 号、6 号、庄薯 3 号等品种。

（4）冷凉湿润春播马铃薯栽培区　系指秦岭北坡和关山海拔 1 900m 以上的地区及岭南林区沟坝区。主要包括秦州区的杨家寺、关子、西口等乡，甘谷县的古坡、磐安，武山县的温泉、杨河、沿安、龙台、四门、滩歌、马力、高楼、榆盘乡，张家川县的张家川、恭门、平安、马鹿、阎家乡，清水县的秦亭、山门乡，麦积区的甘泉、麦积、伯阳乡的中山地区及党川、利桥、东岔乡等马铃薯零星分布地区。本区平均温度 4 ~ 7℃，年平均降水量 630 ~ 760mm。这一区域马铃薯播种面积 11.4 万亩，占全市马铃薯种植面积的 12.1%，平均亩产 255.4kg，高于全市马铃薯平均亩产 14.4%，是天水市马铃薯主产区。主要种植天薯 10 号、11、青薯 168、庄薯 3 号、陇薯 6 号等品种。

3. 汉中市马铃薯生产概况　马铃薯以其耐瘠抗灾、高产稳产、粮菜饲兼用、营养丰富且产业链条长的优势，被汉中市定为农业结构调整的主要发展途径。促使其生产面积稳步增加，加工工艺不断改进，销售网络逐步拓展，形成了多渠道、多层面的产业格局，在生产面积、总产量、商品率、经济收入等方面成为当地一个重要的支柱产业。同时，随着省、市政府对马铃薯产业的重视，先后制定"压麦扩薯"和"良种补贴"等政策，扩大马铃薯种植面积，提高马铃薯产量和质量，扶持贮藏设施建设，逐步使马铃薯生产朝着科学化、产业化的方向发展。

1954—1965 年，马铃薯年种植面积 27.5 万亩，年平均亩产 161.1kg，总产累计 44.35 万 t，占同期粮食总产的 18.5%。1975—1984 年，马铃薯年种植面积 29.5 万亩，年平均亩产 186.1kg，总产累计 54.90 万 t，占同期粮食总产的 19.7%。1985—1994 年，马铃薯年种植面积 38.9 万亩，年平均亩产 228.7kg，总产累计 88.96 万 t，占同期粮食总产的 21.6%。1995—2004 年，马铃薯年种植面积 45.9 万亩，年平均亩产 248.3kg，总产累计 113.97 万 t，占同期粮食总产的 24.7%。2005—2013 年，是马铃薯快速生产阶段。马铃薯年均种植面积 57.3 万亩，平均亩产 254.8kg，总产累计 131.40 万 t，占同期粮食总产的

25.1%。2012 年亩产达 268.2kg，创历史最高水平。

4. 汉中市马铃薯产区　汉中市位于秦岭西段南麓，是长江第一大支流汉江的源头，秦巴山片区三大中心城市之一。北倚秦岭，南屏大巴山，与甘肃、四川毗邻，中部为盆地。海拔 371～3 071m。年平均气温 11.4～14.5℃，年≥10℃积温 5 100～6 048℃。年降水量 769～1 123mm。全年无霜期 225～260d，属温带和亚热带过渡区。气候湿润，雨量充沛，冬无严寒，夏无酷暑，是陕西省水、热资源最富集的地区。该区域土壤多为水稻土，汉江沿岸部分区域为沙壤土，土壤富含有机质，透水透气性好。丰富的温、光、水、气和土壤资源为马铃薯生产创造得天独厚的自然条件，是中国西南部生产优质马铃薯的二季作区域。

马铃薯也是汉中市主要粮食作物之一，栽培历史久，种植面积大，经济效益高。常年种植面积 60 万亩，约占全市粮食播种面积的 25%，产量占全市产量的 20%，其中，山区种植面积达 40 万亩，平川区种植面积达 20 万亩。主要栽培方式以春季单作栽培为主，可分大田露地栽培、地膜覆盖栽培、大棚设施栽培 3 种。地膜覆盖栽培和大棚设施栽培是 20世纪 80 年代末陆续示范推广的两种主要栽培方式，栽培面积逐年增加，其中，地膜覆盖栽培面积比例已经达到 40% 左右，以大棚为主的各类设施栽培面积在 10% 左右。马铃薯种植区域分布在汉中市一区十县，主要集中在浅山区、中高山区及平川区。根据汉中的自然条件，耕作制度、品种生态型的差异，以及马铃薯品种特性布局，在长期生产实践中，形成 3 个栽培区。

（1）温暖湿润盆地平坝和浅山川道春夏马铃薯栽培区　系指汉中市境内海拔 400～700m 的汉中盆地。以汉江干流及支流川塬台地为主，主要分布在汉江沿岸的汉台、南郑、城固、洋县等县区，多与水稻进行轮作。多为一年两熟或两年三熟，复种指数高。马铃薯既可春播又可夏播，近年来，尤以大棚、地膜栽培发展较快。区内年平均温度 14.2～14.6℃，马铃薯生育期降水量 665～867mm。本区种植马铃薯约 20 万亩，占全市马铃薯种植面积的 33%，平均亩产 276.5kg，高于全市马铃薯平均亩产 7.4%，是汉中市马铃薯产业的主产区之一。该地区水稻后复种马铃薯面积年均达到 5 万亩左右，主要种植中薯 3号、中薯 5 号、克新 8 号、早大白、费乌瑞它等品种。

同时，汉中市地膜马铃薯在 5 月上中旬收获，地膜加小拱棚覆盖栽培可在 4 月下旬收获上市，比陕西省榆林市和甘肃省定西市两产区熟期早 30～60d。汉中市早熟菜用马铃薯收获时期正是北方蔬菜供应淡季，且北方地区无鲜食马铃薯供应市场。随着西汉高速的开通和石天高速的开工修建，汉中市与西安、太原、兰州、西宁等北方城市的时间距离缩短，凭着本地区独特的气候资源优势，必将发展成为北方大中城市的"菜园子"，早熟菜用马铃薯也成为汉中市重要的外向型优势蔬菜产业品种。

（2）温暖湿润丘陵坡地春播马铃薯栽培区　系指秦岭南坡和巴山北坡的丘陵坡地海拔700～900m的低山区。多数土壤瘠薄，耕作较粗放，肥水条件较差。多实行与玉米、豆类轮作，也有与棉花、玉米间作套种的，种植户多分散种植，规模效应不显著。包括略阳县以南各乡在上述海拔范围地区，勉县的冷峪河、庙坪的全部，宁强县烈金坝、千丘镇、青木川的大部分地区，西乡县大河、柏树垭的全部，佛坪县的龙草坪、大河坝等乡的全部，镇巴县的小河、红鱼、简池等乡的全部和盐场镇海拔900m以下地区及仁和、党皇等乡海拔800m以下地区。区内平均温度13.7～13.9℃，年降水量935～1 123mm。马铃薯种植面积30万亩，占全市马铃薯种植面积的50%，平均亩产263.3kg，高于全市马铃薯平均亩产2.3%，是汉中市马铃薯主栽区。主要种植秦芋32、荷薯14、克新1号等品种。

（3）温凉湿润春播马铃薯栽培区　系指秦巴高山区秦岭、巴山海拔900～1 000m以上的地区。主要包括留坝县的汉口镇、拓梨园，南郑县的黎坪、碑坝镇等马铃薯零星分布地区。本区平均温度7～9℃，年平均降水量769～853mm。气候冷凉，土层薄，肥力低，耕作粗放，冰雹、霜冻、雨涝灾害严重。尤其是巴山高山区马铃薯成熟偏晚，多一年一熟或实行间作套种。这一区域马铃薯播种面积10万亩，占全市马铃薯种植面积的17%，平均亩产232.4kg，低于全市马铃薯平均亩产9.7%。主要种植冀张薯14、秦芋30、31等品种。

二、马铃薯生长发育

马铃薯是短日植物。性喜冷凉，喜K，不耐高温和霜冻。发芽适温为12～18℃；地上茎叶生长温度为17～21℃；块茎形成要求昼温14～24℃，夜温12～14℃；结薯期要求12h左右的短日照和疏松、湿润、肥沃以及通气良好的土壤条件；土壤板结会造成薯块表面粗糙和薯形不整。秦岭西段南北麓的地域条件恰好能够满足马铃薯的生长发育。

（一）生育期和生育时期

1. 生育期　主要介绍天水地区和汉中地区不同熟期类型马铃薯的生育期天数。

（1）天水主要栽培品种生育期　天水地区马铃薯品种的生育天数在60～135d。其中，早熟品种在60～75d，它们生育期短，植株块茎形成早，膨大速度快，块茎休眠期短，适宜一季作河谷川道区、二季作灌溉区及南方冬作栽培，可适当密植，以每亩4 000～4 500株为宜。栽培上要求土壤中上等肥力，生长期需求肥水充足，不适于旱地栽培。早熟品种一般植株矮小，可与其他作物间作套种。品种主要有中薯5号、郑薯6号、克新2号、费乌瑞它、尤金等。中早熟品种在76～90d，中熟品种91～105d，其生长期较短，适宜一季作栽培、部分品种可以用于二季作区早春及南方冬季栽培，以每亩3 500～4 000株为宜。品种主要有克新1号、克新6号、LK99、大西洋、天薯9号等。中晚熟品种106～120d、晚熟品种 121～135d，其生长期长，仅适宜一季作栽培。一般植株高大单株产量较高，以每亩 3 000～3 500 株为宜。品种主要有陇薯 3 号、陇薯 6 号、陇薯 7 号、天薯 10 号、天薯11、天薯 12、青薯 9 号、庄薯 3 号等。

（2）汉中主要栽培品种生育期　汉中地区马铃薯品种的生育天数在 50～100d。其中，平川区以保护地早熟马铃薯栽培为主，常以成熟期提前收获、提高效益为主要目标，一般生育期 50～70d。品种主要有费乌瑞它、早大白、中薯 3 号、中薯 5 号等；同时，该区域有少量秋播马铃薯，用中早熟品种播种，生育期 80d 左右。品种主要为克新 6 号、安农 5号、东农 303 等。丘陵山区以中早熟、中熟品种栽培为主，生育期 80～100d。品种主要有克新 1 号、荷薯 14、冀张薯 8 号、秦芋 30～32。

2. 生育时期（物候期）　根据马铃薯的生长、发育等规律及应对节候的反应，可将马铃薯的物候期分为：

出苗期：田间出苗率达 50% 的日期。

现蕾期：50% 的植株现蕾的日期。

开花期：50% 的植株开花的日期。

盛花期：全部植株开花的日期。一般在开花期后 15d 左右。

终花期：田间有零星植株开花的日期。

成熟期：全株有 2/3 叶片枯黄的植株占小区总株数 50% 的叶片变黄的日期。

休眠期：新收获的块茎，即使在适宜的条件下，必须经过一段时期才能发芽的现象。休眠又分为自然休眠和被迫休眠。自然休眠（或生理休眠）为块茎在适宜发芽的环境里不发芽，是由内在生理原因支配的。被迫休眠（或强制休眠）为当块茎已经通过自然休眠期，但不给它提供发芽条件，因而，不能发芽，这是受到抑制而不能发芽的休眠。

（二）生育阶段

马铃薯从块茎的发芽期，到新的块茎成熟，按照不同生育时期的生育特点、器官建成以及与产量形成的互相关系，可将马铃薯的全生育过程划分为 6 个阶段，也是制定生产技术措施的关键阶段。

1. 发芽阶段　芽萌发至出苗。

种薯播种后，从萌发开始，经历芽条生长，根系形成，至幼苗出土为发芽阶段。块茎萌发时，首先幼芽发生，其顶部着生一些鳞片小叶，即"胚叶"，随后在幼芽基部的几个节上发生幼根。同时，在幼芽基部形成地下茎，其上有 6～8 个节，每个节上分化并发生匍匐茎，在匍匐茎的侧下方产生 3～6 条匍匐根。此阶段生长的中心是芽的伸长、发根和形成匍匐茎，营养和水分主要靠种薯，按茎叶和根的顺序供给。芽的生长速度和质量，受制于种薯和发芽需要的环境条件是否具备。关键措施是把种薯中的养分、水分及内源激素调动起来，促进早发芽，多发根，快出芽，出壮苗。解决好第一段的生长是马铃薯高产稳产的基础。

2. 幼苗阶段 出苗至现蕾。

从幼苗出土，经历根系发育，主茎孕育花蕾，匍匐茎伸长及顶端膨大块茎初具雏形，为幼苗阶段。由于马铃薯种薯内含有丰富营养和水分，从而，在出苗前便形成相当数量的根和胚叶。出苗后根系继续扩展，茎叶生长迅速，多数品种在出苗后 7~10d 匍匐茎伸长，5~10d 植株顶端开始膨大，同时，顶端第一花序开始孕育花蕾，侧枝开始发生。此期的生长中心是茎叶和根系的生长。技术管理措施要促根，促苗，协调茎叶与块茎的生长。

3. 块茎形成阶段 现蕾至开花。

从块茎初具雏形开始，经历地上茎顶端封顶叶展开、第一花序开始开花、全株匍匐茎顶端开始膨大、直到最大块茎直径达 3~4cm、地上部茎叶干物重和块茎干物重平衡为止，为块茎形成阶段。该阶段的生长特点是，由地上部茎叶生长为中心，转向地上部茎叶生长与地下部块茎形成并进阶段。也就是说，此期茎叶发展日益减少，基部叶片开始转黄枯落，地上部分的养分向块茎输送，块茎迅速膨大，尤其开花期的 10 多天膨大最快，50% 左右的产量在这阶段时期形成。一般块茎形成阶段的长短受气候条件、病害和品种熟期等的影响，持续 30~50d。此阶段重点为保持茎叶生长，促进块茎形成，延长块茎形成期。关键措施是保证水肥条件，促进茎叶生长，迅速建成同化体系，同时，中耕培土为块茎膨大创造良好条件。

4. 块茎膨大阶段 盛花至茎叶衰老。

从地上部与地下部干物重平衡开始，即进入块茎增长阶段。此期叶面积已达最大值，茎叶生长逐渐缓慢并停止；地上部制造的养分不断向块茎输送，块茎的体积重量不断增长。这一阶段是决定块茎体积大小的关键阶段。关键措施以药剂防治马铃薯早疫病、晚疫病等病害来维持茎叶正常生长，保证同化产物的正常转运。同时，采用促进块茎膨大的技术措施，促进块茎迅速膨大。

5. 淀粉积累阶段 茎叶衰老至茎叶枯黄。

从茎叶开始逐渐衰老，到植株基部 2/3 左右的茎叶枯黄为淀粉积累阶段。该阶段茎叶停止生长，地上部同化产物（碳水化合物、蛋白质和灰分）不断向块茎中转运，体积不再增大，但重量继续增加，主要是淀粉含量增加。淀粉的积累一直延续到茎叶全部枯死之前。此阶段的技术措施是尽量保持根、茎、叶减缓衰亡，加速同化物向块茎中转移和积累，使块茎充分成熟。

6. 成熟及收获阶段 完全成熟或采收。

在生产实践中，马铃薯没有绝对的成熟期，收获时期决定于生产目的和轮作要求。一般当植株地上部茎叶 2/3 以上黄枯，块茎内淀粉积累充分时，即为成熟收获期。技术措施的任务是及时杀秧，收获，避免晚疫病等病害传播到薯块，防止收获运输途中机械损伤，并科学规范贮藏。

第二节　秦岭西段南北麓马铃薯品种沿革

一、种质资源

（一）中国马铃薯种质资源

马铃薯具有丰富的生态多样性和广阔的适应性。根据 Hawkes（1990）的分类，目前，发现马铃薯有 235 个种，其中，7 个栽培种，228 个野生种，能结薯的种有 176 个。种质资源的搜集引进、鉴定、创新和利用一直为中国马铃薯育种者所重视。

1. 地方品种的搜集　在 1936—1945 年，管家骥、杨鸿祖共搜集 800 多份地方材料。1956 年组织全国范围内的地方品种征集，共获得马铃薯地方品种 567 份，其中，很多具有优良特征。筛选出 36 个优良品种，如抗晚疫病的滑石板、抗 28 星瓢虫的延边红。1983 年编写出版了《全国马铃薯品种资源编目》，收录全国保存的种质资源 832 份，为杂交育种提供了丰富的遗传资源。2004 年云南省农业科学院孙茂林等论述云南保留有丰富多彩的、内地早已难见的地方品种，这些品种局限在各少数民族区域内，而且，常以品种块茎的形状、颜色或产地的地名命名。在海拔 3 000m 的迪庆高原藏族地区，品种有格咱白、尼西紫、中甸红等；在海拔 2 000～2 500m 的滇西北高原白族地区有品种鹤庆红、剑川红等；纳西族地区有老鼠洋芋等；在海拔 2 000～2 500m 的滇中高山彝族地区有品种转心乌、洋人洋芋、宣威粑粑洋芋等；在海拔 1 600m 左右的文山壮族地区有品种文山紫心等。这些高海拔温带、亚热带区栽培的地方品种是大块茎的马铃薯品种，性状独特，有的长似牛角，有的肉质呈紫色或红色。在海拔 1 000m 左右的滇南彝族、哈尼族地区有小糯洋芋、景东小洋芋、鞋底洋芋、景谷本地洋芋、瓦壳洋芋；滇西南的傣族、苗族、彝族地区有澜沧小洋芋、盈江小洋芋、兰坪江红、梁河小厂洋芋等，这些在热带、亚热带区栽培的地方品种块茎很小，每个块茎重仅 10g 以上。在全国和云南内地大部分主产区，马铃薯种质趋于同质化的情况下，这些具有民族性的品种，是宝贵的种质资源。

2. 国外品种的引进　马铃薯在产量、品质性状、抗病虫性及对各种逆境的耐性等方面，存在广泛的遗传多样性。为此，世界各国马铃薯育种家都努力组织征集和利用各类外来种质资源。中国 1934 年开始从国外引进大批的品种、近缘种和野生种。1934—1936 年，管家骥从英国和美国引进 14 个品种，20 世纪 40 年代中期，前中央农业试验所从美国农业部引入了 62 份杂交组合实生种子。从 1936—1945 年，中国从英、美、苏等国引进的材料中鉴定出胜利、卡它丁等 6 个品种在各地推广。1947 年杨鸿祖从美国引进 35 个杂交组合。80 年代末至 90 年代初从国际马铃薯中心（CIP）引进群体改良无性系 1 000 余份，引进杂交组合实生种子 140 份，筛选出一批高抗晚疫病和抗青枯病的种质资源。1995 年后，随着国际交流增加、马铃薯加工业的发展，从荷兰、美国、加拿大、俄罗斯、白俄罗斯等国和国际马铃薯中心（CIP）引进了食品、淀粉加工和抗病等各类专用型品种资源。近年来，中国从国际马铃薯中心（CIP）共引进抗病、抗干旱和加工等种质资源 3 900 多份。国外品种最基本的种质来源是 40～50 年代引自美国、德国、波兰和前苏联等国，少数来自加拿大、国际马铃薯中心（CIP）。从美国引入的品种资源有卡它丁、小叶子、红纹白等品种及杂交实生种子。德国品种有德友 1～8 号及白头翁、燕子等品种。波兰品种有波友 1 号（Epoka）、波友 2 号（Evesta）等品种。2002 年四川省农业科学院引进国外种质材料 117 套家系实生种子、试管苗、早代无性系及品种材料等，经过多年培育，从中选育出 2 个新品种及一批新的无性系。2008 年青海大学从 CIP 引进 60 份资源，运用减压干燥法、酶水解法、萃取法等分别对资源的产量、品质性状进行评价。2012 年吉林省延边农业科学研究所引进美国 132 份马铃薯种质资源，筛选出高淀粉、抗晚疫病品种 10 份，其中，早熟（生育期 70d 以内）品种 2 份、中晚熟（生育期 >70d）品种 8 份。目前据估计，中国共保存 1 500～2 000 份种质资源。

（二）天水市马铃薯种质资源

天水马铃薯品种资源主要可以分为 3 类：首先为地方品种，如牛头、深眼窝、兔儿嘴、小白花、大白花等，均为晚熟品种，抗病性强、丰产性差、商品性差、食味优良。随着品种的更新换代，已少有种植。其次为当地自育品种，如天薯 1～12 号、农天 1 号、2号，均为中晚熟、晚熟品种。其抗病性强、丰产性好、商品薯率高、食味优良。特别是对晚疫病抗性强，其中，天薯 9 号、天薯 10 号、天薯 11 及天薯 12 目前为主栽品种，种植面积占 30% 左右。再次为引进国内的陇薯、庄薯、青薯、晋薯、甘农薯、中薯、武薯、临薯、定薯、云薯、延薯、丽薯、冀张薯系列等品种资源，大部分为晚熟菜用型马铃薯品种。其中，庄薯 3 号、陇薯 3 号、陇薯 6 号、陇薯 7 号、青薯 9 号等品种为目前主栽品种，种植面积占 60% 左右。最后为外引的早熟或加工型马铃薯品种，其中，包括国外的费乌瑞它、大西洋、夏波蒂及国内的克新、郑薯、中薯等系列品种，其中，克新 1 号、克新 2号、克新 6 号为主栽品种，种植面积占 10% 左右。

（三）汉中市马铃薯种质资源

汉中马铃薯品种资源主要可以分为两类：首先为地方品种，如米花洋芋、汉山洋芋等，均为中早熟品种，抗病性强、商品性差、食味优良，因其种植时期过长，日渐退化，已极少种植；其次为外引的国内、外品种，其中，包括国外的费乌瑞它、米拉、丰收白、德国白等，为早熟型或加工型品种，种植面积占 10% 左右；国内的早大白、中薯、克新、东农、秦芋、鄂薯系列等，为早熟、中早熟菜用型品种，种植面积占 90% 左右。

二、品种更新换代

新中国成立后，天水和汉中的各级政府、科研院所都十分重视马铃薯品种资源的引进和更新换代。特别是近年来，随着马铃薯产业的快速发展，马铃薯产业在当地政治经济中的地位日益凸显，马铃薯品种的更新换代步伐也不断加快，一些高产、抗病、优质的马铃薯新品种不断被选育引进，并示范推广，为马铃薯产业的快速健康发展打好了基础。

（一）天水市马铃薯品种更新换代

据研究报道（蔡培川，1989），可以确认 1863 年在今天水市麦积区党川、利桥乡一带已发现窖藏马铃薯。从地形地貌、交通、历史沿革各方面来分析，天水始种马铃薯的时间在 1764—1863 年，比福建省松溪县晚 100 年左右；始种地方在天水以东渭河流域的吴砦（今麦积区三岔乡一带），后逐渐遍及天水各地。

20 世纪 40 年代，前南京农业实验所管家骥从美国引进部分品种，通过鉴定选出火玛、西北果、七百万和红纹白 4 个品种，在四川、甘肃、陕西等省推广。这些品种具有不同的优点：火玛耐旱性强，高抗马铃薯卷叶病毒病，抗癌肿病，使用品质优良；西北果对马铃薯 A 病毒免疫，抗晚疫病和癌肿病；七百万结薯大而整齐，耐热，抗马铃薯 Y 病毒和块茎网纹坏死；红纹白极早熟，结薯集中而整齐。后期杨鸿祖从美国农业部引进近 100 份品系，经鉴定入选巫峡和小叶子两个品系进行推广，并且它们均抗晚疫病。

新中国成立后，1951 年受全面大面积推广新品种和上述外国引进新品种的影响，天水地区也引进西北果、火玛等新品种，逐步将地方品种诸如牛头、深眼窝、兔儿嘴等替代。这一阶段引种工作发展很快，基本上改变了农家品种当家的面貌。

20 世纪 70～80 年代受原四川省农业科学研究所和原东北农业科学研究所等单位从东欧国家引入 200 多份资源的影响，天水也引入国外品种马尔科、波友 1 号、米拉、白头翁等；国内品种有甘肃省农业科学院陇薯 1～2 号、黑龙江省农业科学院克山分院的克新 1～4 号等；同时，天水唯一一家进行马铃薯研究的单位天水市农业科学研究所自 60 年代已开始新品种选育工作，其中，1976—1977 年选育出天薯 1 号、2 号，1981 年育成天薯 3 号。

1990—2000 年通过国际马铃薯中心（CIP）驻京办事处、中国农业科学院蔬菜花卉研究所、山东省农业科学院蔬菜研究所等单位从 CIP 以及美国、荷兰引入大量资源。天水同期也引进推广国外品种费乌瑞它（又名鲁引 1 号、荷兰 7、荷兰 15、津引 8 号等）、大西洋、夏波蒂等；国内品种有中国农业科学院蔬菜花卉研究所中薯 3 号、甘肃省农科院陇薯 3～4 号、河北省农林科学院小白花、黑龙江省农科院克山分院的克新 5～6 号；天水农业科学研究所选育的天薯 4～7 号等品种。

2001 年以后，甘肃省对马铃薯产业加大了重视程度，天水各级政府和研究院所大力推动马铃薯产业发展，天水农业科学研究所 2000—2010 年选育出天薯 8～10 号；2012 年育成天薯 11、农天 1 号；2014 年育成天薯 12、农天 2 号。并逐年注重引进国内外优良品种，主要包括中国农科院蔬菜花卉研究所的中薯 5～21，甘肃省农科院马铃薯研究所陇薯 6～13 号，青海省农科院青薯 6 号、9 号、青薯 168，山西省农科院晋薯 11～16、黑龙江农科院克新 1 号、2 号、6 号、17、19、23、24、河北省农科院冀张薯 12～14、云南省农科院云薯 101、202、605、606，东北农业大学东农 303、304，固原农科所宁薯 12、14，丽江农科所丽薯 6 号、7 号，延边农科所延薯 4～8 号，郑州蔬菜花卉研究所郑薯 5～8 号，定西农科院定薯 1 号、庄浪农技推广中心庄薯 3 号等已审定定名品种。通过上述良种的引育成功，使生产品种不断更新，并且，每次更新都促进产量有较大的增长。

同时，天水市农业科学研究所、甘肃省丰收农业科技有限公司、天水种源公司等马铃薯种薯生产企业先后大面积推广种植天薯 10～11 号、庄薯 3 号、陇薯 7 号、青薯 9 号、克新 1 号、费乌瑞它等脱毒马铃薯，都使当地马铃薯产量和品质得到了较大的提高，树立了天水马铃薯的品牌，提高了天水马铃薯的知名度。

经过多年新旧品种的更新，天水种植的马铃薯新品种现主要为两部分，首先为山旱地区，占马铃薯播种面积的 90%，主要为天薯 9～12 号、陇薯 3 号、6 号、7 号、青薯 9 号及庄薯 3 号等，多为晚熟、菜用型品种，抗晚疫病，丰产性好，商品薯率高；其次为河谷川道地区，占马铃薯播种面积的 10%，主要为克新 1 号、2 号、6 号、LK99 等，多为中早熟、菜用型品种，抗早疫病，抗病毒病，丰产性优，薯块商品性好。

自甘肃省马铃薯产业"十二五"规划中，将天水作为早熟菜用型及食品加工型马铃薯生产核心区域以来，当地各级政府机关结合天水马铃薯产业发展现状，在总结过去良种工作的基础上，结合生产实际，建立马铃薯脱毒种薯生产基地和良种扩繁区域，并坚持走"试验、示范、推广"相结合的办法，使新品种推广工作步入经常性、规范化的道路。目前，全市马铃薯脱毒良种已全面覆盖。

（二）汉中市马铃薯品种更新换代

汉中市与天水市同属秦岭山脉西端，同受"关中—天水经济区"的影响，马铃薯产业发展受到西北乃至全国的影响，品种的更新换代也有近似的情况发生。

在 20 世纪 50 年代，受全国大面积示范推广新品种的影响，汉中也引进部分优良马铃薯品种，以替代当地长久栽培的地方品种米花洋芋、汉山洋芋等。

在 60 年代，先后引进国外的米拉（又名德友 1 号、和平）、丰收白、德国白等抗晚疫病、高抗癌肿病的马铃薯品种。

在 70 到 80 年代，随着马铃薯育种技术的发展，一批新品种在汉中地区得到大面积推广。如陕西省安康市农业科学研究所育成的安农 1～5 号、175（文胜 4 号），从黑龙江省农业科学院克山分院引进的克新 1～4 号，其中，克新 1 号至今仍是汉中市马铃薯主栽品种。

90 年代至今，先后引进推广国外品种费乌瑞它、大西洋、夏波蒂、荷薯 14 等；国内品种东北农业大学的东农 303，辽宁省本溪农业科学研究所的早大白、尤金，中国农科院蔬菜花卉研究所的中薯 3 号、中薯 5 号，安康市农业科学研究所的秦芋 30（安薯 58）、秦芋 31、秦芋 32，南方马铃薯研究中心的鄂马铃薯 5 号，河北农林科院的冀张薯 8 号等，这些品种构成汉中地区现阶段的主要栽培品种，除秦芋 30～31 为中熟、中晚熟菜用品种，其他均为早熟、中早熟菜用型马铃薯品种，具有抗早疫病、丰产性佳、商品性状好等优点。

三、优良新品种简介

（一）天薯 10 号

1. 品种来源　甘肃省天水市农业科学研究所以庄薯 3 号为母本、郑薯 1 号为父本杂交选育而成。经甘肃省农作物品种审定委员会 2010 年 3 月第 25 次会议通过审定。

2. 特征特性　淀粉加工型马铃薯品种，晚熟，生育期 126d 左右。平均株高 67.0cm，株型扩散，植株繁茂，单株主茎数 1～5 个，茎、叶绿色，花冠白色，天然结实性中等。薯块扁圆形，黄皮黄肉，芽眼少且浅。结薯集中，单株结薯 4.9 个，块茎大而整齐，大中薯率（重量率）89.8%。食味中等，耐贮藏。每亩产量在 2 000kg 左右。2007 年经甘肃省农科院农业测试中心分析，块茎干物质 25.34%，淀粉 19.44%，维生素 C 16.42mg/100g，粗蛋白 2.90%，还原糖 0.439%。淀粉含量高，适宜于淀粉加工。

3. 产量水平　2007—2008 年参加甘肃省马铃薯区域试验，2 年 7 点 13 点次天薯 10 号平均折合亩产量 1 860.4kg，比统一对照陇薯 6 号 1 753.5kg，增产 6.1%；比当地对照品种折合亩产量 1 696.8kg，增产 9.6%。

4. 抗性表现　经甘肃省农科院植保所进行田间鉴定，高抗晚疫病，中抗马铃薯 X 病毒病（PVX），对马铃薯卷叶病毒病（PLRV）表现感病。

5. 适宜区域　适宜在甘肃省的天水、定西、陇南、平凉等地种植。

（二）天薯 11 号

1. 品种来源　甘肃省天水市农业科学研究所以自育品种天薯 7 号为母本、甘肃省庄浪县农业技术推广中心选育的庄薯 3 号为父本杂交选育而成。2012 年 1 月经甘肃省农作物品种审定委员会第 27 次会议通过审定，2014 年 9 月通过国家品种审定委员会审定。

2. 特征特性　普通马铃薯晚熟品种。生育期 122d。株型直立，生长势强，分枝少，枝叶繁茂，茎色绿色，叶色深绿色。花冠浅紫色，落蕾，天然结实性差。薯块扁圆形，淡黄皮黄肉，芽眼浅。株高 74.0cm，单株主茎数 3.2 个，单株结薯数为 6.4 块，平均单薯重 114.3g。经农业部蔬菜品质监督检验测试中心（北京）分析，干物质 24.6%，淀粉 16.0%，维生素 C 35.6mg/100g，粗蛋白 2.36%，还原糖 0.25%。

3. 产量水平　在 2011—2012 年参加国家马铃薯区域试验（中晚熟西北组）中，天薯 11 平均折合亩产量 2 282.4kg，较对照陇薯 6 号增产 6.2%，产量总评第一位；2 年 18 个点次试验中，12 个点次增产，6 个点次减产。2013 年国家马铃薯生产试验（中晚熟西北组）中，平均折合亩产 2 264.4kg，平均增产率 7.6%，商品薯率 81.2%，产量居参试品种第一位。

4. 抗性表现　经黑龙江省农科院克山分院马铃薯病毒病抗性鉴定，抗马铃薯 X 病毒（PVX）和抗马铃薯 Y 病毒（PVY）；经河北农业大学植保学院室内接种抗性鉴定，对晚疫病为感病品种；经湖北恩施中国南方马铃薯研究中心晚疫病田间抗性鉴定，对晚疫病的田间抗性明显高于对照鲜食品种陇薯 6 号和当地对照品种米拉，但略低于鄂马铃薯 5 号。

5. 适宜区域　适宜在甘肃、宁夏、青海等地及周边地区海拔 1 500～2 200m 的半干旱山区、二阴山区及高寒阴湿地区种植。

（三）天薯 12 号

1. 品种来源　甘肃省天水市农业科学研究所以自育品系 97 - 8 - 98 为母本、90 - 10 - 58 - 1 为父本杂交选育而成，2014 年 1 月经甘肃省农作物品种审定委员会第 29 次会议通过审定。

2. 特征特性　普通马铃薯晚熟品种。生育期（出苗至成熟）在甘肃为 126d。株型半直立，平均株高 94.3cm，植株繁茂，单株主茎数 2～3 个，分枝数 8～11 个。茎绿色带褐色条纹，叶绿色，小叶排列紧密。花冠紫色，天然结实性少。薯块椭圆，薯皮光滑且淡黄色，薯肉淡黄色，芽眼紫红色，芽眼少且浅。结薯集中，单株平均结薯 4.1 个，平均薯重 104.9g，大中薯重率 87.4%，块茎大而整齐。食味良好，耐贮藏。2013 年经甘肃省农科院农业测试中心分析，块茎干物质含量 23.14%，淀粉 17.47%，维生素 C 17.62mg/100g，粗蛋白 2.53%，还原糖 0.159%。特点为淀粉含量较高，营养品质优良。

3. 产量水平　在 2011—2012 年甘肃省马铃薯区域试验中，天薯 12 平均折合亩产 1 508.4kg，比统一对照陇薯 6 号平均增产 4.0%，比当地对照品种平均增产 32.3%。在 2013 年甘肃省马铃薯品种生产试验中，平均亩产量为 1 546.4kg，比对照（ck）平均增产 24.3%。

4. 抗性表现 经甘肃省农科院植保所进行田间鉴定，抗晚疫病，对花叶病毒病具有较好的田间抗性。

5. 适宜区域 适宜在甘肃省的天水、临夏、安定、宕昌、静宁等地及周边地区海拔1 500～2 200m 的半干旱山区、二阴山区及高寒阴湿地区种植，也适宜于青海、宁夏等地种植。

（四）庄薯 3 号

1. 品种来源 甘肃省平凉市庄浪县农业技术推广中心以自育品系 87－46－1 为母本、青海省农林科学院的青 85－5－1 为父本杂交选育而成。2005 年通过甘肃省农作物品种审定委员会审定，2011 年通过国家农作物品种审定委员会审定。

2. 特征特性 普通马铃薯晚熟品种。生育期 135d。株型直立，株高 82.5～105.0cm，分枝数 3～5 个。茎绿色，叶片深绿色，叶片中等大小，复叶椭圆形。花淡蓝紫色，天然结实。结薯集中，单株结薯数为 5～7 个，平均单薯重 120g，商品薯率高达 90%以上。薯块圆形，薯皮光滑度中等，薯皮黄色，薯肉黄色，芽眼淡紫色，块茎大而整齐。薯块休眠期长，耐贮藏。经甘肃省农科院测试中心测定，薯块干物质 26.38%，淀粉 20.5%，粗蛋白 2.15%，维生素 C 16.2mg/100g，还原糖 0.28%。

3. 产量水平 在全国西北组马铃薯区域试验，平均亩产 1 778.5kg，较对照陇薯 3 号增产率 41.9%。2005～2010 年在甘肃、宁夏、青海 3 省、区 45 个县示范推广平均亩产 2 173.7kg，较对照增产 26.7%。万亩示范区最高产量达 5 837.0kg，平均亩产 3 467.61kg，比陇薯 3 号最高增产 41.9%。

4. 抗性表现 甘肃省农科院植保所 2007 年在庄浪县、定西市、天水市、临夏州等地田间自然感病环境条件下抗病性鉴定结果表明，庄薯 3 号晚疫病（按 5 级标准划分）病级为 1～2 级，病株率为 42.5%，病叶率为 12.0%，大多数病斑无霉层，相比较陇薯 6 号晚疫病病级为 2～3 级，病株率为 75.2%，病叶率为 55%，霉层明显；庄薯 3 号病毒病 PVX、PVY 发生不明显或未发现。

5. 适宜区域 适宜于甘肃省及青海、宁夏等地种植。

（五）青薯 9 号

1. 品种来源 青海省农林科学院从国际马铃薯中心（CIP）引进杂交组合（387521.3×APHRODITE）材料 C92.140－05 中选出优良单株 ZT，后经系统选育而成。2006 年通过青海省农作物品种审定委员会审定；2011 年通过国家农作物品种审定委员会审定。

2. 特征特性 普通马铃薯中晚熟品种。生育期 115 d。株型直立，株高 89.3cm 左右，分枝多，生长势强。茎绿色带褐色，叶深绿色，复叶大。花冠紫色，开花繁茂性中等，天然结实性少。薯块椭圆形，薯皮红色，有网纹，薯肉黄色，芽眼少且浅。结薯集中，单株主茎数 2.9 个，结薯数 5.2 个，单株产量 944.39g，平均薯重 95.9g。耐贮性好，休眠期40~50d。经农业部蔬菜品质监督检验测试中心（北京）分析，块茎干物质 23.6%，淀粉15.1%，维生素 C 18.6mg/100g，还原糖 0.19%。

3. 产量水平　2005—2006 年参加青海省区域试验，两年 4 点次平均亩产 3 530.7kg，较对照下寨 65 平均增产 34.2%，较对照青薯 2 号增产 24.8%，增产极显著。2009—2010年参加中晚熟西北组品种区域试验，两年平均亩产 1 764.0kg，比对照平均增产 40.7%。2010 年生产试验，平均亩产 1 921.0kg，比对照陇薯 3 号增产 17.3%。

4. 抗性表现　经室内人工接种鉴定，植株中抗马铃薯 X 病毒，抗马铃薯 Y 病毒，抗晚疫病。区试田间有晚疫病发生。

5. 适宜区域　适宜在青海东南部、宁夏南部、甘肃中部一季作区作为晚熟鲜食品种种植。

（六）陇薯 3 号

1. 品种来源　甘肃省农科院粮作所以具有近缘栽培种 "Solanum. Andigena" 血缘的创新中间材料 35－131 为母本，以自育品系 73－21－1 为父本杂交选育而成，1995 年通过甘肃省农作物品种审定委员会审定。

2. 特征特性　普通马铃薯中晚熟品种。生育期 110d 左右。株型半直立，较紧凑。株高 60~70cm，株丛繁茂。茎绿色，叶片深绿色，复叶大小中等。开花繁茂，花冠白色，天然结实性少。薯块扁圆或椭圆形，薯皮光滑，皮色黄色，肉色黄色，大而整齐，芽眼较浅并呈淡紫红色。结薯集中，薯块大而整齐，单株结薯 4~7 块，商品薯率 90%~97%。块茎休眠期长，耐贮藏。块茎干物质 24.10%~30.66%，淀粉 20.09%~24.25%，维生素 C 20.2~26.88mg/100g，粗蛋白质 1.78%~1.88%，还原糖含量 0.13%~0.18%，食用口感好，有香味。

3. 产量水平　在 1992—1994 年全省区域试验 37 点次试验中，平均亩产量为 1 821.1kg，比各地对照平均增产 22.9%。在 1993—1994 年连续两年 32 个点次生产试验示范中，亩产量在 1 137.0~3 750.0kg，比各地主栽品种增产 9.0%~125.0%，在大面积推广中，1999—2002 年连续在甘肃省山丹县创亩产超 5 000kg 高产典型。

4. 抗性表现　高抗晚疫病，对花叶病、卷叶病毒病具有田间抗性。田间较抗环腐病、黑胫病，未见纺锤块茎病株。

5. 适宜区域　不仅适宜甘肃省高寒阴湿、二阴及半干旱地区推广种植，而且种植范围还扩大到宁夏、陕西、青海、新疆、河北、内蒙古、黑龙江等省区。

（七）陇薯 6 号

1. 品种来源　甘肃省农业科学院马铃薯研究所以陇南农业科学研究所的武薯 86－6－

14 为母本，自育品种陇薯 4 号为父本杂交选育而成。2005 年通过国家农作物品种审定委员会审定。

2. 特征特性　普通马铃薯中晚熟品种。生育期 115d。株型半直立，株高 70～80cm，主茎分枝较多，生长势强。茎绿色，叶深绿色。花冠乳白色，无天然结实。块茎扁圆形，薯皮光滑，皮色淡黄色，肉色白色，芽眼较浅，单株结薯 5～8 个，商品薯率 90%～95%。块茎休眠期中长，较耐贮藏。经农业部蔬菜品质监督检验测试中心（北京）分析，干物质27.74%，淀粉 20.05%，粗蛋白 2.04%，维生素 C 含量 15.53mg/100g，还原糖 0.22%。

3. 产量水平　2002—2003 年参加国家马铃薯品种中晚熟西北组、华北组区域试验，中晚熟西北组平均亩产 1 686.3kg，比对照陇薯 3 号增产 11.8%，列 7 个参试品种第一位；中晚熟华北组平均亩产 1 684.6kg，比对照紫花白增产 6.3%，列 11 个参试品种第二位。2004 年生产试验，中晚熟西北组平均亩产 2 304.0kg，比对照陇薯 3 号增产 17.5%；中晚熟华北组平均亩产 1 618.0kg，比对照紫花白增产 19.8%。

4. 抗性表现　室内接种鉴定表明，中抗轻花叶病毒病，感重花叶病毒病，中感晚疫病。田间表现抗退化能力强，抗晚疫病。

5. 适宜区域　适宜甘肃省高寒阴湿、二阴及半干旱地区推广种植，也适宜宁夏固原地区、青海海南州、河北张家口与承德地区、内蒙古乌盟与武川地区等北方一季作区推广种植。

（八）陇薯 7 号

1. 品种来源　甘肃省农业科学院马铃薯研究所以庄薯 3 号为母本，菲多利为父本杂交选育而成。2009 年通过国家农作物品种审定委员会审定。

2. 特征特性　普通马铃薯晚熟品种。生育期 120d 左右。株高 65～70cm。株型直立，生长势强，分枝少。枝叶繁茂，茎、叶绿色。花冠白色，天然结实性较差。薯块椭圆形，黄皮黄肉，芽眼浅。区试平均单株结薯数为 5.8 个，平均商品薯率 80.7%。块茎休眠期中长，较耐贮藏。淀粉含量 13.0%，干物质含量 23.3%，还原糖含量 0.25%，粗蛋白含量2.68%，维生素 C 含量 18.6mg/100g 鲜薯。

3. 产量水平　2007—2008 年参加西北组区域试验，两年平均块茎亩产 1 912.1kg，比对照陇薯 3 号增产 29.5%。2008 年生产试验，块茎亩产为 1 756.1kg，比对照品种陇薯 3 号增产 22.5%。

4. 抗性表现　植株抗马铃薯 X 病毒病、中抗马铃薯 Y 病毒病，轻感晚疫病。

5. 适宜区域　适宜在西北一季作区的青海东部、甘肃中东部、宁夏中南部种植。

（九）早大白

1. 品种来源　辽宁省本溪市农业科学研究所以自育品种五里白为母本、品系 74－128

为父本杂交选育而成。1992 年、1997 年依次通过辽宁省、黑龙江省农作物品种审定委员会审定，1998 年通过全国农作物品种审定委员会审定。

2. 特征特性　普通马铃薯早熟品种。生育期 60～65d。株型直立，株高 50cm 左右，繁茂性中等，分枝少。茎基部浅紫色，茎节和节间绿色，叶缘平展，复叶较大，顶小叶卵形，天然结实性少。块茎扁圆形，薯皮光滑，皮色白色，肉色白色，芽眼浅且少。结薯集中，单株结薯 3～5 个，商品薯率 85% 以上。休眠期 31～39d，耐贮藏。块茎干物质含量 21.90%，淀粉含量 11%～13%，维生素 C 12.90mg/100g，粗蛋白 2.13%，还原糖 1.2%。

3. 产量水平　一般每亩 2 000kg，高产可达 4 000kg 以上。

4. 抗性表现　对病毒病耐性较强，较抗环腐病和疮痂病，植株较抗晚疫病，块茎易感晚疫病。

5. 适宜区域　适宜于马铃薯二季作及一季作早熟栽培。目前，在黑龙江、内蒙古、辽宁、山东、河北、安徽、陕西和江苏等地均有种植，也是汉中设施栽培首选品种之一。

（十）克新 1 号

1. 品种来源　黑龙江省农业科学院马铃薯研究所以 374－128 为母本、波兰的波友 1 号（Epoka）为父本杂交选育而成。1967 年通过黑龙江省农作物品种审定委员会审定、命名推广。1984 年通过全国农作物品种审定委员会认定为国家级品种。1987 年获国家发明二等奖。别名为东北白、克山白、紫花白。

2. 特征特性　普通马铃薯中熟品种。生育期 95d 左右。株型扩散，株高 70cm 左右，分枝数中等。茎绿色，叶绿色，复叶肥大。花冠淡紫色，雌蕊和雄蕊败育，无天然结实。块茎椭圆形，薯皮光滑，薯皮白色，薯肉白色，芽眼深度中等，薯块大而整齐。块茎休眠期长，耐贮藏。块茎干物质 18.1%，淀粉 13%～14%，维生素 C 14.40mg/100g，粗蛋白 0.65%，还原糖 0.52%。

3. 产量水平　丰产性好，一般亩产 1 500～2 000kg，水肥条件较好的地区种植亩产可达 3 000～4 000kg。

4. 抗性表现　植株较抗晚疫病，块茎感晚疫病，高抗环腐病，抗重花叶病毒病（PVY），高抗卷叶病毒病（PLRV），较耐纺锤块茎病毒病（PSTVd）。

5. 适宜区域　适应性较广，主要分布在黑龙江、吉林、辽宁、内蒙古、山西等省、自治区，中原二作区也有栽培。同时，是汉中市山区马铃薯主栽品种。

（十一）秦芋 32

1. 品种来源　陕西省安康市农业科学研究所以青海省农林科学院的高原 3 号为母本、自育品种文胜 4 号为父本杂交选育而成。2011 年通过全国农作物品种审定委员会审定。

2. 特征特性　普通马铃薯中早熟品种。生育期 85d 左右。植株直立，株高 60cm 左右，生长势中等，分枝少。茎叶绿色。花冠白色，开花繁茂，天然结实性少。匍匐茎中等长，块茎扁圆形，薯皮光滑，皮色淡黄色，肉色黄色，芽眼较浅。结薯集中，薯块大且整齐，单株主茎数 3.7 个，结薯 6.6 个，平均单薯重 72.3g，商品薯率 78.4%。经农业部蔬菜品质监督检验测试中心（北京）进行测定，块茎干物质 18.5%，淀粉 11.8%，维生素 C 14.20mg/100g，粗蛋白 2.10%，还原糖 0.29%。

3. 产量水平　2008—2009 年参加中晚熟西南组品种区域试验，两年平均亩产量 1 599.0kg，比对照平均增产 5.8%。2010 年生产试验，平均亩产 1 443.0kg，比对照米拉增产 12.5%。

4. 抗性表现　经中国农业科学院蔬菜花卉研究所植保室接种鉴定，该品种植株中抗马铃薯轻花叶病毒病（PVX）和重花叶病毒病（PVY）；河北农业大学植物保护学院接种鉴定，该品种抗晚疫病。

5. 适宜区域　适宜在湖北宜昌，陕西南部，云南大理、昭通，贵州毕节，四川中南部种植。

第三节　栽培要点

一、选好前茬

马铃薯属茄科作物，忌与其他茄科作物连作或集中混作，不宜与茄科作物（茄子、辣椒、番茄、烟草等）进行轮作，也不宜与白菜、甘蓝等作物连作，还不宜与甘薯、胡萝卜、甜菜等块根作物轮种；因为它们与马铃薯有同源病害。种植过马铃薯的田地中，残留的带病块茎、地下害虫、病菌、晚疫病卵孢子等在土壤里都能存活。有些病害如粉痂病、癌肿病、青枯病、晚疫病等都可通过土壤传播。马铃薯连作会出现病虫害加重、生育状况变差、产量降低以及品质变劣等现象。同时，马铃薯对土壤肥力的反应也比一般作物敏感，尤喜 K 忌 Cl，连作地引起土壤养分失调，特别是 K 及微量元素缺乏，使马铃薯生长不良，植株矮小，产量低，品质差。马铃薯连作幼苗生长发育受到显著抑制，叶片叶绿素、脯氨酸和可溶性糖含量下降的幅度增大；而利用黄腐酸处理能提高幼苗对连作障碍的整体抗性（田振龙等，2013）。种植马铃薯的地块要选择 3 年内没有种过马铃薯和其他茄科作物的地块。应实行轮作，可与大葱、蒜苗、大蒜、芹菜等非茄科蔬菜轮作或复种，也可与禾谷类、豆类等作物进行轮作倒茬，以减轻病害发生。马铃薯种植的地块最好选择地势平坦向阳，土质疏松、耕层深厚、通气性好的壤土、梯田地或缓坡地（坡度≤15°），土壤酸碱度在 pH 值 5~8。切忌选用土壤黏重、低洼地、透气性和排水性较差的土壤。前作收获后，要及时进行旋耕灭茬、深松细耙、镇压保墒，达到田间平整、无坷垃、无残茬，土壤细绵，为马铃薯生长创造良好的土壤环境条件。

（一）天水地区马铃薯栽培制度

1. 马铃薯小麦轮作　春季 4 月种植马铃薯，9 月下旬收获后赶茬播种冬小麦。小麦收获后土地休闲，第二年继续种植马铃薯。

2. 马铃薯玉米间套作　山旱地马铃薯种植的模式之一。一般采用单垄双行马铃薯间套两行玉米带型，以损失一部分马铃薯产量来换取一季玉米产量，经济效益比单种马铃薯或玉米高。

3. 地膜马铃薯、蔬菜（大葱、蒜苗、甘蓝、大白菜等）一年两熟种植　早熟菜用地膜栽培马铃薯，7 月上旬收获后种植大葱或蒜苗等蔬菜。马铃薯和蔬菜产量均高，经济效益显著。

4. 油菜复种马铃薯　第一年 8 月种植冬油菜，第二年 7 月收获后复种早熟马铃薯，10 月上旬收获，实现一年两熟。

5. 果树马铃薯套种　幼树果园在挂果前，在果树之间套种地膜马铃薯。

6. 大棚地膜马铃薯、西瓜或蔬菜一年多熟种植　大棚早熟菜用马铃薯 5~6 月收获后种植西瓜或蔬菜。复种指数高，经济效益显著。

（二）汉中地区马铃薯栽培制度

1. 马铃薯水稻轮作　冬季 12 月至翌年元月上旬播种马铃薯，5 月收获后种植水稻。实现水旱轮作，可减轻马铃薯病害，同时马铃薯茎叶还田可为水稻提供良好的肥料，提高土壤有机质含量，有助于增加水稻产量。

2. 马铃薯玉米间套作　是丘陵山区马铃薯种植的主要模式。一般采用单垄双行马铃薯间套两行玉米带型，以损失一部分马铃薯产量来换取一季玉米产量，经济效益比单种马铃薯或玉米高。

3. 地膜马铃薯、西瓜（花生）、蔬菜多熟种植　早熟菜用地膜栽培马铃薯 5 月上旬收获后，种植西瓜或花生，秋季种植甘蓝、萝卜、大头菜等蔬菜。复种指数高，经济效益显著。

4. 大棚马铃薯—苦瓜（丝瓜）轮作　大棚马铃薯 4 月中下旬收获后移栽苦瓜或丝瓜等耐热蔬菜，充分利用夏秋光热资源。栽培管理技术相对简单，病虫害少，省事省工，经济效益高。此模式在设施蔬菜集约化生产基地采用较多。

二、选用良种

选用优良品种应根据当地气候环境条件、生产水平、栽培技术及病虫害情况等为依据。马铃薯优良品种的标准：第一是抗逆性和耐性强，适应性广，抗病虫害；第二是丰产性强，稳产性好；第三是品质优良，食用性好，商品性好；第四是有其他特殊优点。如单株生产能力强，块茎个大，薯形好，芽眼浅，效益高，耐贮藏等。

天水地区经过几年的试验示范推广，当前生产上适宜广泛种植的马铃薯品种有克新1号、克新2号、费乌瑞它、陇薯3号、陇薯7号、天薯11等。汉中地区当前广泛种植的马铃薯品种有克新6号、克新1号、早大白、费乌瑞它等。

三、种植方式

北方干旱半干旱地区降雨稀少，时空分布不均，马铃薯生产一般采用地膜覆盖栽培。地膜覆盖改善了土壤的理化性状，加强了土壤微生物活性及有机质分解，有效抑制杂草和减轻病虫害的发生及为害，为马铃薯生长发育创造良好条件。马铃薯覆膜后，开花期提前，生长时间增加，在生长前期有明显保水效应和抗旱效果。马铃薯播种前覆膜可以优化土壤环境，而在块茎增长时期后揭膜可以创造适宜的土温以利马铃薯生长。马铃薯使用播前覆膜并适时揭膜，能有效提高粉用马铃薯的品质及商品性（王连喜，2011）。马铃薯播种后至封行前，绿肥聚垄/覆膜栽培、地膜覆盖栽培的田间土壤（0~20cm）含水率比普通翻耕栽培方式均提高；封行后，覆膜阻止了水分下渗，田间含水率比未覆膜的低，在马铃薯生长后期有一定的水分胁迫。绿肥聚垄覆膜栽培方式显著提高了苗期耕层土壤含水率，增加了块茎产量；地膜覆盖栽培可采取前期覆膜、中后期撤膜的栽培技术措施（范士杰，2012）。马铃薯黑地膜覆盖相比露地栽培出苗期提早4~9d，成熟期提早6~12d，生育期提早4~16d；黑地膜覆盖栽培的产量高于露地栽培，表现出较好的抗旱保墒性和增产效应（颉炜清，2014）。

秦巴地区种植方式主要有冬播垄作栽培、地膜覆盖、间作套种技术。配套栽培技术体系包括脱毒种薯、高山区单株系选留种、半山区夏播掰苗留种、低山浅丘川道区高山换种和以早春芽、冬前芽（短壮芽）整薯带芽播种、平衡施肥、化学调控，病虫害综防高产栽培技术（张茂南，2003）。地膜覆盖主要是先覆膜后打孔播种，解决地膜马铃薯放苗难发生烫苗矛盾。冬播是低山浅丘川道区一项早促进早生快发，早播早收，确保稳产高产和减轻晚疫病为害重要措施。

（一）单作

单作（sole cropping）指在同一块田地上种植一种作物的种植方式，也称为纯种、清种、净种。这种方式作物单一，群体结构单一，全田作物对环境条件要求一致，生育比较一致，便于田间统一管理与机械化作业。单作是马铃薯的主要种植方式。

1. 平作　按一定的行株距挖窝点播或耕种后盖土。一般马铃薯行距 60cm，株距 30～40cm。

2. 垄作　包括一般垄作栽培，绿肥聚垄地膜覆盖栽培，绿肥聚垄栽培，地膜覆盖栽培，普通翻耕栽培等。

（1）一般垄作栽培　深耕 40cm，生育期三次分层培土成垄状。垄底宽 60cm，一般垄高 25～30cm，种薯播种于垄中央。种薯播深 12～15cm，行距 60cm，株距 25～40cm。

（2）绿肥聚垄地膜覆盖栽培　绿肥收割后随即整地播种。绿肥放在马铃薯播薯后的沟中和种薯的上方，起垄后盖地膜。垄距 60cm，株距 28～30cm。

（3）绿肥聚垄栽培　绿肥放在马铃薯播薯后的沟中和种薯的上方，起垄后不盖地膜。垄距 60cm，株距 28～30cm。

（4）地膜覆盖栽培　地膜覆盖栽培是干旱半干旱地区马铃薯最常见，也是最有效的栽培方式。不同的生态区域和条件有不同的栽培模式，类型较多，增产效果不尽相同。如根据不同地膜颜色有白膜栽培、黑膜栽培和双色膜栽培；根据不同覆膜时间，有秋季覆膜栽培、顶凌覆膜栽培和播种时覆膜栽培；根据地膜宽幅，有全覆膜栽培和半覆膜栽培；根据起垄高度，有平作覆膜栽培和垄作覆膜栽培；根据马铃薯在垄上的播种位置，有垄上栽培、垄测栽培和垄沟栽培等。下面介绍几点最常见的地膜覆盖栽培模式。

①黑/白膜半膜垄上/沟栽培　利用人工或机械（2CM－2 型马铃薯起垄覆膜种植机）起垄铺膜。垄宽 70cm，垄高 20cm，用 80～90cm 宽的黑地膜覆盖，按'△'形在垄顶或垄沟种植 2 行马铃薯，并每隔 3m 横压土腰带，以防风揭膜。

②黑/白膜全膜双垄沟栽培　覆膜时期为秋覆膜或顶凌覆膜，大垄 70cm，小垄 40cm。起垄时用步犁沿大垄中轴线翻耕拱成大弓形垄，垄高 15cm，将起大垄时的犁壁落土用手耙刮至两大垄间，整理成小垄，小垄高 10cm。垄做好后覆膜，用厚 0.008～0.01mm，幅宽 120cm 的黑地膜以大垄为中线全地面覆盖。覆膜时将地头处和外边线的地膜压实压严，内边膜可先在小垄上固定，待下一垄膜合垄后再用土压严，每隔 3m 横压土腰带，以防风揭膜。覆膜 10d 左右待膜与地面充分紧贴后，在垄沟内每隔 50cm 打直径为 3cm 的渗水孔，以便降雨入渗。春季在垄沟内打孔播种马铃薯。

③黑膜全膜大垄 M 形垄上栽培　用步犁沿大垄中轴线翻耕拱成大弓形垄，垄宽 80cm，垄高 20cm，起垄后在垄顶开宽 15cm，深 8cm 的集雨浅沟，使整个大垄呈 M 形，然后覆膜（秋覆膜或顶凌覆膜），用厚 0.008～0.01mm，幅宽 120cm 的黑地膜全地面覆盖，膜间不留空隙。每隔 3m 横压土腰带，隔天待膜紧贴地面后，在垄顶集雨沟中间每隔 60cm 打渗

水孔以便纳雨。春季在垄顶集雨沟两侧打孔播种，用土压好播种孔。

（二）间套作

间作是指在同一块田地上于同一生长期内，分行或分带相间种植两种或两种以上作物的种植方式。套作在同一块田地上，在前季作物生长后期的株行间播种或移栽后季作物的种植方式。套作不同作物的共生期不超过作物全生育期的一半。混作是指在同一田地上，同期混合种植两种或两种以上作物的种植方式。立体种植是在同一农田上，从平面、时间上多次利用空间种植两种或两种以上作物的种植方式。马铃薯具有性喜冷凉，生育期较短，植株矮，根系分布较浅，播种和收获期伸缩性较大等特点，适于多种形式的间作套种。天水和汉中地区，主要有薯粮、薯豆、薯菜等间套种模式。

马铃薯//玉米栽培模式在天水和汉中均是较为常见的间作模式。汉中地区一般以马铃薯//玉米（2:2）模式为主，马铃薯带宽90cm，种2行，行距60cm，株距33cm，亩播量3 335株。玉米带宽40cm，种2行，行距60cm，株距依品种而定，一般每亩保苗3 200株左右。马铃薯宜在3月中旬播种，玉米在4月下旬播种。天水地区主要采用地膜覆盖，或早春马铃薯小拱棚加地膜覆盖，一般大垄80cm，垄高20cm，小垄30cm，高10cm。每幅垄对应一大一小、一高一低两个垄面。要求垄和垄沟宽窄均匀，垄脊高低一致。垄做好后覆膜，覆膜时期应用秋覆膜（10月下旬至土壤封冻前）或顶凌覆膜（3月上中旬土壤昼消夜冻时）。第一个垄用厚0.008~0.01mm，幅宽120cm的黑地膜以大垄为中线全地面覆盖，第二个垄用白膜全地面覆盖，按黑白膜相间依次覆完地块，覆膜时将地头处和外边线的地膜压实压严，内边膜可先在小垄上固定，待下一垄膜合垄后再用土压严，每隔3m横压土腰带，以防风揭膜。覆膜10d左右待膜与地面充分紧贴后，在垄沟内每隔50cm打直径为3cm的渗水孔，以便降雨入渗。覆膜后避免揭膜、践踏。地膜有破损时，及时用细土盖严。天水地区小拱棚地膜马铃薯套种甜糯玉米栽培技术是一项周期短、效益高，又有效解决城郊种植早熟马铃薯连作障碍的实用农业技术（牛秀群，2008）。近年来在甘肃省天水、陇南各县区城郊川道发展较快。

马铃薯间套种玉米可有效地利用水、热、光等自然资源，是一项节水抗旱、增收增效的农业技术。马铃薯套种玉米比单种玉米纯收入每亩增加1 000元以上，比小麦套种玉米增收900多元（刘丽燕等，2004）。马铃薯套作后块茎产量显著比单作低，套作行比不同，复合产量差异明显。马铃薯套作的生物产量（干质量和鲜质量）、块茎产量和商品薯产量明显低于单作。套作总产值高于单作玉米产值，但与单作马铃薯产值相比存在品种及套作行比间的差异（黄承建，2013）。玉米采用间套作能够改善田间小环境，提高作物光、热、水、气的利用效率，增加复种指数，能够从生态的角度防治田间病虫草的为害，为可持续农业的发展创造条件（李彩虹，2005）。玉米与马铃薯间作有明显的产量优势。全生育期间作玉米水分利用率、水分捕获量均高于单作；苗期和成熟期水分利用更高效（刘英超，2013）。间作马铃薯根际土壤全 N、全 P、速效 P 和速效 K 含量显著低于单作，根际土壤速效 P 降幅最大，土壤 pH 值明显下降。间作栽培模式改变了马铃薯根际土壤微生物群落结构，降低了根际土壤真菌的数量，微生物群落的碳源利用能力也有明显影响。间作蚕豆明显促进了马铃薯根际土壤微生物群落的碳源代谢强度，而且，能维持较稳定的产量，因而，可能是一种有利于改善马铃薯连作栽培根际微生态环境、缓解连作障碍的栽培模式（汪春明，2013）。

四、适期播种

（一）脱毒种薯的繁育

"脱毒种薯"是指马铃薯种薯经过一系列物理、化学、生物或其他技术措施清除薯块体内的病毒后，获得的经检测无病毒的种薯。脱毒种薯是马铃薯脱毒快繁种薯生产体系中，各种级别种薯的统称。马铃薯脱毒种薯及各级种薯的标准应符合相关的规定。

马铃薯茎尖培养是目前国际防治马铃薯病毒病、提高马铃薯产量和质量的有效方法（林蓉，2005）。马铃薯茎尖分生组织细胞分化生长较快，从而，不能被大部分病毒感染，采用茎尖培养技术对茎尖离体培养可有效脱毒。利用分生组织分离后进行人工培养，生产无病毒植株，再以无病毒植株为材料进行快速扩大繁殖。脱毒种薯快繁有试管苗直接诱导试管薯和无土栽培繁育微型薯两种途径。全黑暗条件对试管薯形成、结薯数量和平均鲜重均有极显著的促进作用；适当低温（19 ± 1）℃有利于试管薯的形成和膨大；生产试管薯最好采用液体培养基诱导方式（沈清景，2001）。在组培苗生长后期，GA_3 质量分数下降是微型薯形成的必要条件，P_{P333} 可通过调节内源激素质量分数来逆转高温长日对块茎形成的抑制作用（肖关丽，2011）。

脱毒种薯繁育技术是一种特定的种薯繁殖体系，是在具备一定气候环境条件的基础上，生产高质量的健康无病的种薯。它不是简单地扩繁，而是由脱毒，鉴定，快繁，生产基地建设，栽培技术管理及脱毒种薯质量检验和定级等各个环节组成的综合集成技术。完整的脱毒快繁供种体系包括茎尖脱毒和无病毒种薯繁育。脱毒试管苗和微型薯称为脱毒核心材料和零代薯，可用于生产原原种（微型薯），原原种扩大繁殖生产原种，原种扩繁生产一级种。生产上常用的优质脱毒种薯为一级种。

（二）适期播种

1. 天水地区马铃薯播种时期和密度 根据天水地区的气候环境特点，马铃薯春季播种。当 8 ~ 10cm 土壤温度稳定通过 6℃，土壤水分含量在 40% 以上时即可播种。天水河谷川道灌溉区早熟马铃薯 2 月底至 3 月初播种，采用单垄覆膜栽培方式，播种密度 3 500 ~

4 445株/亩。天水山区马铃薯一般在3月中旬至4月下旬播种，采用露地平播后培土栽培方式、半膜垄沟栽培方式、全膜双垄垄播或侧播栽培方式，亩播量3 300～4 000 株。

2. 汉中地区马铃薯播种时期和密度　汉中马铃薯栽培一般实行高垄双行种植。露地种植高山区播种时期在3月上旬，半山区在2月上旬，丘陵平川区在12月下旬；地膜种植半山区播种时期为元月上旬，丘陵平川区在12月上旬；秋播马铃薯播种期在8月中旬，播种密度均为5 000～5 500 株/亩。大棚栽培播种期在12月上旬，亩播种6 000～6 500株。研究表明（阮俊，2008），在川西南低海拔地区，随播期的推迟生育期依次缩短；马铃薯适宜播期为2月下旬；在2 000m及以上地区，马铃薯适宜播期为2月中旬至3月上旬。马铃薯亩播种量为3 500 株左右。

五、科学施肥

科学施肥技术应遵循以有机肥或农家肥为主、化肥为辅，适当追肥的原则（增施有机肥，少施化肥，以基肥为主，追肥为辅，控N、稳P和补K），实行平衡施肥。基肥中，N肥量的70%先施入，30%作为追肥。有机肥或农家肥作基肥，充分提供养分并改善土壤理化结构。结合深翻整地一般一次性亩施有机肥1 500kg或充分腐熟的优质农家肥2 000kg，配施马铃薯专用肥（N 16%，P_2O_5 12%，K_2O 12%）60～80kg，或用硫酸钾复合肥（N 16%，P_2O_5 16%，K_2O 16%）50kg，或用亩施尿素32kg，普通过磷酸钙42kg，硫酸钾27kg（即N∶P_2O_5∶K_2O = 1∶0.5∶1.5）。在马铃薯封垄前或现蕾期视植株长势情况追施尿素8～10kg/亩，现蕾至开花期定期喷施2～3次有机全营养液体肥，一般隔7～10d喷一次。施肥时若有机肥料充足时，可将其中的1/3～1/2结合耕地施入土壤，剩余部分作种肥；如果有机肥料较少时，则全部作种肥施用，并以条施或穴施。将N肥和P肥在播种时全部混合集中穴施，但是，一定要注意化肥不能直接接触种薯，以防造成"烧种"。如果N肥的施用量较多时，可留出1/3作追肥。追肥一般应在初花期以后至盛花期结合降雨进行，并要将肥料施入土中，以提高肥料利用率。N、P肥对马铃薯的增产效应极其显著，K肥对马铃薯的增产效应不显著，但施用K肥可极大地提高马铃薯的淀粉含量（李云平，2007）。

（一）氮肥的施用

作物需要多种营养元素，而N素尤为重要，是作物生产的驱动力，被称为生命元素。在所有必须营养元素中，N素是促进作物生长、形成产量和改善品质的首要因素。N素是作物体内许多重要化合物的组分，如蛋白质、核酸、核蛋白、叶绿素、酶、维生素、生物碱和一些激素等都含有N素。马铃薯植株营养平衡是获得优质高产并减轻病虫为害的关键。N素能提高马铃薯产量，施用N素能促进植株生长，增大叶面积，从而，提高叶绿素含量，增强光合作用强度。马铃薯植株 N 素营养充足时，叶片大而鲜亮，光合作用旺盛，叶片功能期延长，营养体健壮，产量高、品质好。N 素过多，则茎叶徒长，熟期延长，只长秧苗不结薯。缺 N 时叶片均匀淡绿色，严重时叶片上卷呈杯状，产量低。N 素缺乏，植株矮小，叶面积减少，严重影响产量，薯块易发生空心、锈斑和硬化，不易煮烂，影响食用品质。

研究表明（谷浏涟，2013），在 N 150kg/hm² 用量条件下，与全部 N 肥作基肥相比，将 2/3N 肥作基肥施入，1/3N 肥在块茎形成末期施用，可使块茎产量提高 9.5%，商品薯产量提高 19.3%，差异达显著水平，收获指数提高 13.2%，差异显著。将 2/3N 肥作基肥施入，1/3N 肥在块茎形成初期施用或将全部 N 肥分别在苗期和块茎形成末期施用，则使块茎产量有不同程度下降，而商品薯率有所提高。与全部 N 肥作基肥相比，在苗期至块茎形成末期追施 N 肥，都不会降低块茎中的淀粉含量和干物质含量。另有研究表明（杨华，2013），SSS、GBSS、SBE 随施 N 量增加呈现逐渐增加，达到最大值后又开始下降的单峰曲线变化趋势，淀粉合成酶均在出苗后 54～61d 达到最大值。随着施 N 量的增加，ADPG-PPase、SSS 也出现先升后降的单峰曲线变化趋势，而对于 GBSS 和 SBE 的影响，品种间表现差异。在 N 营养影响条件下，SSS 活性与淀粉总含量和支链淀粉的含量极显著正相关，而与直链淀粉含量相关不大，N 营养主要是通过影响 SSS 的活性来实现马铃薯块茎淀粉含量的影响。

（二）磷肥的施用

P 是植物生命活动所必需的三大营养元素之一，不仅参与细胞内 ATP、核酸、磷脂、核苷酸等重要物质的组成，也参与体内碳水化合物代谢、N 素代谢和脂肪代谢等多种代谢反应和调节。P 可加强块茎中干物质和淀粉积累，提高块茎中淀粉含量和耐贮性。增施 P 肥，可增强 N 的增产效应，促进根系生长，提高抗寒抗旱能力。P 素缺乏，则植株矮小，僵直，暗绿，叶面发皱，碳素同化作用降低，淀粉积累减少。植物缺 P 在形态上一般表现为地上部矮小，根系发达，根/冠比增高，叶色暗绿，甚至出现紫红色。在生理上一般会降低光合速率，并通过调节代谢反应，增加根系的有机酸分泌，提高酸性磷酸酶以及磷酸转运子活性来增强 P 的吸收与利用效率。许多研究认为，充足的 P 营养能促进光合作用和根系生长，增加束缚水含量和膜稳定性，提高植株的耐旱能力。在马铃薯现蕾初期追施 P 肥，生物学产量最高，是一项经济有效、简而易行的增产措施（朱惠琴，1999）。缺 P 处理的马铃薯植株矮小且气孔密度下降，长出更多新根，耐旱能力增强。干旱胁迫后，缺 P 处理叶片和根系可溶性糖、根系 Pro 含量、叶片 POD 和 SOD 活性都显著或极显著高于正常 P 处理。马铃薯在适应缺 P 胁迫中发生的形态和生理代谢改变，有助于提高其耐旱能力（王西瑶，2009）。

（三）钾肥的施用

作物体内的 K 含量仅次于 N。K 的营养生理功能为促进光合作用和提高 CO_2 的同化率，促进光合产物的运输，促进蛋白质合成，影响细胞渗透调节作用，调节作物的气孔运动与渗透压、气势压，激活多种酶的活性，促进有机酸的代谢，增强作物的抗逆性，改良作物品质等。K 可加强植株体内的代谢过程，延缓叶片衰老。增施 K 可促进植株体内蛋白质、淀粉、纤维素及糖类的合成、转运和分配及产量形成，使茎秆增粗、抗倒，并能增强植株抗寒性。由于 K 具有提高作物品质和适应外界不良环境的能力，因此，它有"品质元素"和"抗逆元素"之称。

马铃薯缺 N 品质差，生长缓慢节间短，叶面粗糙皱缩，且向下卷曲，小叶排列紧密，与叶柄形成夹角小，叶尖及叶缘开始呈暗绿色，随后变为黄棕色，并渐向全叶扩展。老叶青铜色，干枯脱落，切开块茎时内部常有灰蓝色晕圈。薯块多呈长形或纺锤形，食用部分呈灰黑色。土壤中的 K 供应低到中等，影响增加块茎的大小，一般建议，最优化 K 肥使用；在不同的气候环境和品种条件下制定一般的 K 肥推荐量（S. K. BANSAL，2011）。不同生育期追施 K 肥提高了马铃薯产量、大中薯率和块茎淀粉含量，以及生育后期净同化率、根系活力和叶绿素含量。块茎形成期追施 K 肥效果最佳，产量提高与商品薯率提高相关性达极显著（郭志平，2007）。

（四）氮、磷、钾配施

N、P 肥对马铃薯的增产效应极其显著；K 肥对马铃薯的增产效应不显著，但施用 K 肥可极大地提高马铃薯的淀粉含量。结合当地的土壤养分含量和马铃薯的生产水平，三者要合理配合施用，以提高马铃薯的产量。陕北丘陵区山地土壤养分贫瘠，N 和 P 是影响马铃薯产量的主要限制性因子（李云平，2007）。

研究表明（郑若良，2004），当 N:K_2O 比增加时，马铃薯的生长发育进程延长，健康态势降低，块茎蛋白质含量升高；而当 N:K_2O 比降低时，块茎的干物质、淀粉、还原糖、总糖和维生素 C 等含量趋于增加；当 N:K_2O 为 2:3 时，马铃薯的平均产量和商品率最高。吕慧峰等（2010）研究表明，马铃薯进行分期施 N、K，分期施 N、P、K 的各处理与常规施肥相比，马铃薯块茎产量、维生素 C 含量均提高；而块茎淀粉、粗蛋白和 P 含量均降低。分期施肥能明显提高薯块产量和改善部分营养品质。另外，郑顺林等（2013）研究表明，腐胺（Put）、精胺（Spm）和亚精胺（Spd）含量在块茎发育过程中呈降低—升高—降低的变化趋势，但对不同肥力水平的响应有差异，Put 含量在高肥力水平下降低。中期 GA_3 含量在低肥力水平下高，中肥力水平下最低。在低肥力水平下，块茎发育的各阶段 JAs 含量都比较低；而在中肥力水平下，块茎发育中期 JAs 含量高于低肥力和高肥力水平。JAs 与 PAs 的相关性较大，其中，与 Put 为正相关，与 Spm、Spd 显著负相关，Spm 和 Spd

极显著正相关。合理的肥力水平提高了块茎发育中期 PAs、JAs 的含量，降低了 GA3 的含量，有利于块茎的发育和膨大。

（五）微量元素肥料的施用

1. 施钙 作物对 Ca 的需要量因作物种类和遗传特性的不同而有很大的差异。Ca 对细胞膜构成和渗透性、稳固细胞壁起重要作用；参与第二信使传递；在细胞伸长和根系生长方面起重要作用。马铃薯缺 Ca 根部易坏死，块茎小，有畸形成串小块茎，块茎表面及内部维管束细胞常坏死。辛建华等（2008）研究表明，随外源 Ca 浓度的升高，马铃薯商品率明显提高，块茎内 Ca 浓度也相应升高，但块茎内 Ca 浓度与块茎数量呈负相关关系。

2. 施硒 Se 是人和动物所必需的微量元素之一。有很多疾病（如克山病、大骨节病等）与人体内 Se 素缺乏有关。通过作物施 Se，使无机 Se 转化为有机 Se，提高人或动物体内 Se 含量是公认的一条安全、有效的补 Se 途径，对防治人体 Se 缺乏具有重要的现实意义。

秦巴山区农田 Se 含量因地而异，农作物很少或几乎未施用。有研究表明（张百忍，2011），秦巴山区土壤 Se 含量变化为 $0.134\ 7 \sim 14.419mg/kg$，均值为 $1.975\ 59mg/kg$，恒口镇和池河镇一带的土壤都达到了富 Se 水平；曾加和双安镇一带土壤达到了高 Se 水平；不同农作物中 Se 含量有较大差异，含量为 $0.024\ 8 \sim 10.34mg/kg$，平均含量为 $0.593mg/kg$。有研究（殷金岩，2013）认为，马铃薯施 Se，各器官 Se 含量在生育期内总体上呈下降趋势，马铃薯各器官的 Se 含量呈现：苗期：根 > 茎 > 叶片；成熟期：叶片 > 茎 > 块茎的特点。在低施 Se 量（$0.126kg/hm^2$）时，显著降低了马铃薯块茎淀粉含量。在适宜施 Se 量（$0.379kg/hm^2$）时，马铃薯产量、粗蛋白含量、还原糖含量、维生素 C 含量、有机 Se 转化率、淀粉含量均不同程度增加。不同 Se 肥对马铃薯含 Se 量、产量、品质等有影响，增施 Se 肥可以显著提高作物体内有机 Se 含量。粗蛋白、维生素 C 和还原糖随着 Se 肥施加量的增加呈先增加后降低的趋势。

3. 施镁 Mg 作为叶绿素 a 和叶绿素 b 卟啉环的中心原子，在叶绿素合成和光合作用中起重要作用；也是核糖体的结构组分，为蛋白质的合成提供场所；Mg 参与同磷酸盐反应功能团有关的转移反应。缺 Mg 老叶的叶尖、叶缘及脉间褪绿，并向中心扩展，后期下部叶片变脆、增厚。严重时，植株矮小，失绿叶片变棕色而坏死、脱落，块根生长受抑制。马铃薯对缺 Mg 较为敏感。马铃薯施用硫酸镁肥，块茎产量增产效果明显，同时，提高了大中薯的数量和重量，提高了马铃薯的商品率。叶面喷施适宜浓度的硫酸镁能有效促进马铃薯的生长发育，提高叶片叶绿素含量和光合效率。有研究认为（丁玉川，2012），单施硝态 N 与 Mg 肥配合或硝态 N 和铵态 N 混合与 Mg 肥配合都能提高马铃薯大中薯率。等量硝态 N 和铵态 N 混合与适量 Mg 肥配合施用可增加马铃薯块茎产量、提高养分吸收、改善品质和提高商品率。

4. 施硫　S 是植物生长必需的矿质营养元素之一，属中量营养元素。在生理、生化作用上与 N 相似，是蛋白质、氨基酸的组成成分，酶催化反应活性中心的必需元素，叶绿素、甾醇、谷胱甘肽、辅酶等合成的重要介质，还是铁氧还蛋白的重要组分。植物细胞质膜结构、功能的表达也需要 S 的参与。S 在植物的生长调节、解毒、防卫和抗逆等过程中也起一定的作用，并且，还是影响植物品质的重要因素。因此，S 被认为是第四位重要的营养元素，在植物的生命活动中起重要的作用。S 与作物产量和品质有密切的关系。

有研究表明（冯琰，2008），马铃薯生育期间 S 素的阶段吸收量、吸收速率和吸收百分率均呈波状曲线的变化。块茎形成到膨大始期，吸 S 量和吸 S 速率均达到最大值，成熟收获时降到最低值。生育期间 S 在马铃薯各器官中的分配表现：生育前期以茎叶分配为主，茎叶中硫素的分布达 62.45% ~ 89.71%，达到吸收高峰后，根茎叶中的 S 素逐渐向块茎中转移，不同品种转移器官及转移量各不相同。总的来看，以叶片转移为主，茎秆其次，根中 S 素的转移量最少。

（六）其他

生物菌肥是农业生产中常见的一种活体肥料，它是由微生物的生命活动导致作物变质所得到的一种肥料制品。这种肥料多以优质草碳为载体，里面含有大量植物所需要的微量元素，是一种与传统化肥所不同的新型肥料。

生物菌肥的使用方法一般分为拌种、穴施、追肥、喷施、蘸根。

拌种：将黏合剂经开水稀释后均匀地粘在种子表面，然后将生物菌肥加入种子中，搅拌均匀。

穴施：将生物菌肥和农家肥或沙土搅匀撒入穴内。

追肥：将生物菌肥和农家肥或无机肥料混合施于作物根部。

黏根灌根：黏根或加水直接灌于根部。黏根时勿将附着在根系上的泥土洗掉。

不同生物菌肥对不同的作物有最适宜的使用方法、施用量和施用时间，因此，在施用生物菌肥时，应根据作物的特点和土壤性质选择最适宜的生物菌肥。有研究（田志宏，2003）认为，施用 EM 菌作底肥后，马铃薯长势良好，植株增高，茎叶粗壮，叶色浓绿，产量增加，且能大大降低发病率。

植物生长调节剂是人工合成的对植物的生长发育有调节作用的化学物质和从生物中提取的天然植物激素。有研究表明（张春娟，2009），在马铃薯块茎膨大期，叶面喷施植物生长调节剂（DTA-6、S_{3307}、SOD_M）对提高马铃薯产量、改善品质、有效调控根系的生理代谢均有一定的效果，以 SOD_M 处理效果最好。有研究（徐军，2013）认为，植物生长调节剂（天达 2116 水剂 1 500 倍液、那氏齐齐发母液 1 000 倍液、碧护 1 500 倍液和乙 -

苯甲酸1 500倍液）均能使马铃薯块茎形成期、块茎膨大期和淀粉积累期等生育时期提前，提早成熟2~4d，大中薯率、单株结薯量、单株产量、块茎产量增加。

六、合理灌溉

马铃薯在整个生育过程需要有充足的水分。它的茎叶含水量约占90%，块茎中含水量也达80%左右。生育过程的需水量，与植株大小、叶的蒸腾量、土壤蒸发量、温度等有密切关系。马铃薯生育不同阶段需水量差别很大。

发芽期：所需水分主要由种薯自身供应。土壤墒情保持"潮黄墒"（土壤含水量15%左右）即可以保证正常出苗。

苗期：气温较低，叶片较少，叶的蒸腾量小，土壤蒸发量小，需水量少，耗水量占全生育期总耗水量的10%。若苗期土壤水分含量较少，植株发育受阻，生长缓慢，棵矮叶小，应及时进行深中耕保墒，提高地温，有利于根系向深处下扎，增强根系的吸收能力，使幼苗苗壮生长。苗期过早浇水，往往降低地温，土壤板结，幼苗生长缓慢，叶片发黄色。

块茎形成期：气温逐渐升高，茎叶逐渐开始旺盛生长，根系和叶面积生长逐日激增，植株蒸腾量迅速增大。此时，植株需要充足的水分和营养，以保证植株各器官的迅速建成，为块茎的增长打好基础。这一时期耗水量占全生育期总耗水量的30%左右，田间持水量在70%左右为宜。该期如果水分不足，植株生长迟缓，块茎数减少，块茎产量形成受影响。

块茎膨大期：即从初花到落花后1周，是需水最敏感的时期，也是需水量最多的时期。茎叶的生长速度明显减缓，块茎迅速膨大，棵间蒸发和叶面蒸腾均达到峰值。这一阶段的需水量占全生育期需水总量的50%以上，田间持水量以75%左右为宜。如果这个时期缺水干旱，块茎几乎停止生长。以后如有降水或水分供应，块茎容易出现二次生长，形成串薯等畸形薯块，品质下降。如果水量供应过大，茎叶易出现徒长的现象，为病害的侵染造成了有利的条件。

淀粉积累期：需要适量的水分供应，以保证养分向块茎转移。该期耗水量约占全生育期需水量的10%，田间持水量保持60%左右即可。切忌水分过多，易造成薯块腐烂，种薯不耐贮藏。

马铃薯各生育阶段对水分的需求不同，土壤水分含量低于需水量指标时必须及时灌水补充。依据当地常年降水分布情况，适当采取一些有效的农艺措施，进行合理灌水。灌水时期主要是幼苗期和块茎增长期，灌水后当土壤微干板结时要及时锄地松土。同时，应注意雨后及时排除田间积水，尤其是生长后期避免积水，积水时间过长造成烂薯。种植马铃薯要尽量选择灌排方便的田地；在干旱或雨水较多的地方，采取适宜的栽培技术，如全膜覆盖集雨方式，高垄种植方式等。有研究（武朝宝，2009）表明，马铃薯耗水量与产量呈抛物线关系，全生育期的耗水量应在 450 ~ 500mm。马铃薯获得丰产，整个生育期前期应保持 60% ~ 70% 田间持水量，后期保持 70% ~ 80% 田间持水量。其中，幼苗期在 65% 左右田间持水量为宜，块茎形成和块茎增长期则以保持 70% ~ 80% 为宜，淀粉积累期保持 60% ~ 65% 田间持水量即可。江俊燕（2008）研究表明，灌水量越大，周期越短，株高越高。在相同的灌水量下，灌水间隔时间越短，马铃薯淀粉含量越高。灌水定额越小，灌水周期对产量的影响就越大。当灌水定额一定时，灌水周期越短，产量越高。马铃薯达到最高产量时，灌水定额为 90m³/hm²，灌水周期为 3d。

秦岭西段南北麓马铃薯产区常用的节水灌溉方式主要有漫灌、沟灌、滴灌等。灌溉时期主要是马铃薯出苗和结薯期。沟灌跑马水，灌水至沟高的 1/3 ~ 2/3。土壤湿度 85%，注意排水，灌水效果较好，水分利用效率较高。

康跃虎等（2004）研究表明，灌水频率越低，灌水前的表层土壤干燥的范围越大，灌水后的土壤湿润范围越大。采用滴灌对马铃薯进行灌溉，土壤基质势以 − 25kPa 左右为好，灌水频率以每天 1 次最优。有研究表明（王凤新，2005），在滴灌条件下，马铃薯水分腾发量（ET）受土壤基质势下限的影响要比灌水频率大。土壤基质势降低时，会导致马铃薯腾发量的下降；马铃薯腾发量明显低于更高灌水频率。

七、防病、治虫、除草与环境胁迫对策

（一）主要病害及防治

秦岭地区马铃薯常见的病害主要有早疫病、晚疫病、环腐病、病毒病、黑胫病、黑痣病、疮痂病、干腐病、软腐病等。

1. 早疫病

（1）为害症状　早疫病主要发生在叶片上，也可侵染叶柄、茎秆及块茎。叶片染病，病斑黑褐色，圆形或近圆形，具同心轮纹，大小 3 ~ 4mm。湿度大时，病斑上长出黑色霉层，即病原菌的分生孢子梗及分生孢子。叶片发病严重时干枯脱落，田间一片枯黄色。叶柄和茎秆受害，多发生在分枝处，病斑长圆形，黑褐色，有轮纹。块茎染病，产生暗褐色稍凹陷圆形或近圆形斑，边缘分明，皮下呈浅褐色海绵状干腐。

（2）发生规律　分生孢子或菌丝在病残体或带病薯块上越冬，翌年种薯发芽时即开始侵染。病原菌易侵染老叶片，遇有连续阴雨，土壤缺肥，植株生长势差，植株营养不足或衰老或受伤害，偏施 N 肥和 P 肥、瘠薄地块及肥力不足，干燥天气和湿润天气交替出现期间，该病易发生和流行。高温多湿、阴雨多雾、生长衰弱有利于早疫病的蔓延和侵染，发

病较重。早疫病分生孢子萌发适温 26～28℃，当叶上有结露或水滴，温度适宜，分生孢子经 40min 左右即萌发，从叶面气孔或穿透表皮侵入，潜育期 2～3d。一般早疫病多发生在块茎开始膨大时。

（3）传播途径　早疫病真菌在植株残体和被侵染的块茎上或其他茄科植物残体上越冬，病菌可活 1 年以上。越冬的病菌形成新分生孢子，借风雨、气流和昆虫携带，向四周传播，侵染新的马铃薯植株。

（4）防治措施

①实行轮作倒茬，清理田园　将残株败叶运出地外掩埋，以减少侵染菌源，延缓发病时间。

②加强肥水管理　施足底肥，增施有机肥，进行配方施肥。适量增施 K 肥，适时喷施叶面肥；合理用水，雨后及时清沟排渍降湿；促进植株生长健壮旺盛，增强植株抗病性。

③选用丰产抗病品种　适当提早收获，可减轻病害的发生。

④药剂防治　在发病初期，及时用 75% 拿敌稳（肟菌‑戊唑醇）水分散性粒剂，根据马铃薯植株大小，每亩用药 10～15g，加水 45～60L 喷雾；使用 25% 嘧菌酯（阿米西达）悬浮剂 800 倍液，每亩每次用药 40～45ml，加水 45～60L 喷雾；或者用 43% 好力克（戊唑醇）悬浮剂，每次每亩用药 13～17ml，加水 45～65L 喷雾；或用 75% 百菌清（达科宁）可湿性粉剂 600 倍液。

2. 晚疫病

（1）为害症状　马铃薯晚疫病又称疫病、马铃薯瘟。是由病原菌（致病疫霉）引起的一种毁灭性的卵菌病害。主要为害马铃薯叶片、茎和薯块。田间识别主要看叶片，一般先在叶尖或叶缘呈水浸状绿褐色斑点，病斑周围有浅绿色晕圈，病斑的切面可见皮下组织呈红褐色，湿度大时病斑迅速向外扩展，叶面如开水烫过一样，呈黑绿色或褐色，并在叶背面产生白霉（分生孢子梗和孢子囊）。干燥时，病斑变褐干枯，质脆易裂，不见白霉，且扩展速度减慢。叶柄、茎部感病，呈褐色条斑。发生严重时，叶片萎蔫、卷缩，全株黑腐，散发出腐败的气味。当温度较高、湿度较大时，病变可蔓延到块茎内的大部分组织，呈大小不等、形状不规则的暗褐色病斑稍凹陷，病部皮下薯肉呈褐色，随着其他杂菌的腐生，逐步向四周扩大或烂掉（李世武，2013）。

（2）发生规律　病菌主要以菌丝体潜伏在薯块内越冬，成为病害侵染的主要来源。播种病薯后，重者不能发芽或幼芽未出土即死亡；轻者出土后发病，成为中心病株。土中病菌喜昼暖夜凉和高湿环境，相对湿度 95% 以上，18～22℃ 条件下，有利于孢子囊的形成。多雨年份，早晚多雾多露，天气潮湿等，有利于病害的发生和蔓延。有研究发现，晚疫病还能产生有性孢子，有一部分孢子囊落在地上，随水渗入土中，可以在土壤中的残体里存活，侵染薯块，形成病薯，作为翌年的侵染源。这样循环往复，不断传播。长势越旺盛，枝繁叶茂，田间郁闭，越利于晚疫病的发生和流行。有时虽然发生了中心病株，由于天气干旱，空气干燥，湿度低于75%或不能连续超过75%，便不能形成流行条件，被侵染的叶片枯干后病菌死亡，因而，就不会大面积流行。

（3）传播途径 晚疫病是一种靠气流传播，导致马铃薯茎叶死亡和块茎腐烂的一种流行性、毁灭性的卵菌病害。当遇到空气湿度连续在75%以上，气温在10℃以上的条件时，叶子上就出现病状，形成中心病株，病叶上产生的白霉（孢子梗和孢子囊）随风、雨、雾、露和气流向周围植株上扩展。

（4）防治措施

①选用抗病品种 根据当地特点选用适合种植的抗病丰产良种。

②精选种薯 入窖贮藏、出窖、切块、催芽等环节都要精选种薯，淘汰病薯，以切断病菌来源。

③药剂拌种 每100kg种薯用硫酸链霉素20g+甲基硫菌灵100g进行拌种。在一定程度上预防马铃薯早疫病和晚疫病的发生。

④农业措施 调整播种期避开晚疫病发生时期；调整株行距，改小行距为大行距，密度不变，改善田间微环境的通风；种植隔离作物，减轻病菌传播，通过和玉米等作物套作，减轻病菌传播；加厚培土层，即便发生了晚疫病，通过加厚培土层，也能减轻病菌对薯块的为害。

⑤轮作倒茬 通过和非茄科作物3年以上轮作可减轻土壤带病菌造成的为害。

⑥加强栽培管理 适时早播，选择较好的（土质疏松、灌排水良好）地块种植马铃薯，合理施肥，增强植株抗病性，发现中心病株及时拔除销毁。

⑦药剂防治 在发现中心病株前后立即喷药。发病前可用保护剂，发病后应用内吸治疗剂或内吸治疗剂与保护剂的复配制剂，最好多种药剂交替使用，以减少抗药性的产生。选用药剂为72%克露（霜脲氰+代森锰锌）可湿性粉剂、80%大生可湿粉剂、52.5%抑快净（霜脲氰+共唑菌酮）水分散粒剂、安克（烯酰吗啉）50%可湿性粉剂、64%杀毒矾（恶霜灵+代森锰锌）可湿性粉剂、68.75%氟菌·霜霉威（银法利）悬浮剂、75%代森锰锌等。在病害发生前喷第一次药，以后每隔7~10d喷药1次。

⑧生物源农药防治 紫茎泽兰、漏芦、板蓝根、紫苏、苦参、诃子、五倍子、知母、大蒜等几十种植物的有机溶剂提取物或水提取物中含有抑制晚疫病菌生长、延缓病害发展进程的活性成分。YX拟青霉菌、P. fluorescens、假单孢菌、嗜线虫致病杆菌及生防菌B9601等菌株或其代谢物具有杀菌活性，可进行更深入的试验研究，技术成熟后或在生产中加以利用（郭梅，2007）。

3. 环腐病

（1）为害症状　地上部染病分枯斑和萎蔫两种类型。病原菌为密执安棒杆菌马铃薯环腐致病变种。枯斑型多在植株基部复叶的顶上先发病，叶尖和叶缘及叶脉呈绿色，叶肉为黄绿色或灰绿色，具明显斑驳，且叶尖干枯或向内纵卷，病情向上扩展，致全株枯死，萎蔫型初期则从顶端复叶开始萎蔫，叶缘稍内卷，似缺水状，病情向下扩展，全株叶片开始褪绿，内卷下垂，终致植株倒伏枯死。块茎发病切开可见维管束变为乳黄色至黑褐色，皮层内现环形或弧形坏死部（郑军庆，2011）。经贮藏，块茎芽眼变黑干枯或外表爆裂，播种后不出芽或出芽后枯死或形成病株。病株的根、茎部维管束常变褐色，病蔓有时溢出白色菌脓。

（2）发生规律　环腐棒杆菌在种薯中越冬，成为翌年初侵染源。一部分芽眼腐烂不发芽，一部分出土的病芽，病菌沿维管束上升至茎中部，或沿茎进入新结块茎而发病。此菌适宜生长温度为 20～23℃，最高 31～33℃，最低 1～2℃，最适 pH 值 6.8～8.4。致死温度为干燥情况下 50℃经 10min。

（3）传播途径　传播途径主要是在切薯块时，病菌通过切刀带菌传染。

（4）防治措施　用 50mg/kg 硫酸铜浸种薯 10min。

切刀消毒：切过病薯的切刀可用 5% 来苏水、75% 的酒精、0.1% 高锰酸钾、0.1% 度米芬、链霉素、0.2% 升汞等药液消毒，或在开水 +2% 盐水（煮沸）中消毒 5～10s。

利用有益内生细菌防治：用荧光假单胞生物型 V 或草生欧文氏菌防治，定殖能力强，促生作用明显而且稳定，并能使环腐病菌的种群数量显著降低（袁军，2002）。

4. 病毒病

（1）为害症状　病毒病是严重为害马铃薯的主要病害。马铃薯一旦感染病毒后，能扩展到除茎尖以外的整个植株，其症状轻微或隐潜。常见的马铃薯病毒病有 3 种类型：花叶型、坏死型、卷叶型。由于马铃薯为无性繁殖作物，可通过世代传递。一般块茎带毒而无症状表现，可减产 10% 左右，但有些株系在某些品种上可引起顶端坏死，减产达 50%。

花叶型主要表现在叶片上，叶面叶绿素分布不均，病株叶片产生轻微的褪绿斑驳花叶，呈浓绿淡绿色相间或黄绿色相间，不规则交替。严重时叶片皱缩，全株矮化。有时叶面稍有脉缩，叶缘伴有波状和皱缩。有时伴有叶脉透明，受侵染叶片整体发亮。受害植株通常茎秆向外弯曲，使叶片略显开放。

卷叶病毒是最重要的马铃薯病毒性病害。卷叶型症状是叶片沿主脉或自边缘向内翻转，变硬、革质化，严重时每张小叶呈筒状。此外，还有复合侵染，引致马铃薯发生条斑坏死。

坏死型属马铃薯条斑花叶病毒病，又称马铃薯 Y 病毒病，外观与皱缩花叶病毒病相似。主要症状为叶脉、叶柄、茎秆上有褐色坏死斑，病斑发展连接成坏死条斑，易折断，严重时，叶片枯死或萎蔫脱落。

（2）发生规律　病毒在病株和杂草寄主体内越冬。高温干旱，蚜虫发生量大时发病重。25℃以下的低温会增强寄主对病毒的抵抗力，也不利于蚜虫繁殖、迁飞或传播，从而，不利于病害扩展，因此，一般冷凉山区栽培的马铃薯发病轻。品种抗病性及栽培措施均能影响病害的发病程度。

（3）传播途径　马铃薯X病毒可通过汁液传播。在田间通过人手、工具、衣物、农具及动物皮毛接触和摩擦而自然传播。植株叶片相互摩擦，感病幼芽接触，田间根部接触均可造成传染。蚜虫不传播X病毒，但咀嚼式口器昆虫如蝗虫可机械传播。1965年F. Nienhaus等报道，在欧洲土壤中一种癌肿菌为集壶菌属的内生真菌，可以传染PVX。此病毒也可以通过嫁接传播。如果植株发育的早期感染PVX，病毒很容易传到块茎上，在后期感染，则块茎可不感染或只有部分块茎感染。

（4）防治措施　选用抗病品种和脱毒种薯。

及时防治蚜虫。用吡虫啉、阿维－啶虫脒、抗蚜威粉剂、2.5%高效氯氟氰菊酯（功夫）乳油、或蚜虱净乳油等。

5. 黑胫病

（1）为害症状　马铃薯黑胫病主要侵染茎或薯块，从苗期到生育后期均可发病。病原菌为胡萝卜软腐欧文氏菌马铃薯黑胫亚种。种薯染病腐烂成黏团状，不发芽，或刚发芽即烂在土中，不能出苗。幼苗染病株高16cm左右出现症状，植株矮小，节间短缩，或叶片上卷，褪绿黄化，或胫部变黑，萎蔫而死。横切茎可见3条主要维管束变为褐色。薯块染病始于脐部，呈放射状向髓部扩展，病部黑褐色或黑色，横切检查维管束呈黑褐色点状或短线状，用手挤压皮肉不分离。发病轻时，脐部呈黑点状，干燥时变硬、紧缩；但在长时间高湿环境中，薯块变为黑褐色，腐烂发臭，严重时薯块中间烂成空腔（郑军庆，2011）。

（2）发生规律　窖内通风不好或湿度大、温度高，利于病情扩展。带菌率高或多雨、低洼地块发病重。

（3）传播途径　种薯带菌，土壤一般不带菌。病菌先通过切薯块扩大传染，引起更多种薯发病，再经维管束或髓部进入植株，引起地上部发病。田间病菌还可通过灌溉水、雨水或昆虫传播，经伤口侵入致病。后期病株上的病菌又从地上茎，通过匍匐茎传到新长出的块茎上。贮藏期病菌通过病健薯接触经伤口或皮孔侵入，使健薯染病。

（4）防治措施

①选用抗病品种　选用无病种薯，建立无病留种田，采用单株选优，芽栽或整薯播种。

②农艺防治 催芽晒种，淘汰病薯。切块用草木灰拌种后立即播种。

适时早播，注意排水，降低土壤湿度，提高地温，促进早出苗。

发现病株及时挖除，清除田间病残体，合理轮作换茬，避免连作。

种薯入窖前要严格挑选，入窖后加强管理，窖温控制在 1～4℃，防止窖温过高，湿度过大。

③药剂防治 播种时用20%噻菌铜悬浮剂600倍液或30%琥胶肥酸铜悬浮剂400倍液浸种30min后催芽播种可有效防治黑胫病（李建军等，2010）；发病初期叶面喷洒0.1%硫酸铜溶液；或氢氧化铜，能明显减轻黑胫病。

6. 黑痣病

（1）为害症状 马铃薯黑痣病茎上发病，首先在近地面处产生红褐色长形病斑，后逐渐扩大，茎基部周围变黑而表皮腐烂。因输导组织被破坏，叶片逐渐枯黄卷曲，植株易倾斜倒伏死亡。地下块茎发病多以芽眼为中心，生成褐色病斑，其后干腐或疮痂状龟裂。薯块小而不光滑，形状各异，散生或聚生的尘埃状菌核，重病株可形成立枯，顶部萎蔫或叶片卷曲。温度低湿度大时，病斑上或茎基部表面常覆有紫色或白色霉层，造成部分死亡。

（2）发生规律 该病发生与春寒及潮湿条件有关。播种早或播种后地温低发病重。

（3）传播途径 以病薯上或留在土壤中的菌核越冬。带病种薯是翌年的初侵染源，又是远距离传播的主要途径。

（4）防治措施 选用抗病品种。

建立无病留种田，采用无病种薯播种。

增施有机肥，调节好温湿度，加强管理，提高土壤通透性，以提高植株抗性。

重病区，尤其是高海拔冷凉山区，要特别注意适期播种，避免早播。

发现中心病株及时拔除，用生石灰消毒。

播种前，用50%多菌灵可湿性粉剂500倍液；或用50%福美双可湿性粉剂1 000倍液浸种10min；或用喷甲基托布津可湿性粉剂600倍液。

7. 疮痂病

（1）为害症状 马铃薯疮痂病病原是疮痂链霉菌属放线菌，包括多个种。菌体丝状，有分枝，极细，尖端常呈螺旋状。病菌主要为害块茎，从皮孔侵入，发病初期在块茎表皮产生褐色斑点，以后逐渐扩大后形成褐色圆形或不规则形大斑块，侵染点周围的组织坏死，块茎表面变粗糙，质地木栓化。成熟薯块症状常表现为凸起或凹陷的表面疮痂状硬病斑，严重时病斑连片。薯块表皮组织被破坏后，易被其他病原菌侵染，造成块茎腐烂（崔占，2009）。

（2）发生规律 温度25～30℃适合该病发生。中性或微碱性沙壤土发病重。品种间抗病性有差异，白色薄皮品种易感病，褐色厚皮品种较抗病。

（3）传播途径 病菌在土壤中腐生或在病薯上越冬。块茎表皮木栓化之前，病菌从皮孔或伤口侵入后染病，块茎表皮完全木栓化后侵入较难。病薯出苗易发病，健薯播入带菌土壤中也能发病。

（4）防治措施

①农艺防治 筛选、培育抗疮痂病的马铃薯品种是从根本上降低病害发生的有效途径（崔占，2009）。

随着土壤 pH 值降低，病害严重度也在降低，且在 pH 值 5.0 以下疮痂病就不再发生。因此，栽培马铃薯应选择偏酸性土壤。在其他条件相同的情况下，浇灌时间间隔越长，病害发生越严重（崔占，2009）。

②化学防治 种薯可用 0.1% 对苯二酚浸种 30min；或 0.2% 甲醛溶液浸种 10~15min；或 0.1% 对苯酚溶液浸种 15min，或 0.2% 福尔马林溶液浸种 15min 防治疮痂病。在微型薯生产上，可用必速灭（棉隆）颗粒剂处理育苗土，用量为 $30g/m^2$。在大田生产中，可用五氯硝基苯进行防治。也可喷 2% 农用链霉素可溶性粉剂 5 000 倍液；或用 45% 代森铵水剂 900 倍液，用 DT 可湿性粉剂 500 倍液；或用 DTM 可湿性粉剂 1 000 倍液；或用 50% 加瑞农可湿性粉剂 600 倍液等。每隔 7~10d 一次，连续喷 2~3 次。马铃薯贮存期采用百菌清烟雾剂进行熏蒸也可以较好地防治疮痂病（崔占，2009）。

8. 干腐病

（1）为害症状 马铃薯干腐病病原菌为茄病镰孢、串珠镰孢、真菌硫色镰刀菌。均属半知菌亚门，束梗孢目，镰刀菌属，其中，真菌硫色镰刀菌为优势种群。症状为在块茎上形成浅褐色斑，发病初期仅局部变褐稍凹陷，之后扩展形成较大的暗褐色凹陷或穴状斑。病部逐渐疏软，干缩，出现很多皱褶，呈同心轮纹状，表面长出灰白色或玫瑰色菌丝和分生孢子座，严重时整个块茎被侵染。剖开病薯可见空心，空腔内长满菌丝，薯内则变为深褐色或灰褐色，僵缩、干腐、变轻、变硬、不堪食用。在干燥条件下贮藏，病薯干腐，表面皱缩。在高温条件下，感病组织变得更加疏松，内部形成空洞并充满菌丝体，易造成其他细菌、真菌和昆虫伴随侵入，加快块茎腐烂（郑军庆，2011）。

（2）发生规律 病菌在 5~30℃ 条件下均能生长。贮藏条件差，通风不良利于发病。

（3）传播途径 病菌以菌丝体或分生孢子在病残组织或土壤中越冬。多系弱寄生菌，病菌从伤口或芽眼侵入。

（4）防治措施 在发病前或发病初期，将奥力－克霉止按 300~500 倍液稀释喷雾，每 5~7d 喷药 1 次，喷药次数视病情而定。病情严重时，奥力－克霉止按 300 倍液稀释，3d 喷施一次。施药避开高温时间段，最佳施药温度为 20~30℃。重要防治时期为开花期和果实膨大期。

9. 软腐病

（1）为害症状　软腐病是细菌性病害，常见病原菌是胡萝卜软腐欧文氏菌变种，胡萝卜软腐亚种和黑胫病欧氏杆菌变种。一般发生在生长后期收获之前的块茎上及贮藏的块茎上。薯块受侵染后，气孔轻微凹陷，棕色或褐色，周围呈水浸状。在干燥条件下，病斑变硬、变干，坏死组织凹陷。初期皮孔略凸起，组织呈水渍状，病斑圆形或近圆形，直径1～3mm，表皮下组织软腐，以后扩展成大病斑直至整个薯块腐烂，软腐组织呈湿的奶油色或棕褐色，其上有软的颗粒状物。被侵染组织和健康组织界限明显，病斑边缘有褐色或黑色的色素。腐烂早期无气味，在30℃以上时有恶臭气味，往往溢出多泡状黏稠液。腐烂过程中，若温湿度不适宜则病斑干燥，扩展缓慢或停止。有些品种上的病斑外围常有一变褐环带（郑军庆，2011）。

（2）发生规律　病菌在病残体或土内越冬，翌年地面的小叶由病菌侵染发病。病菌还可借雨水飞溅或昆虫传播蔓延。根部土内病菌污染新块茎，在高温高湿条件下，由皮孔或伤口侵入，导致块茎腐烂。

（3）传播途径　软腐病两种病原属厌气细菌，易在水中传播。一般易从其他病斑进入，形成二次侵染、复合侵染。早前被感染的母株，可通过匍匐茎侵染子代块茎。温暖和高湿及缺氧有利于块茎软腐病发生。地温在20～25℃或在25℃以上，块茎会高度感病。通气不良、田里积水、水洗后块茎上有水膜造成的厌气环境，利于病害发生发展。

（4）防治措施　选用无病种薯，建立无病留种田。加强田间管理，减少薯块带菌量。控制N肥施用量，增施P、K肥。注意通风透光和降低田间湿度。生长后期注意排水，收获时避免造成机械损伤。及时拔除病株，并用石灰消毒减少田间初侵染源和再侵染源。

避免大水漫灌。

发病初期及时喷洒50%百菌通可湿性粉剂500倍液或12%绿乳铜乳油600倍液；或用47%加瑞农可湿性粉剂500倍液；或用14%络氨铜水剂300倍液。

入窖前铲除窖面1cm厚旧土层，喷洒杀菌剂，并撒一层干石灰粉或干沙土。入窖时严格剔除病、伤和虫咬的块茎，并在阴凉通风处堆放3d左右，使块茎表面水分充分蒸发，部分伤口愈合，以防止病原菌侵入。入窖时轻倒轻放，尽量避免薯皮受损伤。贮量以窖容积的1/3～1/2为宜，便于空气流通、散热、降温、降湿。贮藏窖内加强管理，注意好温湿度及通风等状况。

（二）主要虫害及防治

秦岭地区马铃薯常见地下害虫主要有金针虫、地老虎、蛴螬、蝼蛄、鼢鼠等。常见地上害虫有蚜虫、二十八星瓢虫等。

虫害综合防治方面要加强田间检查，生长期发现虫为害株或叶后，要及时拔（摘）除并深埋或烧毁，要将虫穴害虫挖出并防治。并开展相应的预防和防治措施，必要时，进行化学防治。

1. 金针虫

（1）生活史　金针虫也叫铁丝虫，是叩头甲的幼虫。金针虫的成虫和幼虫，生活在地下60cm以下的土中越冬，钻入时留有虫洞，春季再由虫洞上升到耕作层。幼虫适宜活动的土温7~11℃，土温超过17℃时，逐渐下移减轻为害。秋季地表温度下降后，又进入耕作层为害。幼虫初孵化出来时为白色，随着生长变为黄色，有光泽，体硬，长2~3cm，细长。

（2）为害症状　金针虫以幼虫为害。春季在马铃薯幼苗10cm以前为害根和地下茎，稍粗的根或茎虽很少被咬断，但会使幼苗逐渐萎蔫或枯死。秋季幼虫钻入块茎，在薯肉内形成1个孔道，降低块茎的品质，有的还会引起腐烂。

（3）发生规律　每年发生1代，均以成虫、幼虫在地下越冬。春季和秋季为害严重。幼虫多食性，春季在土中咬食栽种的块茎和幼苗及生长期形成的新块茎。成虫有趋光性和假死性。

（4）防治措施

①深翻土地　破坏金针虫的生活环境。在金针虫为害盛期多浇水可使其下移，减轻为害。

②化学防治　播种时每亩用75%辛硫磷颗粒剂1.5~2.0kg拌细干土125~175kg，然后，播种时撒施在垄沟（穴）内。

发现有虫为害时，可采用下列杀虫剂进行防治。用50%丙溴磷乳油1 000~2 000倍液、48%毒死蜱乳油1 000~2 000倍液、50%辛硫磷乳油800~1 500倍液，加水灌根。将0.5kg 90%的敌百虫用热水化开，加水5kg左右，拌上炒香的豆饼或麦麸50kg，或拌50kg切碎的鲜草鲜菜，配成毒饵，傍晚撒施在苗的附近。

2. 地老虎

（1）生活史　地老虎也叫土蚕，切根虫，以幼虫为害。成虫是一种夜蛾，分小地老虎和黄地老虎等多种。地老虎的幼虫是黄褐色、暗褐色或黑褐色的肉虫，一般长3~5cm。小地老虎喜阴湿环境，田间覆盖度大、杂草多、土壤湿度大的地方成虫量大；黄地老虎喜干旱环境，对湿度要求不高，夏季怕热。它们的成虫都有趋光性和趋糖蜜性。

（2）为害症状　地老虎主要为害马铃薯的幼苗，在贴近地面的地方把幼苗咬断，使整棵苗子死掉，并常把咬断的苗拖进虫洞。幼虫低龄时，也咬食嫩叶，使叶片出现缺刻和孔洞。它也会在地下咬食块茎，咬出的孔洞比蛴螬咬的要小一些。

（3）发生规律 北方每年发生 2～4 代，南方多代，由北向南递增，华南可终年繁殖为害。在北方主要以幼虫和蛹越冬，小地老虎源可由南方迁飞而来。各地都以第一代幼虫为害最重。成虫昼伏夜出活动，有趋光性；对发酸而有酸甜气味物质和枯萎的杨树枝有较强的趋性。

（4）防治措施 秋翻、秋耙，破坏其越冬场所，可杀死大量幼虫和卵，减少越冬基数；中耕灭虫，铲除地边、田埂边杂草；设置糖蜜诱杀器或黑光灯诱杀成虫；每亩用 50% 敌敌畏 500g，加水 2.5kg 喷在 100kg 干沙上，边喷边拌，制成毒沙，于傍晚撒在苗眼附近，或用 2.5% 敌百虫粉，每亩用 1.5～2kg，拌细土 10kg 撒在苗眼里。对 3 龄以下地老虎可喷施 800 倍液 40% 的辛硫磷或 2 000 倍液的 2.5% 溴氰菊酯乳油或 2 000 倍液的 5% 的来福灵乳油灭杀。

3. 蛴螬

（1）生活史 蛴螬是鞘翅目金龟甲科各种金龟子的幼虫的统称，俗名白地蚕、白土蚕、蛭虫等。幼虫有 3 对胸足，体肥胖，乳白色，常卷曲成马蹄形，并有假死性。菜田中发生的约 30 余种，常见的有大黑鳃金龟子、铜绿丽金龟子等。蛴螬在国内广泛分布，但以北方发生普遍，为害多种蔬菜。蛴螬及其成虫都能越冬，在土中上下垂直活动。成虫在地下 40cm 以下，幼虫在 90cm 以下越冬，春季再上升到 10cm 左右深的耕作层。喜有机质，喜在骡马粪中生活。成虫夜间活动，白天潜藏于土中。

（2）为害症状 在地下啃食萌发的种子、咬断幼苗根茎，致使全株死亡。在马铃薯田中，主要为害地下嫩根、地下茎和块茎，进行咬食和钻蛀，断口整齐，使地上茎营养和水分供应不上而枯死。块茎被钻蛀后，导致品质丧失或引起腐烂。成虫（金龟子）还会飞到植株上，咬食叶片。

（3）发生规律 西北地区 3～4 年发生 1 代，世代重叠。以成虫或幼虫越冬。翌年 4 月开始活动，5～9 月为主要为害期，以春季和秋季为害严重。成虫昼伏夜出活动，有趋光性或趋腐性。成虫羽化不久，便交尾产卵，卵多产在土内及草丛中。幼虫孵化后，在土壤内活动，为害马铃薯块茎，形成孔洞，湿度大时常引起薯块腐烂。

（4）防治措施 用 50% 辛硫磷乳油拌种，辛硫磷、水、种子的比例为 1:50:600。将药液均匀喷洒放在塑料薄膜上的种子上，边喷边拌，拌后闷种 3～4h，其间翻动 1～2 次，种子干后即可播种，持效期为 20d 左右。

每亩用 80% 敌百虫可溶性粉剂 100～150g，加少量水稀释后拌细土 15～20kg，制成毒土，均匀撒在播种沟（穴）内，覆一层细土后播种。

在蛴螬发生较重的地块，用 80% 敌百虫可溶性粉剂和 25% 西维因可湿性粉剂各 800 倍液灌根，每株灌 200g 左右，可杀死根际附近的幼虫。

4. 蝼蛄

（1）生活史　蝼蛄，也叫拉拉蛄、土狗子。蝼蛄的成虫（翅已长全的）、若虫（翅未长全的）都对马铃薯形成为害。在地下随土温的变化而上下活动。越冬时下潜 1.2 ~ 1.6m 筑洞休眠。春天，地温上升，又上到 10cm 处深的耕层为害。白天在地下，夜间到地面活动。夏季气温高时下到 20cm 左右深的地方活动，秋季又上到耕作层为害。一般有机质较多，盐碱较轻地里的蝼蛄为害猖獗。

（2）为害症状　蝼蛄用口器和前边的大爪子（前足）把马铃薯的地下茎或根撕成乱丝状，使地上部萎蔫或死亡。也有时咬食芽块，使芽子不能生长，造成缺苗。蝼蛄在土中窜掘隧道，使幼根与土壤分离、透风，造成失水，影响苗子生长，甚至死亡。在秋季咬食块茎，使其形成孔洞，或使其易感染腐烂菌造成块茎腐烂。

（3）发生规律　东方蝼蛄在北方 2 年发生 1 代，在南方每年发生 1 代，华北蝼蛄 3 年发生 1 代，均以成虫、若虫在地下越冬。春季迁向地表，5 ~ 6 月是为害高峰期。喜欢潮湿环境，具有强烈趋光性。

（4）防治措施　实行水旱轮作，减轻为害；深翻土地，适时中耕，清除杂草，不施用未腐熟的有机肥；出苗前挖卵窝灭卵。

在田间设置黑光灯诱杀成虫、若虫。

药剂防治可采用撒施毒饵的方法。先将饵料（秕谷、麦、豆饼等）5kg 炒香，而后，用 90% 敌百虫晶体 30 倍液 0.5L 拌匀，每亩施用 1.5 ~ 2.5kg，在无风闷热的傍晚撒施，效果最好。

5. 蚜虫

（1）生活史　马铃薯蚜虫也叫腻虫。蚜虫在中国分布广泛。为害马铃薯的蚜虫种类很多，尤以桃蚜、萝卜蚜和甘蓝蚜最为普遍。

（2）为害症状　马铃薯蚜虫对马铃薯为害有两种情况。第一种是直接为害。蚜虫群居在叶子背面和幼嫩的顶部取食，刺伤叶片吸取汁液，同时，排泄出一种黏物，堵塞气孔，使叶片皱缩变形，幼嫩部分生长受到妨碍，直接影响产量；第二种是取食过程中，如桃蚜，把病毒传给健康植株，引起病毒病，造成退化现象，还会使病毒在田间扩散，使更多植株发生退化。蚜虫以极大的繁殖力迅速布满叶片，以刺吸式口器吸食叶片内养分，使叶片严重失水和营养不良，造成叶片卷皱发黄色，影响产量。

（3）发生规律　每年发生 10 多代，分别在三叶草、木槿、花椒、桃和梅上以卵越冬。春季产生的有翅蚜陆续迁入马铃薯田为害，并重复胎生繁殖，为害至秋季。在寒地以长须蚜、桃蚜为主，棉蚜也日趋增多。长须蚜出现在马铃薯萌芽期，桃蚜次之，两者无群居性，棉蚜具群居性。它们对银灰色有负趋性，对黄色、橙色有趋性。

（4）传毒途径　蚜虫还是多种病毒的传播者。蚜虫传播病毒分为两种方式，这两种方式是根据病毒种类而分，即非持久性病毒及持久性病毒。马铃薯卷叶病毒是持久性病毒，黄斑花叶病毒（PLMV）、A病毒、Y病毒等病毒为非持久性病毒。蚜虫传播非持久性病毒时通过口针刺吸带毒寄主之后，毒液进入口针，保存在口针顶端，不进入蚜虫体内，病毒没有潜育期，也不在体内繁殖，即可传毒，也叫啄传病毒。得毒和传毒过程只需几分钟，甚至几秒钟的尝食即可完成。蚜虫持毒时间1h左右，不能跨龄期持毒。蚜虫得毒后向另一植株传毒，啄针便脱毒。而且，任一非持久性病毒常常可以由多种蚜虫传带。另外，有时也为害贮藏期间块茎的幼芽，从而将病毒传给病薯。蚜虫传播持久性病毒的得毒和传毒的取食时间需十几分钟，甚至几个小时。取食时啄针必须深刺到植物的韧皮部，才能得毒。病毒经过啄针到达肠道，再由淋巴运送到唾腺，病毒在蚜虫体内扩大繁殖。取食得毒到有传毒能力期间有一个潜育期。通常桃蚜在感染卷叶病毒的植株上取食半小时后，经过1h才有传毒能力。蚜虫持毒时间很长，可跨龄期持毒，也可终生持毒。蚜虫一旦持此种病毒，可向数株健株传毒，直至蚜虫死亡为止。持久性病毒具有很强的专化性。马铃薯卷叶病毒主要由桃蚜传播，不能通过机械摩擦传播。

（5）防治措施　蚜虫的为害既造成田间的直接损失，又传播病毒造成更大的间接损失。对蚜虫的防治应采取综合措施。

①利用气候条件　繁殖种薯要选择冷凉地区，使蚜虫繁殖、取食、迁区及传播病毒的能力都大大下降，有利于保持马铃薯种性。此外，二级以上风速、风多的地区，有阻止蚜虫起飞和降落的作用，可大大减少蚜虫对马铃薯的为害。有翅蚜易降落地块不适合于繁殖种薯。在湿度高的小生态环境下，蚜虫由于受病原微生物的侵染，发生的数量大大减少。因此，利用冷凉、多风、多湿的自然条件，可以减少蚜虫对马铃薯的为害，特别是对繁殖种薯有利。

②利用天然隔离条件　据研究，有翅桃蚜的处女飞翔在100m之内，因此，像海岛、草原、森林、高山、沙漠等地都有较好的隔离条件。

③利用栽培方法避蚜　迁移桃蚜大多以茄科和十字花科为第二寄主。在栽培上可以采取早春播（利用阳畦或塑料大棚）；在蚜虫发生高峰即将到来时提前灭秧、秋播等方式避开蚜虫为害。此外，利用荞麦、小麦、谷子、玉米、大蒜等作物与马铃薯间作或套作，改善了天敌的生活和繁殖条件，容易形成天敌控制害虫的环境，阻挡无翅蚜的爬迁传毒，大大减轻蚜虫的传毒为害。另外，利用蚜虫对多种作物的尝食，使其啄针顶端所带的病毒减少或钝化。

④化学防治　对有翅桃蚜进行重点防治，使用0.1%灭蚜松可湿性粉剂2 500倍液，50%马拉硫磷乳油等。也可用2.5%敌杀死乳油或10%氯氰菊酯乳油2 000～6 000倍液喷

雾。上述各类药剂可交替使用。针对无翅蚜利用其爬迁距离短的特点，每亩使用丙磷颗粒剂用量4kg或3%乙拌磷颗粒剂4kg，施药于种薯周围，药剂的残效期一般在2月以上，且有防治晚疫病的功效。

6. 瓢虫

（1）生活史　马铃薯瓢虫主要为害茄科植物，是马铃薯和茄子的重要害虫。

影响马铃薯瓢虫发生的最重要因素是夏季高温，28℃以上卵即使孵化也不能发育至成虫，所以，马铃薯瓢虫实际是北方的种群，主要分布于中国北方，包括东北、华北和西北等地，过热的南方几乎没有分布。

秦岭地区的马铃薯常见瓢虫类型为二十八星瓢虫。成虫体长7~8mm，黄褐色或红褐色。前胸背板中央有1个三角形黑斑，两侧各有2个小黑斑。两鞘翅上各有14个黑斑，其中，第二列4个黑斑不在一条直线上，两翅合缝处上有1~2对黑斑相连。卵长圆形，初产时鲜黄色，后为褐色，常20~30粒竖立成堆。幼虫体长8mm，灰褐色，各体节有一横列棘刺，前胸及第八节至第九节腹背各4个，其余各6个。蛹扁平椭圆形，淡黄色，被棕褐色毛，上有黑斑。

（2）为害症状　成虫和幼虫均取食同样的植物，取食后叶片仅残留叶脉及上表皮，且形成许多平行的牙痕，成孔状或许多不规则透明网斑，严重时，全田如枯焦状，植株叶片卷缩枯死。

（3）发生规律　每年发生2代至多代，以成虫群集越冬，华南无越冬现象，终年活动为害。越冬区成虫5月开始活动，为害马铃薯等。5~8月为害最重。成虫白天活动，中午前在叶背取食，16时后转向叶面为害，成虫有假死性和自残性。雌成虫将卵产于叶背成块状。初孵幼虫群集为害，二龄后分散为害。幼虫老熟后多在植株基部茎上或枯叶中化蛹。

（4）防治措施

①农业防治　及时清除田园的杂草和残株，降低越冬虫源基数。

②人工防治　根据成虫的假死性，可以敲打植株，捕捉成虫；用人工摘除叶背上的卵块和植株上的蛹，并集中杀灭。

③药剂防治　药剂防治应掌握在马铃薯瓢虫幼虫分散之前用药，效果最好。80%敌敌畏乳油或90%晶体敌百虫；或用50%马拉硫磷1 000倍液；或用50%辛硫磷乳油1 500~2 000倍液；或用2.5%溴氰菊酯乳油；或用40%菊杂乳油或菊马乳油3 000倍液；或21%灭杀毙乳油6 000倍液喷雾。

（三）鼠害

以中华鼢鼠为例。

1. 生活史　鼢鼠俗称瞎老鼠。体圆筒形，肥胖，体长约20cm，棕黄色，红黄色或蓝灰色。头较大，扁而宽，鼻端圆钝，粉红色。嘴上方与两眼间有一较小淡色区，额中部有一白色或黄白色斑纹。耳小，隐于毛下，眼睛退化，极小。四肢较短，前肢粗而有力，生有镰刀状长爪，适于刨土。尾巴细短，足、背及尾毛均为污白色。鼢鼠终生生活在土内。

2. 为害症状　鼢鼠春季盗食种下的块茎和幼苗，常造成缺苗断垄。夏、秋咬食土内新结块茎，且具贮食习惯，常造成严重减产。

3. 发生规律　鼢鼠每年繁殖1胎，5~6月产仔，每胎2~6只。喜栖息于土层厚、土质松软的土内。由于其营巢、掘土觅食，常将泥土推出地面，堆成大小不等的小丘。鼢鼠的洞系较复杂，以作用和层次分，主要有窜洞、主洞、朝天洞和老窝。鼢鼠终生隐蔽生活，昼夜活动。有怕光、避风习性。冬季栖息老窝中，除非取食，基本不活动，春季地表解冻后开始活动为害。

4. 防治措施　先找到鼢鼠洞，切开洞口，铲薄洞道上的表土，用铁锨在洞口后边守候，待鼢鼠来洞口试探堵洞时，立刻用力切下去，也可用脚猛踩洞道，切断回路，将它扑杀。

有条件的地区在灌水前切开洞口，将水引入洞内，可淹死大量的鼢鼠。

用弓箭、弓形夹、双塌压等方法灭鼠。

药剂防治可采用鼠迷、5%磷化锌、溴敌隆在95%酒精中充分溶解后拌入饵料中（小麦、葱、大葱、苹果、韭菜、萝卜等），将50~100g饵料投放于鼠洞口60~80cm处诱杀鼢鼠。

生物防治可在春初或秋末，每公顷用依萨琴柯氏菌或达尼契氏菌等颗粒菌剂1~3kg，放入洞道内，使鼢鼠感病死亡。

（四）杂草防除

秦岭地区马铃薯田常见杂草种类有：簇生卷耳、灰菜、灰绿藜、荠菜、鹅绒藤、猪毛蒿、小蓟、大蓟、问荆、狗牙草等。

农田杂草防治措施中，要坚持以农业防治为基础，配合物理、化学和生物防治等措施进行综合防治，才能达到较好的防治效果。农业防治方面可采取作物轮作、土壤耕作、精选种子、中耕除草等措施。物理方法除草可利用有色地膜如黑色膜、绿色膜等覆盖具有一定的抑草作用。化学防控方面可采用适宜的除草剂灭除杂草。禾本科杂草可使用氟乐灵、施田补（除草通）、敌草胺（大惠利）、地乐胺等进行土壤处理；阔叶草为主的用塞克津进行土壤处理；禾本科与阔叶草混生的田块用绿麦隆、果尔、旱草灵、恶草灵、利谷隆等进行土壤处理；禾本科杂草的茎叶处理要用高效盖草能、精稳杀得、禾草克、拿捕净、威霸（恶唑禾草灵）等均匀喷洒杂草茎叶。

（五）环境胁迫对策

秦岭西段南北麓常见的胁迫类型有干旱、低温、盐、水分胁迫等。干旱是在较长时期内，水分供应不足，土壤蒸发导致水分亏缺，影响农作物正常生长发育而造成损害的一种农业气象灾害。作物生长需水的关键时期，干旱会造成农作物严重损失。干旱是秦岭地区重要的气象灾害之一，发生范围较广，出现频率较高，夏粮作物受影响较大。

有研究表明（姚玉璧，2013），甘肃黄土高原不同海拔区域降水量年际变化呈下降趋势。气温是影响马铃薯生长发育的主导气象因子。气温增高，营养生长阶段缩短，而生殖生长阶段延长，全生育期延长。以干旱为主的气象灾害频率的增加，使马铃薯生育脆弱性增加。马铃薯对降水量变化的敏感性和降水量减少导致马铃薯生育脆弱性却随海拔增高而降低。抗艳红等（2011）研究表明，在各生育时期干旱胁迫下，马铃薯 MDA、Pro 含量均增加，而 SOD 活性下降。花期干旱胁迫对马铃薯的生理生化指标影响最大。抗性强的品种脯氨酸含量增加的幅度较小，SOD 的活力较高，而抗旱性弱的品种则相反。抗旱性强的品种在生理生化指标上具有抗旱的调节机制。

在低温胁迫方面的研究的表明（秦玉芝，2013），马铃薯净光合速率随环境温度的降低而下降，随着环境温度由 20℃降到 5℃，马铃薯叶片胞间 CO_2 浓度先下降后升高。综合考虑认为，5℃下马铃薯光合作用的特点可以作为对其进行耐寒性评价的依据。

张瑞玖等（2010）研究表明，NaCl 胁迫下马铃薯叶片脯氨酸含量、叶绿素含量、可溶性蛋白含量及根系活力随 N 水平的提高，表现为先增加后降低的趋势。NaCl 胁迫下马铃薯叶片 SOD 和 POD 的活性随 N 水平的增加逐渐上升。

八、适期收获

马铃薯植株茎叶大部分枯黄时，生长停止，块茎易与匍匐茎分离，周皮变厚，块茎干物质含量达到最大值，为块茎的最适收获期。秦岭西段南北麓马铃薯的收获时间因播种时间和栽培措施而不同，在 4 月下旬至 10 月下旬均有。收获前 10d 左右将地里马铃薯茎秆和杂草清理干净。在晴天用人工、畜力或马铃薯挖掘机进行收获。收获时尽量避免碰伤块茎，减少机械损伤，并要避免块茎在烈日下长时间暴晒而降低种用品质和食用品质。块茎经晾晒"发汗"，严格剔除病烂薯和伤薯后，入窖贮藏。

九、贮藏

（一）贮藏方式

马铃薯贮藏方式主要有窖藏、沟藏、堆藏、常温库贮藏、气调库贮藏、化学及药物处理贮藏等。贮藏窖打扫干净后，用生石灰、5% 来苏水喷洒地面和墙壁消毒。窖内相对湿度保持80%~90%，温度3℃左右。块茎入窖应该轻拿轻放，防止大量碰伤。严格选除烂薯、病薯和伤薯，将泥土清理干净，堆放于避光通风处；入窖后用高锰酸钾和甲醛溶液熏蒸消毒杀菌（用5g/m²高锰酸钾加6g甲醛溶液），每月熏蒸一次，防止块茎腐烂和病害的蔓延。并且每周用甲酚皂溶液将过道消毒一次，以防止交叉感染。另外，种薯贮存期，防止老鼠为害。此外，还要严格控制窖温、湿度，保持通风等达到马铃薯种薯贮存对环境的要求，降低贮存期间的自然损耗。

1. 窖藏　窖藏是北方普遍采用的方法。用井窖或窑窖贮藏马铃薯，在地下挖窖，温度稳定在0℃以上。在严冬条件下，马铃薯能够安全过冬贮藏。缺点是每个贮藏窖受体积限制，贮存的数量较少，每窖可贮3 000~3 500kg。由于只利用窖口通风调节温度，所以，保温效果较好。但入窖初期不易降温，马铃薯窖不能装得太满，并注意窖口的启闭。使用棚窖贮藏时，窖顶覆盖层要增厚，窖身加深，以免冻害。窖内薯堆高度不超过1.5m，否则，入窖初期易受热引起萌芽及腐烂。

2. 沟藏　7月中旬收获马铃薯，收获后预贮在荫棚或空屋内，直到10月下沟贮藏。沟深1~1.2m，宽1~1.5m，沟长不限。薯块厚度40~50cm，寒冷地区可达70~80cm，上面覆土保温，要随气温下降分次覆盖。沟内堆薯不能过高。否则，沟底及中部温度易偏高，薯块受热会引起腐烂。

3. 堆藏　贮藏窖里马铃薯一般堆高不超1.5m，堆内设置通风筒。另采用袋装垛藏，每袋重30~35kg，袋整齐码垛，以堆6层高为宜，垛与垛间留1m宽的走道。

4. 库藏　将种薯装在木箱、塑料周转箱或其他容器内，叠层放置在见散射光的库房内，在散射光的照射下，芽转成绿色，生长缓慢，粗壮，种薯的水分损失较慢。在库房内可以采用自然通风或气调，气调可以长时间贮存。装筐码垛贮放，更加便于管理及提高库容量。

5. 气调贮藏　气调仓库包括鲜食商品马铃薯贮存气调库。气调库建有自动调控温、湿度，监测库内块茎发芽、转化程度及库房运转的专用马铃薯原料的气调贮存库，贮存期可以达到180d。根据贮藏期需要，气调库温度控制在4~7℃，低于4℃容易发生冻害和低温真菌病害。温度高，块茎呼吸增加，水分损失大，发芽速度快。相对湿度控制在80%~90%，与块茎水分相近，减少块茎水分蒸发。加工用马铃薯贮存气调库，长期贮存温度7~10℃，在马铃薯休眠期内15~18℃，因为，低温会造成块茎还原糖增加。2周左右的降低还原糖含量的处理的相对湿度控制在80%~90%。

6. 化学处理贮藏　在马铃薯贮藏前用多菌灵、甲霜灵锰锌等药剂处理块茎来预防，也可在贮藏期间，使用0.2%甲醛溶液均匀喷雾，使病薯病害部位表层干枯，可有效防止病菌向邻近块茎侵染。另外，使用二氧化氯（ClO₂）消毒和保鲜。

7. 药物处理贮藏　贮藏中采用青鲜素或萘乙酸甲酯等抑芽剂处理，可以抑制或减少发芽，能抑制病原菌微生物的繁殖，还能防腐。

（二）贮藏期间的管理

马铃薯种薯入窖后，应有专人负责管理，每天掌握窖内温湿度，根据温湿度的变化随时采取相应的措施。如果发现有烂薯，应及时进行翻窖，倒垛，防止薯块腐烂蔓延感染。马铃薯贮藏期间，窖内前期管理应以降温、通风为主；中期主要进行防冻、保鲜；后期主要是保持窖内低温，3 月初至种薯出窖时，块茎已度过休眠期，窖温升高易造成块茎发芽，最好将窖温控制在 1~4℃，发现病烂薯及时剔除（郑军庆，2011）。

1. 温度　马铃薯在贮存期间与温度的关系最为密切。作为种薯，一般要求在较低的温度条件下贮存。贮存初期应以降温散热、通风换气为主，最适温度应在 4℃；贮存中期应防冻保暖，温度控制在 1~3℃；贮存末期应注意通风，温度控制在 4℃。

2. 湿度　保持窖内适宜的湿度，可以减少自然损耗和有利于块茎保持新鲜度。当贮存温度在 1~3℃时，湿度最好控制在 85%~90%，湿度变化的安全范围为 80%~93%，在这样的湿度范围内，块茎失水不多，不会造成萎蔫，同时，也不会因湿度过大而造成块茎的腐烂。

3. 光照　贮藏条件不好，适当创造一定光照条件，使表皮变绿色。有研究（Gachango，2008）表明，块茎贮藏在黑暗条件下的重量较直接光照条件下的低，不同品种在不同光照下失去的重量不同，发芽活力不同。直接光照和散射光照下，马铃薯块茎娥发病率比黑暗条件下高。块茎贮存时，采用漫射光（612.2~1 000kW）可形成短壮芽并减少块茎重。

4. 通风　调节窖内空气流通，保证有清洁新鲜空气，增加氧气，减少窖内集聚的 CO_2。种薯长期贮存时，窖内 CO_2 较多，会影响种薯的生活力，导致以后植株发育不良，田间缺株率增加，产量下降。

5. 病虫害　贮藏期间可用灰力奇烟熏剂点燃处理 3~4 次，每月熏蒸 1 次，以杀菌防腐；或每 $10m^3$ 用 55g 高锰酸钾加 70g 甲醛溶液熏蒸消毒。一周入窖检查一次，要防冻，防止热窖、防止烂窖，保证安全贮藏。

6. 热　贮藏期热源包括原有热（块茎自身原有热量）、呼吸热（块茎呼吸产生的热量）、外来热（窖外空气流入窖内的热量）和土地热（从地下传导到土壤中的暖流）。其中，土地热是贮藏窖利用的热量主要来源。

（三）马铃薯贮藏期间的化学成分变化

有研究（陈彦云，2006）表明，贮藏期间马铃薯不同品种块茎干物质含量呈极显著差异；同一品种不同贮藏时期干物质含量差异不显著；不同品种、不同贮藏时期马铃薯块茎淀粉含量和还原糖含量均呈极显著差异；贮藏期间马铃薯块茎干物质含量与淀粉含量之间呈显著的正相关关系。

研究表明（巩慧玲，2004），贮藏期间不同品种间的蛋白质和维生素 C 含量的差异均呈极显著水平；贮藏期与马铃薯维生素 C 含量呈极显著负相关，与蛋白质含量无相关性。

研究（丁映，2009）表明，在贮藏期间使用化学试剂处理的马铃薯淀粉含量的下降速度较慢，干物质损失不大，维生素 C、还原糖、粗蛋白含量下降幅度较小。化学试剂处理后由于马铃薯未出芽，其品质变化不大。司怀军等（2001）研究表明，15～20℃下贮藏的块茎还原糖含量随贮藏时间的延长变化不大。在5～7℃和4℃下贮藏的块茎还原糖含量逐渐增加，当其转移到高温条件下（15～16℃和18～20℃）保存10d和20d后，块茎还原糖含量又呈下降趋势。不同品种还原糖含量的变化对温度的反应敏感程度不同，在高温下还原糖逆转为淀粉的能力不同。

第四节　马铃薯品质

一、马铃薯品质的综合概念

马铃薯按用途可分为菜用型、食品加工型、淀粉加工型、种用型几类，不同用途的马铃薯，其品质要求也不同。

（一）品种的用途类型

马铃薯从用途上可以分为鲜食、淀粉加工、全粉加工、炸片加工、炸条加工和烧烤等多种类型。鲜食品种要求薯块大、表皮光滑、芽眼浅，薯形和皮色肉色因各地市场需求而异；淀粉加工品种要求淀粉含量在18%以上；全粉加工品种要求薯块芽眼浅、还原糖含量低于0.3%以下，比重在1.080以上；炸片品种要求薯形圆形、芽眼浅、还原糖含量低于0.3%以下，直径4～9cm，比重在1.080以上，炸片色泽浅且色泽均匀一致；炸条品种要求薯形长圆形、芽眼浅、表皮光滑、还原糖含量低于0.3%以下，比重在1.080以上，油炸色泽浅或金黄色且色泽均匀一致。

（二）马铃薯营养成分

马铃薯含有丰富的营养成分，块茎是营养贮藏器官。一般情况下，块茎内75%左右是水分，24%左右是干物质，其中，淀粉占70%～80%。块茎中，含有2%左右的蛋白质，包括18种氨基酸，其中，有人体不能合成的各种必需氨基酸，且容易消化吸收。马铃薯块茎中，还含有多种维生素、无机盐、脂肪、粗纤维等。包括维生素 C、维生素 A 及维生素 B 等 8 种维生素和 Ca、P、Fe、K 等 10 多种矿物元素。马铃薯含有丰富的维生素 C，是人类特别是低收入家庭获得维生素的主要来源。维生素 C 在马铃薯块茎中可以有 2 种形式存在，即抗坏血酸和脱氢抗坏血酸。抗坏血酸约占总维生素 C 的 90%，其余的是脱氢抗坏血酸。马铃薯品种间维生素 C 差异显著，并且存在着品种和环境的互作。收获后用一定剂量的射线处理马铃薯块茎，维生素 C 含量并无变化，但研究者均指出，块茎经贮藏后维生素 C 含量明显下降。尽管在薯条和薯片加工过程中抗坏血酸有一定损失，但在这两种产品中，仍存在着大量的抗坏血酸。明确马铃薯在生长发育过程中维生素 C 含量的变化，对了解马铃薯块茎维生素含量的动态变化以及确定马铃薯维生素 C 含量的测定日期有重要意义。有研究表明（赵韦，2007），东农 303 在生长发育期间维生素 C 含量的变化呈抛物线形式，8 月 5 日达到最大值，然后逐渐减小。东农 303 是高维生素 C 的品种。

菜用马铃薯，块茎要求薯形整齐，表皮光滑，芽眼少而浅，块茎大小适中、无变绿。出口鲜薯要求黄皮黄肉或红皮黄肉，薯形长圆或椭圆形，食味品质好，不麻口，蛋白质含量高，淀粉含量适中等。块茎食用品质的高低常用食用价来表示。食用价（%）＝蛋白质含量/淀粉含量×100，食用价值高的，营养价值也高。

（三）马铃薯加工品质

马铃薯加工食品有炸薯条、炸薯片、脱水制品等。其炸薯条、炸薯片，对块茎品质要求如下。

1. 块茎外观　表皮薄而光滑，芽眼少而浅，皮色为乳黄色或黄棕色，薯形整齐。炸薯片要求块茎圆球形，大小 40～60mm 为宜。炸薯条要求薯形长而厚，薯块大而宽肩者（两头平），大小在 50mm 以上或 200g 以上。

2. 块茎内部结构　薯肉为白色或乳白色，炸薯条也可以用淡黄色或黄色的块茎。块茎髓部长而窄，无空心、黑心等。

3. 干物质含量　干物质含量高可降低炸片和炸条的含油量，缩短油炸时间，减少耗油量，同时，可提高成品产量和质量。一般油炸食品要求 22%～25% 的干物质含量。干物质含量过高，生产出来的食品比较硬（薯片要求酥脆，薯条要求外酥内软），质量变差。

4. 还原糖含量　还原糖含量的高低是油炸食品加工中对块茎品质要求最为严格的指标。在加工过程中，还原糖和氨基酸进行所谓的"美拉反应"（Maillard Reactionn），使薯片、薯条表面颜色加深而成为不受消费者欢迎的棕褐色，并使成品变味，质量严重下降。理想的还原糖含量应约为鲜重的 0.10%，上线不超过 0.30%（炸片）或 0.50%（炸薯条）。块茎还原糖含量高低，与品种、收获时的成熟度、贮藏温度和时间等有关。尤其是低温贮藏，会明显升高块茎还原糖含量。

5. 淀粉加工用马铃薯的质量要求　淀粉含量的高低是淀粉加工时首先要考虑的品质

指标。因为淀粉含量每相差 1%，生产同样多的淀粉，其原料相差 6%。作为淀粉加工用品种其淀粉含量应在 18% 或以上。为提高淀粉的白度，应选用皮肉色浅的品种。

种用块茎的质量要求种薯健康，不含有块茎传播的各种病毒和真菌性病害；纯度要高；种薯小型化，块茎大小以 25～50g 为宜，小块茎既可以保持块茎无病和较强的生活力，又可以实行整薯播种，还可以减轻运输压力和费用，节省用种量，降低生产成本。

二、秦岭地区马铃薯品质特点

秦岭是中国气候上的南北分界线，以北属暖温带湿润、半湿润气候，以南属北亚热带湿润气候。秦岭地区地形复杂，海拔高度、雨热资源和生态条件差异大，形成资源优势独特，农业气候区域明显。因雨热同季、日照充足、春秋时间短，冬夏时间长，光、热、水等气候资源丰富，特别适宜于马铃薯生产发育，马铃薯已成为主要的作物之一。秦岭地区马铃薯生产主要以鲜食菜用型和淀粉加工型为主。该地区生产的鲜食菜用型马铃薯薯形整齐、表皮光滑、芽眼少而浅，块茎大小适中，食味品质好、不麻口，蛋白质含量高；淀粉加工型马铃薯，其淀粉含量在 18% 以上，块茎大小中等，淀粉品质优良。

三、马铃薯几种主要营养成分简介

（一）马铃薯淀粉

1. 高淀粉马铃薯品种资源　种质资源对作物遗传改良的重要性已逐渐被人们所认识，收集和保存各种各样的变异材料十分必要。构建高淀粉马铃薯核心样品，旨在深入研究和加强利用，为进一步搞清楚高淀粉马铃薯种质资源的遗传多样性打下坚实的理论基础。孙邦升等（2009）从 1 910 份种质资源中筛选出淀粉含量大于 17% 的高淀粉马铃薯种质资源 103 份，初步构建了高淀粉马铃薯种质资源核心样品 16 份。高淀粉马铃薯核心样品种质有：克新 12、克 6717 - 36、高原 7 号、会 - 2、合作 88、鄂马铃薯 1 号、藏薯 1 号、CFQ69.1、S1t1Lenino、Beaty ofH ebron、BL - 111e、E861604、H erbstgelbe、春薯 4 号、Ns51 - 5、BL - 219。另有滕伟丽等（1998）将 673 份马铃薯品种（系）按熟期和淀粉含量进行统计分析，筛选 18% 以上高淀粉优质资源 50 份，其中，早熟的 5 份，晚熟的45 份。

2. 马铃薯淀粉的一般特性　有研究表明（于天峰，2005），马铃薯淀粉粒径大小为2～100μm，大部分粒径在 20～70μm，粒径分布近乎正态分布。平均粒径在 30～40μm，比玉米淀粉、红薯淀粉和木薯淀粉的粒径都要大。马铃薯淀粉粒径的大小，不仅随其品种不同而变化，即使是同一品种的马铃薯，在不同的营养条件下，其淀粉粒径大小也会发生变化，大粒径的马铃薯淀粉呈椭圆形，小粒径的呈圆形。

3. **马铃薯淀粉的糊化特性**　淀粉加水加热至 60～70℃，淀粉粒急剧大量吸水膨胀，淀粉粒的形状破坏，呈半透明的胶体状的浆糊，这一过程即淀粉糊化。常温下，水分子不能进入淀粉分子内部，淀粉在水中是稳定的。淀粉加热后，分子运动加剧，淀粉吸水膨胀，进一步加热，淀粉粒破坏，实现糊化。所谓的糊浆就是热水溶解的直链淀粉和支链淀粉溶液中，未完全破坏的淀粉粒和破坏的淀粉粒的不均匀的混合状态。糊化的淀粉味良，容易消化，称为 α 淀粉。马铃薯淀粉具有区别于其他淀粉的优良的糊化特性（于天峰，2005）。马铃薯淀粉糊化温度低、膨胀容易。马铃薯淀粉的糊化温度平均为 56℃，比玉米淀粉（64℃）、小麦淀粉（69℃）以及薯类淀粉的木薯淀粉（59℃）和甘薯淀粉（79℃）的糊化温度都低。马铃薯淀粉颗粒较大，其内部结构较弱，又由于其分子结构中磷酸基电荷间相互排斥，因此，马铃薯淀粉具有很好的膨胀性。当温度达到 50～62℃，淀粉粒一齐吸水膨胀。当完成糊化时，马铃薯淀粉能吸收比自身质量多 400～600 倍的水分。因而，糊化时吸水、保水力强。马铃薯淀粉糊浆最高黏度高，糊浆透明度高。马铃薯淀粉的 P 含量和淀粉的糊浆黏度之间呈高度正相关，和糊化温度呈高度负相关。浆糊最高黏度和淀粉粒的膨胀时间也存在正相关关系。马铃薯糊浆中，几乎不存在能引起光线折射的未膨胀和糊化的颗粒状淀粉。马铃薯淀粉分子结构中结合的磷酸基及其不含有脂肪酸是其糊浆透明度高的重要原因。马铃薯淀粉的浆糊，在盐水中保存，有容易老化的性质。淀粉制造时，用不同水质制造的淀粉，其糊化性质有显著变化，这和淀粉结合的磷酸有很大关系。加工利用的马铃薯淀粉都是大小粒混合的。大粒淀粉能更好地反映出原料淀粉的特性，即黏度高、糊化温度低、透明度高等；P 含量比原料淀粉低 13%。小粒淀粉糊化时，呈现二段式膨胀，黏度相对低，稳定性好；P 含量比原料淀粉高 43%。

4. **马铃薯淀粉磷酸酯的理化特性**　天然马铃薯淀粉用磷酸盐进行交联可使 2 个淀粉分子的羟基与磷酸根结合形成马铃薯淀粉磷酸酯。有研究表明（郑桂富，2002），马铃薯淀粉磷酸酯比玉米淀粉和马铃薯淀粉具有更优良的热糊与冷糊的稳定性，电解质（NaCl）和非电解质（蔗糖）的存在，对其热糊与冷糊的稳定性基本无影响，凝胶强度高，冻融稳定性好，尤其是耐酸性能强。

5. **淀粉－糖代谢酶活性变化对马铃薯块茎还原糖积累和加工品质的影响**　低温贮藏是马铃薯加工中减少原料损失的主要措施，能降低块茎的呼吸消耗，延长休眠期，但同时也易造成还原糖的积累，影响油炸加工品质。有研究表明（成善汉，2004），贮藏期间低温是促进块茎还原糖累积的主要影响因素，还原糖含量与炸片色泽具有极显著直线正相关。在 4℃贮藏条件下，腺苷二磷酸葡萄糖焦磷酸化酶 AGPase、尿苷二磷酸葡萄糖焦磷酸化酶 UGPase 和蔗糖合成酶 SuSy 的活性与块茎还原糖含量呈显著负指数相关。酸性转化酶

AcidInv 和碱性转化酶 AlkalineInv 的活性与块茎还原糖的积累呈显著直线正相关，是淀粉 – 糖代谢过程中影响块茎低温糖化的重要因素。

6. 马铃薯片浸泡期间淀粉和维生素 C 含量的变化　马铃薯是学生营养餐、快餐最常用的原料，马铃薯清洗切片后到上灶烹调的褐变和营养损失是未解决的问题。有研究表明（杨铭铎，2007），马铃薯浸泡的时间越长，温度越高，其营养物质损失越多，而料水比对其影响不大，pH 值对维生素 C 影响较大，而对淀粉基本没有影响。马铃薯浸泡的最佳条件为：采用 0.5% 的 NaCl 溶液，浸泡温度为 20℃，浸泡时间 2～15min，料水比为 3∶1，pH 值为 5 左右。此浸泡条件可以防止马铃薯的褐变，营养物质损失较少。

7. 纬度和海拔对马铃薯淀粉含量的影响　马铃薯淀粉含量及其品质性状均是复杂的多基因控制的数量性状，它们的高低除受品种本身的遗传因素控制外，还受生态区域环境因素（如纬度、海拔等）的影响。由于不同地区的光照、温度、水分、肥力、土壤类型等因素的不同，即使在各地种植同一品种，其品质性状也会发生较大差异。有研究表明（宿飞飞，2009），马铃薯淀粉含量变化总趋势为东北和西北地区较高、华北地区较低。在 40°06′N～48°04′N 淀粉含量随纬度升高逐渐增加。在同纬度地区，淀粉含量随海拔的升高而增加。淀粉黏度随纬度变化趋势与淀粉含量基本一致。有研究表明（阮俊，2009），马铃薯干物质、蛋白质、淀粉含量随海拔的变化呈现开口向上的抛物线特征，海拔 2 000～2 200m 出现最低值；还原糖含量随海拔的变化特征与前者相反，海拔 2 000～2 200m 出现最大值；维生素 C 在海拔 1 800m 以下随海拔的升高而增加，但在 1 900m 以上几乎没有变化。因此，高海拔马铃薯主产区生产的马铃薯宜用于淀粉加工。

8. 马铃薯淀粉的用途　马铃薯淀粉的用途十分广泛。目前，已开发出 2 000 种以上的用途。主要有生产糊化制品、加工面食、作为酒精发酵的原料、作纤维、制造纸的黏着剂、加工变性淀粉等。

（二）马铃薯蛋白质

1. 马铃薯蛋白质含量存在地域差异　马铃薯蛋白质质量优于大米、玉米等蛋白，与动物蛋白质相近，能供给人体大量的黏体蛋白质，且其蛋白质属于完全蛋白质，能很好地被人体所吸收。并且，马铃薯蛋白质中，人体必需的氨基酸含量很高。马铃薯作为食物结构的重要组成部分，提高蛋白质含量具有重要的意义。不同生态区的马铃薯蛋白质含量存在地域差异。马铃薯的蛋白质含量是由一个复杂的微效多基因控制的数量性状，其蛋白质含量的高低除受遗传因素控制外，地理环境和栽培措施等条件的影响也很大，因此，品种必须在适宜的条件下方能充分发挥其潜力。不同品种的选育单位、本身的遗传基础、气候条件、土壤类型等因素不同，故各品种间存在着一定的差异。因此，即使同一品种因各试点所处的环境、气候条件和土壤类型不同而表现有所差异（张凤军，2008）。

2. 马铃薯蛋白质的种类

（1）按组成分类　按照蛋白质的组成分类可分为单纯蛋白和缀合蛋白。单纯蛋白质（简单蛋白质），只有氨基酸构成，简单蛋白根据溶解度又分为清蛋白、球蛋白、醇溶蛋白、谷蛋白、精蛋白、组蛋白和硬蛋白。缀合蛋白质或结合蛋白质，除含氨基酸外还含其他物质，这些非蛋白部分叫辅基或配体，缀合蛋白又根据非蛋白组分分为核蛋白、糖蛋白、脂蛋白、磷蛋白、金属蛋白、血红素蛋白和黄素蛋白。

（2）按功能分类　有酶蛋白、调节蛋白、转运蛋白、贮存蛋白、收缩蛋白、防御蛋白、毒蛋白、膜蛋白、胶原蛋白、角蛋白、弹性蛋白、酸性蛋白、碱性蛋白等。

按蛋白质水解可分为可溶性蛋白和不可溶性蛋白。可溶性蛋白产物为各种氨基酸混合物。不可溶性蛋白产物为各种大小不等的肽段和氨基酸。

3. 马铃薯可溶性蛋白与抗旱性　马铃薯可溶性蛋白与抗旱性有关。在水分胁迫下，叶片中可溶性蛋白含量明显增加；叶绿素 a、叶绿素 b、总叶绿素含量及叶绿素 a/b 比值与对照相比均有所下降；ATP 含量有增有减，但品种抗旱性愈强，ATP 含量愈高。叶片中，可溶性蛋白含量、叶绿素 a/b 比值、ATP 含量占对照百分率与品种抗旱性之间的相关系数 r 分别为 +0.875 0、−0.850 9、+0.794 5，P<0.01。因此，这些指标可用于马铃薯不同品种抗旱性的评定（刘玲玲，2004）。

（三）马铃薯膳食纤维

1. 马铃薯膳食纤维的结构特征　膳食纤维主要指非淀粉多糖类及木质素的总称。它能吸收胃中过量的盐酸，增加渣滓容量，促进肠的蠕动，吸收胃液物质，并为促进肠内舒适创造良好的环境。有分析表明（吕金顺，2007），马铃薯渣中的半乳聚糖在蒸气爆破下由长链断成短链，且由原来的块状变成片状、无规则的空间网层结构，断链的半乳糖醛基在氧化作用下生成羧基。马铃薯膳食纤维在生物体内对致病物质有一定的吸附作用。

2. 微生物发酵对马铃薯渣膳食纤维得率和性质的影响　马铃薯渣是以鲜薯为原料加工淀粉后的副产品，含有丰富的膳食纤维，是一种安全、廉价的膳食纤维源。有研究表明（袁惠君，2005），无论用米根霉发酵还是白地霉发酵，膳食纤维得率都明显增加，固体发酵和液体发酵都以米根霉发酵的膳食纤维得率最高。在高压灭菌的条件下，发酵对马铃薯渣膳食纤维持水力的影响不显著，不同的发酵方式对膨胀力影响显著，采用液体发酵的方式效果较好。

四、马铃薯的综合利用

（一）粮用和菜用

马铃薯在中国不仅是主要粮食作物，也是主要的蔬菜作物之一。全国各省区都有种植。它不仅是西部贫困地区正常年的主要食物，更是欠收年份的救灾作物；既是西北、华北和东北冬季最主要的蔬菜，又是淀粉加工的原料，同时，也是牲畜的饲料；既是城镇绿色蔬菜，又是东南沿海的经济发达地区重要的经济作物。马铃薯是一种粮菜饲兼用的作物，其营养成分齐全，不仅含有大量碳水化合物，同时，含有丰富的蛋白质、矿物质（P、Ca 等）、维生素等营养成分。不仅可以做主食，也可以作为蔬菜食用，或做辅助食品如薯条、薯片等，也用来制作淀粉、粉丝等，还可以酿酒或作为牲畜的饲料。

（二）食品加工

马铃薯营养丰富，富含 K、Zn、Fe 等，含有丰富的维生素 A 和维生素 C 以及矿物质。其干物质中，淀粉占 75% ~ 80%，主要是支链淀粉，有优良的糊化特点，并易于被人体吸收；蛋白质可利用价值高，且为全价蛋白，含人体必需的 8 种氨基酸。同时，它还具有解毒、消炎的功效，可和胃、健脾、益气，并能预防心血管系统的脂肪沉积，保持动脉血管的弹性，还可预防肝脏、肾脏中结缔组织的萎缩，保持呼吸道、消化道的滑润。马铃薯制成多种加工食品，如薯片（条）、膨化食品等，丰富饮食文化。

膨化食品是指凡是利用油炸、挤压、沙炒、焙烤、微波等技术作为熟化工艺，在熟化工艺前后，体积有明显增加现象的食品。变温压差膨化干燥是近几年兴起的一种新型非油炸果蔬干燥技术，用其干燥的产品具有绿色天然、营养丰富、色泽鲜亮、口感酥脆、保质期长等特点。有研究表明（毕金峰，2008），马铃薯片膨化的最佳厚度为 2mm，马铃薯片可不经过预干燥阶段直接膨化干燥；膨化温度、抽空温度和抽空时间是影响其膨化质量的关键因素；停滞时间和压力差在一定范围内对膨化产品的质量影响不大，可选择停滞时间为 10min、压力差为 0.3MPa。

（三）生产淀粉

马铃薯淀粉生产工艺流程：薯块→洗涤→破碎→筛理→淀粉乳→淀粉粗→淀沉→浆水→洗涤→漂白→脱水→湿淀粉→干燥→粉碎→筛理→包装→成品

（四）制酒精和酿酒

马铃薯淀粉质原料生产酒精工艺流程：原料→洗涤→粉碎→分离→制浆→调浆糊→糊化→糖化→加酵母→发酵→蒸馏→测糖度→测酒度

马铃薯淀粉渣酿酒工艺流程：淀粉渣→蒸煮→拌料→发酵→蒸馏→测酒度

（五）薯渣的利用

中国马铃薯加工中，淀粉加工最为重要，其生产过程中产生了大量含水量高、容易腐败变质，但含有部分可利用成分、具有一定开发利用价值的副产物——马铃薯渣。每生产 1t 淀粉一般产生 7t 左右的废渣。马铃薯渣的主要成分为水、细胞碎片和残余淀粉颗粒，并含有淀粉、纤维素、果胶、蛋白质、游离氨基酸、脂肪和盐等可利用成分，具有一定的开发利用价值（顾正彪，2013）。随着马铃薯淀粉产业的迅速发展，副产物马铃薯渣的产量逐渐增大，如何利用好薯渣，已成为制约马铃薯淀粉加工行业发展的瓶颈问题。

1. 发酵生产饲料　马铃薯渣含有淀粉、蛋白质、纤维素等组分，具有作为饲料应用的潜力。但其适口性差，粗纤维含量高，而蛋白质含量较低，无法直接作为饲料。利用马铃薯丰富的营养成分，作为微生物发酵的底物，通过微生物发酵提高蛋白质含量并改善其营养配比，可以将马铃薯渣转化为动物饲料，实现加工利用。采用半固态、固态发酵马铃薯渣生产单细胞蛋白饲料，是马铃薯渣转化饲料较为常见的方法，它具有能耗低，方法简单，适合工业化生产的特点。

2. 发酵转化其他产品　将马铃薯渣通过微生物发酵，转化成新的高附加值发酵产品，是马铃薯渣再利用的另一个主要途径。国内外学者利用不同种类的微生物菌种发酵马铃薯渣，制备出燃料酒精、乳酸、草酸、柠檬酸、聚丁烯、果糖、维生素等发酵产品。

3. 提取利用纤维素组分　马铃薯渣中具有较高的纤维素含量。薯渣膳食纤维持水力、膨胀力较高，有良好的生理活性，是一种廉价的膳食纤维来源。采用淀粉酶处理薯渣，并通过酸解、碱解、干燥、粉碎等步骤，可制备性能优良的薯渣膳食纤维。

4. 提取利用果胶组分　马铃薯渣中具有一定的果胶含量，占干基的10%～25%，是一种潜在的果胶来源。一般均采用条件较为温和的提取方法从薯渣中提取果胶，尽量保证其结构完整性。郑燕玉等研究发明，在微波条件下，用稀硫酸溶液萃取、硫酸铝沉淀提取果胶。

（六）薯类酒糟综合利用

薯类酒糟经过处理后，可利用范围还很广，可以作为饲料，燃料，肥料等（周红丽，2011）。

1. 作饲料　酒糟可直接作饲料。薯类酒糟纤维素含量高，可作为反刍动物的鲜饲料，再配合其他必需营养成分可使其经济效益和社会效益明显增大。但是，在饲喂过程中要尽量避免动物因过量食用鲜酒糟、陈酒糟或霉变酒糟而发生中毒的现象。

酒糟发酵后作饲料。由于原酒糟不能长期贮存，必须处理，否则，其营养价值就会损失。另外，酒糟的粗纤维含量高，这限制了酒糟作为饲料的利用，特别是非反刍动物农场。利用酒糟淀粉培养酵母，与厌氧处理结合起来，做成单细胞蛋白饲料，综合利用效果会更好。再结合生物降解的方法降低废渣液的 COD 值，既获得了优质的微生物发酵产物如蛋白质、有机酸，又降低了环境污染。

酒糟浓缩、干燥后作饲料。在美国和加拿大，普遍接受浓缩和干燥淀粉基酒糟作饲料或作有机肥料。薯类酒糟有别于玉米糟、大米糟，其色度深、黏度大、纤维多，前期固液分离较难。利用浓缩和干燥的方法制备薯类酒糟，其设备投资及干燥浓缩的操作费用很大。

2. 制燃料　薯类酒糟经过厌氧发酵可制成燃料。酒糟沼气发酵产生了新的能源如沼气，减少了废弃物的排放。

3. 作肥料　酒糟可作有机肥料。将淀粉基酒糟添加到牛粪混合堆肥后，可用于土壤施肥，也可用于生产有机肥料。为了不损坏庄稼，直接施肥时必须在适当的时候完成，而且，不能把酒糟倒入空的土壤，因为可能会堆积酒糟，产生污染，还会带来不愉快的气味。酒糟焚化后可施肥。沼渣经过压滤、干燥处理，可制成生物肥料原料，可广泛用于木薯、甘薯、马铃薯、烤烟、百合、蔬菜、花卉、药材、水果等种植。

（七）马铃薯茎叶再利用

马铃薯茎叶可以再利用，可分离出菇醇化合物、提取茄尼醇、萃取茎叶精油等。马铃薯萃取茎叶精油采用超声波萃取法，将收获期马铃薯茎叶在阴凉处晾干粉碎后，取 50g 加入无水乙醚 150mL 进行萃取。萃取后，过滤，滤液用 500℃活化 4h 的活性炭脱色除杂，常压浓缩除乙醚得精油。得油率（％）＝精油质量（w）/马铃薯茎叶质量（w）x100。有研究表明（李伟，2009），利用超声波萃取法可以从被废弃的马铃薯茎叶中获得 0.5%（w/w）左右的精油，对于一定浓度 NDM 溶液体系，该精油具有明显的阻断致癌物质 ND-MA 生成作用，最大生成阻断率约为 65%。该精油也能有效清除亚硝酸盐，当马铃薯茎叶精油用量为 0.30ml 时，对于一定浓度的 NDMA 溶液体系，最大清除率约为 87%。

本章参考文献

［1］毕金峰，魏益民．马铃薯片变温压差膨化干燥影响因素研究．核农学报，2008，22（5）：661 – 664.

［2］蔡培川．甘肃天水马铃薯种植历史初考．中国农史，1989（3）：65 – 66.

［3］陈彦云．马铃薯贮藏期间干物质、还原糖、淀粉含量的变化．中国农学通报，2006，22（4）：84 – 87.

［4］成善汉，苏振洪，谢从华，等．淀粉 – 糖代谢酶活性变化对马铃薯块茎还原糖积累及加工品质的影响．中国农业科学，2004，37（12）：1 904 – 1 910.

［5］崔占，石延霞，傅俊范，等．马铃薯疮痂病的发生原因与防治方法．中国蔬菜，2009（19）：21 – 22.

［6］丁映，张敏，雷尊国，等．化学试剂处理对贮藏后马铃薯品质变化的影响．安徽农业科学，2009，37（1）：359 – 360，367.

［7］丁玉川，焦晓燕，聂督，等．不同氮源与镁配施对马铃薯产量、品质及养分吸收的影响．农学学报，2012，2（6）：49 – 53.

［8］段志龙．马铃薯高产高效施肥技术．作物杂志，2009（4）：100－102．

［9］范士杰，王蒂，张俊莲，等．不同栽培方式对马铃薯土壤水分状况和产量的影响．草业学报，2012，21（2）：271－279．

［10］冯琰，蒙美莲，马恢，等．不同马铃薯品种硫素吸收分配规律的研究．作物杂志，2008（5）：62－66．

［11］巩慧玲，赵萍，杨俊峰．马铃薯块茎贮藏期间蛋白质和维生素 C 含量的变化．西北农业学报，2004，13（1）：49－51．

［12］谷浏涟，孙磊，石瑛，等．氮肥施用时期对马铃薯干物质积累转运及产量的影响．土壤，2013，45（4）：610－615．

［13］顾正彪，程力，洪雁，等．马铃薯淀粉生产过程中薯渣的有效利用技术．食品科学技术学报，2013，31（1）：64－69．

［14］郭梅，闵凡祥，王晓丹，等．生物源农药防治马铃薯晚疫病研究进展．中国马铃薯，2007，21（4）：227－230．

［15］郭志平．马铃薯不同生育期追施钾肥增产提质效果．长江蔬菜，2007（11）：44－45．

［16］胡利平，张华兰．马铃薯生态气候条件分析及适生种植区划．甘肃气象，2003，21（2）：28－30．

［17］黄承建，赵思毅，王季春，等．马铃薯/玉米不同行比套作对马铃薯品种产量和土地当量比的影响．作物杂志，2013（2）：115－120．

［18］黄承建，赵思毅，王龙昌，等．马铃薯/玉米套作不同行比对马铃薯不同品种商品性状和经济效益的影响．中国蔬菜，2013（4）：52－59．

［19］黄冲平，张放，王爱华，等．马铃薯生育期进程的动态模拟研究．应用生态学报，2004，15（7）：1 203－1 206．

［20］黄冲平，张帆，张文芳，等．马铃薯叶龄和叶面积系数变化的动态模拟研究．核农学报，2007，21（5）：456－460．

［21］回振龙，李朝周，史文煊，等．黄腐酸改善连作马铃薯生长发育及抗性生理的研究．草业学报，2013，22（4）：130－136．

［22］江俊燕，汪有科．不同灌水量和灌水周期对滴灌马铃薯生长及产量的影响．干旱地区农业研究，2008，26（2）：121－125．

［23］康跃虎，王凤新，刘士平，等．滴灌调控土壤水分对马铃薯生长的影响．农业工程学报，2004，20（2）：66－72．

［24］抗艳红，龚学臣，赵海超，等．不同生育时期干旱胁迫对马铃薯生理生化指标的影响．中国农学通报，2011，27（15）：97－101．

［25］雷昌云，张艳霞，羿国香，等．江汉平原马铃薯秋播密度对农艺性状及产量的影响．长江流域资源与环境，2013，22（12）：1 653 – 1 656.

［26］李彩虹，吴伯志．玉米间套作种植方式研究综述．玉米科学，2005，13（2）：85 – 89.

［27］李世武，刘雄，徐媛．马铃薯主要病害的发生与防治技术．植物医生，2013，26（5）：14.

［28］李伟，刘涛，陆占国．马铃薯茎叶再利用研究．作物杂志，2009（3）：52 – 54.

［29］李云平．马铃薯施肥效应与施肥技术研究．陕西农业科学，2007（5）：150 – 151.

［30］林蓉，谢春梅，谢世清．马铃薯茎尖脱毒培养关键因子分析．中国农学通报，2005，21（7）：338 – 340.

［31］刘丽燕．马铃薯套种玉米节水试验．宁夏农学院学报，2004，25（4）：99 – 100.

［32］刘玲玲，李军，李长挥，等．马铃薯可溶性蛋白、叶绿素及 ATP 含量变化与品种抗旱性关系的研究．中国马铃薯，2004，18（4）：201 – 204.

［33］刘凌云，包丽仙，卢丽丽，等．马铃薯脱毒原原种基质栽培研究概况．江苏农业科学，2013，41（11）：89 – 91.

［34］刘顺通，段爱菊，刘长营，等．马铃薯田地下害虫为害及药剂防治试验．安徽农业科学，2008，36（28）：12 324 – 12 325.

［35］刘英超，汤利，郑毅．玉米马铃薯间作作物的土壤水分利用效率研究．云南农业大学学报，2013，28（6）：871 – 877.

［36］刘志文，陈阳，侯英敏．不同培养基和培养条件对脱毒马铃薯快繁生长的影响．中国农学通报，2011，27（24）：179 – 172.

［37］吕慧峰，王小晶，陈怡，等．氮磷钾分期施用对马铃薯产量和品质的影响．中国农学通报，2010，26（24）：197 – 200.

［38］吕金顺，韦长梅，徐继明，等．马铃薯膳食纤维的结构特征分析．分析化学，2007，35（3）：443 – 446.

［39］牛秀群，王廷杰，蒲建刚．马铃薯脱毒种薯生产技术．甘肃农业科技，2003（3）：16 – 17.

［40］牛秀群，李金花，王蒂．甘肃省小拱棚地膜马铃薯复种甜糯玉米栽培技术．作物杂志，2008（5）：89 – 90.

［41］彭学文，朱杰华．马铃薯银腐病的研究进展．中国马铃薯，2003，17（1）：102 – 106.

［42］秦玉芝，陈珏，邢铮，等．低温逆境对马铃薯叶片光合作用的影响．河南农业大学学报（自然科学版），2013，39（1）：26－30.

［43］阮俊，彭国照，李达忠，等．川西南不同海拔和播期对马铃薯产量的影响．现代农业科技，2008（16）：9－11.

［44］阮俊，彭国照，罗清，等．不同海拔和播期对川西南马铃薯品质的影响．安徽农业科学，2009，37（5）：1 950－1 951，1 953.

［45］沈清景，叶贻勋，凌永胜．马铃薯试管薯诱导因素研究．福建农业学报，2001，16（1）：54－56.

［46］司怀军，戴朝曦，田振东，等．贮藏温度对马铃薯块茎还原糖含量的影响．西北农业学报，2001，10（1）：22－24.

［47］宿飞飞，陈伊里，石瑛，等．不同纬度环境对马铃薯淀粉含量及淀粉品质的影响．作物学报，2009（4）：27－31.

［48］孙邦升．高淀粉马铃薯种质资源核心样品的初建．作物杂志，2009（6）：26－30.

［49］孙茂林，李云海，李先平．云南马铃薯栽培历史、耕作制度和民族特色的地方品种资源．中国农史，2004（4）：13－17.

［50］孙周平，李天来，姚莉，等．雾培法根际 CO_2 对马铃薯生长和光合作用的影响．园艺学报，2004，31（1）：59－63.

［51］滕伟丽，王新伟．我国不同熟性马铃薯高淀粉优质资源的筛选．中国蔬菜，1998（1）：14－16.

［52］滕宗璠，张畅，王永智．我国马铃薯栽培区划的研究．马铃薯科学，1982（1）：3－8.

［53］滕宗璠，张畅，王永智．我国马铃薯适宜种植地区的分析．中国农业科学，1989，22（2）：35－44.

［54］滕宗璠，张畅．中国马铃薯栽培学．1994，北京：中国农业出版社：78－101.

［55］田志宏，徐显平，汪志伟．马铃薯施用 EM 菌效应的初步研究．杂粮作物，2003，23（5）：299－300.

［56］田祚茂，赵迎春，程群．国外马铃薯种质资源的引进、筛选与利用．中国马铃薯，2011，15（4）：248－250。

［57］汪春明，马琨，代晓华，等．间作栽培对连作马铃薯根际土壤微生物区系的影响．生态与农村环境学报，2013，29（6）：711－716.

［58］王凤新，康跃虎，刘士平．滴灌条件下马铃薯耗水规律及需水量的研究．干旱地区农业研究，2005，23（1）：9－15.

［59］王俊，巢炎，傅俊杰．辐照对马铃薯片失水速率和干品质的影响．核农学报，2003，17（2）：143－146.

［60］王连喜，钱蕊，曹宁，等．地膜覆盖对粉用马铃薯生长发育及产量的影响．作物杂志，2011（5）：68－72.

［61］王西瑶，朱涛，邹雪，等．缺磷胁迫增强了马铃薯植株的耐旱能力．作物学报，2009，35（5）：875－883.

［62］肖关丽，龙雯虹，郭华春．多效唑和温光对马铃薯组培苗内源激素及微型薯诱导的影响．西南大学学报（自然科学版），2011，33（8）：21－26.

［63］谢婷婷，柳俊．光周期诱导马铃薯块茎形成的分子机理研究进展．中国农业科学，2013，46（22）：4 657－4 664.

［64］辛建华，李天来，陈红波．外源钙处理对马铃薯块茎重量和数量的影响．西北农业学报，2008，17（5）：248－251.

［65］徐军．4 种植物生长调节剂对马铃薯的影响．甘肃农业科技，2013（4）：26－27.

［66］杨华，郑顺林，李佩华，等．氮营养水平对秋马铃薯块茎发育中淀粉合成关键酶的影响．四川农业大学学报，2013，31（1）：9－14.

［67］杨铭铎，龙志芳．马铃薯片在水中浸泡期间淀粉和维生素 C 含量的变化研究．食品科学，2007，28（11）：162－165.

［68］姚玉璧，王润元，赵鸿，等．甘肃黄土高原不同海拔气候变化对马铃薯生育脆弱性的影响．干旱地区农业研究，2013，31（2）：52－58.

［69］殷金岩，耿增超，李致颖，等．硒肥对马铃薯硒素吸收、转化及产量、品质的影响．生态学报，2015，35（3）：1－12.

［70］于天峰，夏平．马铃薯淀粉特性及其利用研究．中国农学通报，2005，21（1）：55－58.

［71］于天峰．马铃薯淀粉的糊化特性、用途及品质改良．中国马铃薯，2005，19（4）：223－225.

［72］袁惠君，赵萍，巩慧玲．微生物发酵对马铃薯渣膳食纤维得率及性质的影响．兰州理工大学学报，2005，31（5）：75－77.

［73］袁军，孙福在，田宏先，等．防治马铃薯环腐病有益内生细菌的分离和筛选．微生物学报，2002，42（3）：270－274.

［74］张百忍，解松峰．陕西秦巴山区不同农田农作物硒含量变化规律分析．东北农业大学学报，2011，42（10）：128－134.

［75］张春娟，冯乃杰，郑殿峰．叶面喷施植物生长调节剂对马铃薯产量及品质的影

响.中国蔬菜,2009（14）：43－48.

［76］张凤军,张永成,田丰.马铃薯蛋白质含量的地域性差异分析.西北农业学报,2008,17（1）：263－265.

［77］张丽莉,宿飞飞,陈伊里,等.我国马铃薯种质资源研究现状与育种方法.中国马铃薯,2007,21（4）：223－227.

［78］张茂南,李建国,杨孝辑.秦巴山区马铃薯优质高产技术推广.中国马铃薯,2003,17（2）：108－110.

［79］张瑞玖,蒙美莲,郦海龙,等.NaCl 胁迫下氮对马铃薯的调控作用.中国农学通报,2010,26（6）：146－149.

［80］张润志,刘宁,李颖超.为害茄科蔬菜的外来入侵害虫—马铃薯甲虫.生命科学,2010,22（11）：1 118－1 121.

［81］张亚萍.马铃薯虫害及其防治方法.农民致富之友,2011（2）：49.

［82］赵韦,白雅梅,徐学谱,等.马铃薯早熟品种产量和维生素 C 含量在不同生育阶段的表现.中国马铃薯,2007,21（6）：334－336.

［83］峥军庆,赵多长,韩晓荣,等.天水市马铃薯窖藏病害调查.中国蔬菜,2011（1）：33－34.

［84］郑桂富,徐振相,周彬,等.马铃薯淀粉磷酸酯的物理化学特性.应用化学,2002,19（11）：1 080－1 083.

［85］郑若良.氮钾肥比例对马铃薯生长发育、产量及品质的影响.江西农业学报,2004,16（4）：39－42.

［86］郑顺林,程红,李世林,等.施肥水平对马铃薯块茎发育过程中 PA$_S$、GA$_3$ 和 JA$_S$ 含量的影响.园艺学报,2013,40（8）：1 487－1 493.

［87］周红丽,谭兴和,熊兴耀,等.薯类酒糟综合利用研究进展.中国酿造,2011（4）：1－4.

［88］朱惠琴,马辉,马国良.不同生育期追施磷肥对马铃薯产量的影响.中国蔬菜,1999（1）：38.

［89］朱琳.秦巴山区农业气候资源垂直分层及农业合理化布局.自然资源学报,1994,9（4）350－358.

［90］Esther Gachango, Solomon I. Shibairo, Jackson N. Kabira, et al. Effects of light intensity on quality of potato seed tubers. African Journal of Agricultural Research, 2008, Vol. 3（10）：732－739.

［91］S. K. Bansal and S. P. Trehan. Effect of potassium on yield and processing quality attributer of potato. Karnataka J. Agric. Sci. , 2011, 24（1）：48－54.

第六章　油菜种植

油菜属于十字花科芸薹属，越年生或一年生草本植物。是世界四大油料作物之一，也是中国主要的油料作物，是中国食用植物油的主要来源。油菜籽蛋白质含量为种子重量的25%左右，富含各种氨基酸，其中，蛋氨酸和胱氨酸含量最丰富，也有较多的赖氨酸，是潜在的仅次于豆粕的大宗饲料蛋白源。油菜生产对保证中国食用植物油脂和饲用蛋白质的有效供给，促进养殖业和加工业的发展有重要的作用。

第一节　油菜生产布局和生长发育

一、生产布局

（一）油菜种植区划

关于中国油菜种植区划，尚无成果性论文报道。中国油菜的传统产区主要划分为冬油菜和春油菜两个大区，两个大区又划分为若干个亚区。据殷艳等（2010）介绍，随着人们对于油菜产区的逐步细化，中国的油菜产区主要划分为以下几个。

1. 长江流域冬油菜区　长江流域属亚热带地区，日照充足，雨量充沛且气温适宜，气候条件非常适合油菜生长。1950—2007年，油菜种植面积由1 602.0万亩增加到7 119.0万亩，总产由52.9万t增加到912.2万t，面积和总产分别占全国的84.1%和86.2%。因此，长江流域地区油菜生产的稳步发展，关系着中国油菜生产的稳步提高。其中，上海、浙江、江苏、安徽、湖北、江西、湖南、四川、贵州、云南、重庆、河南信阳、陕西汉中13个省市（地区）均属于长江流域冬油菜区。

2. 北方春油菜区　中国的春油菜主要分布于冬季气候寒冷，油菜不能安全越冬的北方。相对集中在新疆东北部的哈密地区、内蒙古西北部的海拉尔地区（呼伦贝尔市）和青海省的青海湖和祁连山南麓之间。1950—2007年，油菜种植面积由157.5万亩增加到819.0万亩，总产由6.3万t增加到78.7万t，面积和总产分别占全国的9.7%和7.4%。虽然中国的春油菜籽产量约占全国油菜籽产量的7.4%，但是，由于种植油菜籽有相对较高的经济效益，随着国家种植规划的调整，随着油菜高含油量品种的推广，春油菜籽的种植面积有所扩大，春油菜籽的产量亦有所提高。

3. 黄淮流域冬油菜区 黄淮流域包括陕西、河南（不包括陕西汉中和河南信阳）油菜产区及安徽、江苏、甘肃和山西等部分地区。1950—2007年，油菜种植面积由228.0万亩增加到405.0万亩，总产由5.9万t增加到53.1万t，面积和总产分别占全国的4.8%和5.0%，产量高于全国平均水平。

4. 其他区域 以上3个区域以外的油菜产区。1950—2007年，其他区域的油菜种植面积由147.0万亩下降到120.0万亩，面积和总产均占全国的1.4%。

（二）秦岭南麓油菜生产

1. 秦岭南麓油菜生产概况 油菜是陕西省第一大油料作物，常年种植面积约270万亩，总产30万t左右，种植面积和产量均占油料总面积和总产量的50%以上。秦岭南麓的汉中、安康油菜区是长江流域油菜的最适宜生态区之一，是陕西省油菜的最佳适生区和主产区，面积占全省油菜面积的70%以上。汉中油菜种植面积和总产分别占全省油菜的50%和60%以上，列各地市之首，是陕西省主要的油菜生产基地。自国家在全国油菜主产县区开展油菜高产创建活动以来，汉中油菜生产水平不断提升，到2014年连续5年位居陕西省油菜高产创建第一位，达长江中上游冬播油菜生产先进水平。

2. 生态条件 汉中市地处秦岭巴山之间，没有大的污染源，农业生产环境清洁。据市环保局环境质量报告水质监测、大气监测统计和市农技中心土壤分析，汉中市空气、水质、土壤中的重金属和其他有害物质含量低，符合中华人民共和国农业行业标准（NY/T391-2000）绿色食品产地环境技术条件。土壤以黄棕壤（78.9%）、棕壤（10.2%），水稻土（7.2%）为主，pH值中性偏酸，有机质含量1.5%~3.5%，属质地优良，耕性良好，保肥保水，耕作质量好，生产水平高的可耕农田。

3. 气象条件

（1）有利条件 汉中位于陕西西南部，北靠秦岭，南屏巴山，西通甘陇，东达荆襄，地处长江流域上游，具有优越、独特的地理条件和优良的气候生态环境。年平均气温14.0℃，1月日平均气温0.7~2.1℃，4月（油菜开花期）日平均气温13.2~14.9℃，5月中下旬（油菜成熟期）日平均气温19.8~20.9℃。油菜生长期（9月至翌年5月）降水量470~550mm。无霜期可达211~254d，大于等于0℃的活动积温5000℃以上，平坝县区大于等于10℃的活动积温4480℃，均在油菜生长发育的适生范围内。不但有利于培育壮苗，促秋发冬壮，确保壮苗安全越冬，而且，对春发和开花、结角、灌浆、成熟也很有利。

（2）不利因素 若1月平均气温比常年同期偏低2~4℃，便会导致油菜生长量不足，发育期普遍推迟，部分晚播苗、弱苗出现枯死、冻死现象；3月至4月上旬，若阴雨天气较多，导致部分油菜生长缓慢，开花期推迟，开花质量下降，有分段结荚现象；9月下旬至10月下旬出现阶段性阴雨寡照天气，降水日数达20～30d，农田土壤持续过湿，直播油菜播种期推迟、移栽油菜生长也受到影响。

4. 汉中油菜生产情况　汉中市油菜种植面积由2001年的89.6万亩扩大到2013年的114.8万亩，增长了28.1%；双低油菜由32.0%提高到98.0%；单产由101.5kg提高到147.1kg，增长44.9%；总产由9.1万t增加到16.9万t，增长了85.7%。

历年种植品种详见表6-1。

表6-1　2001—2013年汉中市油菜主要种植品种（作者整理，2014）

年份		主要种植品种
2001		秦油2号、汇油50、川油18、陕油8号
2002		秦油2号、绵油11、川油18、宁杂1号
2003		绵油11、陕油8号、秦优7号、中油杂2号
2004		陕油8号、秦优7号、中油杂2号、4号、油研9号
2005		陕油9号、秦优7号、8号、中油杂2号、4号、7号、蓉油11、油研9号
2006		秦研211、中油杂2号、7号、11、蓉油11、油研10号、德油8号、绵油12
2007		秦研211、中油杂2号、7号、11、蓉油11、油研10号、德油8号
2008		中油杂2号、11号、蓉油11、12、油研10号、德油8号、南油10号、丰油701、华油杂10号、12、秦研211、亚华油13
2009	主栽品种	秦油7号、秦优10号、华油杂13、中油杂2号
	搭配种植	秦研211、蓉油11、南油10号、中油6303、秦优33
	示范推广	秦油8号、秦杂油1号、杂油1号、驰杂油1号
2010	主推品种	秦优7号、秦优10号、中油杂2号、华油杂13
	搭配种植	秦研211、杂优1号、蓉油11、华油2790、秦杂油1号、中油6303、华杂6号、秦优33、南油10号
2011	主栽品种	秦优10号、17、沣油737
	搭配种植	秦优168、陕油15、秦优11
	示范推广	陕油17、秦优188、荣华油7号
2012	主推品种	秦优10号、秦优168、秦优11、油研52
	搭配种植	秦优188、汉油8号、9号、绵新油28
2013	主栽品种	秦优10号、沣油737、陕油15、秦优7号、11
	搭配种植	陕油19、汉油8号、秦优507
	机收品种	沣油737、陕油15、油研52

二、油菜生长发育

油菜原产北温带，是低温长日照植物，喜冷凉或较温暖的气候。由于栽培历史悠久，栽培区域逐渐南进北移，分布范围逐步扩大遍及世界各地。在较冷凉且湿润的气候下，油菜生长良好。如中国、印度次大陆、加拿大、欧洲西部和北部，这些地区气候条件能满足油菜生长发育的需求，故成为世界最主要的产区。油菜的一生要经过发芽、出苗期、苗期、蕾薹期、花期和角果发育期等不同生长发育阶段。油菜的生长与发育是相互促进、相互制约的，只能在满足了它的生态条件的基础上，油菜的生长与发育才能完成。在油菜的播种、收获期和整个生长季节，均要求有一定的适宜的气候生态条件。

（一）生育期和生育时期

1. 生育期 油菜生育期是指油菜出苗至成熟所经历的天数。官春云等（2012）对19个冬油菜早熟品种进行了研究，结果表明，冬油菜早熟品种在湖南全生育期应控制在180d左右。而汉中油菜品种从熟期上可分为极早熟、早熟、中早熟的直播油菜及中熟、中晚熟的育苗移栽油菜5种类型。

就汉中地区而言，无论是直播油菜还是育苗移栽油菜，即使播期相差7～10d，成熟期也不过相差3d左右。以秦优7号为对照，中早熟油菜生育期天数一般比对照早熟3d，而中晚熟油菜的生育期天数比对照晚熟3d左右。

2. 生育期天数对产量构成的影响 高产是作物育种的主要目标。产量的提高与单株产量存在密切关系，单株有效角果数、每果粒数和千粒重3个因素为油菜单株产量的直接构成因素。油菜开花是油菜从营养生长向生殖生长转变的关键环节，这也决定了油菜营养生长时期的长短及角果成熟的时间，也就影响了油菜生育期的早晚、授粉及油菜种子发育的最佳时期，最终影响油菜的产量。郑本川，张锦芳等（2013）对甘蓝型杂交油菜品种生育期天数与甘蓝型油菜产量构成性状以及单株产量进行了研究。结果表明：

营养生长天数与每果粒数呈显著正相关，与千粒重呈负相关。说明适当延长营养生长天数对于每果粒数的提高具有显著作用，而对于千粒重的增加具有一定的抑制作用。这是由于适当延长营养生长天数，其角果成熟天数就相对缩短，以至于籽粒形成和发育的时间就变短，最终在性状上就是千粒重变小。开花天数与产量显著负相关，其中，与每果粒数呈极显著关系，说明开花天数对于产量构成性状的形成具有抑制作用，尤其是对每果粒数影响极为显著。

营养生长天数和角果成熟天数与单株产量呈显著正相关，开花天数与单株产量呈极显著负相关。说明适当延长营养生长天数和角果成熟天数，并适当缩短开花天数对于单株产量的增加具有显著促进作用。因此，在甘蓝型油菜品种选育中，对于生育期性状的选择，首先是角果成熟天数，其次是营养生长天数，最后才是开花天数；对各性状的选择，重点是单株有效角果数和每果粒数，其次是角果成熟天数和营养生长天数，最后才是千粒重和开花天数。在甘蓝型油菜育种中，在进行产量构成性状选择时，也应注重生育期天数性状的选择。而在早熟油菜品种选择中，应选择营养生长天数和角果成熟天数相对较长，开花天数相对较短的品种，不能只针对某个性状进行选择，应充分利用各个性状间的相互作用提高单株产量，最终达到高产的目的。

3. 生育时期　油菜种子无休眠时期。汤亮等（2008）将其生长发育过程划分以下4个时期。

（1）苗期　油菜从出苗至现蕾称为苗期。油菜苗期主茎一般不伸长或略有伸长，且茎部着生的叶片节距很短，整个株型呈莲座状。

（2）蕾薹期　油菜从现蕾至始花称为蕾薹期。所谓现蕾是指揭开主茎顶端1~2片小叶，能见到明显花蕾的时期。抽薹期是以全区75%以上植株主茎伸长，顶端离子叶节10cm为标准（北方春播油菜以5cm为标准）。

（3）开花期　油菜从初花到终花称为开花期。又可分为初花期（以全区25%植株开花为标准）、盛花期（以全区75%以上花序开花为标准）和终花期（以全区75%以上花序停止开花为标准）。花期长30~40d，开花期迟早和长短因品种和各地气候条件而有差异。白菜型品种开花早，花期较长，甘蓝型和芥菜型品种开花迟，花期较短；早熟品种开花早，花期长，反之则短；气温低，花期长。油菜开花期是营养生长和生殖生长最旺盛的时期。

（4）角果成熟期　从终花到籽粒成熟称为角果成熟期。成熟期是生殖生长期，除角果伸长膨大、籽粒充实外，营养生长已基本停止。以全区75%以上角果呈枇杷黄色或主轴中段角果内种子开始变色为标准。具体又可分为绿熟期、黄熟期和完熟期。

（二）生育阶段

从营养生长和生殖生长的角度，将油菜的生长发育划分为5个阶段。即发芽出苗阶段、苗期阶段、蕾薹阶段、开花阶段和角果成熟阶段。不同阶段的生育特性有明显差异，各阶段在栽培措施上的主攻方向也不尽相同。

1. 发芽出苗阶段　油菜从播种到出苗。油菜种子无休眠期，具有发芽能力的种子遇适宜的条件就会发芽。发芽时先从脐部突出白色的幼根，随即胚轴伸长，胚茎向上延伸呈弯曲状；幼根上密生根毛，种壳脱落后，幼茎伸出上面，变为直立，2片子叶由黄色转为绿色，同时，逐渐展开为水平状，即为出苗。种子萌发出苗必须满足以下3个条件。

（1）水分　种子萌发首先吸收水分，吸水量达到本身干重的50%以上才能发芽。播种时，土壤持水量60%左右为宜。如墒情不好，种子吸水不足，就不能促使种子酶的活动和满足幼苗生长的用水，影响正常发芽出苗。

（2）氧气　种子萌发时需吸收大量氧气，才能在脂肪酶的作用下，使脂肪水解为甘油和游离脂肪酸，进而分解为糖类，提供发芽出苗所需的能量物质。因此，雨水量大、土壤水分过多、或土壤板结，都会造成氧气缺乏，影响油菜种子发芽出苗。

（3）温度　在水分、氧气满足后，种子能否出苗及出苗快慢，主要受温度的影响。日平均温度在5℃以下时，发芽很慢，由播种到出苗需20d左右。一般以日平均温度16～25℃最为适宜，3～5d即可出苗。所以，冬油菜秋播太迟时，往往发芽出苗很慢。油菜种子小，顶土力弱。播种深浅和表土细碎程度，也影响出苗。因此，油菜播种前必须精细整地，使表土细碎，疏松湿润。选择适宜的播种期，种子处于最适宜的温度、水分、氧气、土壤等条件，才能达到迅速出苗和全苗的目的。

2. 苗期阶段　苗期占全生育期一半左右的时间。长江、黄淮流域甘蓝型冬油菜品种于9月下旬播种，5～7d出苗，到翌年2月中旬现蕾，苗期长达130～140d。根据苗期生长特点，苗期又可分为花芽分化以前的苗前期和花芽分化开始以后的苗后期。苗前期主要生长叶片、根系等营养器官，苗后期生殖生长（花芽分化）开始，但仍以营养生长为主。

（1）苗期的根系生长　油菜苗期地下部分的生长，主要是形成和发展根系。油菜种子吸足水分以后，开始由胚根突破种皮，而后下扎，长成幼根。当幼根长出2cm时，开始长根毛，行使吸收水分和养分的功能。随着生长，幼根继续下扎，形成主根。当地上部出现第一片真叶时，主根上开始出现侧根，以后在侧根上再生长细根，形成整个根系。油菜苗期根的生长以下扎为主。北方小油菜根系较深，当地上部具有8片叶时，主根可深达2m以上。稻茬油菜根系较浅。油菜在越冬期间气温降至3℃以下时，地上部生长缓慢，但根系仍能继续生长。这期间，根系除向纵横伸长外，油菜子叶节下与根系相接"根颈"还逐渐膨大。根颈是冬季贮藏养分的场所，其粗细是安全越冬的重要指标。凡适时播种，营养状况好，间苗、定苗及时，育苗移栽质量好，根颈较粗，幼苗壮，越冬死亡率低。

（2）苗期的叶片生长　油菜的苗期以营养生长为主。地上营养体的增大，主要表现在叶片的生长，子叶平展后，每隔一定时间出生一片新叶，通过叶片的光合作用，建造油菜植株体。油菜新叶的生长，受温度的影响很大，平均每生长1片叶约需60℃的有效积温。当日平均气温6～9℃时，每出现1片叶需7d左右；10～16℃时，需5d左右；当日均气温提高到16～22℃时，仅需3d左右。此外，不同品种的叶片生长速度有快有慢，白菜型品种出叶速度较快。油菜主茎叶片数目的多少和品种、播期、栽培水平都有密切关系，播种期对主茎叶片总数影响最大。一般说来，主茎一生的叶片数，甘蓝型中熟品种约30片，迟熟品种35片左右。主茎总叶数的多少，对产量起关键作用，而冬前叶片数又决定着主茎叶片总数的多少。同时，冬前绿叶数对油菜的经济性状也影响很大。据研究，冬前单株绿叶数在4～11片，平均增加1片叶，单株有效分枝增加0.6～0.7个，单株有效角增加31.7～44.3个，单株产量提高1.62～1.99g。说明促进冬前早发，多长叶片，对提高产量有重要意义。

（3）花芽分化　油菜在苗后期开始花芽分化。增施有机肥，增施 P 肥促进花芽分化。从花芽开始分化至现蕾所分化的花芽为有效花芽，以后分化的花芽多为无效花芽。

（4）对环境条件的要求

①温度　油菜苗期生长的适宜温度是 10～20℃。在土壤水分等条件满足时，温度适宜，则根系、叶片生长快，发育好，花芽分化多，可为后期生长发育和产量形成打下良好基础。而冬油菜苗期正处于越冬期，常遇低温冻害。油菜受冻害程度决定于品种的抗冻性、冬前发育状况及寒流的强弱。一般短期 0℃ 以下低温不致遭受冻害。

②光照　光照强度大，温度高，则适宜油菜的生长，油菜生长旺盛，光合作用就强。苗期植株生长健壮，进而加速了养分的合成积累，对后期叶片，根系的生长及花芽分化的早晚都具有重要影响。

③水分　苗期营养体小，气温低，耗水量小，但缺水影响幼苗发育，且抗逆性降低。苗期适宜的土壤湿度一般不低于田间最大持水量的 70%。

④其他栽培条件　尤其是土壤条件对根系发育程度影响很大。因此，苗期要保证耕翻整地质量，使土壤疏松深厚，保持土壤湿润。增施有机肥料，早施苗肥，并使地温提高，对苗期发育都有良好的作用。

3. 蕾薹阶段　油菜一般是先现蕾后抽薹，但有些品种在一定栽培条件下，会先抽薹后现蕾，或现蕾、抽薹同时进行。蕾薹阶段是油菜生长最快的阶段，此时，营养生长最为旺盛，营养器官大量形成，主茎迅速伸长增粗，短柄叶、无柄叶快速出生，叶面积迅速扩大，短柄叶的功能逐渐加强。花蕾不断地分化发育长大，花芽数迅速增加。

（1）叶片的生长　地上部分除继续生长叶片和增加叶面积外，主茎也在不断延伸，各组叶片也次第出现。主茎叶片由长变短，由大变小，植株由莲座形渐变成宝塔形。蕾薹初期主花序的伸长较缓慢，主茎延伸较快。延伸的长度，一般迟熟品种较长，早熟品种较短。到蕾薹后期，一次分枝也陆续出现，至初花前 10d 左右，主茎叶片全部出齐。

（2）花芽分化　在营养生长的同时，花芽分化也在迅速进行。油菜花芽分化是从苗期开始的，其分化顺序为：同一植株上一般先主序后分枝；先第一次分枝，后第二次分枝。在一个花序上则由下而上地分化。但主茎各分枝的花芽分化并非完全由上而下依次进行，而是主茎的上部分枝和下部分枝花芽分化早，中部分枝花芽分化迟。以后，随着中部分枝花芽分化的加速，上部和下部分枝的花芽分化逐渐向中部分枝汇合，变成上部分枝的花芽分化领先。油菜花芽分化以始花期最快，始花以前特别是蕾薹期，其分化速度是上升的。始花以后，至盛花期，其分化速度显著下降，以后稳于一定水平。

油菜花芽分化开始的迟早，分化速度的快慢，与品种和栽培条件有关。一般来说，白菜型品种分化早而快，甘蓝型品种分化晚而慢。同是甘蓝型品种，春性、早熟品种分化早，冬性、迟熟品种分化迟。土壤肥力状况、温度高低影响花芽分化的早晚和速度。肥田、菜苗壮，花芽分化早而快；薄地、菜苗瘦弱，花芽分化迟而慢。冬季温暖，花芽分化速度也相应加快，且分化多。

刘忠松（2013）介绍，蕾薹期在栽培上要根据不同的品种特性，适期播种，培育壮苗，使花芽早分化、快分化、多分化、多结角。争取现蕾以前多分化花蕾，对于提高油菜单株有效花芽率和结角数具有重要作用。

（3）对环境条件的要求

①温度　冬油菜一般在开春气温稳定在 5℃ 以上时现蕾，而后抽薹。若气温在 10 ~ 12℃ 可迅速抽薹。抽薹太快，组织疏松易弯。同时，蕾薹期油菜抗寒力减弱，遇 0℃ 以下低温则易受冻。幼蕾最易受冻，其次是嫩薹部易受冻。

②光照　蕾薹期需要充足的光照，通风透光好可促进有效分枝的形成和光合产物的积累。因此，适宜的密度是保证蕾薹期光照充足的重要条件。

③水分　蕾薹期营养体生长快，叶面积扩大快，蒸腾作用增强，必须保证水分需求。一般此期土壤水分以达到田间最大持水量的 80% 左右为宜。

（4）栽培措施上的主攻方向　油菜需要的大量元素如 S、Ca、Si、Mg，其在油菜植株体内的含量为 0.2% ~ 5%；微量元素如 Fe、Mn、Zn、B、Cu、Mo 等，其在油菜植株体内的含量为 0.007‰ ~ 0.256‰。油菜对 N、K、S 和 B 的需求量较多，对 P、B 反应极为敏感，当土壤速效 P 含量低于 0.005‰ 和水溶性 B 低于 0.0005‰ 时，油菜就会出现缺 P、缺 B 症状。但油菜根系能分泌大量有机酸，促进土壤难溶性 P 的溶解和释放，P 的利用率相对较高。油菜苗期至蕾薹期是 N 素吸收的高峰时期，但在抽薹时吸收 K 最多，开花期至结角期吸收 P 最多。蕾薹期叶面喷施 B、K 肥，必要时补施追肥，注意防治菌核病和中耕培土，减轻杂草为害，增强抗倒力。

4. 开花阶段　中熟甘蓝型品种一般 3 月中下旬初花，到 4 月上中旬终花，花期 25d 左右。油菜开花期的生育特点是营养生长相对减弱，生殖生长逐渐占优势。主要表现为花序的伸长和大量开花、授粉、受精，并形成角果。

（1）开花　油菜开花的顺序和花芽分化的顺序基本一致。就全株而言，是主花序先开，然后第一次分枝、第二次分枝花序依次开放；就同级分枝而言，是上部分枝先开，下部分枝花序后开；在同一个花序上，无论主花序还是分枝，都是下部花先开，依次向上陆续开放。一朵花的开放，需经过显露、伸长、展冠、萎冠 4 个过程，历时 30h 左右，即在头天 16 时许花萼裂开，露出黄色花冠，翌晨花冠伸长为喇叭形，7 时花瓣全部展开。在一天中，以 8 ~ 12 时开花较多，9 ~ 11 时开花最盛。开花后 3 ~ 5d，花冠凋萎脱落，遇连阴雨时，花瓣保持时间延长。

（2）授粉与受精　成熟的花粉由昆虫或风力传播，粘附在柱头上进行授粉。花粉落在柱头上，45min 即可发芽，生出花粉管，沿花柱逐渐伸向子房，18～24h 就完成了受精过程。开花后雌蕊受精能力一般可保持 5～7d，但以开花后 1～3d 的生活力最旺盛。

（3）对环境条件的要求　油菜开花、授粉、受精状况主要与温湿度有关。油菜开花的适温在 12～20℃，以 14～18℃最为适宜。当气温降到 10℃以下时，每日开花数减少；5℃以下，便不能正常开花。如果气温过高，达 25℃以上时，虽然可以开花，但开花结实不良，角粒数减少，且易脱落。空气湿度对开花授粉受精影响很大，以相对湿度 70%～80% 较为适宜。相对湿度高于 90% 时，对授粉不利，结角率明显下降。而低于 50% 时，同样不利授粉、受精。北方冬油菜区开花期往往少雨、干旱、空气干燥，对油菜开花、授粉、受精不利，应注意灌水防旱，调节小气候，使环境条件有利开花、授粉、受精。总之，油菜进入开花以后，营养生长逐渐减弱，生殖生长则逐渐开始加强。这时，植株已达最大高度，分枝基本完成，叶片由下而上逐渐开始枯黄脱落，体内的糖分大部分集中于长花和长角。

（4）栽培措施上的主攻方向　开花阶段是营养生长和生殖生长最旺盛的阶段，也是充实高产架子的重要阶段，因此，是需水需肥的高峰期。此期对 P、B 等最为敏感，前期供给充足的养分是夺取丰产的重要措施。并要注意养分适宜，以防止植株疯长及病害发生蔓延。油菜适时早播，可以使油菜花期处于最适气温、光照最充足时期，有利于开花结实，减少花芽脱落，增加每角粒数。另外，在开花期，有条件的地方可养蜂传粉或进行人工辅助授粉，促进结实。

5. 角果成熟阶段　从终花到成熟为角果发育成熟阶段。长江、黄淮冬油菜区中熟甘蓝型品种 4 月中下旬终花，5 月中下旬成熟，历时 30d 左右。在这一阶段内，要经历角果的发育、种子的形成和体内营养物质向角果种子运输和积累。加强角果发育成熟期管理，是促进种子正常灌浆，提高粒重、油分，保证丰收的最后一环。

（1）角果和种子发育　油菜角果发育是先纵向伸长，再横向膨大，一般开花后 20d 以上定型，发育顺序是先开的花先发育。角果发育的同时，受精胚珠也发育成种子，受精不良或营养不足的胚珠萎缩成秕粒。随后油菜种子中，油脂及其他干物质开始大量积累。

（2）角果发育对环境条件的要求

①温度　油菜角果发育对温度要求严格。角果最适宜的温度为 15～20℃。温度过高，造成高温逼熟，灌浆时间短，千粒重低；温度过低也不利于光合产物的合成与运转；昼夜温差大，有利于物质和油分积累。

②光照　充足的光照有利于后期光合作用和干物质、油分的积累。如中国西北、西南高原地区在油菜角果发育期光照强，昼夜温差大，千粒重和含油量就比江淮流域高。

③湿度　油菜角果发育要求土壤湿度不能太低，土壤含水量以不低于田间最大持水量的60%为宜。虽然此期植株代谢逐渐衰退，蒸腾作用减弱，但此时角果皮仍在旺盛地进行光合作用，茎叶、果皮的光合产物大量向种子运转，缺水导致秕粒增加，含油量降低。但水分过多，又易造成贪青晚熟，渍水更会导致根系早衰。

（3）栽培措施上的主攻方向　N肥过多或倒伏会导致晚熟或病害发生，也会形成较多的秕粒。因此，在角果成熟期的田间管理上，既要防止植株脱肥早衰，又要防止施N过多和人畜残踏，必要时增施P、K肥，防止倒伏。倒伏会引起返花，导致品质降低。在角果发育后期施用壮籽剂，促进体内贮藏物质向种子转运，提高油菜收获指数，且要及时防治花果期菌核病并适时收获，有效地提高产量和品质。

第二节　秦岭西段南北麓油菜品种沿革

一、种质资源

钱秀珍等（1996）报道，中国目前已搜集到油菜品种资源有5 206份，其中，国外油菜资源739份，国内资源4 467份。在国内资源中，白菜型油菜品种最多，为2 047份，占45.8%；除内蒙古、新疆内陆、东北平原和华南沿海等生态区甚少外，其他生态区均有大量分布；芥菜型油菜次之，为1 132份，占25.3%，主要分布在云贵高原和春油菜区；甘蓝型油菜品种为905份，占20.3%，主要集中在长江中下游地区；其他类型油菜品种（黑芥、甘蓝、芝麻菜、油用萝卜、海甘蓝等）为383份，占8.6%。中国农业科学院油料作物研究所建立了有5 000份油菜资源、31个项目共159 500个数据项的数据库；编辑出版了《中国油菜品种资源目录》（1977）、《中国油菜品种志》（1988）、《中国油菜品种资源目录》续编一（1993）、《中国油菜品种资源目录》续编二（1997），入目品种资源共5 185份。

汉中地区处于中国亚热带北缘，油菜品种资源十分丰富，各种栽培类型在这里几乎都可找到。根据陕西省经济作物研究所收集到的油菜地方品种资源142份鉴定分类统计，南方白菜型油菜102份占71.8%，其中，44份材料为自然分离出的形态特征介于南方白菜型和北方白菜型油菜之间的中间类型材料，北方白菜型油菜17份，占12%。芥菜型油菜14份，其中，细叶芥12份，占8.5%，大叶芥2份占1.4%，甘蓝型油菜9份，占6.3%。由此可见，汉中地区油菜种质资源不但包括了3大栽培类型油菜，而且，还包含了南方白菜型油菜和北方白菜型油菜的中间类型，这是极其珍贵的种质材料。徐爱遐，黄继英，金平安等（1999）对陕西省油菜按生育期将汉中地区油菜资源归为早熟生态型，易于早熟品种的选育和推广。

天水地处甘肃省东南部，油菜品种资源丰富。天水市农业科学研究所 20 世纪 70 年代，从国内外引进种质资源 656 份，其中，白菜型 218 份，甘蓝型 438 份。

二、品种类型

（一）熟期类型

油菜的熟期对油菜的推广种植有着重要的意义。陈伦林，邹晓芬（2013）研究认为，油菜熟期选择应该以终花期为重点选择。油菜品种从熟期上可分为极早熟、早熟、中早熟、中熟、中晚熟 5 种类型。

1. 极早熟品种　采用直播方式种植。一般 10 月上旬种植，翌年 4 月下旬至 5 月初收获，全生育期 200～210d。以白菜型品种汉中矮油菜和芥菜型品种汉中黄芥等为主。

2. 早熟品种　采用直播方式种植。一般 9 月下旬种植，翌年 4 月下旬至 5 月初收获，全生育期 210～220d。品种主要有蓉油 4 号、中油杂 4 号、绵油 11、德油 5 等。

3. 中早熟品种　该类型油菜品种属于冬春双发类型。直播一般 9 月底 10 月初种植，翌年 5 月上旬收获，全生育期 220～230d；育苗移栽一般 9 月初育苗，10 月中旬移栽，翌年 5 月上旬收获，全生育期 230～245d。代表品种有中油杂 11、沣油 737、秦优 10 号、汉油 8 号。

4. 中熟品种　种植方式主要为育苗移栽。一般 8 月底 9 月初育苗，翌年 5 月中旬收获，全生育期 245～255d。主要种植品种有中油杂 2 号、汉油 9 号、蓉油 11 等。

5. 中晚熟品种　种植方式主要为育苗移栽。一般 8 月底 9 月初育苗，翌年 5 月中旬收获，全生育期 255～260d。代表品种有陕油 8 号、陕油 6 号、秦优 7 号等。

（二）植株性状类型

油菜品种从植株性状上分为三大类型：白菜型油菜、芥菜型油菜和甘蓝型油菜。

1. 白菜型油菜　白菜型油菜（*Brassica. campestris*）中国又称小白菜、矮油菜、甜油菜、白油菜、黄油菜等。中国是其原产地之一，主要分布在中国西北、华北各省以及长江流域和南方各省。植株一般比较矮小，上部薹茎叶无柄，叶基部全抱茎。花淡黄色至深黄色，花瓣圆形、较大，开花时花瓣重迭复瓦状；花序中间花蕾位置低于开放花朵；外向开裂，且具有自交不亲和性，自然异交率 75%～95%，自交率很低，属典型的异花授粉作物。角果较肥大，果喙显著，果柄与果轴夹角中等，角果与角柄着生方向不一致。种子大小不一，千粒重 3g 左右，无辛辣味，种皮颜色有褐色、黄色或黄褐杂色等。芥酸含量一般为 30%～50%，含油量一般为 35%～45%，高的可达 50%。白菜型油菜在中国又分为北方小油菜和南方油白菜。北方小油菜代表品种有门源小油菜、永寿油菜，南方油白菜的代表品种有洞口甜油菜、曲溪油菜和汉中矮油菜。

2. 芥菜型油菜　芥菜型油菜（*Brassica. juncea*）中国俗称大油菜、高油菜、苦油菜、辣油菜、蛮油菜等。中国是它的原产地之一，主要分布在西北、西南各省，长江流域各省也有分布。徐爱遐，马朝芝，肖恩时等（2008）研究认为，中国芥菜型油菜遗传基础广泛。植株一般较高大，茎较坚硬，叶片皱缩被有蜡粉和刺毛，叶色灰绿，有的紫色，薹茎叶均有短叶柄，不抱茎。花瓣窄小较长，开花时四瓣分离，花色淡黄，花序中间花蕾位置高于开放花朵，花药向内开裂或半转向开裂，且具自交亲和性，自交结实率一般70%～80%，高的90%以上，自然异交率在20%～30%，属常异交作物。角果细而短，果柄与花序夹角小。种子一般较小，千粒重2～3g。辛辣味较强，种皮色有黄、红、褐等色。芥酸含量为30%～50%，含油量为30%～35%，高的可达50%。抗旱，耐瘠性强。芥菜型油菜在中国又分为细叶芥油菜和大叶芥油菜。细叶芥油菜代表品种有三筒油菜、汉中黄芥、湖南辣油菜，大叶芥油菜的代表品种有四川青菜子、曲溪油菜。

3. 甘蓝型油菜　甘蓝型油菜（*Brassica. napus*）中国俗称洋油菜、番油菜、黑油菜、欧洲油菜、日本油菜等。原产欧洲，中国引自日本、欧洲和加拿大，目前，在中国广为种植。植株较高大，分枝性中等，分枝较粗壮，基叶具琴状缺刻，薹茎叶半抱茎着生。叶色似甘蓝，叶肉组织较致密，呈蓝绿色或绿色，密被蜡粉或有少量蜡粉，幼苗真叶有的具有刺毛，成长叶一般无刺毛。花瓣大，黄色，开花时两侧重叠，花序中间花蕾位置高于开放花朵，花药向内开裂或半转向开裂，且具自交亲和性，自交结实率60%～70%，自然异交率在10%～20%，属常异交作物。角果较长，多与果柄呈垂直着生（也有斜生或垂生的）。种子一般较大，千粒重3～4g，高的达5g以上，不具辛辣味，种皮黑色或黑褐色。种子含油量30%～50%，一般40%左右，高的可达60%。李云昌，胡琼等（2006）认为，中国油菜品种含油量的空间很大。芥酸50%左右，硫苷120 umol/g左右，根系发达，主根粗壮。甘蓝型油菜自20世纪引入中国后，迅速替代白菜型和芥菜型油菜，成为生产上的主栽类型。中国在90年代以前生产上主要以双高非优质品种为主，主要有胜利油菜、跃进油菜、中油821、华油8号、秦油2号等。随着油菜的品质改良，进入21世纪后，生产上的品种主要为双低优质品种，如中双9号、中双11、中油杂2号、秦优7号、秦优10号、华油杂12、汉油8号等。

不同植株性状类型品种的特征、特性见表6－2。

表6－2　油菜三大类型特征特性比较简表（作者整理，2014）

类型	白菜型	芥菜型	甘蓝型
根系	主根入土浅，抗旱、抗倒力弱，属密生根系	木质化程度高，入土深，抗旱、抗倒力弱，属疏生根系	主根入土浅，抗旱、抗倒力中等，属密生根系

类型	白菜型	芥菜型	甘蓝型
叶	全缘或浅锯齿，叶黄绿色，叶面光滑或有茸毛，无明显叶柄	叶缘锯齿细而深，叶面皱缩，有蜡粉和刺毛，色深、油绿或紫色，有明显叶柄	叶片裂片呈琴状，叶面光滑有蜡粉，叶绿色、深绿或蓝绿，主茎上、中、下部叶形不同
花	开放花朵高于花蕾，花药向外开裂	花瓣平展分离，花药向内开裂，花蕾位置高于开放花朵	开放花朵低于花蕾，花瓣平滑，花药向内开裂
授粉	异花授粉，自交不亲和，异交率75%~95%	常异交作物，异交率20%~30%，自交亲和	常异交作物，异交率10%~20%，自交亲和
角果	较肥大，果喙显著，果柄与果轴夹角中等	细而短小，果柄与果轴夹角小	较长，多与果轴垂直着生，也有斜生和垂生的
籽粒	千粒重3g左右，颜色为褐色、黄褐色、黄色，无辣味	千粒重1.5~3.5g，颜色为黄色、褐色或红色，辛辣味较强	千粒重3.5~4.5g，颜色为黑褐色、红褐色、少数为黄色，无辣味
生育期	60~250d	70~260d	80~270d
抗逆性	耐霜冻较强，幼苗较耐湿，耐旱性较弱，易感染病毒病、霜霉病	耐寒、耐旱、耐瘠性都较强，抗（耐）病性居中	耐寒、耐湿、耐肥、抗霜霉病与病毒病强
裂果性	抗裂果性较强，不易裂果	抗裂果性强，不易裂果	抗裂果性不强，易裂果
倒伏性	易倒伏	抗倒伏	较抗倒伏
产量潜力	产量低、不稳定	产量较高	产量高、潜力大
品质	高芥酸、高硫苷、含油率35%~45%，高的可达50%	高芥酸、高硫苷、含油率30%~35%，云贵高原可达50%	非优质：芥酸50%，硫苷120umol/g；优质：芥酸≤1%，硫苷≤30umol/g，含油率≥39%，高的可达60%

（三）温光反应类型

1. 油菜的感温性　油菜一生中必须通过一段温度较低的时间才能现蕾开花结实，否则，就停留在营养生长阶段，这一特性称为感温性。根据油菜不同感温特性，可分为3类。

（1）冬性型　冬性型油菜对低温要求严格，需要在0~5℃条件下经30~40d才能进入生殖生长。中国甘蓝型油菜晚熟品种，白菜型冬油菜和芥菜型冬油菜晚熟和中晚熟品种，以及从欧洲等地引入的冬油菜品种，均属这一类，如胜利油菜、秦油2号及陕油8号。

（2）半冬性型　半冬性型油菜对低温感应性介于冬性型和春性型之间，对低温要求不如冬性型严格，需要在5~15℃条件下20~30d可开始生殖生长，一般为冬油菜中熟和早中熟品种。中国长江流域主产区大多数甘蓝型油菜的中熟和中晚熟品种和长江中下游的白菜型油菜中熟及中晚熟品种都属于这一类。如中油杂 2 号、秦优 10 号及汉油 8 号。

（3）春性型　这类品种可在较高温度下通过感温阶段，一般 10 ~ 20℃ 条件下经 15 ~ 20d 甚至更短的时间就可开始生殖生长。一般为冬油菜极早熟、早熟和部分早中熟品种。中国西北地区的春油菜，西南地区的白菜型早中熟和早熟品种，华南地区的白菜型油菜品种，欧洲及加拿大的春油菜品种属于这种类型。如青油 131、汉中矮油菜及陇油 1 号。

2. 油菜的感光性　油菜生长发育必须满足一定长度光照的要求才能现蕾开花的特性称为感光性。油菜是长日照作物，不同品种和地理起源不同又可分为强感光型和弱感光型。油菜的发育与外界环境条件具有密切的关系，当油菜春化处理的时间延长，即使在较短的日照下，也可以现蕾开花。油菜在通过光照阶段时，适当提高温度，可促进提早现蕾开花。春性强的品种在秋季应适当迟播，若过早播种会发生早薹早花，易遭冻害，而冬性强的品种应适时早播，以利用冬前时间促进其营养生长，壮苗越冬，以利于高产。

3. 低温胁迫　低温胁迫是影响油菜产量和栽培面积的主要限制性因素。研究油菜抗低温能力具有重要的科学意义和应用价值。李利霞，李唯奇（2010）通过对冬油菜和春油菜在冷驯过程中膜脂分子的变化研究表明，油菜通过冷驯增加了双键含量，提高了不饱和度，从而增加了抗冻能力；在冷驯过程中，冬油菜的磷脂酸 PA 水平呈下降趋势，而春油菜的磷脂酸 PA 保持不变；冷驯后，春油菜双键指数的增加比冬油菜的明显，且春油菜脯氨酸的增加也比冬油菜多。结果表明，油菜具有冷驯能力，春油菜对冷驯更加敏感。

（四）播期类型

油菜品种从播期上可分为两大类型：冬播油菜（冬油菜）和春播油菜（春油菜）。

1. 冬油菜　中国冬油菜种植面积约占全国油菜总面积的 90%。主要集中在长江流域各省和黄淮流域部分地区。主要种植类型为甘蓝型油菜，一般为冬性型和半冬性型品种。冬油菜一般在秋季播种翌年夏季成熟，全生育期较长，甘蓝型油菜品种均在 200d 以上，生长发育过程中，需要经过一段较低的温度条件，才能进入生殖生长、花芽分化和开花期。如冬油菜晚熟和中晚熟品种，对低温要求严格，需要在 0 ~ 5℃ 的低温下，经 30 ~ 40d 以上才能进行花芽分化，否则，只长叶不能开花。另外，中熟和早中熟品种对低温的要求虽不及晚熟品种严格，但仍需要有一段低温条件才能完成系统发育过程，从营养生长进入生殖生长。

冬油菜种植形式有：一是水稻 - 油菜两熟制；二是水稻 - 水稻 - 油菜三熟制；三是水作 - 旱作 - 油菜三熟制；四是旱作 - 油菜两熟制。汉中油菜类型全部为冬油菜。

2. 春油菜　春油菜种植面积约占全国总面积的 10%。主要分布在中国西北高原各省区，比较集中分布在青海、内蒙古、新疆、甘肃等省区，东北平原和四川西北部也有分布。该区域冬季严寒，1 月最低平均气温为 - 20 ~ - 10℃ 或更低，因此，油菜不能安全越冬，因而只能春播（或夏播）秋收。春油菜品种一般以白菜型、芥菜型油菜为主，近年来，早熟甘蓝型油菜发展迅速，面积增长很快。本区油菜生长季节短，降水量少，日照时间长，日照强度大，且昼夜温差大，这种气候对油菜种子发育有利，油菜籽粒大，千粒重高。春油菜种植制度一般均为一年一熟制，主要和麦类（青稞、春小麦、燕麦）等作物轮作倒茬，一年一熟。

（五）品质类型

1. 普通油菜　油菜种子主要含有水分、脂肪、蛋白质、糖类、维生素、矿物质、植物固醇、酶、磷脂和色素等。油菜的主要利用部分一是作为食用油利用脂肪；二是作为饲料利用饼粕中的蛋白质。

（1）菜籽油　普通菜籽油中芥酸含量达 20% ~55%，而油酸和亚油酸含量则为 14% 和 18% 左右，亚麻酸含量 8% 左右，棕榈酸含量仅 3% 左右。除亚麻油以外，菜籽油和大豆油是仅有的两个含亚麻酸的主要食用油，由于亚麻酸含量高的菜籽油有较强的辛辣味，而且它与空气、光、热接触后容易氧化变质，使菜籽油不耐贮藏。菜籽的毛油通过精制加工和精炼过程在剩下 5% ~9% 的油脚中，含有磷脂、脂溶性维生素等对人体有益的营养物质，可以进一步加工提炼，形成有用的产品。

（2）菜籽饼粕　油菜种子中蛋白质，一般为种子质量的 20% ~30%，粗纤维含量一般为 11% ~12%。普通菜籽中的主要有害成分是硫代葡萄糖苷（硫苷），普通油菜品种饼粕中硫代葡萄糖苷含量为 80 ~180μmol/g，极大地限制了其作为饲料蛋白质的利用。

2. 优质油菜　芥酸 ≤1%，硫苷 ≤30umol/g，含油率 ≥39%，高的可达 60%

（1）双低油菜　优质油菜通常指的是双低油菜（低芥酸低硫甙）。农业部颁布的低芥酸低硫苷油菜籽标准（NY415 – 2000）中，规定油菜籽中油的芥酸含量 ≤5%，硫苷含量 ≤45.00μmol/g（饼）。2006 年颁布的国家标准（GB/T 11762 – 2006）中，规定双低油菜籽中，油的芥酸含量 ≤3%，硫苷含量 ≤35.00μmol/g（饼）。如今对优质油菜的品质提出了更高的要求，主要提出了 4 个方面的指标：

一是低芥酸（1% 以下）、低硫代葡萄糖苷（每克菜籽饼含 30μmol/g 以下，不包括吲哚硫苷）、低亚麻酸（3% 以下）；

二是高油分（45% 以上）；

三是高蛋白（占种子重的 28% 以上，或饼粕重的 48% 以上）；

四是油酸含量达 60% 以上。

（2）双低油菜的生育特点　与常规油菜相比，双低油菜在生长发育上的主要特点是，一是苗期生长慢，冬发不足，年前苗势略弱；二是感光性较强，常常由于不能满足其对长日照的需求而使营养生长期延长，现蕾、始花推迟，花期缩短；三是对 B 肥敏感，硼砂不足，造成荫角增加，甚至死苗；四是薹花期硝酸还原酶活性强，叶色深，耐肥性减弱，抗性下降。

三、品种更新换代

（一）汉中市油菜品种变革

油菜是汉中的主要油料作物，是本地主要的食用油来源，在人民的生活中占有重要的地位。据李英，冯志峰等（2010）报道，纵观汉中油菜的发展历程主要经历了以下4次变革。

第一次变革：20世纪60年代中后期由甘蓝型油菜替代白菜型油菜品种。60年代之前汉中生产上主要种植的油菜品种为本地的白菜型油菜品种，如汉中矮油菜等，产量很低，抗性差。60年代中后期引进甘蓝型油菜品种胜利油菜后，因其产量高、抗性好的优点在生产上迅速推广，但其也存在着熟期偏晚的缺点。汉中市农科所针对胜利油菜的熟期偏晚的缺点进行了改良，于70年代选育出了一批早熟的甘蓝型油菜品种（早丰一号、早丰二号、早丰三号、早丰四号、早丰五号）迅速成为了汉中油菜的主要栽培品种。

第二次变革：80年代中期由甘蓝型杂交油菜品种替代甘蓝型常规油菜品种。80年代初期第一个甘蓝型杂交油菜品种秦油2号的选育成功，使油菜的产量水平有了较大的提高，以秦油2号为代表的杂交油菜品种逐渐替代常规品种成为汉中油菜的主栽类型。

第三次变革：20世纪90年代中后期由甘蓝型优质油菜品种替代甘蓝型非优质油菜品种。进入80年代末至90年代初，一批优质油菜品种的育成使油菜优质化成为了可能。汉中自90年代初引进优质油菜品种示范种植，筛选出了一批优质油菜品种在生产上得到了推广种植，逐步替代了甘蓝型非优质油菜品种。代表品种主要有：川油18、宁杂一号、陕油6号、陕油8号、秦优7号、中油杂2号等。至2005年前后基本实现了汉中油菜的优质化。

第四次变革：2005年至今。甘蓝型中早熟优质杂交油菜品种替代甘蓝型中晚熟优质杂交油菜品种。一批中早熟优质杂交油菜品种的引进与选育成功，解决了生产上对中早熟油菜品种的迫切需求。主要代表品种有：中油杂4号、中油杂11、秦优10号、沣油737、汉油8号、汉油9号等。

（二）天水市油菜品种变革

新中国成立初期，天水油菜主要是白菜型地方品种，代表品种有西十里油菜、杨家河油菜、武山油菜、漳县油菜等。20世纪70年代从陕西关中引进74－1，产量有了大幅度的提高；1990—1999年主要种植的白菜型油菜品种是天水市农业科学研究所育成的天油1号和陕西引进的延油2号，主要种植的甘蓝型油菜品种是88638（从陕西引进）、3276（从四川绵阳引进）、甘白油和甘杂1号（从西北农大引进）；从2000年始天水市农业科学研究所相继育成的天油2号、3号、5号、6号、7号、8号和10号7个白菜型油菜品种和陇油6～9号逐步取代了延油2号和天油1号，产量也提高到150kg/亩以上。目前，主推品种有甘杂1号、天油9号，零星种植秦优10号、陕油15、16。

四、优良新品种简介

（一）适宜汉中市种植的优良油菜新品种

1. 汉油8号

品种来源：312A×750R。

选育单位：汉中市农业科学研究所。

主要育种人：李英，谌国鹏，习广清，冯志峰，梁效蓉。

审定编号：国审油2012001、陕审油2012001。

特征特性：甘蓝型半冬性细胞质雄性不育三系杂交种。全生育期224.9d，比对照油研10号早熟2.7d，比对照南油12号早熟0.2d。幼苗直立，子叶肾脏形，苗期叶椭圆形，有蜡粉，叶色深绿，裂叶2~3对，叶缘呈锯齿状；花瓣黄色、侧叠状；角果斜生，成熟期青紫色，籽粒黑色。株高198.6cm，匀生分枝类型，一次有效分枝数7.7个，单株有效角果数421.3个，每角粒数20.8粒，千粒重3.2g。芥苷含量0.10%，饼粕硫苷含量30.37μmol/g，含油量40.89%。

抗性表现：低抗菌核病，抗病毒病，抗倒性较强。

产量水平：经国家长江上游区试亩产197.76kg，比对照增产8.12%；生产试验，亩产202.26kg，比对照南油12增产14.80%。

适宜种植地区：适宜四川、重庆、云南、贵州和陕西汉中油菜区种植。

2. 汉油9号

品种来源：1003-2AB×08-H16。

选育单位：汉中市农业科学研究所。

主要育种人：李英，谌国鹏，习广清，冯志峰，王风敏。

审定编号：陕审油2012002。

特征特性：甘蓝型半冬性细胞核雄性不育两系杂交种。全生育期平均227d，比对照秦优7号短1d。幼苗半直立，子叶肾脏形，苗期叶椭圆形，有蜡粉，叶色深绿，顶叶较大，裂叶2~3对，叶缘呈锯齿状；花瓣黄色、侧叠、复瓦状排列。角果斜生，较长较细，成熟期呈枇杷黄色，籽粒黑褐色；株高中等，茎秆青色，生长势强，生长整齐一致，抗倒伏。区试结果：平均株高186.4cm，匀生分枝类型，一次有效分枝数12.6个，单株有效角果数458.6个，每角粒数20.2粒，千粒重3.4g。芥酸0.02%，硫苷30.49μmol/g，含油量43.35%。

抗性表现：中抗菌核病，抗病毒病，抗倒性较强。

产量水平：经陕西省区试亩产 185.95kg，比对照秦优 7 号增产 7.08%，亩产油量 74.23kg，比对照增产 10.13%；生产试验亩产 206.3kg，比对照增产 8.10%。

适宜种植地区：适宜陕西省汉中、安康地区种植。

3. 秦优 10 号

品种来源：2168A×5009C。

选育单位：咸阳市农业科学研究所。

审定编号：陕审油 2004002、国审油 2006003。

特征特性：甘蓝型半冬性不育三系杂交种。全生育期 236d，熟期与对照秦优 7 号相当。幼苗半直立，叶色绿、色浅，叶大、薄，裂叶 2~3 对，深裂叶，叶缘锯齿状，有蜡粉。花瓣较大、侧叠。花色黄。株高 171.0cm，分枝部位 40.0cm，匀生分枝，单株有效分枝数 10.0 个。平均单株有效角果数 455.8 个，每角粒数 21.2 粒，千粒重 3.4g，籽粒黑色。芥酸 0.24%，硫苷 28.56μmol/g，含油量 42.76%。

抗性表现：低抗菌核病，中抗病毒病。抗倒性较强。

产量水平：经国家长江下游区试，亩产 175.47kg，比对照皖油 14 增产 15.37%，亩产油量 75.25kg，比对照皖油 14 增产 12.87%；生产试验，亩产 170.10kg，比对照秦优 7 号增产 5.39%。

适宜种植地区：适宜在陕西关中、陕南灌区 700m 以下地区及长江下游的浙江、上海两省市及江苏、安徽两省淮河以南的油菜主产区种植。

4. 中油杂 11

品种来源：6098A×R6。

选育单位：中国农业科学院油料作物研究所。

审定编号：国审油 2005007。

特征特性：甘蓝型半冬性细胞质雄性不育三系杂交种。全生育期长江上游及中游 222d，长江下游 231d。子叶长、宽度中等；苗期半直立，叶色深暗绿，顶裂叶片中等大，裂叶 4 对以上，叶片边缘波状；花瓣黄色，花瓣长度中等，宽度较宽，呈侧叠状。株高 175.0cm，分枝部位 45.0cm，分枝 11.0 个。单株有效角果数 340.0 个，每角粒数 20.0 粒，千粒重 3.6g。品质检测结果：长江上游芥酸 0.27%，硫苷 18.38μmol/g，含油量 44.95%；长江中游芥酸 0.27%，硫苷 18.68μmol/g，含油量 44.88%。长江下游芥酸 0.27%，硫苷 19.33μmol/g，含油量 44.20%。

抗性表现：中感菌核病，中抗病毒病。抗倒性中等。

产量水平：经国家长江上游、中游及下游区试，亩产 174.96kg，比对照增产 13.16%；生产试验亩产 171.05kg，比对照增产 8.30%。

适宜种植地区：适宜在四川、贵州、云南、重庆、湖南、湖北、江西、浙江、上海，安徽和江苏两省的淮河以南地区、陕西汉中地区的冬油菜主产区种植。生产上注意施用硼砂，注意防治菌核病。

5. 沣油737

品种来源：湘5A×6150R。

选育单位：湖南省作物研究所。

审定编号：国审油2011015、陕审油2010006。

特征特性：甘蓝型半冬性细胞质雄性不育三系杂交种。全生育期平均217d，比对照中油杂2号早熟1d。幼苗半直立，子叶肾形，叶色浓绿，叶柄短。花瓣深黄色。种子黑褐色，圆形。株高154.2cm，一次有效分枝数7.5个，单株有效角果数282.5个，每角粒数19.3粒；千粒重3.6g。菌核病发病率7.95%，病指4.31，病毒病发病率0.92%，病指0.54，菌核病综合评定为低感，抗倒性强。经农业部油料及制品质量监督检验测试中心检测，芥酸含量0.05%，硫苷37.22μmol/g，含油量41.59%。

抗性表现：低感菌核病，抗倒性强。

产量水平：经国家长江下游区试，亩产177.70kg，比对照增产10.56%；生产试验亩产174.70kg，比对照增产9.50%。

适宜种植地区：陕西汉中、安康地区及湖北、湖南、江西、上海、浙江，安徽和江苏两省淮河以南的冬油菜主产区种植。

（二）适宜天水市种植的优良油菜新品种

1. 天油5号

品种来源：St40-1×网8。

选育单位：天水市农业科学研究所。

主要育种人：雷建明，庞进平，高蕾，霍建平，张建学，张金孝，张岩，吴永斌，范提平，石定乾，王孟孟，徐雨森，郭恒，张希平，郭岷江。

审定编号：甘审油2007001。

特征特性：白菜型半冬性常规种。幼苗叶色淡绿，匍匐生长，叶片椭圆形，有刺毛，深裂。花淡黄色，花粉量足，花蕾多，花期长，分枝数多，结角密，角果斜生，果柄长，角长粒多，籽粒红褐色，间有黄色籽粒。株高141.7cm，分枝部位43.2cm，分枝数5~6个，结角密度1.1个/cm，单株角果数为183.3个，角粒数23.9粒。千粒重2.9g，单株产量6.9g。含油量41.12%，油酸和亚油酸21.49%和19.68%，芥酸29.78%，硫苷93.00μmol/g。

产量水平：2003—2004两年10点次试验中，亩产177.91kg，较对照天油1号增产 13.81%。

抗性表现：2003—2004 年甘肃省农科院植保专家对两年区试 10 点次试验苗期病毒病发病率调查结果，病毒病的发病率 0.90%，病指 0.04%；角果期霜霉病发病率 8.20%，病指 1.60%。

适宜种植地区：适宜甘肃陇东、陇南及定西等海拔 2 000m 以下地区种植。

2. 天油 6 号

品种来源：02AC8×02SC19。

选育单位：天水市农业科学研究所。

主要育种人：雷建明，庞进平，漆燕玲，张建学，董云，高蕾，杨玉萍，张岩，范提平，吴莉莉，周娟，李玲，王毅。

审定编号：甘审油 2008002。

特征特性：白菜型冬性三系杂交种。全生育期 275～308d。幼苗叶色淡绿，匍匐生长，叶片椭圆形，有刺毛，深裂。主根粗壮，侧根发达。花色淡黄，花粉量足，结角密，角果斜生，果柄长。株高 160.1cm，分枝部位 25.2cm，一次分枝 7.6 个，单株角果数 140.5 个，角粒数 27.8 粒，千粒重 3.1g，单株产量 5.7g，籽粒褐色。含油量 38.10%，油酸 18.61%，亚油酸 16.82%，芥酸 39.13%，硫苷 31.64μmol/g。

产量水平：经 2004—2006 年 2 年 11 点次试验，亩产 146.48kg，较对照天油 1 号增产 20.53%。

抗性表现：田间调查病毒病发病率为 0.94%，病指 0.10%，霜霉病发病率为 6.30%，病指 0.83%，属低抗性品种，越冬率为 93.0%。

适宜种植地区：适宜甘肃陇南及中部海拔 2 000m 以下地区种植。

3. 天油 7 号

品种来源：延油 2 号×青油 14 号。

选育单位：天水市农业科学研究所。

主要育种人：雷建明，庞进平，漆燕玲，张建学，董云，高蕾，杨玉萍，张岩，范提平，吴莉莉，周娟，李玲，王毅。

审定编号：甘审油 2008002

特征特性：白菜型冬性常规种。幼苗叶色深绿色，匍匐生长，叶片椭圆形，有刺毛。主根粗壮，侧根发达，长势强，整齐。花色淡黄，花期长，分枝数多，结角密，角果斜生，果柄长，籽粒褐色。平均株高 119.5cm，分枝部位 33.8cm，分枝数 7.8 个，单株角果数 204.5 个，角粒数 22.5 粒，千粒重 3.1g，单株产量 6.4g。硫苷 33.86μmol/g，芥酸 43.77%，含油量 41.91%。

产量水平：2004—2007 年甘肃省区域试验亩产 138.40kg，较对照天油 1 号增产 11.16%。2005—2007 年生产试验亩产 160.20kg，较对照增产 7.70%。

抗性表现：田间霜霉病发病率 5.90%，菌核病发病率 0.60%。

适宜种植地区：适宜甘肃东部和中部干旱、半干旱、二阴山区种植。

4. 天油 8 号

品种来源：郑杂油 1 号×天油 1 号。

选育单位：天水市农业科学研究所。

主要育种人：雷建明，张建学，范提平，张岩，张亚宏，庞进平，高蕾，吴莉莉，沈小平，杨敏淑，陈阿娟。

审定编号：甘审油 2011010。

特征特性：白菜型冬性常规种。生育期为 279～293d。幼苗叶色深绿色，匍匐生长，叶片椭圆形，有刺毛，花色淡黄。株高 142.8cm，分枝部位 42.9cm。分枝数 8.3 个，单株角果数 204.9 个，角粒数 23.3 粒，千粒重 3.0g，籽粒褐色。芥酸 43.43%，硫苷 46.49μmol/g，含油量 41.17%。

产量水平：在 2006—2009 年甘肃省冬油菜山旱地区试验中，平均亩产 180.27kg，较对照天油 4 号增产 8.90%。

抗性表现：田间调查菌核病发病率和病情指数分别为 0.48%、0.038%，抗病性优于对照天油 4 号。

适宜种植地区：适宜在甘肃省中东部干旱、半干旱、二阴山区及武威、张掖等地种植。

5. 天油 9 号

品种来源：02AN20×02SN60。

选育单位：天水市农业科学研究所。

主要育种人：雷建明，张岩，庞进平，张建学，马建成，范提平，孙万仓，高蕾，张光耀，周高军，王娟，武军艳，张亚宏，吴莉莉，沈小平。

审定编号：甘审油 2010006。

审定年代：2010 年。

选育单位：天水市农业科学研究所。

特征特性：甘蓝型冬性三系杂交种。全生育期为 270～300d。幼苗直立，叶色深绿，蜡质层较厚。翌年返青早、抽薹快，花期集中，花瓣大，结角密，落黄好。株高 148.5cm，分枝部位 41.4cm，单株角果数 309.9 个，角粒数 24.0 粒，千粒重 3.7g，单株产量 21.1g。含油量 41.91%，油酸 49.98%，亚油酸 19.85%，芥酸 8.51%，硫苷 23.25μmol/g。

产量表现：2004—2007 年在甘肃省陇东南 3 年 12 点试验，亩产 203.22kg，较对照甘杂 1 号增产 17.61%；2006—2007 年生产试验亩产 159.62kg，较对照增产 9.83%。

抗性表现：田间调查对病毒病、霜霉病和菌核病表现出高抗水平。

适宜种植地区：适宜甘肃省中东部、陕西省北部及山西省东南部等地，海拔在 1 600m 以下地区推广种植。

第三节　栽培要点

一、选好前茬

汉中属于一年两熟地区，以稻 - 油轮作为主。油菜前茬作物以水稻为主，传统的种植方式是育苗移栽，近几年，育苗移栽的种植方式占 70%，直播占 30%。玉 - 油轮作少，种植方式是直播。天水油菜前茬多为小麦，种植方式是直播。

（一）苗床地准备

1. 选苗床地　油菜苗床地应选择没有种过油菜或十字花科作物的地块，要求土壤肥沃，土质疏松，地势平坦，排灌方便。

2. 深翻整地　适墒深翻后，开好"三沟"，做成 1.2~1.5m 宽的畦子。苗床地与大田比为 1:5。

3. 施足底肥　播种前一周内耕整苗床，亩施腐熟有机肥 1 000~1 500kg，尿素 3~5kg，过磷酸钙 25kg，硼砂 1.0kg，全层均匀施入床土中。

（二）大田准备

1. 开沟排湿　水稻收获后，及时开深沟排除田间积水，晾晒田面，深翻整地。油菜播、栽前要开好"三沟"，即田边沟、中沟、腰沟，沟宽 20~30cm、深 20cm。田边沟低于中沟、腰沟，做到沟沟相通，达到明水能排、雨停水干，暗渍自落的效果，彻底根除湿害。开沟土均匀覆盖厢面，不匀的地方人工耙平，播种前施入底肥。

2. 播前除草　采用免耕栽培方式的，在播种前 10~15d 亩用 10% 草甘磷 500ml 加水 40kg 喷雾除杀杂草。

二、选用良种

（一）优良品种的标准

优良品种必须具备 4 个基本条件：一是高产；二是稳产；三是适应性广；四是品质优

良。种植高产、稳产、广适、优质的品种，因其生产成本低，才能为农民群众所接受，才能发挥其应有的社会经济效益。

1. **高产** 高产性指一个品种能达到的最高产量潜力。即一个基因型在适宜的环境条件下，采用合理的栽培措施，有效控制各种环境胁迫，以满足其良好生长发育所能达到的产量水平。具有高产潜力的品种，能够有效地利用有利环境因素，将其高产潜力发挥出来。

2. **稳产** 稳产性是指一个品种在同一环境条件不同年份中获得较高产量的能力。一般而言，在一定时期内，同一地区的环境条件、气候因素等环境因子，很少可能发生重大变化，但气候因子、生活环境和栽培技术等年际间的差异还是会存在的。高产稳产的品种必须具备耐旱、耐寒、抗病虫、抗倒伏、抗裂角等特征。

3. **适应性广** 适应性的强弱是鉴定高产品种的主要指标之一。适应性是一种综合表现，首先表现在分布范围的广泛性。其次表现在历年和各地产量稳定性。在丰年和歉年的产量变幅小。最后表现抗逆性能强，在逆境下表现较为正常的生长发育和较稳定的产量。因而，一般适应性、广谱适应性和特殊适应性是鉴定品种生产性能的主要内容之一。

4. **品质优良** 油菜的品质性状包括油菜籽中油的含量（一般以含油量和出油率或产油量表示）和质量（指脂肪酸组成），以及饼中蛋白质含量、氨基酸组成、硫苷种类和组分、植酸、芥子酸、单宁等成分。

（二）汉中油菜良种

汉中在中国油菜种植区划中，属长江流域冬油菜区。品种主要为熟期适中、抗菌核病、高产稳产的甘蓝型半冬性双低杂交种。采取机械方式收获的，还应考虑株型紧凑、早熟、抗倒性、抗裂荚性和熟期一致性好的品种；采取直播方式种植的，还应考虑耐直播、耐渍、耐除草剂的品种。根据近年试验示范情况，生产上应以秦优10号、沣油737、秦优17为主栽品种；搭配种植汉油8号、汉油9号、秦优11、陕油15、陕油19、秦优168、秦优507、中油6303、华油杂13、蓉油12、绵油13；示范推广陕油17、秦优188、荣华油7号、亚华油10号、南油12等品种。

（三）天水油菜良种

天水油菜为秋播冬性品种，一般成熟期较迟，大部分为白菜型中晚熟和晚熟品种以及甘蓝型中晚熟品种。目前，天水地区主要种植抗旱高产的白菜型冬油菜天油2~8号、陇油6~9号；甘蓝型冬油菜天油9号、甘杂1号、甘杂3号、秦优10号、陕油15、16等品种。

三、播种

（一）精选和种子处理

油菜种子处理是有效防治病害和地下害虫的重要手段，是确保苗齐、苗全、苗壮的基础。

1. 精选种子　饱满均匀、生命力强的种子长出的幼苗健壮整齐。因此，应剔除小粒、秕粒、碎粒及病虫粒，选留大小均匀、色泽一致、饱满的籽粒作种子。

2. 晒种　晒种能促进油菜种子的后熟，增加种子酶的活性，同时，能降低水分、提高种子发芽势和发芽率，减轻病虫害的发生。选择晴好天气，将种子薄薄地摊在晒场上，1~2h 翻动 1 次，让所有的种子都能晒到太阳，连续晒 2~3d。

3. 做好发芽试验　播种前做好发芽试验，掌握种子的发芽势和发芽率情况，以便确定播种量。

4. 拌种　播种前，可用 70% 甲基托布津或 50% 多菌灵杀菌剂等拌种，可以有效杀灭种子表面所带病菌，减轻白锈病、霜霉病的发生。

（二）免耕直播

1. 免耕直播技术研究

（1）稻田免耕直播油菜高效栽培技术　胡文秀，李中秀等（2007）研究稻田免耕直播油菜的施肥水平和种植密度对菜籽产量的影响。结果表明，每亩施纯 N 15kg、P_2O_5 9kg、K_2O 12kg、硼砂 1kg，种植密度 1.5 万株/亩时产量最高，达 155.4kg；随着施肥水平提高，生育期延长，各经济性状提高；合理密植有利于各经济性状的改良。因此，在稻田免耕直播油菜的栽培中，适当提早播种、合理密植、增施肥料可提高油菜籽产量。

（2）稻茬油菜免耕摆栽覆草高产栽培技术　刘雪基，李爱民等（2013）针对江苏里下河地区移栽油菜烂耕烂栽、费时费工、产量低而不稳定等问题，开展了稻茬油菜免耕摆栽技术研究。实践表明，稻茬油菜免耕摆栽技术和普通油菜移栽方式相比，能及时移栽，避免烂耕烂栽，节约成本，还可明显提高植株长势、单株产量以及植株抗逆性。

（3）免耕及直播密度对油菜生长、养分吸收和产量的影响　苏伟，鲁剑巍等（2011）研究免耕对油菜生长的影响。结果表明，免耕条件下土壤容重明显高于翻耕，整个生育期两者平均相差 0.11g/cm³。与翻耕相比，免耕油菜田杂草生长量大，导致养分竞争加剧，杂草对 N、P、K 的吸收量分别为翻耕处理的 1.9 倍、2.4 倍和 2.5 倍。免耕条件下整个生育期油菜的干物质积累量及 N、P、K 养分吸收量分别比翻耕处理降低了 18.2%、17.1%、16.4% 和 20.2%。在种植密度为 2 万株/亩时，与翻耕相比，免耕处理油菜籽减产 10.7%。密度试验的结果表明，与低密度处理（2 万株/亩）相比，高密度处理（4 万株/亩）的杂草数量及干物质积累量分别降低了40.5%和56.4%，而整个生育期油菜干物质积累量及N、P、K的养分吸收量则分别平均增加了55.3%、46.7%、53.6%和50.2%，油菜籽产量也提高了43.1%。油菜在免耕条件下，会出现土壤紧实度大、根系生长和养分吸收受抑以及杂草过多竞争养分的现象，从而导致了产量降低。而在晚播条件下，增加直播油菜的种植密度，是提高油菜籽产量的有效途径，本研究中适宜的直播密度为4万株/亩。

（4）免耕栽培措施对稻田油菜生长及产量的影响　马霓，张春雷等（2009）开展了免耕栽培措施对油菜生长发育特征影响研究。结果表明，旋耕后盖草和留茬30cm+稻草覆盖处理出苗快，所有处理播种至出苗时间分别为5~7d和7~9d；油菜越冬期苗高、绿叶数、叶面积指数、开展度、地上部分干重和地下部分干重均为稻草覆盖处理高于对应的未覆盖处理；冻害指数以留茬30cm+稻草覆盖后最低；旋耕盖草后产量最高，比留茬10cm不覆盖稻草处理分别增产13.2%和19.8%，达极显著水平。因此，油菜免耕留茬直播并覆盖稻草是有效的轻简化栽培措施。

（5）成都平原油菜不同种植方式及免耕直播配套技术　汤永禄，李朝苏等（2008）在广汉市开展油菜不同种植方式及免耕直播配套技术研究。结果表明，与育苗移栽相比，免耕直播油菜生育期缩短，个体经济性状下降，群体质量提高，产量和效益增加；播种期、种植密度对免耕直播油菜生长发育和产量的影响明显。随着播期的推迟，各项经济性状及产量不断降低；在同一播期内，种植密度从1万株/亩增加到3万株/亩，单株性状下降，群体质量和产量提高；随着播种期延迟，高密度处理增产效果明显；免耕直播油菜有着明显的增产潜力和应用前景。成都平原直播油菜的最适播种期在9月下旬，播期推迟应增加种植密度。

（6）稻田直播油菜栽培技术　雷天问，章辞等（2005）总结了湖南湘潭地区稻田直播油菜的栽培技术，水稻收获后及时播种，一季稻在9月底播种，双季晚稻的最迟播期不宜超过10月20日。在适宜的播期内，播种越早，产量越高。一般中等肥力土壤，油菜籽亩产量150kg，需施纯N 14~16kg/亩，N、P、K比例为1:0.5:1，硼砂1kg。

（7）地膜玉米田免耕直播油菜种植方式和效益分析　符明联，和爱花等（2012）通过对不同种植方式下的产量和效益比较分析，评价地膜玉米田免耕直播油菜的种植模式和可行性。结果表明，地膜玉米田播种油菜采用破膜点播，利用残膜的保温保湿能力可达到保证全苗、促进幼苗生长的效果。苗期去除残膜中耕的免耕直播栽培方式，每亩商品油菜籽收获产量可达268.2kg、产值达1 206.9元、纯收益536.9元、投入产出比1:1.80。产量产值和纯收益分别比常规翻耕栽培提高18.9%和92.0%。利用破膜点播及揭膜免耕技术在干旱、低温油菜产区栽培油菜是可行的，与常规栽培方式相比，具有劳资投入少、省时省力、高产量、高产值的特点，适合大面积推广应用。

（8）改变冬油菜栽培方式，提高和发展油菜生产 官春云（2006）针对中国冬油菜现行栽培方式存在劳动生产率不高等问题，提出在冬油菜单产水平维持在150kg/亩左右前提下，以降低生产成本为主要目标的新的栽培方式——油菜"机播机收，适度管理"。

（9）油菜板茬条播高产栽培技术集成 李锦霞，李爱民等（2013）针对江苏省宝应县油菜生产实际情况，探索集成油菜板茬条播高产栽培技术。通过采用水稻秸秆覆盖、板茬条播等关键技术，延长油菜营养生长时间，在油菜取得较高产量的同时，还收到了省工节本的效果。

（10）双低油菜保优高产栽培技术 吴中华，林昌明等（2004）总结了江苏省海安县的双低油菜保优高产栽培技术。苏中地区甘蓝型双低油菜最适播期在9月20日前后，抢早移栽，一般须在10月底前移栽结束。栽植密度以7 000~8 000株/亩为宜。中等肥力土壤上栽培，亩产200kg菜籽需施N 15~17.5kg，P_2O_5 7~8kg，K_2O 6~9kg，硼砂0.5kg，按N:P:K=1:0.4:0.5施用。N按基肥：腊肥：薹肥=（5~6）:（1~0）:（3~4）施用。

2. 汉中稻茬油菜免耕直播栽培技术 罗纪石，李英等（2007，2008）；李英，谌国鹏等（2012）根据汉中油菜生产实际和研究，提出了汉中油菜高产栽培技术和轻简化栽培技术。

（1）选择品种 稻田免耕直播油菜侧根系不发达，个体发育小，必须保证一定的群体密度，方可获得较高的产量。免耕直播油菜应选择中早熟、耐直播、抗渍、成苗率高、抗耐病性好的品种。

（2）开沟整厢 免耕直播油菜开好"三沟"尤为重要（参照大田准备中的标准），同时，还需做好1.5m宽的厢体，厢沟宽15~20cm、厢沟深15~20cm。汉中油菜播种期雨水多，播种遇湿害，种子会泡烂；幼苗遇湿害，会出现大量白化苗、死苗现象。如2014年，9月6~18日持续下雨12d，导致苗床地严重积水，油菜苗出现大量白化苗、死苗。

（3）化学除草 这是免耕直播油菜高产的关键。应把好播前、播后苗前、苗期3个除草关。

①播前灭茬除草 在播前1~3d，每亩用20%灭生性除草剂克无踪、克瑞踪或克草快乳油150~200ml加水40~50kg，全田均匀喷雾化除。

②播后苗前除草 播种覆土后当天，每亩用50%乙草胺100~120ml加水40kg喷雾，封闭土壤，防除杂草，并及时撒施毒饵，防止虫害。

③苗期除草 直播田油菜苗期杂草为害严重，如前期除草效果不好，应及时防除田间杂草。油菜5~7叶期，每亩用5%精禾草（精喹禾灵）50ml，或用10.8%高效盖草能20~25ml加水40kg喷雾防除；阔叶杂草重的田块每亩用50%高特克（草除灵）30ml加水40kg喷雾防除。严格控制杂草，避免草荒苗、草欺苗。

（4）播种　汉中免耕直播油菜适宜播期9月20~30日，适期早播可提高油菜产量，最迟不超过10月上旬。在汉中，由于稻茬免耕直播油菜播种期主要受前作限制，故水稻收获后应抢时、抢墒早播，做到一播全苗。可条播、穴播和撒播。播种时，每千克种子用过筛干土粪及15%多效唑1.5g（防止高脚苗）充分混匀，墒情适宜时及时播种。播种量一般0.2~0.25kg/亩，遇天气干旱或播种期推迟，播量可适量增加。为播种均匀，可采取分厢定量播种。为保证条播均匀，可将已定量的种子装入易拉罐，易拉罐的下方开一个可出一粒油菜种子大小的洞口，人一边匀速往前走，一边摇动易拉罐。免耕直播油菜也可采用播种机条播。稻田免耕直播油菜个体发育不及移栽油菜，单株角果数少，需通过增加密度获得较高产量，做到"以密补肥、以密补迟"，每亩留苗2万~3万株。

（5）覆盖稻草　油菜播栽后即可顺行覆盖稻草，盖草时尽量覆盖均匀压实，用稻草覆盖行间全部土壤。如遇天旱，稻草太干，可结合追施苗肥在稻草上泼洒尿水，促使稻草腐解。

（6）平衡施肥　根据汉中油菜生产实际，施肥遵循有机无机相结合，N、P、K、B配合施用原则，提倡测土配方施肥，N、P、K按1:0.5:0.5的比例施用，亩施纯N 12~15kg，P_2O_5 6~7kg，K_2O 6~7kg，硼砂0.5~1kg。使用时N肥按底肥、苗肥、腊肥5:2:3的比例合理运筹，P、K、B肥一次作底肥施入。直播采取施足底肥、看苗施提苗肥、早施腊肥的原则。

（7）加强田间管理　直播油菜做到一播全苗、匀苗，及时间苗、定苗，这是直播油菜高产的关键。

①苗期：田管的目标是早生根、早发叶长苗，促进冬前生长，以培育壮苗。具体措施：一是在油菜1~2片真叶时即可开始间苗，三叶一心期定苗，做到间掉窝堆苗、疏密补稀、分布均匀；二是早播、旺长、群体密度偏高的田块应在11月下旬每亩用15%的多效唑50g加水40kg喷雾控苗，确保苗壮、防止早苔早花、提高抗寒力；三是根据苗情，泼浇1~2次淡尿水追施提苗肥；四是汉中稻茬田跳甲发生严重，对幼苗为害极大，大发生时可将油菜苗的叶片几乎吃光，因此，要注意防治苗期跳甲的为害；五是条、穴播油菜定苗后墒情适宜时可人工中耕，可起到松土、升温、通气、除草和促进根系发育的作用。

②蕾薹期　田管要重点搞好培土壅行，防止后期发生倒伏。每亩用磷酸二氢钾和硼砂各100g加水40kg喷施，起到保角增粒、增粒重的作用。脱肥田块还可加入200g尿素一起喷施，确保免耕油菜后期不早衰。

③开花期　田管主要是搞好菌核病的防治，初花期以喷药为主，终花期打除"三叶"减少病源，防止菌核病的发生。

3.稻茬油菜免耕覆盖稻草栽培技术优势　稻茬油菜免耕技术是指在水稻收获后，田块不经耕翻，经施药除草后，直接播于稻桩侧或在田面耕种，然后，用稻草覆盖的一种栽培技术。该项技术具有保土保肥、省工省力、节本增效的优势，有利于提高农户种植油菜积极性，稳定油菜种植面积，增强油菜综合生产力。

（1）秸秆还田，培肥地力　每亩可还田稻草300kg。据测定，相当于增施纯N 1.8kg、P 6kg、K 5.1kg。同时，还能补充作物生长所需的各种微量元素。

（2）免耕节能，保护环境　焚烧作物秸秆，浪费资源，污染环境，影响交通；免耕栽培节约了燃油能源，同时，减少了机耕时燃油废气对环境的污染。

（3）改良土壤，保护结构　稻草还田，可增强土壤保水、保肥性能，促进团粒结构形成，降低土壤容重，改善土壤物理性状；同时，秋淋年份有效地避免了烂泥湿耕造成的对土壤结构的破坏。另外，有调查显示在淹水状态下，土壤含水量比翻耕土壤低70%以上，干旱时土壤含水量比翻耕土壤高56%以上。水分易于通过土壤毛细管不断供给油菜生长发育，能促进油菜腋芽和花芽分化。同时，由于免耕直播油菜开沟做厢的土壤碎烂，呈疏松状，覆盖在板层及肥料表面，既防肥水流失，又增强了油菜根系的通气条件，能有效地防止油菜后期早衰，进而使油菜增产。

（4）防治湿害，抑制杂草　板茬土壤不积水，开沟后便于排水降渍，为油菜根系创造良好的生长环境，有效防止了湿害僵苗；另外，通过行间覆盖稻草，抑制了行间杂草生长。

（5）节本增效，增产增收　免耕技术能节约用工、操作简单、方便、易掌握，可缩短播种时间，能较好地把握高产播栽期。一般每亩节约投入100元；产量持平或略增，解决了农村劳动力的不足，促进了油菜产业的发展。

（三）适期播种，合理密植

1. 适期播种　油菜发芽适温需要日平均温度16～22℃，幼苗出叶需要10～15℃以上才能顺利进行。决定播种期时，除考虑播种当时的温度外，还要考虑播后与移栽后气温下降的快慢问题。油菜移栽后，至少还有40～50d的有效生长期才能进入越冬（3℃以下）。即要求长足7～8片以上的绿色大叶，使能抵抗霜冻，保证安全越冬，翌春早发。播期早或迟都影响油菜生育状况，从而影响产量。

（1）播期对直播油菜汉油8号产量的影响　李英，孙晓敏等（2011）开展了汉油8号直播播期试验。研究表明，随着播期的推迟，株高、有效分枝部位、有效分枝数、单株有效角果数、角粒数和千粒重都有不同程度的下降，其中，单株有效角果数降幅达16.7%，角粒数降幅达13.9%，千粒重降幅达5.9%。产量以9月25日播期最高，10月9日播期最低，随着播期的推迟，产量逐渐下降。说明汉油8号适期早播能有足够的生长量，积累较多的营养物质，从而形成壮苗，为高产打下良好的基础。

（2）播期和播量对直播油菜产量的影响　任永源，丁厚栋等（2008）以浙双 6 号为供试品种，研究机械条播条件下播期和播量对产量的影响。结果表明，10 月 15～20 日播种，播量 0.2kg/亩的处理组合能获得较高的产量水平。10 月 25 日以后播种，播量应增加到 0.3kg/亩，才能获得较高产量。增加播量对播期的推迟具有一定的补偿作用。同时，迟播适当增加播量，植株变矮，茎秆变细，分枝减少，有利于机械化收获。

（3）汉中和天水的播种时期　适期播种或育苗是实现油菜高产、稳产的主要措施之一。李英，罗纪石等（2007，2008）根据科学试验和生产经验，结合当地气候条件，提出陕南油菜高产育苗期一般在气温稳定通过 16～20℃时为宜，适宜的播期应在"白露"前后 5d 这段时间。中晚熟品种高产育苗期为 9 月 1～5 日，山区可提前至 8 月底播种；早熟品种高产育苗期为 9 月 5～10 日。中晚熟品种的高产移栽期为 10 月 5～10 日，早熟品种为 10 月 10～15 日，最迟不宜迟于 10 月 20 日。中晚熟品种直播高产播期为 9 月 20～30 日，早熟品种 9 月 25 日至 10 月 5 日，最迟不超过 10 月 10 日。

天水冬油菜区处于黄淮流域冬油菜区。本区冬季干旱严寒，早春晚霜为害严重，多为一年一熟或两年三熟制，油菜常与小麦、玉米、马铃薯等轮作套种。多年的生产实践证明，白菜型冬油菜适期播种时间应在 8 月中旬前后，甘蓝型冬油菜应在 9 月上旬，有利于培育壮苗。

2. 合理密植　油菜具有源库关系的特殊性，在不同的生长发育阶段，源、库矛盾在不断变化。油菜在开花前叶片是主要的光合源，开花后叶片脱落或位于植株下层，光照条件很差，植株成熟期间光合作用主要依靠角果皮。绿色角果皮能提供给籽粒 2/3 的干物质，油菜角果具有源库的双重作用。油菜获得高产的关键是形成开花结实期具有足够数量的角果以及空间分布合理的结角层，并使每个角果有足够的受光量，使群体有高的光合生产力，利于提高群体总实粒数。密度是影响油菜合理种植结构、协调源库生理性状的重要因子，合理密植是确保高产的有效途径。同时，密植可使单株生产力下降，株高降低，利于机械收获。

（1）种植密度对直播油菜结实期源库关系及产量的调节　马霓，张春雷等（2009）对 6 种种植密度下直播甘蓝型油菜结实期的源库关系及产量进行了研究。结果表明，角果长、宽分别在开花后 19d 和 25d 左右达到最大值，角果大小有随密度增加而减少的趋势；单位角果皮面积承担的籽粒数及单位角果皮面积的籽粒重都随密度的增大呈先增后减的趋势；每角粒数和角果长度或角果面积都符合二次曲线关系；随着种植密度的增加（超过 1.97 万株/亩），株高、茎粗、单株一次有效分枝数、单株角果数、每果粒数和千粒重均下降，但群体单位面积角果数、角果面积增大，产量增高。密度继续增加，群体单位面积角果数和角果面积减少，产量下降。

（2）高密度种植专用油菜重要农艺性状与产量的关系分析　宋稀，刘凤兰等（2010）对2008—2009年中国冬油菜区试中，22个机械化高密度种植组合（品系）和72个常规密度种植的组合（品系）9个重要农艺性状与小区产量间进行相关及通径分析。结果表明，高密度专用油菜组合的每角粒数、主花序有效角果数、单株有效角果数、结角密度与小区产量都有显著或极显著的相关关系，对小区产量的直接作用大小顺序为：结角密度＞分枝部位高度＞株高＞每角粒数＞分枝数＞主花序有效角果数＞单株有效角果数＞主花序有效长＞千粒重。常规密度种植的油菜分枝数、主花序有效角果数、单株有效角果数、每角粒数以及分枝部位高度与产量呈显著或极显著相关关系，对产量的直接效应顺序则为单株有效角果数＞株高＞主花序有效角果数＞每角粒数＞主花序有效长＞千粒重＞分枝部位高度＞分枝数＞结角密度。相比于常规密度种植的油菜，高密度种植油菜的选育应重点加强对结角密度和主花序有效角果数的选择，努力提高单株有效角果数和每角粒数并适当减少无效分枝数。

（3）双低油菜主要农艺性状的通径分析　周小丽，王通强等（2005）用35个双低油菜品种，进行株高、角果长、分枝高度等主要农艺性状与籽粒产量的遗传相关和通径分析。结果表明，株高、一次有效分枝、单株角果数、每角粒数和千粒重与单株产量呈正相关。其中，与千粒重间达极显著正相关；而角果长、分枝高度和二次有效分枝与单株产量呈负相关。株高、单株角果数、每角粒数和千粒重与籽粒产量的直接通径系数均为正值，其中，千粒重与籽粒产量的直接通径系数最大，其次是每角粒数、单株角果数和株高，而角果长等其他4个农艺性状的直接通径系数均为负值。因此，在油菜高产育种中，应加强对这些主要农艺性状的选择，特别应注重对千粒重、角粒数、单株角果数和株高的选择。

（4）不同种植密度下油菜产量与茎叶性状对施肥水平的反应　王继玥，宋海星等（2011）研究了低、中、高（分别为0.5万株、1.5万株、2.5万株/亩）3种密度条件下冬油菜籽粒产量和茎叶性状对4种施肥水平的反应。结果表明，在供试3种密度条件下，籽粒产量、单株角果数、每角果粒数、千粒重、越冬期和盛花期的根颈直径、越冬期单株绿叶数、盛花期单株主茎绿叶数、越冬期最大叶长和宽、盛花期第一片无柄叶长和宽，均随着施肥量的增加而增加，但增加幅度因密度不同而异，籽粒产量和越冬期根颈直径在中密度条件下、其余各项指标在低密度条件下增加幅度最大，而在高密度条件下所测各项指标的增加幅度均最小。因此，所有处理中，籽粒产量和越冬期根颈直径以中密度、高施肥量（N、P_2O_5、K_2O、B分别为16kg、8kg、14kg、0.8kg/亩）处理的最高，其他各项指标均以低密度、高施肥量处理的最高。不同种植密度下油菜产量与茎叶性状对施肥水平的反应各异，其中，以越冬期根颈直径受个体间竞争的影响相对较小，在不同密度条件下随施肥量的变化趋势与籽粒产量一致，所以，能更好地反映油菜生长和产量情况。

（5）密度和施肥量对油菜植株碳氮代谢主要产物及籽粒产量的影响　宋小林，刘强等（2011）以湘杂油763为材料，设置施肥量与密度互作试验，分析不同施肥量和栽培密度对油菜茎、叶可溶性糖和游离氨基酸含量及其油菜产量形成的影响。结果表明，油菜可溶性糖含量随着施肥量的减小和栽培密度的增加而升高；游离氨基酸含量随着施肥量的增加而升高。群体可溶性糖和游离氨基酸总量都随着施肥量和密度的增加而升高，并与油菜籽粒产量呈极显著正相关关系。施肥量和密度分别作为主效应对油菜产量影响极其显著，两因子交互作用下，油菜产量变化反而不明显。合理的高施肥量和高密度水平促进油菜增产，以高施肥量（每亩N 16kg、P_2O_5 8kg、K_2O 14kg、B 0.8kg）+1.5万/亩处理产量最佳。

（6）不同种植密度和施肥量对杂交油菜叶片叶绿素含量和产量的影响　王继玥，宋海星等（2011）采用大田小区试验，在6个种植密度和5种施肥水平的不完全方案下，研究优质杂交冬油菜新品种湘杂油763的油菜叶片叶绿素含量和产量的变化。叶片叶绿素含量的测定结果表明，在同一种植密度条件下，越冬期和盛花期叶片叶绿素a、叶绿素b和总叶绿素含量均随施肥量的增加而增加。同一施肥量下，只有越冬期叶片叶绿素a含量随着密度的增加而减少，叶绿素b和总叶绿素含量无此规律。叶片叶绿素与籽粒产量之间呈极显著正相关。对产量结果表明，不同种植密度和施肥量下，油菜籽粒产量存在较大差异。总的趋势是：相同密度条件下随着施肥量的增加而增加，相同施肥水平条件下，施肥量相对低时，籽粒产量随着密度的增加而增加。

（7）不同移栽密度对农艺和经济性状的影响　李英，罗纪石等（2004）进行了中油杂2号移栽密度试验。研究表明，随密度增加，有苗高增加、根茎粗减小、叶面积系数降低、绿叶数减少、黄叶数增加的趋势，个体苗情呈下降趋势；分枝部位显著提高，分枝数明显减少、单株有效角果数显著减少，每角粒数减少、千粒重降低，单株产量显著下降，株高降低；随密度增加，产量表现出先增后减的趋势。试验表明，中油杂2号在陕南地区育苗移栽条件下，密度在每亩0.6万～0.8万株时能够达到群体和个体的最佳协调（表6-3、表6-4）。

表6-3　中油杂2号不同密度对苗情素质和产量影响结果（李英等，2004）

密度 （万株/亩）	苗高 （cm）	根茎粗 （cm）	绿叶数 （片）	黄叶数 （片）	最大叶长 （cm）	最大叶宽 （cm）	叶面积 系数
0.4	40.5	1.03	8.7	0.2	32.5	11.7	1.95
0.6	40.9	1.03	7.8	0.2	30.2	11.0	1.86
0.8	41.4	0.95	7.5	0.4	29.1	11.0	1.73
1.0	41.7	0.95	7.5	0.4	27.0	10.7	1.69
1.2	41.8	0.71	7.1	0.6	26.2	10.7	1.58

表 6-4　不同密度对经济性状和产量的影响（李英等，2004）

密度 （万株/亩）	株高 （cm）	有效分 枝部位 （cm）	有效分 枝数 （个）	单株有 效角果 数（个）	每角 粒数 （粒）	千粒重 （g）	单株 产量 （g）	产量 （kg/亩）
0.4	171.0	21.2	12.6	605.8	22.2	3.6	48.4	197.7
0.6	172.6	27.8	10.2	493.2	20.1	3.5	34.7	221.7
0.8	173.8	45.3	9.2	430.6	19.4	3.5	29.2	228.1
1.0	174.0	62.3	9.2	348.6	19.2	3.3	22.1	201.7
1.2	170.6	69.3	7.6	302.7	19.1	3.2	18.5	180.7

（8）汉中和天水的合理密度　罗纪石，李英等（2007、2008）根据科学试验和生产经验提出，汉中育苗移栽油菜每亩播量 0.5~0.75kg。中晚熟品种高产适宜移栽密度每亩 0.6 万~0.8 万株，早熟品种为 0.7 万~0.9 万株。移栽时做到边起苗、边移栽、边浇定根水，行要栽直，根要栽稳，棵要栽正，严把移栽质量关。直播油菜每亩播量 0.2~0.25kg，可采用浅沟条播、穴播和撒播，播后浅覆土。中晚熟品种直播高产适宜密度每亩 1.0 万~1.3 万株，早熟品种 1.2 万~1.5 万株。

天水地区白菜型冬油菜每亩播种量 0.5kg，密度 3 万~4 万株/亩，越冬后保苗达到 2.5 万株/亩以上；甘蓝型冬油菜育苗移栽 9 月下旬为宜，密度 1.2 万~1.5 万株/亩。

四、科学施肥

（一）施氮

1. 不同油菜品种间各器官的含氮量、氮素累积量和氮素分配比例的差异　董春华，刘强等（2010）以油菜品种 742 和汇油 50 为供试材料，在正常供 N 条件下，研究不同生育期吸收的 N 素在体内各器官的分布情况与油菜体内 N 素生理效率的关系。研究表明，N 素生理效率高的品种 742 与 N 素生理效率低的品种汇油 50 相比，叶片和籽粒中的 N 素分配比例较大；角果皮中的 N 素分配比例较小，N 素再转运量多；茎、根中 N 素分配比例相当；叶片始终是最重要的再分配 N 素源。无论哪一生育期吸收的 N 素，叶片无一例外是收获期籽粒 N 素的重要来源，植株生长后期随着植物体的衰老，叶片及其他营养器官中的 N 素一起转运再分配到籽粒。可见在油菜营养生长旺盛时期提供足够水肥条件，促使植物体吸收累积更多的 N 素等其他营养成分，对满足后期营养需要具有重要意义。随着植物体的衰老，叶片中分配 N 素的比例大幅度减少，茎和根中分配 N 素的比例也有不同程度的减少，同时，角果及籽粒中分配的 N 素比例明显增加。

2. 不同施氮方式对冬油菜生理生化指标及生长发育和产量的影响　曾军，孙万仓等（2008）以超抗寒白菜型冬油菜新品系 DQW-1 为供试材料，在西北旱寒区自然条件下，在基施农家肥、过磷酸钙、硫酸钾的基础上，N 肥（尿素）以种肥、冬前追肥、返青追肥不同的施肥方式施入，对冬油菜生理生化指标、生长发育和产量的影响开展了研究。研究表明，施肥方式对冬油菜越冬生长发育有一定的影响。在施肥量一定的情况下，适当的冬油菜施肥方式可以增加冬油菜在西北寒旱区冬季严酷的自然条件下的越冬存活率。同时，在增进与冬油菜抗性有关的超氧化物歧化酶（SOD）、过氧化氢酶（CAT）、可溶蛋白、可溶性糖、脯氨酸（Pro）等生理生化指标方面也都表现出了积极的作用。对于不同的施肥方式对冬油菜生育期的影响上，进行冬前追肥可使冬前冬油菜的生长加快，从越冬情况来看，冬前追肥对冬油菜的越冬不利。返青追肥可使冬油菜的开花期、成熟期推迟，从而使全生育期推迟。不同的施肥方式也改变了冬油菜的经济性状和产量。对冬油菜单纯进行冬前追肥使其产量降低，而单纯的返青追肥增产效果亦不明显；相反，N 肥以种肥、返青追肥的方式和以种肥、冬前追肥、返青追肥施入增产效果明显，增产的主要原因在于通过改变施肥方式使冬油菜的越冬率增加，从而使冬油菜群体增加；同时，使冬油菜的角粒数、千粒重增加，从而使冬油菜的产量增加。综合考察不同的施肥方式对冬油菜生长发育、越冬率、产量构成因子、产量的影响，在不同的施肥方式中，播前按农家肥每亩 3 500kg、过磷酸钙 28kg、硫酸钾 10kg 的施肥量基施底肥，按 30kg 的尿素施肥量 1/3 作种肥、2/3 用作返青追肥的施肥方式对冬油菜的越冬、获得较高的产量最为有利。

3. **氮肥运筹方式的不同对作物产量及氮肥利用的影响** 苏伟，鲁剑巍等（2010）以华双 5 号为供试油菜品种，通过盆栽模拟试验，研究不同 N 肥运筹方式对油菜产量、N 肥利用率、N 素淋失及 N 素平衡的影响。研究结果表明，在 N 肥用量相同的前提下，N 肥施用方式的改变对油菜也会产生不同的效果。N 肥分期施用的处理无论是产量水平还是 N 肥吸收利用的效率均优于 N 肥全部基施的处理，而其中，又以 N 肥分 3 期（基施、越冬肥、薹肥）施用的处理效果最好。N 肥分期施用可明显增加油菜产量，提高 N 肥利用率。同时，这种处理方式的 N 素淋失量也最小。N 肥集中作基肥施用使更多 N 素趋向于损失，适当减少基肥 N 用量，增加追肥 N 用量，可促进油菜对 N 素的吸收利用，相应地降低了损失率。油菜生育期较长，在不同的生育阶段其生长特性及养分需求特性存在较大差异，因此，确定与之相适应的 N 肥运筹方式在提高油菜产量及 N 素利用效率，减少 N 素的损失方面均有积极的意义。

4. **氮吸收效率对油菜品种营养特性的影响** 曹兰芹，伍晓明等（2012）采用土培盆栽试验，在不同供 N 水平下对 50 份甘蓝型油菜进行 N 吸收效率筛选，并比较其不同品种的 N 素营养特性。结果表明，油菜的 N 素营养特性表现出一定的品种差异，其中，根系 N 累积量及其占总吸 N 量的百分比变异系数最大，超过 50%，而生长前期植株含 N 量的变异系数最小。不论 N 素供应水平高低，油菜 N 高效品种的总吸 N 量和各器官的 N 素累积量均显著高于 N 低效品种，其中，根系 N 素累积量的差异最大，而果荚 N 素累积量的差异最小；氮高效品种根系中，累积的 N 素比例均显著高于 N 低效品种，而果荚中累积的 N 素比例均显著低于 N 低效品种；N 高效品种营养生长阶段地上部的含 N 量与 N 低效品种的差异不显著，而地上部的 N 素累积量显著高于 N 低效品种；营养生长阶段功能叶片的 SPAD 值也显著高于 N 低效品种。随着供 N 水平的改变，N 高效品种各器官的含 N 量、N 素累积量和 N 素分配比例的变化幅度均显著高于 N 低效品种。不同品种油菜 N 素营养指标的显著差异，为通过遗传改良途径培育作物新品种和提高作物 N 肥利用效率提供了基础。

5. 不同施氮条件下稻茬直播油菜氮素吸收和利用对产量形成的影响　唐瑶，左青松等（2012）以扬油 6 号为材料设置不同施 N 水平，通过测定初花期和成熟期各器官干重和 N 素含量，研究了不同施 N 条件下，稻茬直播油菜 N 素吸收和利用对产量形成的影响。结果表明，N 素利用率随 N 素吸收量的增加呈先上升后下降的趋势；N 素吸收量与初花期、成熟期生物产量以及花后干物质积累量都呈极显著正相关，N 素利用率则相反，但未达显著水平；N 素吸收量与角果数和总粒数呈极显著正相关，而 N 素利用效率与各产量构成因素均相关不显著；籽粒产量随 N 素吸收量的增加而显著增加，而随 N 素利用率的提高呈下降趋势，但相关不显著；增加 N 素吸收量对提高产量的直接作用最大，增加花后干物质积累量和增加库容量也都是通过增加油菜对 N 素的吸收量而提高产量，提高 N 素利用率对提高产量也有一定的正效应，但其负效应更大。

6. 油菜不同产量类型品种氮素吸收与利用特性　左青松，唐瑶等（2009）以 171 个甘蓝型油菜品种为材料，探讨甘蓝型油菜不同产量类型品种 N 素吸收与利用特性。结果表明，供试品种间产量差异很大，类型间差异显著。随着产量增加，N 素吸收总量、N 素籽粒生产效率增加，籽粒 N 素积累量增加，茎枝、果壳 N 素分配比例下降，籽粒 N 素比例增加。土壤肥力高，植株吸 N 总量增加，N 素籽粒生产效率降低。增加 N 素吸收总量，促进 N 素向籽粒中输送，使得高产和高 N 素利用效率统一。

（二）施用其他元素肥料

1. 施用钾肥对油菜产量和生物学性状有显著的影响　陈志雄，魏生广等（2012）以杂交油菜云油杂 2 号为供试品种，开展了 10 个水平 K 肥用量研究。研究表明，在配合施用 N、P、B 肥的基础上，施用 K 肥能显著提高杂交油菜的产量，提高油菜主要农艺性状指标，促进油菜生长发育，降低第一分枝部位，增加分枝数特别是增加二级分枝数，增加单株角果数，提高每角粒数和千粒重。随着 K 肥施用量的提高，油菜产量增加，当施 K 量为 11kg/亩水平时产量和效益最高，之后效益开始降低，说明油菜产量受 K 肥影响很大。但在土壤供 K 量较大的情况下，继续施用大量 K 肥，反而会因为过量吸收而产生负效应。大量研究结果认为，油菜 K 肥适用量在 4～16kg/亩。使用最佳施 K 量来指导生产，在保证油菜获得较高产量的同时，又能减少农田 K 肥的成本投入而获得最高收益，这对油菜生产具有现实意义。油菜吸收利用的 K 素由土壤和施肥提供，前人研究认为，土壤速效 K 含量分严重缺乏、缺乏、中等、丰富，相应指标是小于 40mg/kg、40～80mg/kg、80～120mg/kg 和高于 120mg/kg，本试验土壤速效 K 含量 105mg/kg，在 80～120mg/kg，属于中等指标，并不缺乏，可能是造成对照产量与 4kg/亩产量差异不显著的原因，而土壤速效 K 含量水平的差异会对油菜施 K 效果产生较大的影响，同时，也说明了测土配方的重要性。

2. 氮磷钾硼对甘蓝型黄籽油菜产量和品质有显著影响 李宝珍，王正银（2005）以甘蓝型黄籽油菜渝黄 1 号为供试品种，采用四元二次回归正交旋转组合设计，以 N、P、K、B 肥为主要探讨因子进行田间试验，建立 N、P、K、B 4 因素与黄籽油菜籽粒产量、含油量、产油量以及蛋白质含量的施肥模型。研究表明：

N 肥与产量、产油量和蛋白质呈显著或极显著正相关，而与含油量呈极显著负相关；B 肥与蛋白质含量达到极显著正相关，可能是 B 可以增强油菜茎叶等器官的光合作用，促进碳氮代谢的结果。N、P、B 对产量和产油量具有正效应，K 则为负效应；四因子对饼粕蛋白质含量均有正效应，而对含油量除 B 对其有积极作用外，其他均是负效应。本试验条件下，施用 N 肥对油菜产量及其产油量和蛋白质含量增加仍有很大的作用，但对含油量的提高不利；施用 K 肥对产量和含油量的作用均不明显，这与他人的研究不一致，可能是由于供试品种营养特性不同和土壤肥力较高等原因所致。土壤缺 B 的临界值为 0.5mg/kg，供试土壤 B 不缺乏，施用适量的 B 肥对产量、含油量以及蛋白质含量仍有提高的作用。表明甘蓝型黄籽油菜需 B 量大，在高产栽培中，增施 B 肥是十分必需的。

N、P、K、B 单因子对甘蓝型黄籽油菜籽粒产量和产油量的影响均为 N > P_2O_5 > B > K_2O，对含油量影响程度是 N > B > P_2O_5 > K_2O，蛋白质为 N > B > K_2O > P_2O_5。互作效应分析，对产量的影响以 NK > KB > NB > PB > PK > NP；NP 互作效应对含油量的影响最大，其次为 PK > NK > KB > PB > NB；对产油量的影响为 NB > NP > NK > PK > PB > KB；对蛋白质影响顺序是 KB > PB > NP > NK > PK > NB，且 KB 交互作用达到极显著水平。寻优分析得渝黄 1 号产油量大于 66.67kg/亩且菜籽粕蛋白质高于 40% 的各养分因子适宜取值范围分别为施 N11～12kg/亩、$P_2O_5$5.7～6.3kg/亩、K_2O 6.7～8.3kg/亩、B 0.45～0.55kg/亩；菜籽粕蛋白质含量大于 45% 时，各因子的取值区域分别施 N15.8～17.0kg/亩、$P_2O_5$5.4～6.6kg/亩、K_2O6.9～8.5kg/亩、B 0.6～0.7kg/亩。

3. 硼钼锌配合对甘蓝型油菜产量和品质的影响 王利红，徐芳森等（2007）以华双 4 号为供试材料，通过水泥池小区试验，研究了 B、Mo、Zn 配合对产量和品质的影响。研究表明：

B、Mo、Zn 配合产量最高，比对照增产 20.7%；两种微量元素配合时，以 B、Mo 配合最佳，其产量与 B、Mo、Zn 配合差异不显著，B、Zn 或 Mo、Zn 配合仅比对照略有增产。B、Mo、Zn 配合的每角粒数居各处理首位，每株角果数居第二位，B、Mo 配合的每株角果数和千粒重处于各处理首位。

凡有配施 B 的处理，即 B、Mo 或 B、Zn 或 B、Mo、Zn，有利于提高华双 4 号菜籽的含油量；凡配施 Zn 的处理，即 Mo、Zn 或 B、Zn 或 B、Mo、Zn，有利于提高华双 4 号菜籽的蛋白质含量。微量元素的各种配合均可降低华双 4 号菜籽的硫苷、芥酸含量；B、Zn 配合具有最高的油酸含量，较低的棕榈酸、硬脂酸、亚油酸和亚麻酸含量，对改善华双 4 号菜籽的脂肪酸组分配比最为有利。对于双高（高硫苷、高芥酸）油菜，只考虑提高其产量及含油量，以 B、Mo 配合较好；而对优质的双低（低硫苷、低芥酸）油菜，其饼粕所含的蛋白质可以直接作为动物饲料，因此，在提高其产量、含油量，改善油分品质的同时，还要兼顾其蛋白质含量，则以 B、Mo、Zn 配合效果最好。

4. 播期、密度、氮肥、磷肥、钾肥对产量的影响　王风敏，李英等（2013）以汉油 9 号为供试品种，采用五元二次正交旋转组合设计，开展了播期、密度、N 肥、P 肥、K 肥对产量影响的研究。结果表明，各栽培因子对产量影响的大小顺序为：施 N 量 > 施 K 量 > 播期 > P 肥 > 密度。各因素与产量的关系，每亩施纯 N 11.0kg 产量最高，每亩施纯 P 6.4kg 产量最高，每亩施纯 K 5.0kg 产量最高；播期为 9 月 1 日产量最高，密度为 0.82 万株/亩时产量最高；产量大于 210kg/亩，相应的农艺措施为播期 9 月 4～6 日，密度 0.78 万～0.82 万株/亩，纯 N 量 11.6～12.4kg/亩，纯 P 量为 5.7～6.3kg/亩，纯 K 量为 5.7～6.3kg/亩。

5. 陕南秦巴山区油菜施肥现状评价　王小英，刘芬等（2013）在陕南秦巴山区测土配方施肥项目 11 个县 2 576 户调查数据基础上，对该地区油菜施肥现状及农户养分资源投入进行了系统分析和评价。结果表明，陕南秦巴山区油菜平均产量为 157kg/亩，产量中等的农户占 60.7%。总 N、P、K 养分投入量分别为 12.0kg、5.4kg、3.6kg/亩，其中，化肥 N、P、K 养分投入量分别为 9.7kg、4.1kg、2.7kg/亩。整体化肥 N、P、K 施用量与产量都有显著的相关性，且各养分投入均表现出报酬递减趋势。根据养分分级等级，农户化肥 N、P、K 肥投入合理比例分别为 38.6%、27.6% 和 25.9%，过量的比例分别为 15.2%、26.2% 和 10.3%，不足比例分别为 46.2%、46.7% 和 63.8%。将化肥养分投入不足的农户施肥量增加到合理水平，陕南秦巴山区油菜可增产 5.62 万 t。另外，施用有机肥和 B 肥的农户比例分别只有 45.3% 和 41.7%；施用 B 肥平均增产 6.7kg/亩说明，通过合理施肥，该区油菜产量仍有较大增产潜力。该区域油菜施肥存在的问题是：N 肥和 P 肥投入过量和不足并存，K 肥、B 肥和有机肥投入不足比较普遍。今后，该区域油菜施肥的重点是平衡

N 肥和 P 肥用量；增加 K 肥、B 肥和有机肥用量；增加追肥的施用，尤其是 K 肥。

（三）油菜施肥策略

1. 施肥原则　冬油菜生长期长，苗期气温由高到低，越冬后气温由低到高。在春前期要培育壮苗越冬，春后期要春发稳长，形成繁殖器官。因此，在制定施肥技术时，综合当地气候水热条件，土壤理化性质和养分状况，施用肥料的种类和性质以及油菜各生育阶段的需肥特点，以保证生育期间能适时适量地获得所需的营养物质，达到角多、粒多、粒重，获得高额产量。

（1）有机肥为主、有机肥与化肥结合　有机肥料含有较全面的营养物质，分解慢，肥效长。施用有机肥料可以增进地力，改良土壤理化性质，提高土壤微生物的活性。因此，有机肥较能满足油菜生长期长的需肥特点，是油菜丰产的重要基础。化学肥料成分较单一，肥效快，能够按照不同土壤养分的丰缺状况和油菜不同生育期对需肥量的要求，及时补充有机肥料的不足。所以，有机肥料和化肥相结合，有利于油菜正常生长发育，从而获得油菜籽稳产高产。

（2）基肥为主、基肥与追肥结合　油菜营养体大，生长期长，需肥量高，应当重施基肥。如果基肥不足，苗期发育受阻，即使大量追肥，也难使油菜的营养生长良好。同样，即使施足基肥，如果不及时追肥，也常使油菜从中期开始生长不健壮或在后期脱肥而早衰。所以，实行基肥与追肥相结合，才能使油菜在全生育期经常不断地吸收到养分。总结各地油菜施肥经验表明，基肥与追肥的正确比例，应当看土壤肥瘦、肥料质量和施肥数量而定。第一，瘦地应多施基肥，有利于改土发苗。第二，肥料种类中，迟效肥多的基肥适宜多施，以利于逐步释放较多的养分。第三，施肥总量大的基肥宜多施。第四，苗期追肥不宜过浓，以免烧苗或养分流失，后期追肥不宜过晚，以免徒长贪青。一般基肥可占总肥量的 40%～60%。在以中效、速效性优质肥料为主的地区（如川西平原、长江下游等地区），土壤又较肥沃的，基肥可减少到总肥量的 30% 左右。在以堆肥、土粪、塘泥、窖灰为主的地区（如长江中游、云贵高原各省），土质条件较差的，则基肥比例应当加大。

（3）因土施肥、按土壤养分状况合理施肥　一般沙性较重的土壤，基肥以缓效性有机肥配合泥肥为主，追肥应勤施，少施速效肥；黏土的基肥以腐熟的有机肥为主，并结合深耕炕土。而追肥可增加用量，减少次数。酸性土壤，油菜易受 pH 值低以及 Al、Fe、Mn 离子的毒害，抑制根系发育，地上部生长不良，基肥中应配施石灰，追施腊肥时可配合草木灰等碱性肥料。

（4）氮、磷、钾肥料合理配合　由于土壤的自身养分在不断变化，施入的有机肥和化肥的成分不同，N、P、K 是不可能单独起作用的。它们是在一定的气候条件，以及其他的栽培措施综合影响下，交互发挥作用。目前，中国油菜生产中，有的地区偏施 N 肥，忽视

P、K 肥，造成 N、P、K 严重失调，浪费肥料，甚至增产不增收。因此，各种必需营养元素应当合理配合，才能更好促进油菜生长发育，增加产量，提高经济效益。

2. 汉中地区油菜施肥策略　罗纪石，李英等（2007、2008）根据汉中油菜生产实际，提出了汉中地区油菜施肥策略。施肥上遵循有机无机相结合，N、B、K、B 配合施用原则，提倡测土配方施肥。

（1）施肥量　N、P、K 按 1:0.5:0.5 的比例施用，亩施纯 N 12kg，P_2O_5 6~7kg，K_2O 6~7kg，硼砂 0.5~1kg。

（2）施肥方法　N 肥按底肥、苗肥、腊肥 5:2:3 的比例合理运筹，P、K、B 肥一次作底肥施入。直播采取施足底肥、看苗施提苗肥、早施腊肥的原则。蕾薹期每亩用磷酸二氢钾和硼砂各 100g 加水 40kg 喷施，起到保角增粒、增粒重的作用，脱肥田块还可加入 200g 尿素一起喷施。

3. 天水地区油菜施肥策略　每亩施土杂肥 2 000kg（或饼肥 50kg）作基肥，复合肥 100kg/亩（基肥:腊肥:薹肥 =5:3:2），N:P:K =12:5:8，硼砂 1kg/亩基施。

五、合理灌溉

（一）油菜需水量及需水规律

油菜生育期长，是需水较多的作物。据测定，油菜一生需水量为 246~310m^3/亩。但是，不同时期对于水分的要求也不一样。油菜耗水量的大小与产量水平、种植方式、品种类型及气候等有关，一般随单位面积产量的提高，油菜需水量也相应增加。从播种到收获，油菜的需水是小—大—小的过程。不同生育期每亩日平均需水量为：苗期 0.85m^3，蕾期 1.37m^3，花期 1.89m^3，角果期 1.2m^3。另外，油菜耗水量的大小与产量水平、种植方式、品种类型及气候等也有关。

（二）油菜的灌溉时期

1. 苗期　油菜苗期个体和群体较小，根系和叶片都处于生长发育的初期阶段，根量小，叶片少，蒸腾面积小，需水量相对较小。从土壤水分供求情况看，一般情况下，汉中地区秋季降水量多且分布不均匀，育苗期正遇秋雨连绵，若田块排湿不好会形成花苗，因此，要提前开好"三沟"，确保排水通畅。冬季降水偏少，此时，油菜进入苗后期，花芽分化前期，此时期缺水，不仅影响根系和叶片的生长，而且，会影响花芽分化，降低产量。因此，一般会选择在 1 月上旬进行一次冬灌。

2. 薹花期　薹花期是油菜生长发育最旺盛的时期。此期主茎生长迅速，分枝陆续抽伸，遇干旱可导致分枝及花芽分化显著减少，花期缩短，单株角果数下降。薹花期适宜的土壤湿度应保持田间持水量的 75%~85%。此期土壤水分适宜则可延长开花期增加有效分枝和角果数。但是，此期如土壤水分过高容易造成后期减产，从历年的经验来看，此期的降水能满足油菜发育的需要，在冬灌的基础上一般不宜再灌水。

3. 角果期 油菜终花后，叶片逐渐衰老，叶面积日益减少，营养生长进一步减弱，角果体积增大，种子油分开始积累，大量的光合产物及贮藏物由果皮、叶、茎秆向种子中运输。据研究，成熟种子的40%贮存物来自角果果皮，60%来自其他营养器官如茎叶中光合产物和贮藏物质，所以，仍需保持土壤适宜的水分状态，以保证光合作用的正常进行和茎叶营养物质向种子中转运，促进增加粒重。但是土壤水分过多，会使根系发生渍害，引起油菜早衰，导致产量下降。此期适宜的土壤水分为田间持水量的70%～80%。如遇特别干旱的年份，可以在角果成熟中后期进行一次灌水。

（三）油菜的节水灌溉

油菜要获得高产，决定于土、肥、水等综合农业栽培措施，水是获得高产的一项重要条件。在土壤肥力高、其他农业栽培措施得当的条件下，油菜的需水量随产量的提高而增加。油菜节水灌溉的主要方式为喷灌，进行灌溉时，根据油菜的生育期气候条件以及土壤的水分变化情况，进而制定合理的喷灌制度，保证油菜能够稳产高产。

1. 按油菜生育期气候条件进行喷灌

（1）油菜苗期 即开盘以前阶段。对中熟型品种的油菜生长情况，大致在12月上中旬以前。对于降雨多的地区，一般育苗及本田移栽后，苗期墒情较好，0～20cm土层内的最低相对含水率也在70%左右，一般无需灌水。

（2）苗期到花末期 对于冬季不太寒冷的地区，油菜生长一般都无明显的越冬阶段。因此，高产栽培的特点是：立春前要控制其过早抽薹，亦要使之具有旺盛的生长势；春后以促进为主，除供应必要的养分外，要求土壤水分达到田间持水率的的75%～95%。因此，这段时间应采用喷灌，以维持土壤具有适宜湿度，使油菜的生长发育得到良好的土壤水分条件。

（3）成熟期 这是提高有效角果数和千粒重的关键阶段。多数地区春雨早迟不稳定。这段时期内，油菜生产的适宜土壤含水率一般在田间持水率的60%～80%。若进行沟灌、漫灌，会使较长时间内土壤水分过高，这样既不利于成熟，更不利于后作。而采用喷灌，就能解决这一矛盾。

2. 按土壤水分的变化情况进行喷灌 在采用喷灌时，根据土壤含水量多少来确定喷灌的次数，一般以小水勤灌的方式为主，以利调节土壤水分状态。在较为干旱的年份，喷灌一次的亩产与沟灌、漫灌的亩产持平，甚至减产10%左右，而喷灌多次，可使0～20cm深土层内含水率维持在田间持水率的65%～95%，进而达到稳产高产的目的。

六、防病、治虫、除草

(一) 主要病害及防治

1. 主要病害 汉中市的油菜病害主要有苗期的立枯病、霜霉病，花期的菌核病、病毒病。

（1）立枯病 油菜立枯病（*Rhizoctonia solani* kühn）又名油菜根腐病，是油菜苗期的主要病害之一。张冬青（1992）报道，油菜立枯病对直播油菜影响较大。近年，汉中市直播油菜逐渐推广，面积日渐扩大，油菜立枯病的防治已成为生产上亟待解决的问题。

①为害症状 叶柄染病近地面处有凹陷斑，湿度大时病斑上生浅褐色蛛丝状菌丝。茎基部染病初生黄色小斑，渐成浅褐色水渍状，后变为灰褐色凹陷斑，有的侵染茎部并形成大量菌核。幼苗发病时，根茎部出现黑褐色凹陷病斑，以后渐干缩，病苗折倒。

②发生规律与传播途径 病菌以菌核或厚垣孢子在土壤中休眠越冬。翌年地温高于10℃开始发芽，病菌从根部的气孔伤口或表皮直接侵入引起发病，病部长出菌丝继续向四周扩展。土温 11～30℃、土壤湿度 20%～60% 均可侵染。高温、连阴雨天多、光照不足、幼苗抗性差，易染病。可通过雨水、灌溉水、肥料或种子传播蔓延。

（2）霜霉病 油菜霜霉病俗称龙头病，是中国各油菜区重要病害，长江流域发生普遍。病原〔*Peronospora parasitica*（Pers.）Fr.〕（异名 *P. brassicae* Gaumann）称寄生霜霉，属鞭毛菌亚门真菌。

①为害症状 汪谨桂等（2007）报道，霜霉病为害叶片，当空气潮湿时，叶背长出一层像霜一样的霉层。此病先从底叶发病，后逐渐向上蔓延，严重时叶片枯黄脱落，植株枯萎。花梗被害后变肥肿大，形似"龙头拐杖"，并有霜状霉层。

②发生规律与传播途径 初侵染源主要来自于病残体、土壤粪肥和种子上越冬越夏的卵孢子，16℃利于病菌侵入，24℃利于病菌生长，病菌孢子囊形成和侵入需要水滴。昼夜温差大，湿度高利于发病，水肥充足，栽植过密或偏施 N 肥会加重病情，在油菜抽薹期和花期雨水多时，易造成流行。霜霉病菌是专性寄生菌，可通过风雨或灌溉水侵染传播为害。

（3）油菜菌核病 油菜菌核病病原菌〔*Sclerotinia sclerotiorum*（Lib.）de Bary〕称核盘菌，属子囊菌亚门真菌。油菜菌核病在全国油菜产区均有发生，长江流域最严重，也是汉中市油菜花期最严重的病害。发病率在 10%～80%，产量损失达 5%～30%。

①为害症状 菌核病在油菜各个生育期均可发生。油菜及采种用的大白菜、白菜、甘蓝等以终花期发生最盛，茎秆受害最重。

油菜苗期发病，先在茎基与叶柄近地面处出现红褐色斑点，扩大后转为白色。病组织湿腐，其上长有白色棉絮状菌丝，当病斑绕茎一周后幼苗即死亡，病部后期可形成许多黑色菌核。受害轻的幼苗生长不良，植株矮小纤细。

成株下部叶片受害，初生暗青色水浸状斑块，扩大后成为圆形或不规则形大斑，有时还具轮纹。

②发生规律与传播途径　张源等（2006）研究报道，核盘菌的侵染分为3个阶段：前腐生期、致病期、后腐生期。在前腐生期，核盘菌产生附着胞分泌水解酶软化细胞壁，为致病期的菌丝生长提供条件，菌丝的生长导致整个环境的改变。当菌丝在植物中占主导地位时，核盘菌进入后腐生期，水解的产物诱导了菌核的产生，核盘菌生命周期完成。病菌主要以菌核散落在土中或混杂在种子、肥料中越夏和越冬，也可以菌丝在病种中或以菌核、菌丝在野生寄主和十字花科蔬菜上越夏越冬。田间通风透光差、湿度大，有利于病菌繁殖。油菜早春遭受冻害，抗病力减弱，容易发病。3～4月气温较高、雨水较多的年份，发病往往较重。尤其是在油菜谢花盛期，如遇高温多雨天气，病害就有流行的可能。

油菜菌核病的菌核萌发会释放出大量子囊孢子随风进行传播，也可通过病健组织接触形成再侵染。混杂于种子中的菌核可随种子调运进行远距离传播。

（4）油菜病毒病　油菜病毒病在各油菜产区均有发生，重病区流行年份一般损失率达20%～30%，严重的可达70%以上；病株和健株比较，一般减产37%～85%，籽粒含油量也明显降低，且易感其他病害，抗冻能力降低。

①为害症状　油菜感染病毒后，叶片呈花叶、明脉、黄斑、枯斑或皱缩等症状；茎秆上出现褐色或黑褐色条斑、梭型轮纹斑或点状枯斑，以条斑症状最严重，可致全株枯死；轻病株矮化、畸形、薹茎缩短、角果扭曲，结实减少。

②发生规律与传播途径　冬油菜区病毒在十字花科蔬菜、自生油菜和十字花科杂草上越夏。秋季带毒蚜虫先传播到十字花科蔬菜上，再传入油菜。冬季病毒在病株体内越冬，一般在终花期前后达到发病高峰。油菜病毒病主要靠蚜虫传毒，也可通过汁液接触进行传播。

2. 防治措施

（1）农业防治　选用抗耐病品种；选用无病种子及进行种子处理；实行轮作，最好与水稻轮作，旱地与禾本科作物进行大面积轮作2年以上，这样可以减少菌源。

选择地势平整、排灌良好的田块种植，窄畦深沟，及时清沟排水，防止积水，降低田间湿度；及时摘除黄叶、老叶、病叶，剔除病株，随即带出田外集中处理，防止病害扩大蔓延；培育矮壮苗，适时移栽，合理密植；采用测土配方施肥技术，提倡施用腐熟的有机肥，N、P、K配合施用，并添加B、Mn等微量元素，防止开花结荚期徒长、倒伏或脱肥早衰，增强植株自身的抗病能力。

（2）化学防治　在进行农业防治的同时，及时采用化学药剂防治是控制和减轻油菜病害为害的关键性技术措施。在确保防病效果的同时，要尽量减少用药量和用药次数，要选用高效低毒农药。

防治苗期立枯病可喷洒 70% 敌克松可湿性粉剂 600～800 倍液；防治霜霉病可用 58% 甲霜灵·锰锌可湿性粉剂 500 倍液。罗林钟等（2005）报道，油菜病毒病的防治重在防治蚜虫，可用 25% 吡蚜酮可湿性粉剂 20g/亩加水 40%～50kg 均匀喷雾。

防治菌核病，可用 50% 多菌灵可湿性粉剂 100g/亩，或 40% 灰核宁 100g/亩，或 40% 菌核净可湿性粉剂 100g/亩，加水 50kg 均匀喷在植株中下部茎、枝、叶和上部花序上。同时可加入适量硼及磷酸二氢钾喷施，在初花期和盛花期各防治一次效果最佳。

（二）主要虫害及防治

1. 主要虫害

（1）蚜虫　为害油菜的蚜虫有 3 种，即萝卜蚜（又称菜缢管蚜 *Lipaphis erysimi*）、桃蚜（*Myzus persicae*）和甘蓝蚜（*Brevicoryne brassicae*）。萝卜蚜和桃蚜在全国都有发生，其中，又以萝卜蚜数量最多。蚜虫以刺吸口器吸取油菜体内汁液，为害叶、茎、花、果，造成卷叶、死苗，植株的花序、角果萎缩或全株枯死。蚜虫又是油菜病毒病的主要传毒媒介。

①生活史　陕南年发生 20 余代。世代重叠极为严重。油菜蚜虫为害有两个比较明显的阶段：第一阶段在油菜移栽后，约 11 月，主要为害菜苗；第二个高峰期在油菜抽薹至开花期，主要为害枝梗。该虫能进行两性生殖和孤雌生殖，能卵生也能胎生，繁殖能力极强。萝卜蚜的无翅成蚜、若蚜潜伏在油菜心叶内越冬，桃蚜在贴近地面的油菜叶背面越冬，成为春季蚜虫暴发的基础。

②为害症状　多以成蚜、若蚜密集在油菜叶背、菜心、茎枝和花轴上刺吸汁液，破坏叶肉和叶绿素，苗期使叶片卷曲萎缩、发黄色，生长迟缓；成株期使植株矮缩、生长缓慢，严重时，叶片枯死，嫩茎、花轴生长停滞；油菜抽薹后，多集中为害菜薹，形成"焦蜡棒"，影响开花结荚，花、角果数减少，并使嫩头枯焦，而致植株枯死。

③发生规律　以无翅胎生雌蚜在风障菠菜、窖藏白菜或温室内越冬，或在桃树枝条、菜心里以卵越冬。加温温室内，该蚜终年在蔬菜上胎生繁殖，不越冬。3 月下旬至 4 月上旬产生有翅蚜，迁飞至油菜田胎生繁殖，至油菜收获转移至其他蔬菜等植物上。

④传播途径　蚜虫可以进行远程迁移，主要是通过随风飘荡的形式进行扩散；而一些人类活动也可以帮助蚜虫的迁移，例如，对附着蚜虫的植物进行运输的过程。

（2）菜粉蝶　菜粉蝶（*Pievisrapae linnaeus*）别名菜白蝶、白粉蝶，幼虫称菜青虫，全国各地均有分布。

①生活史　菜粉蝶在长江流域各省每年发生8~9代，世代重叠。以蛹在枯枝残叶和树皮或屋檐、墙壁、篱笆上越冬。

②为害症状　幼虫取食叶片，二龄前只能啃食叶肉，留下一层透明的表皮，三龄后可蚕食整个叶片，形成孔洞和缺刻。老龄幼虫取食迅速，食量大，轻则虫口累累，重则仅剩下叶脉，幼苗受害严重时整株死亡。

③发生规律　越冬蛹于3月上旬羽化为成虫。各代幼虫从4~11月在田间为害。成虫白天活动，取食花蜜，并成群在菜园附近追逐飞翔、交尾产卵。卵多数散产于叶背。卵孵化后，先吃掉卵壳，而后在叶背取食叶肉。幼虫在温度16~31℃，相对湿度70%~85%时为适宜，由于春秋两季的气候接近于最适发育温湿度范围，所以，5~6月和9~10月发生最多，为害最重。

④传播途径　迁飞、虫卵和幼虫随蔬菜异地调运传播。

（3）跳甲　为害汉中油菜的跳甲主要是黄曲条跳甲（*Phyllotreta striolata*）和蓝跳甲（*Psylliodes punctifrons* Baly），成虫和幼虫都可为害。

①生活史　韩晓荣等（2010）研究表明，蓝跳甲在天水地区一年发生一代，以成虫在土缝中或油菜心叶或枯叶下越冬，也有成虫产卵在油菜根际土壤中越冬。

张清华等（2012）调查研究发现，黄曲条跳甲在汉中1年发生4~5代，该虫以成虫在残株落叶、杂草及土缝中越冬。

②为害症状　跳甲成虫和幼虫均可为害。幼苗期成虫为害严重，刚出土的幼苗子叶被吃光后，导致整株死亡，造成缺苗断垄。成株期成虫咬食叶片，使叶片出现许多小椭圆形孔洞，严重时将叶肉全部吃光，仅剩叶脉。还可咬断果柄和嫩茎、咬伤籽粒，也为害花蕾、角果。

黄曲条跳甲幼虫生活在土中，为害菜根，剥食根皮或蛀入根内形成许多隧道，导致菜苗根部受害，使植株凋萎枯死，造成整片死亡。蓝跳甲幼虫刚孵化时，沿油菜叶片的筋脉向上钻蛀，致使油菜青枯死亡；当植株抽薹开花基部老叶陆续干枯时，幼虫再次从叶柄、茎秆中潜入根、茎、分枝或上部未脱落的叶中为害。

③发生规律　蓝跳甲于春季气温升高时，越冬成虫开始活动为害叶片，形成细小密集的虫孔，同时，交尾产卵于土表及近地面的叶柄内，不久相继死亡。4月上旬幼虫孵化后潜入油菜叶柄为害，5月下旬羽化为成虫，转到土层下或杂草丛中越夏，秋季油菜出苗后又潜入油菜茎秆内及根下为害，气温下降到一定温度时开始越冬。

黄曲条跳甲从初春至晚秋均可为害，以春秋季发生较重，秋季重于春季。成虫善跳跃，能飞，有趋光、趋黄、趋绿性，夏季高温时有蛰伏现象。中午前后活动最旺，强光下常隐藏在油菜心叶或下部叶片背面。夜幕降临时，幼虫在土中化蛹。

④传播途径　跳甲的传播途径主要靠跳跃、飞翔，幼虫和卵还可以随蔬菜调运进行远距离传播。

（4）茎象甲　油菜茎象甲（*Ceutorrhynchus asper* Roel），属鞘翅目象甲科，别名油菜象鼻虫。是油菜生产上的重要害虫之一，分布于中国各地油菜产区。主要以幼虫在茎中钻蛀为害，成虫亦可为害叶片和茎皮。严重发生年份，受害茎平均高达70%，减产2~4成。除为害油菜外，还为害其他十字花科蔬菜。兰金虎等（2005）报道，陕西省扶风县是陕西省杂交油菜制种基地，所制品种主要是双低油菜杂交种，由于双低油菜秦优7号亲本含芥酸、硫苷低，较常规种、其他杂交种最易受茎象甲为害，加上气候条件、耕作制度及重在化学防治，忽视农业综合防治的多年恶性循环，导致茎象甲近年来愈来愈猖獗，已成为影响油菜制种产量和质量的重要因素。

①生活史　李永红等（2009）研究发现，油菜茎象甲在陕西1年发生1代。2~3月上中旬陆续出土活动交尾产卵，卵多产于油菜嫩茎部，并以幼虫在茎秆中蛀食为害。

②为害症状　幼虫在茎中上下钻蛀取食为害，将茎内吃成隧道，髓部被蛀害，受风吹而易倒折。茎受害后往往肿大或扭曲变形，直到崩裂，受害植株的生长、分枝和结角受阻，促使籽粒早黄，全株枯死。成虫为害叶片和茎皮。

③发生规律　王海潮等（1997）研究发现，汉中市油菜茎象甲以成虫在油菜地土缝5~10cm处越冬。其出土活动的日期，平常年份平川地区（海拔500m左右）2月15~25日出土活动，高海拔区（800~1 000m）2月20日至3月5日出土活动，在多发区，明显的物候标志是当地油菜幼茎抽薹平均2~5cm的时期。茎象甲成虫越夏越冬，迁飞活动，与地表温度及气温关系密切，气温超过28℃，成虫便入土或在阴凉处杂草、枯枝落叶下越夏，气温在5℃以下时一般不活动，15~20℃加上晴天活动最盛，超过24℃减弱。

④传播途径　油菜茎象甲主要靠迁飞进行传播。

2. 防治措施

（1）农业防治　彻底清除田间及附近杂草，拔除周边种植的白菜、甘蓝、萝卜等害虫喜爱的寄主作物；摘除幼虫密聚叶片。

（2）生物防治　汤顺章等（2003）调查发现，油菜田自然天敌优势种群有蜘蛛和瓢虫。注意保护蜘蛛、瓢虫、蚜茧蜂、草蛉以及食蚜蝇等蚜虫和红蜘蛛的重要天敌。

（3）化学防治　胡本进等（2010）蚜虫防治药剂筛选试验表明，70%吡虫啉水分散粒剂防治蚜虫药效高，持效期长，且对油菜安全，25%吡蚜酮可湿性粉剂防效也较好，可作为70%吡虫啉水分散粒剂的轮换药剂。油菜苗期可亩用25%吡蚜酮可湿性粉剂20g，或用70%吡虫啉水分散颗粒剂4~6g，加2.5%高效氟氯氰菊酯乳油20ml，加水30kg喷雾，可防治蚜虫、菜青虫、跳甲、茎象甲。黄曲条跳甲宜在早晨露水未干时防治，同时，应从四周往中间泼浇或喷雾。

（三）杂草防除

汉中市油菜田禾本科杂草主要有看麦娘、早熟禾、棒头草等；阔叶杂草有猪殃殃、牛繁缕、大巢菜、婆婆纳、雀舌草等。

对于直播油菜田，可以通过选用苗期长势旺盛的优良油菜品种，提高整地质量，适时早播，适当加大播量，确保一播全苗，提倡农家粪肥拌种，促使油菜苗期生长健壮，尽快封行，不给杂草留有生存的空间，很大程度可避免油菜苗期草荒。

提倡人工除草，结合中耕进行除草；化学除草，播种前每亩用48%氟乐灵150ml加水40kg喷雾或在杂草2～3叶期用6.9%精噁唑禾草灵乳油50ml/亩或12.5%吡氟氯禾灵乳油50ml/亩，加水50kg喷雾防治。

七、环境胁迫对策

（一）水分胁迫

水分是影响植物生长发育的环境因素之一，水分胁迫直接影响植物生长发育以及生理代谢过程等。高温、低温等环境胁迫都会造成植物水分亏缺，甚至促使细胞脱水造成植物死亡。水分胁迫表现为两个方面：旱害和渍害。

1. 旱害

（1）干旱对油菜生长发育和产量的影响　干旱是因为长期少雨而空气干燥、土壤缺水的气候现象。干旱是油菜生长发育的重要限制因子。

播栽期（9～10月）干旱会造成直播油菜出苗晚，苗不齐，叶片生长缓慢，绿叶面积小，冬前达不到壮苗标准，对油菜的安全越冬不利，而且，会影响花芽分化，最终影响产量，推迟物候期。移栽油菜在移栽后，由于断根伤叶，吸收能力降低，处于萎蔫状态，如果干旱缺水，不仅不利于生根长叶，且抗逆性也严重受到影响。薹花期是油菜生长发育最旺盛的时期，主茎生长迅速，分枝陆续抽伸，若遇干旱可导致分枝及花芽分化显著减少，花期缩短，单株角果数下降。春季是油菜营养生长与生殖生长两旺的时期，也是油菜一生中的需水"临界期"，此期若遇干旱，可导致油菜营养生长与生殖生长的矛盾加大，花期缩短，且硼吸收困难易造成"花而不实"，产量显著降低。角果期干旱会影响光合作用和光合产物及贮藏物由果皮、叶、茎秆向种子中运输，进而影响油菜产量和菜籽品质。

（2）应对措施

①及时补灌　稻田油菜有灌水条件的要尽可能灌水抗旱，可采取沟灌的方式，水灌到沟深的2/3处，让水通过渗透，湿润土壤。

②施用化学调控物质　如种子抗旱剂、多效唑、壳寡糖等进行调控。周可金等

（2004）田间试验研究结果表明，使用抗旱剂可在一定程度上改善油菜的经济性状和产量结构，提高油菜籽产量，尤其对改善丸粒化油菜种子的发芽率、出苗率和种子活力，增加植株高度以及降低有效分枝点高度均有显著效果。陈雪峰等（2013）采用盆栽试验，以"中油821×品93-496选系"为材料，研究了甘蓝型油菜幼苗在干旱胁迫条件下喷施不同体积质量分数多效唑（PP_{333}）对其生理特性的影响。试验结果表明，干旱胁迫下油菜幼苗叶片中叶绿素质量分数降低，可溶性糖、可溶性蛋白质量分数在一定时间内有所增加，但干旱胁迫下喷施 PP_{333} 可使叶绿素、可溶性糖、可溶性蛋白质量分数显著增加；与干旱胁迫相比，干旱胁迫下喷施 PP_{333} 能进一步提高超氧化物歧化酶、过氧化物酶和过氧化氢酶的活力；有效降低丙二醛的质量分数；体积质量分数为 100~300mg/L 的 PP_{333} 处理均能提高油菜幼苗的抗旱性。李艳等（2012）以油菜"沪油15"为研究对象，研究了干旱胁迫下外施壳寡糖对叶片超氧化物歧化酶（SOD）和过氧化物酶（POD）活性、叶绿素荧光参数及叶片相对含水量的影响。结果表明，外施壳寡糖改善了油菜抗旱相关的生理指标，进而增强其抗旱能力。

③病害防治　干旱期间主要病害为白粉病。药剂防治方法为发病初期喷 15% 粉锈宁可湿性粉剂 1 500 倍液或丰米 500~700 倍液，或用 50% 多菌灵 500 倍液，防治 2~3 次，每次间隔 7~10d。

④叶面喷施肥料，补充营养　叶面施肥采用尿素 50g、磷酸二氢钾 50g、速乐硼 10g（或硼砂 40g），加水 20kg，连续喷 3 次，每次相隔 5d。

⑤补施追肥　土壤水分持续干旱下，不宜根系追肥。旱情结束，土壤水分恢复后，在油菜蕾薹后期酌情补施追肥尿素 5kg/亩，以促进油菜恢复生长。

2. 渍害

（1）渍害对油菜生长发育和产量的影响　渍害亦称湿害，是农业气象灾害之一。主要表现为作物在连续降雨或低洼，土壤水分过多，地下水位很高，土壤水饱和区侵及根系密集层，使根系长期缺氧，造成植株生长发育不良而减产。汉中地处长江上游的油菜生产区，油菜生长季节有时阴雨长达 10 余天，加之为水旱轮作栽培模式，地下水位较高，造成土壤含水量过高，土壤通气不良，油菜田容易发生渍涝而引发渍害，造成油菜根际缺氧，糖酵解、乙醇发酵和乳酸发酵产生的乙醇、乳酸、氧自由基等有害物质对细胞造成伤害。同时，渍害发生后，田间湿度大，利于病菌的繁殖和传播，使菌核病、霜霉病、根肿病和杂草等大量发生和蔓延，造成渍害次生灾害。

播种期连续阴雨导致渍害发生，对稻茬油菜影响最大，往往会造成油菜弱苗早花严重甚至会出现油菜花苗。苗期渍害可造成油菜根系发育不良甚至腐烂，叶片变红色，幼苗生长缓慢甚至死苗。花角期渍害直接影响油菜开花授粉结实，造成花角脱落、阴角增多。严重时可导致植株早衰，有效分枝、单株角果数和粒数大幅下降。程伦国等（2003）研究表明，油菜花果期持续受渍对产量有较大影响。在遇到强降水过程时，应利用田内三沟（厢沟、围沟、腰沟）适时排水，使油菜田在该时期充分受渍持续时间尽量不超过3d，否则，将造成严重减产（17.0%～42.4%）。朱建强等（2005）为了探索易涝易渍地区油菜田的排水管理，利用测坑进行了油菜持续受渍试验。研究表明，油菜花期和花果期持续受渍对产量影响最为敏感；花果期持续受渍胁迫，影响油菜正常开花结实，导致有效角果数减少、产量下降；春季短期（7d以内）受渍对油菜产量影响不大，减产小于10.0%，当连续发生2～3个受渍过程时则对产量有显著影响，减产幅度达15.4%～36.8%。宋丰萍等（2009）为了研究油菜各生育期渍水对其生长及产量形成的影响，设计盆栽试验，在油菜4个生育期分别进行3个不同渍水时间处理后，然后恢复正常水分管理。其中，苗期、蕾薹期分别进行10d、20d和30d渍水处理，花期、角果期分别进行10d、15d和20d渍水处理，各处理4次重复，比较2个耐渍性不同的油菜品系在各生育期的生长状况及产量。结果表明，渍水影响油菜各生育期根系发育、地上部生长及最终产量的形成，并存在品种间差异；苗期渍水导致叶片叶绿素（Chl）含量下降、丙二醛（MDA）及脯氨酸（Pro）含量增加，其变化过程在指标间存在差异；以产量为指标，渍水的敏感性依次为蕾薹期、花期＞苗期、角果发育成熟期。

（2）应对措施

①及时排涝　防止因积水和渍害导致植株死亡。

②及时中耕　墒情合适时，及时中耕松土，破除板结，改善土壤通透性，促进根系发育，还可减轻病虫草害发生和感染，并结合培土壅根，防止油菜倒伏。

③及时追肥　渍害会导致土壤养分流失，同时，土根系发育不好，植株的营养吸收能力下降。通过清沟排渍，再结合实际情况进行追肥，追肥以速效N肥和腐熟有机肥液为好，并注意适当少施，也可以用叶面肥做叶面喷施，以促进植株尽快恢复正常的生长发育。

④及时防治虫害　涝灾过后，田间温度高、湿度大，适于多种虫害发生，要及时查治。病虫防治要以综合防治为主，要注意选用高效、低毒、低残留农药，严禁使用高毒、高残留农药，并注意在傍晚前后喷药，叶片正反两面都要喷到。

（二）温度胁迫

1. 高温胁迫对油菜生长发育的影响　高温胁迫一般发生在油菜的开花期和角果发育期。油菜开花的适温在12～20℃，以14～18℃最为适宜。如果气温过高，达25℃以上时，虽然可以开花，但开花结实不良，角粒数减少，且易脱落。油菜角果发育对温度要求严格，角果最适宜的温度为15～20℃。温度过高，会造成高温逼熟，灌浆时间短，千粒重低，产量和品质都下降。

2. **低温胁迫对油菜生长发育的影响**　低温胁迫分为冷害和冻害，冻害和冷害都是农业气象的一种灾害。冻害是油菜在 0℃ 以下的低温使作物体内结冰，对其造成的伤害；冷害是指温度在 0℃ 以上，有时甚至是接近 20℃ 条件下的对油菜产生的危害，这种温度之所以会危害油菜，是因为油菜在其生育的不同阶段，生理上要求的适宜温度与能忍受的临界低温大不相同，当发生不适宜生理要求的相对低温时，就会延缓油菜的一系列的生理活动的速度，甚至破坏其生理功能。

冻害和冷害一般发生在油菜苗期、蕾薹期和开花期。油菜苗期生长的适宜温度是 10 ~ 20℃，在土壤水分等条件满足时，温度适宜，则根系、叶片生长快，发育好，花芽分化多，为后期生长发育和产量形成打下良好基础。而冬油菜苗期正处于越冬期，常遇低温冻害。油菜受冻害程度决定于品种的抗冻性、冬前发育状况及寒流的强弱。一般短期 0℃ 以下低温不致遭受冻害。蕾薹开花期易遭受倒春寒，油菜抽薹后，其抗冻能力下降，当此时发生倒春寒温度骤降到 10℃ 以下，油菜开花明显减少，5℃ 以下不能正常开花，正在开花的花朵也大量脱落，幼蕾也变黄脱落，最终花序上出现分段结荚现象。王仕林等（2012）为鉴定不同栽培类型油菜的抗寒性，选取 3 种栽培类型（甘蓝型、芥菜型和白菜型）油菜的幼苗，采用人工气候箱控温的方法，对油菜幼苗在不同程度的低温胁迫处理后叶片内丙二醛含量变化进行了研究。结果表明，油菜叶片丙二醛含量总体上随温度下降及低温胁迫时间延长而逐渐增加；油菜叶片丙二醛含量的变化幅度及具体变化规律因栽培类型和低温处理条件而异；3 种类型油菜中，白菜型油菜的抗寒性强；在油菜抗寒材料或杂交品种的选育过程中，可以更多考虑利用白菜型油菜作为种质资源，从而更快达到育种目标。

3. **冷害、冻害发生后的应对措施**

（1）**清沟排渍**　及时清理"三沟"（厢沟、腰沟、围沟），排除田间渍水、降低田间湿度，提高土壤通透性。

（2）**摘除冻薹、清理冻叶**　对已经受冻的早薹、早花油菜，融冻后应在晴天及时摘除冻薹，以促进油菜基部分枝生长，弥补冻害损失。切忌雨天进行，以免造成伤口腐烂。同时，由于菜薹已经冻坏不容易掐断，所以，要尽量使用剪刀剪或者用镰刀割，要及时清除呈明显水渍状的冻伤叶片，防止冻伤累及整个植株。对明显变白或干枯的叶片，要及时摘除。

（3）**补施追肥、喷施硼肥**　油菜受冻以后，叶片和根系都受到了不同程度的损伤，必须及时补充营养。摘除冻薹后的田块要视情况适当施肥，每亩追施 5 ~ 7kg 尿素或者相当数量的复合肥，以促进分枝生长。叶片受冻的油菜要普遍追肥，每亩追施 3 ~ 5kg 的尿素或者相当的复合肥，长势较差的田块，可以适当增加追肥的用量，使其尽快恢复生长。在追施 N 肥的基础上要适量补施 K 肥，每亩可施氯化钾 3～4kg 或者根外喷施磷酸二氢钾 1～2kg，以增加细胞质浓度，增强植株的抗寒能力，促进灌浆壮籽。另外，要每亩叶面喷施 0.1%～0.2% 硼肥溶液 50kg，以促进花芽分化。

（4）喷药防病　油菜受冻后，伤口容易感染多种病菌，引起油菜病害。在晴天下午用 50% 多菌灵可湿性粉剂或 40% 菌核净可湿性粉剂 100～200g，加水 50kg 喷雾，预防病害发生。

（三）其他胁迫

1. 低磷胁迫

（1）磷的营养功能　P 是植物体内重要化合物的组分。P 参与和影响植物体内许多代谢过程。P 能加强光合作用和碳水化合物的合成与运转；P 参与光合磷酸化，将太阳能转化为化学能产生 ATP，CO_2 的固定和同化产物如蔗糖和淀粉形成需要 P 的参与；蔗糖在筛管中以磷酸脂形态运输；P 还能调控碳水化合物的代谢和运输，磷酸不足就会影响到蔗糖的运转，使糖累积起来，从而造成花青素的形成；P 能促进 N 素代谢；促进蛋白质合成；利于体内硝酸盐的还原和利用；P 参与脂肪合成；P 增强植物抗逆性。P 能提高原生质胶体的水合度和细胞结构的充水度，使其维持胶体状态，并能增加原生质的黏度和弹性，因而，增强了原生质抵抗脱水的能力；P 能提高体内可溶性糖和磷脂的含量，可溶性糖能使细胞原生质的冰点降低，磷脂则能增强细胞对温度变化的适应性，从而，增强作物的抗寒能力；越冬作物增施 P 肥，可减轻冻害，有利于植物安全越冬。

（2）植物对磷素营养失调的反应　P 素营养缺乏症，植株生长迟缓，矮小、瘦弱、直立，分蘖或分枝少；花芽分化延迟，落花落果多；油菜缺 P，使体内碳水化合物代谢受阻，糖分积累，叶片形成紫红色。

（3）低磷胁迫对油菜生长发育的影响　袁兆国（2007）在江苏无锡大浦镇以甘蓝型双低油菜"扬油 6 号"为供试材料，在土壤有效磷水平较低的土壤上，采用裂区试验（以施 P 处理为主区、施 N 处理为裂区）方法，较系统地研究了低磷胁迫对双低油菜养分吸收、生长、产量与品质的影响，研究结果表明，低磷胁迫条件下，植株对 N 肥的利用率较低，适量施 P 可较大幅度提高 N 肥利用率；低磷胁迫限制了双低油菜植株干物质积累，适量施 P 可以较大幅度提高植株干物质积累量；施 P 可促进双低油菜株高、叶片数及分枝数的增长，明显增加返青期的叶片数；施 P 对含油率无显著效应，但有提高籽粒蛋白质含量的趋势，施 P 对籽粒中硫苷的含量有明显的促进效应。余利平等（2008）研究了低磷胁迫对油菜不同生育期叶片光合作用的影响。结果表明，低磷处理明显降低了油菜蕾薹期、花期的净光合速率。

2. 硼胁迫　王汉中，廖星等（2009）介绍，B 是油菜必需的微量营养元素，油菜是对 B 非常敏感的作物。B 素供应充足，油菜根系生长良好，植株茂盛，抗逆性强，结实率高，籽粒饱满；土壤有效 B 供应不足，会使油菜自苗期开始，生长发育受阻，影响油菜植株的正常生长和开花结实。中国油菜主产区的长江流域土壤，有效 B（水溶性 B）含量多在 0.5mg/kg 以下，有的甚至低于 0.2mg/kg。

（1）硼的生理作用　B 是植物体各部分的组成成分，影响细胞膜形成；参与分生组织的细胞分化过程，缺 B 时，细胞分裂不良，几天后生长点坏死；促进碳水化合物的转化和运转，加快植株生长发育，促进早熟；对叶绿素的形成和稳定性有良好作用，缺 B 时，新叶白化，老叶早黄；抑制酚类化合物和木质素的生物合成，防止顶芽褐腐、心腐病；对植物生殖器官的形成和发育起重要作用，促进花粉萌发，刺激花粉管伸长，对植物受精有特别影响，有利于种子形成，减少落花落果等作用；增强作物的抗旱、抗病能力；B 在作物体内有控制水分的作用，增强胶体结合水分的能力；施 B 能促进维生素 C 形成，维生素 C 的增加可提高作物抗逆性。

（2）油菜缺硼症状　油菜是需 B 较多的作物，也是对 B 元素较敏感的作物。

土壤中严重缺 B，易造成油菜苗期和薹期生长缓慢，根系不发达，根的木质部空心呈褐色或发生根肿；叶片皱缩，下部叶倒卷，叶色失绿（甘蓝型油菜呈紫红色，白菜型油菜呈淡黄色）；抗逆性弱，大多数病株越冬时萎缩死亡。少数越冬病株，蕾薹延伸缓慢，或纵向破裂不能正常开花，多畸型角果，果内籽粒少，严重影响产量。

土壤中轻度缺 B，一般在花期才出现矮化、丛生、徒长等症状，其丛生分枝大量产生第二次开花，无明显的终花期，开花后个别能形成角果，但多数为畸形，籽粒很少。

（3）土壤缺硼程度分级

1 级：低于 0.2mg/kg，土壤严重缺 B。施用 B 肥有极显著的增产效果。

2 级：0.2～0.5mg/kg，土壤缺 B。施用 B 肥有显著的增产效果。

3 级：0.5～0.7mg/kg。土壤轻度缺 B。施用 B 肥有一定的增产效果。

4 级：0.7～1.0mg/kg。土壤潜在缺 B。施用 B 肥有增产效果，但不稳定。

5 级：高于 1.0mg/kg。土壤 B 素足量，不必施用。

（4）低硼胁迫对油菜生长发育和产量的影响　刘鹏等（1999）从 B 对油菜植株各器官的生长、发育、生理生化过程及主要影响因素等方面概述油菜在低 B 胁迫下的生理反应。当土壤缺 B 时，油菜根系发育不良，油菜茎的生长点生长严重受阻，顶端生长停滞，薹茎（尤其主薹）和枝条生长缓慢，节间缩短，严重时枯萎死亡，第一次分枝明显减少，油菜幼叶的伸长和扩展受阻，叶型变小，叶的光合面积减小；低 B 胁迫对油菜生殖器官的影响远比营养器官大，缺 B 导致油菜花蕾失绿发黄，甚至枯萎、脱落；花器较瘦小，柱头发育不良，胚囊分化受阻；花粉萌发量和花粉萌发率下降，花粉管伸长缓慢，花粉无法正常授粉；油菜单株有效角果数、每角果籽粒数、结角率、结籽率及油籽产量均下降。

（5）应对措施　甘蓝型油菜需 B 量比其他品种多，对 B 的缺乏比较敏感。油菜缺 B 诊断宜以叶片诊断为主，同时，参考其他指标，进行准确迅速的诊断。对于低 B 胁迫最有效的预防和矫正手段是施 B 肥，采用施基肥的方法，其效果最好。如能将根外喷 B 肥与施基肥结合起来最为理想。另一方面，B 与 N、P、K、Zn、Mo、Mn、S 等配合施肥，其效果明显好于单一施 B 肥。进行根外喷施 B 肥，以蕾薹期和初花期效果最佳。此外，用 B 进行播前浸种，可明显提高油菜种子的活性，促进种子萌发，增加油菜的吸收力，提高油菜的株高和鲜重，预防油菜缺 B。

3. 铝胁迫

（1）铝胁迫对油菜生长发育的影响　近年来，随着环境酸化问题的日益严重，尤其是大气污染引起的酸沉降和生理酸性肥料的大量施用，土壤酸化加剧，造成土壤中可溶性 Al 的含量明显增加。油菜受 Al 毒害时，根的生长受抑制，从而，影响根对其他营养物质的吸收；高浓度的 Al^{3+} 还抑制细胞分裂素的合成和向地上部分生组织的运输，因而，抑制地上部分的生长；Al 还可改变和影响钙调素的结构和功能等。刘强等（2008）研究表明，Al 胁迫破坏了油菜植株的输导组织，影响了有机物的运输。刘强、龙婉婉等（2009）研究表明，油菜是一种相对 Al 敏感作物，Al 对油菜种子萌发和生长都有较大的影响，显著降低了油菜种子的发芽率、发芽势和活力指数，且随 Al 处理浓度的升高，抑制作用越明显。因而，在酸铝地区要特别重视对油菜 Al 毒的研究与防治。王志颖等（2010）研究结果表明，随着 Al 处理浓度的增加，油菜的相对根长逐渐减小，根的总长和总表面积等均随着铝处理浓度的增加而减小；Al 胁迫对油菜根和叶均造成了一定的伤害，且对根的影响更明显；随着 Al 浓度的增加，根尖各代谢酶的活性增加，可能是 Al 胁迫促进了油菜的生理代谢，是对 Al 毒的一种生理响应机制。

（2）铝胁迫的应对措施

①提高土壤钙、磷、硅水平　铝胁迫下，高水平的 Ca 可以减轻 Al 对油菜的毒害作用，Si 可提高介质 pH 值而促进铝离子沉淀。

②增施有机肥　一方面能改善土壤通透性，有利于油菜根系生长，另外，有机物分解的腐殖质等能与 Al^{3+} 形成相当稳定的螯合物，从而降低土壤 Al^{3+} 的含量。

③接种菌根菌剂　某些菌根真菌具有缓解 Al 毒害的作用，但需注意的是该真菌必须具备在高 Al 条件下迅速生长且感染根的能力强。

4. 铬胁迫　植物根部具有较强的吸收与富集 Cr 的作用。较高浓度会对植物产生毒害作用，如降低蒸腾速率、抑制根系活性、阻碍植物对水分及矿物质元素的吸收和运输、使植物叶片脱落、根部生长受阻碍直至死亡。Cr 污染对临近地区的农作物不可避免地会带来较大影响。前人研究结果表明，Cr 对油菜种子萌发、根长和苗高均有抑制作用，且随着浓度的增加，抑制作用加强。油菜品种的植株及叶面都会出现不同程度的卷曲的现象，根长也明显变得短小且无侧根，因此，会影响油菜的正常发育。王爱云等（2011）采用盆栽试验研究了重金属 Cr 胁迫对芥菜型油菜来风芥菜和四川黄籽的出苗率、幼苗生物量、叶绿素含量、丙二醛含量的影响。结果表明，高浓度 Cr 导致芥菜型油菜出苗率、幼苗生物量和叶绿素含量下降，MDA 含量增加，并且 MDA 含量与叶绿素含量呈显著负相关。

八、适时收获

（一）成熟标准

当全株 2/3 角果成绿黄色，主轴花序大部分转现枇杷黄色，种皮变成黑褐色或固有黄色时，可抢晴收获，即"八成黄、十成收"。如收获偏早，籽粒成熟度不好，含油量也低，品质产量都不好；收获偏迟，角果易炸裂，落粒严重，产量下降。

（二）收获时期和方法

汉中地区油菜一般在 5 月中下旬成熟收获。主要采用人工割收、机械收获两种收获方式。

1. 人工割收 人工割收是常用的收获方法，脱粒时种子净度高，商品油菜籽等级高。人工割收后，农民一般采用两种方法使其后熟干透后脱粒：一是割下的油菜茎秆就地晾晒，干透后就地脱粒入库（当地农民称之为"火菜籽"）；另外一种是边割收、边捆拉到场院处堆垛后熟，最后再翻晒脱粒。

2. 机械收获 目前，在欧洲各地已普遍实现机械化收获。中国北方春油菜区基本实现油菜机械化，冬油菜区油菜机械化程度低。机械收获有两种方式，即联合收获和分段收获。分段收获其工序是在油菜黄熟前期，用割晒机将油菜割倒，整齐铺放田间，待油菜干燥后，于晴天用捡拾机捡拾、脱粒、清选，这种方法利于角果充分后熟、适收期延长、作业效率高。联合收获工序是在黄熟后期至完全成熟期用联合收割机一次完成收割、脱粒、清选的过程。这种方法历时短、省工省时，但对收获时期要求严格，收获的菜籽含水量高。

（三）脱粒方法

除机械收获外，人工割收的油菜要在晴天清晨及时铺在晒场摊晒，待晒得较脆时连枷拍打，抖翻后再晾晒，反复拍打 2 ~ 3 次后基本脱粒干净，清除油菜秆、壳、渣，晒干后风车风净，装袋贮藏。

第四节　油菜品质

一、油菜籽的主要成分

油菜籽主要由油脂、蛋白质、糖类、水分、灰分（矿物质）等组成，其各成分含量因品种、生长环境条件及农业技术措施等的不同有着较大变动，油菜籽的一般成分见表 6-5（以干基%计）。

表 6-5　油菜籽的一般成分

单位:%（作者整理，2014）

成分	含量	成分	含量
水分	6.5 ~ 10.5	油脂	37 ~ 48
磷脂	1.0 ~ 1.2	碳水化合物	16.6 ~ 38.6
蛋白质	19.0 ~ 31	灰分	3.3 ~ 7.5
粗纤维	4.6 ~ 11.2		

二、菜籽油的主要成分

菜籽油的主要成分有：油脂、蛋白质、碳水化合物、矿物质、维生素、抗营养因子等。

（一）油脂

菜油是由多种脂肪酸组成的甘油三脂，菜油中有 18 种脂肪酸，其中，主要脂肪酸 6 种。据分析，中国菜籽油脂肪酸平均值为：软脂酸（棕榈酸）2.57%、油酸 15.79%、亚油酸 14.57%、亚麻酸 9.18%、二十碳烯酸 9.41%、芥酸 48.37%。此外，还含有部分棕榈酸、二十碳烯酸、二十四烷酸等。

（二）蛋白质

蛋白质也是油菜籽的主要营养成分，菜籽蛋白氨基酸组成较平衡，几乎不存在限制性氨基酸。菜籽蛋白效价为 3 ~ 5。与其他油料粕相比，菜籽饼粕中的含硫氨基酸含量最高，其次蛋氨酸，赖氨酸含量也较高。

（三）碳水化合物

油菜籽含有大量碳水化合物，可作为能量来源，但由于粗纤维含量较高，导致其有效能值相对较低。

（四）矿物质

油菜籽中含有多种矿物质，尤其是 Ca、P、Se、Mn 含量较高，Fe 和 Zn 次之，但 P 含量的 60% ~70% 属植酸磷，利用率相对较低。

（五）维生素

油菜籽中含有多种维生素，尤其是烟酸、胆碱、叶酸、核黄素、硫胺素含量较高。

（六）微量营养物质

油菜籽及菜籽油富含菜籽多酚、维生素 E、植物甾醇等微量营养物质，它们因具有抗氧化活性而对冠心病、癌症、糖尿病等具有重要预防作用。菜籽多酚具有较强的抗氧化活性，因此，成为一种潜在且重要的天然抗氧剂来源。杨湄，郑畅等（2012）以 50 个 2009—2010 年度参加全国区试的油菜品系为试材，压榨取油后分别采用福林酚法测定菜籽多酚总量，高效液相色谱法测定维生素 E、叶黄素、β 胡萝卜素含量，气相色谱法测定植物甾醇含量。结果表明，50 个品系的菜籽多酚、维生素 E、植物甾醇、叶黄素、β 胡萝卜素含量平均值分别为 40.2mg/100g、476.9mg/kg、879.8mg/100g、85.4mg/kg、2.5mg/kg。品系间主要微量营养成分含量存在显著差异（p0.01）。通过因子分析建立了油菜品系的营养品质评价模型，可用于油菜品种营养品质评价，利用该模型可将 50 个品系的营养品质分为 2 类。

（七）抗营养因子

油菜籽中，最主要抗营养因子为硫代葡萄糖苷，此外，还含有植酸、单宁、芥子碱、皂素等抗营养因子，这些有害成分在油菜籽加工过程中大部分遗留在菜籽饼粕中。

三、影响油菜品质的因素

（一）籽粒发育过程的影响

为研究高、低芥酸油菜品种籽粒发育过程中脂肪酸累积模式及相关性，刘念、范其新（2014）以甘蓝型油菜低芥酸品种绵油 88 和特高芥酸品种绵油 309 为材料，调查了油菜在开花后 10d、15d、20d、25d、30d、40d、45d 和 50d 的油菜籽粒中脂肪酸含量的变化。结果表明，高、低芥酸油菜品种在脂肪酸累计过程中，棕榈酸、亚油酸、亚麻酸累积模式基本一致，油酸、花生烯酸、芥酸的累积方式上差异较大。相关性分析结果表明，棕榈酸含量与油酸、花生烯酸、芥酸含量呈负相关，与亚麻酸含量呈显著正相关；在高芥酸品种中，油酸含量与亚油酸、亚麻酸含量相关性较低；在低芥酸品种中，油酸含量与亚油酸、亚麻酸含量的相关性较高。

（二）环境条件的影响

国内外大量研究结果指出，环境条件是决定作物生长发育及其品质形成的外因。张子龙、李加纳（2006）研究总结，生态因素（温度、光照、水分、纬度、海拔等）、土壤和营养因素、主要农艺措施等都对油菜品质有明显影响。

1. 生态因素的影响

（1）温度　油菜种子含油量与角果和种子发育期间的平均最高温度呈显著负相关，角果和种子发育期间的平均最高温度每上升 1℃，油菜种子含油量下降 0.66%。在种子形成期，较低的日平均温度和较低的 ≥3℃ 的有效积温有利于芥酸的合成和积累，反之，则有利于油酸的合成和积累。亚麻酸的合成需要较低的日平均温度和较高 ≥3℃ 的有效积温。温度较高，空气干旱，有利于蛋白质形成。

（2）光照　在一定范围内，亚油酸和亚麻酸含量随日照增加而降低。在种子形成期，较短的日照时数有利于芥酸的合成和积累，反之，则有利于油酸、亚麻酸的合成和积累。海拔在 4 000m 以上的西藏地区，日照时数长达 3 000h 以上，是中国油菜含油量最高的地区。

（3）水分　油菜种子生长期间雨量充足，产量高，其种子含油量也越高。现蕾期的降水量与亚麻酸含量呈负相关。花期的降水量是影响芥酸、油酸、亚油酸的主要气象因子之一，花期的降水量与芥酸、亚油酸呈不显著的正相关，与油酸呈不显著的负相关。开花前后的干旱影响油菜 3 个方面的品质，干旱降低了菜籽含油量，增加了菜籽蛋白质的含量、大大提高硫苷的含量。因此，在干旱缺水情况下进行灌溉，有利于油分的积累，种子含油量比不灌溉区显著提高。

（4）纬度　一般来说，同一油菜品种，种植地区纬度越高，油菜含油量越高；纬度越低，其含油量也越低，但在高纬度地区生长的油菜，蛋白质含量不及低纬度地区的高。高纬度地区的生态条件有利于降低芥酸含量，提高油酸、亚油酸含量，而亚麻酸却不受影响。

（5）海拔　海拔高度对油菜含油量也有较大影响。据中国农业科学院油料研究所在湖北省恩施地区的研究结果表明，同一油菜品种在不同海拔高度地点种植，其含油量有随海拔增加而增高的趋势，海拔高度与油菜含油量呈显著正相关，相关系数 r = 0.79。

2. 土壤与营养因素的影响

（1）土壤　土壤质地、结构、酸碱度、腐殖质含量、肥力状况等都对油菜品质有直接影响。油菜种植在微酸性土壤（pH 值为 5 ~ 6）上，含油量较高；在酸性土壤（pH 值为 4）上次之；在中性和微碱性土壤（pH 值为 7 ~ 8）上含油量最低。菜籽含油量、蛋白质含量与土壤中腐殖质含量呈正相关。在一定盐度范围内，油分含量受盐度影响不很显著，盐度增高不影响脱油菜饼中蛋白质含量。土壤除了直接影响油菜品质外，还能通过提供油菜生长所必需的营养元素，进而间接影响油菜品质。

（2）营养元素

①氮肥　N 是形成蛋白质的先驱物质，供应充分的 N 素能增加油菜种子蛋白质含量，但含油量相对降低。国外大量研究表明，施 N 水平在 23.3kg/亩的范围内，增施 N 肥与油菜蛋白质含量的增加和含油量降低基本上呈线性关系，冬油菜比春油菜更为明显。双低油菜籽粒硫苷含量随施 N 量增加而增加，但当施 N 量超过 10kg/亩，硫苷含量不再增加。N 肥施用时期，对种子的蛋白质含量和含油量也有一定影响。

②磷肥　在 P 素受到控制的条件下，缺 P 对油菜种子含油量有很大影响，但在田间条件下，P 肥对含油量的影响则较小；增加 P 素营养使 S 转向蛋白质合成，进而可使种子的硫苷含量有所减少；P 肥对蛋白质的作用较小。

③钾肥与硫肥　施 K 有提高油菜种子含油量、降低蛋白质含量的趋势。K 肥对脂肪酸成分也有影响，施 K 降低油菜籽油酸、亚油酸、亚麻酸含量，增加芥酸、硫苷含量。油菜对 S 肥的需要量较大，严重缺 S 会影响脂肪的合成。因此，在缺 S 条件下施用 S 肥可以提高油菜种子含油量。在缺 S 时施 S 或施 P 可增加脯氨酸、精氨酸等含硫氨酸的含量，从而使脱脂饼粕的蛋白质含量增加，施 S 还能明显提高硫苷含量。

④硼肥　油菜是喜 B 作物，对缺 B 反应比较敏感。在缺 B 地区施用 B 肥可明显地提高油菜种子含油量。B 素在提高种子含油量的同时，降低了蛋白质含量，增加油菜种子中油酸、亚油酸含量，降低芥酸含量，但对硫苷含量的影响不明显。N、B 交互作用增产显著，并对油脂和芥酸呈正效应。另外，B 对油分的影响与油菜缺 B 程度有关，供 B 可使严重缺 B 的油菜的种子含油量提高 2.6%～6.2%，但对轻度缺 B 或正常的油菜则影响较小。

3. 主要农艺措施的影响

（1）种植密度　油菜植株不同部位的种子含油量有差异，主轴角果的种子含油量＞上部一次分枝＞中部一次分枝＞下部一次分枝。适当密植时，由于单株分枝减少，主轴和上部一次分枝上的角果所占比重增加，因而，平均的种子含油量增高。也有研究认为，增加种植密度，促进了籽粒磷酸脂酶活性的提高，致使油菜籽粒的含油量升高。

（2）播种期、播种量和收获期　在正常播期范围内，早播的油菜植株生长旺盛，干物质积累多，有利于油分的积累，种子含油量可提高 3% 左右。超过最佳播种期，会降低种子的产量和含油量，但自由脂肪酸含量和胚蛋白质含量却呈上升趋势。随播种量的增加，种子含油量和自由脂肪酸含量直线下降。大量研究表明，油菜过早收获不仅产量受到影响，而且，种子含油量也未达最高水平；种子在完熟以后含油量又有所下降，因此，只有适时收获的油菜种子，含油量才最高。

（三）人为措施的影响

1. 发酵温度和水分对菜籽饼粕发酵品质的影响　杨玉芬，孟洪莉等（2010）以酵母菌、乳酸菌和枯草芽孢杆菌作为菌种对菜籽饼粕进行固态发酵，测定温度和水分对菜籽饼粕发酵品质的影响。结果表明，温度和水分对发酵菜籽饼粕品质的影响存在交互作用，发酵菜籽饼粕的 pH 值、酸结合力均极显著低于未发酵菜籽饼粕（$P < 0.01$），粗蛋白含量极显著高于未发酵菜籽饼粕（$P < 0.01$）；温度为 35℃，水分为 40% 条件下发酵时间为 72h 的菜籽饼粕 pH 值最低，粗蛋白含量最高，酸结合力、粗纤维含量均较低，且显著低于未发酵菜籽饼粕（$P < 0.01$），可作为菜籽饼粕发酵的适宜温度和水分。

2. 微波处理　胡小泓，梅亚莉等（2006）应用微波加热技术，对油菜籽进行干燥处理，然后采用气相色谱和红外光谱分析经处理后的油脂品质的变化。结果表明，油菜籽在干燥过程中，菜籽的含水量和失水率随干燥时间的延长而呈指数形式下降或上升。经微波处理后，粗脂肪含量、粗蛋白含量和水溶性蛋白随着微波处理时间的延长粗脂肪含量增加，提高了出油率；菜籽油过氧化值随微波处理时间的延长而增加；微波处理时间对酸价影响不大，脂肪酸组成基本没有发生改变，不存在反式脂肪酸；微波辐射时间对酸价和蛋白质含量影响不大，而对水溶性蛋白有一定影响。应用微波加热技术，对油菜籽进行干燥处理是可行的，具有干燥时间短、速率高的特点，但经微波处理的油菜籽其过氧化值有所升高，可在制备、精炼过程中设法降低。

3. 臭氧处理对油菜籽贮藏品质的影响　宋伟，张美玲等（2011）为探讨经过臭氧处理的油菜籽品质变化，将当年新收获的油菜籽贮藏在不同温度条件下，定时对油菜籽用不同质量浓度的臭氧处理，每 10d 对油菜籽的发芽率、含油量和菌落总数等品质指标进行 1 次检测。结果表明，油菜籽发芽率随贮藏时间的延长而减小，臭氧质量浓度为 0μg/mL（对照）时，发芽率降低最为明显，温度、时间、臭氧质量浓度对发芽率影响极显著（$P < 0.01$），且交互作用明显。不同贮藏因素对含油量影响大小顺序为贮藏时间 > 贮藏温度 > 臭氧质量浓度，贮藏时间对含油量变化影响最大（$P < 0.01$），影响因素之间存在交互作用。不同贮藏温度、臭氧处理均可以有效抑制霉菌的增长，且在高温条件下抑制效果最为显著。温度、时间和臭氧质量浓度影响极显著，且交互作用明显。

4. 加工工艺的影响　杨湄，刘昌盛等（2010）采用固相微萃取方法顶空萃取富集预榨菜籽毛油、浸出菜籽毛油、一级菜籽油、冷榨菜籽油和脱皮冷榨菜籽油中的挥发性成分，经气相色谱 - 质谱联用仪检测和初步分析发现，硫苷降解产物、氧化挥发物（醛、醇、烃、酮等）、杂环类物质是构成菜籽油的主要挥发性风味成分；加工工艺对菜籽油风味影响显著，经高温蒸炒、压榨获得的预榨毛油中，杂环类成分种类和相对含量明显高于其他菜籽油；毛油经过脱胶、脱酸、脱色、脱臭、脱水等处理制成一级油后，发生了一定氧化，产生的醛、醇、酮等成分种类和相对含量明显高于其他菜籽油；这些混合物对油脂的风味起着重要作用；硫苷降解产物是菜籽油中重要的风味物质，是菜籽油具有独特辛辣味的重要原因之一，由于降解条件不同，不同工艺条件下菜籽油中的硫苷降解产物种类有一定差异。

5. 油菜籽饼粕中硫苷的酶解条件　油菜籽饼粕中粗蛋白含量为40%～50%，但油菜籽饼粕中含有多种抗营养因子，如硫苷、植酸、单宁、芥子酸等，作为饲料仍影响适口性、动物的生长繁殖、甲状腺、肝及肾脏功能。油菜籽饼粕中的硫苷在黑芥子酶的作用下，主要产生异硫氰酸酯、硫氢酸酯、噁唑烷酮、腈类。丁艳、李丽倩等（2014）研究了影响油菜籽饼粕中硫代葡萄糖苷在黑芥子酶作用下定向转化为异硫氰酸酯的因素，确定最佳酶解条件。结果表明，油菜籽在榨油过程中受到机械及温度的影响，内源黑芥子酶受到破坏，添加外源黑芥子酶可使饼粕中硫苷降解率增加；内源黑芥子酶酶解硫苷生成异硫氰酸酯的变化与外加黑芥子酶的趋势一致；硫苷最佳酶解温度在40～70℃；酶解1h后异硫氰酸酯含量达到最大值，随着时间的增加，异硫氰酸酯的含量减少；异硫氰酸酯在中性偏酸性（pH值4.0～7.0）环境下生成量较高。低浓度的抗坏血酸有激活黑芥子酶的功能，浓度增加后，异硫氰酸酯的生成量降低；影响因素的主次为温度＞pH值＞抗坏血酸＞时间。最佳酶解条件为：外源黑芥子酶的添加量为油菜籽饼粕的20%，反应缓冲液为柠檬酸－磷酸盐缓冲液，料液比1∶15，温度50℃，时间1h，pH值为6.0，抗坏血酸添加量为0.005mg/g。酶解产物包括4种异硫氰酸酯，1种腈类和2种噁唑烷酮，其中，丁烯基异硫氰酸酯的含量最高。

四、油菜的综合利用

（一）种子榨油

1. 工艺流程

（1）传统榨油工艺流程

①炒干　将收来生湿的油菜籽放入灶台大锅之中炒干，炒干的标准是香而不能焦，注意要控制好火候的大小。

②碾粉　是将炒干的油菜籽投到碾槽中碾碎。

③蒸粉　油菜籽碾成粉末之后，用木甑放入小锅蒸熟，一般一次蒸一个饼，约需2min，蒸熟的标准是见蒸气但不能熟透。

④做饼　将蒸熟的粉末填入用稻草垫底圆形的铁箍之中，做成胚饼，一榨50个饼，

从蒸粉开始到完成 50 个饼约需 2h。

⑤入榨 将胚饼装入由一根整木凿成的榨槽里，槽内右侧装上木楔就可以开榨了。

⑥出榨 经过 2h 后，油几乎榨尽，就可以出榨了。

⑦入缸 将榨出的菜油倒入大缸之中，并密封保存。

（2）机械榨油工艺流程

①清理 原料菜籽先用振动筛过筛，除去大杂质和小杂质。料中含杂质量不超过 0.5%，并须严防料中夹带铁类杂质进入榨机。

②破皮 利用小轧辊机进行碾轧，使菜籽粒破皮。要求破皮既不脱落，又不致粉碎，破皮率不低于 85%；粉末度不超过 5%；操作中喂料要均匀，流量适当，碾轧辊的间距调节适当。

③加水 菜籽料入平底锅内，边搅合边加入一些热水，水量加到料中的含水量的 13%～15% 为止。

④炒料 用平底锅、圆筒炒籽锅炒料，最终料温为 120～132℃，炒出熟料用手握料不露油、有弹性、松手即散，熟度均匀不夹生。炒后熟料残余水分为 2.0% 左右。同时，要保证入榨机的料温为 120～125℃。

⑤压榨 菜籽榨油机榨膛预热正常后，即可开始正式投熟料，并调节出饼厚度为 1.25～2.5mm。压榨操作要勤观察、勤检查、勤调整。为了尽量提高压榨的出油率，榨饼宜调得偏薄一些，但要求出饼中不得冒青烟和焦煳，干饼残油控制在 5%～6%。

⑥ 毛油处理 榨出的毛油进入油池，先经沉淀除去固体杂质，再经过滤机过滤，可得到清油。

（3）菜籽油精炼工艺流程 用压榨萃取法制得的毛菜油，常含有多种"杂质"，使毛油食用品质大大降低，只有通过一系列精炼程序才能使菜油成为满足多种需要的成品油。菜油精炼方法可归纳为 3 类：一是机械精炼——沉淀、过滤和离心分离，分离主要是分离油中悬浮的机械杂质及部分胶溶性杂质；二是化学精炼——碱炼和酸炼，分别除去游离脂肪酸和蛋白质及黏液物；三是理化精炼——水化（除去磷脂）、吸附（除去色泽）和蒸馏（除去臭味物质）。

①预榨菜油精炼二级食用油工艺流程 毛油→过滤→水化脱磷→真空干燥→成品油。

②浸出菜籽油精炼二级食用油工艺流程 浸出菜油→水化（或碱炼）→脱溶→成品油。

③预榨菜油精炼一级食用油工艺流程 毛油→过滤→碱炼→水洗→脱色→脱臭→成品油。

④浸出菜籽油精炼成精制菜籽油即色拉油工艺流程 浸出毛油→水化→碱炼→水洗→

脱色→脱臭→过滤→成品油。

2. 营养价值和保健功能　中国从 20 世纪 90 年代初开始大面积推广双低油菜品种，2013 年播种面积 11 265 万亩，油菜籽产量 1 440 万 t，油菜主产区基本实现了双低品种全覆盖。双低菜籽油具有非常理想的脂肪酸组织，接近世界卫生组织推荐的脂肪酸摄入结构，人体对菜籽油的吸收率可达 99%。低芥酸菜籽油中的油酸含量平均为 61%，对人体有益的油酸及亚油酸含量居各种植物油之冠，能呵护心脑血管疾病患者的身体健康，保护中老年人血管通畅。还富含天然维生素、甾醇、多酚、类胡萝卜素、α - 亚麻酸、维生素、Ca、Fe、磷脂等多种人体必需营养素，具有抗衰老、抗突变，提高人体免疫力等作用。欧美科学家最新研究表明，经常食用双低菜籽油，不仅有利于降低血液胆固醇、改善血脂水平、预防动脉硬化、降低心血管发病率和延缓衰老，而且，还有利于血管、神经及大脑的发育，婴儿和青少年的益智健脑；加拿大、芬兰、瑞典、美国等国科学家近年的跟踪研究表明，食用低芥酸菜籽油的人胆固醇总量比常规饮食的人群低 15% ~20%，其心血管病发生率也相应减少。低硫苷菜籽饼粕加工的高蛋白饲料营养价值也很高，菜籽饼粕是高品质的饲料添加剂，用这种新饲料喂养的禽畜，人吃了同样对身体健康大有好处，也有益于提高饲养效益。

（二）菜籽饼粕的利用

菜籽饼粕含有丰富的蛋白质，氨基酸，Ca、P、Mg、Se、Fe、Mn、Cu、Zn、胆碱、尼克酸、维生素 B_2、叶酸和维生素 B_1；粗纤维含量高，代谢能、消化能较低，是一种较好的蛋白质饲料。赵青松，郭万正等（2011）研究了油菜籽的营养价值及在养殖上的应用认为，菜籽蛋白是一种全价蛋白，消化率达 95% ~100%，蛋白效价 2.8 ~3.5，比大豆蛋白高，是一种优良的植物蛋白，营养价值等于或优于动物蛋白。其主要用途：

1. 作饲料　双低菜籽粕的粗蛋白含量在 35% ~38%，脱皮菜籽粕可达到 42% 以上。采用双低油菜籽脱皮工艺，可以去除菜籽皮中含有的大量纤维素、胶质以及单宁等多酚类化合物，提高牲畜的适口性和菜籽蛋白的利用率。国内外研究表明，在肉猪和肉鸡饲料中添加 15% ~20%、奶牛饲料中添加 17%、鱼饲料中添加 30% 左右的低硫苷菜籽饼，对其产量和品质均较适宜。双低菜籽饼粕可以作为牲畜和家禽的优质蛋白饲料，作为猪、鸡、鱼等配合饲料原料也是完全可行的。

2. 提取菜籽浓缩蛋白、多酚、多糖、植酸等　将菜籽粕用以水为基质的复合萃取剂（水中添加一定量的无机酸和无机盐）进行多次萃取，将粕中所含硫苷、单宁和植酸溶出，从而，使蛋白质含量得以富集，然后经过滤、分离、干燥、筛分等，制得菜籽浓缩蛋白产品，其蛋白质含量达 60% 以上，硫苷脱除率达 90% 以上，植酸、单宁脱除率 50% 以上，主要用于高档水产品饲料或代替鱼粉使用。菜籽多酚易与蛋白质形成致密的不易腐败的不透水鞣质，影响动物对蛋白质的吸收。但其具有很强的抗心血管疾病和防癌、抗癌的生物活性，在医药、化妆品、日用化工和轻工业等方面应用广泛。单宁能与蛋白质、多糖、生物碱、微生物、酶、金属离子反应，并具有抗氧化、捕捉自由基抑菌以及衍生化反应的功能，在食品加工、果蔬加工、贮藏、医药和水处理等方面的应用已取得重要突破。活性多糖对免疫系统具有重要的调节作用，在抗肿瘤、抗衰老、抗感染、降血糖、降血脂、治疗艾滋病等方面具有生物活性。菜籽饼粕脱毒废水中含有的植酸与 Ca、Mg 等金属离子形成的植酸钙，在发酵、油脂精练、食品工业和医药上均有广泛的用途。

3. 提取复合氨基酸　由菜籽饼粕制作的食品强化剂——复合氨基酸，色泽洁白，得率为32%，纯度可达到94%，且不含异硫氰酸酯和噁唑烷硫酮等毒素；产品中含有 19 种氨基酸，其中，含 7 种必需氨基酸，占氨基酸总量的 31.2%，是氨基酸中的较好产品。

4. 作肥料　菜饼含有机质为80%左右，养分齐全，而且，肥效持久，适于各类土壤和多种作物，尤其对瓜果、烟草、棉花、茶叶等作物，能显著提高产量并改善其品质，是优质的有机肥料，可作为生产绿色食品的主要肥料。菜籽饼粕作肥料应充分发酵沤熟后，方能施用，否则，易招致蝇为害作物根系，导致死苗。

（三）油菜秸秆的资源化利用

宋新南，房仁军等（2009）系统研究和总结了油菜秸秆资源化利用，主要包括：饲料利用、食用菌基料利用、土肥利用、材料利用和能源利用等。

1. 饲料利用　潘勇等（2002）研究了油菜秸秆的发酵改性与添加其他饲料相结合，以提高油菜秸秆对于牛羊及其他牲畜的适口性和营养性，认为这种配方有可能替代部分优质饲料。刘德旺等针对含水 70% 以上的饲草及秸秆的加工技术进行了综述研究认为，饲草及农作物秸秆的加工工艺流程对于油菜秸秆有借鉴意义。李存春等针对油菜秸秆粉末采用生物发酵加工技术，可使其粗蛋质含量提高 33.15%，粗纤维含量降低 14.50%，秸秆的气味、质地变好，适口性增强，用于饲喂生长期猪的增重效果明显。韩增祥等在密闭的塑料袋中采用尿素氨化油菜秸秆碎段，密闭处理35d 可使气味香酸、手感柔软、微观结构疏松且营养成分明显改善，为油菜秸秆的饲料利用创造了条件。朱洪龙等采用自行筛选的二株白腐真菌对作物秸秆进行接种，针对不同的基质配方和培养工艺，进行油菜秸秆降解饲料生产试验。结果表明，纤维素、半纤维素的降解效果较好，可明显提高饲料的蛋白质含量，但木质素的降解效果不理想，还需要进一步探索。徐砚珂等以小麦、玉米和油菜秸秆为基料，利用鸟巢菌进行真菌蛋白及氨基酸的转化实验。结果表明，在适量 N 源条件下，鸟巢菌可以明显改善秸秆的营养性和可饲用性，使秸秆的应用价值明显提高。这方面的研究表明，油菜秸秆作为饲料利用具有较大的动物营养价值和经济价值，但由于油菜秸秆化学成分、物理性状和动物适口性方面的局限性，以及油菜秸秆各部分的性质差异很大，并非能够简单、全部、直接地利用，而氨化、发酵等改性技术是这方面的发展方向，但其可行性、安全性和经济性可能还需要进一步研究。

2. 食用菌基料利用　高平（2001）介绍了部分采用油菜籽壳栽培平菇的高产技术，给出了相关的配料、栽培和管理方法，但没有提及单独利用油菜秸秆栽培平菇及其他食用菌类的可行性。尽管农作物秸秆在食用菌栽培方面的应用很多，并且，可以获得较高的经济效益，但从文献检索的结果来看，关于油菜秸秆用作食用菌培养基料的报道很少，甚至有的研究报道还特别排除油菜秸秆作为食用菌栽培基料的可能性，这可能与油菜秸秆特殊的化学组成和生物结构有关，对此，目前尚缺乏针对性的研究成果。

3. 土肥利用　宋执儒等针对油菜秸秆还田水稻免耕抛秧栽培技术进行了实验研究，结果收到了省工、省力、节水、节能、培肥土壤、减少污染、降低成本等效果。汪季涛等研究了秸秆长度、C/N、含水量、N源等因素，油菜秸秆堆肥发酵的温度、C/N以及秸秆发酵后的浸提液、种子发芽指数等性能参数的影响。认为，秸秆长度、N源和含水量对油菜秸秆堆肥发酵效果的影响显著，而C/N对油菜秸秆堆肥发酵效果的影响相对不显著，并且推荐采用秸秆长度为5cm、C/N为25、含水量为70%，N源为鸡粪的配方进行堆肥发酵。赵勇等在实验室条件下，通过小麦秸秆粉和油菜秸秆粉的还土试验，结合常规的分析手段和基于DNA的分析技术，研究了秸秆粉还田后土壤物理化学特性及生物学特性的变化。结果表明，培养60d后，秸秆还田土壤的肥力明显提高，其纤维素酶活性明显增强。但问题是油菜与后茬作物的种植间隔一般非常紧凑，难以满足这么长的腐解时间。杨万林等通过实际耕作对比试验认为，油菜秸秆的还田利用，对于改善土壤肥力以及物理、生物特性确有明显的效果，但也指出，油菜秸秆还田也存在还田时机把握、还田数量限制、破碎成本控制、病虫害扩散控制等问题，也存在发酵腐烂过程与后茬作物争夺氮肥、影响后茬作物生长的问题。张书华等针对油菜秸秆还田的腐解速度过慢、影响后茬作物耕种和生长问题，对加速腐解的化学与生物制剂进行了比较研究发现，酵素菌制剂用于油菜秸秆腐解的速度快、效果好，平均投资需要30元/亩，易于大面积推广应用。这方面的研究表明，油菜秸秆的土肥利用技术对于改善土质、培肥地力、提高农作物产量、实现农业生态良性循环具有明显的效果，并且易于大规模应用，但其利用层次较低、投入产出比不高，而且，也存在病虫害繁衍、种植节奏限制、阶段性争夺肥源、有害气体排放和操作成本控制等问题。

4. 原材料利用　张建等为了研究油菜的抗倒伏性能，实际测定了多种抗倒伏和非抗倒伏油菜品种成熟期基部茎秆的部分理化指标，从化学组成和机械结构上说明油菜秸秆具有较高的材料利用可行性。汪振炯等用油菜秸秆粉末替代木粉，对其与聚氯乙烯复合制备木塑复合材料进行了研究，通过试验初步得到油菜秸秆粉末与聚氯乙烯制备木塑复合材料的优化条件，并且生产出了 PVC 装饰板材。付自政等以粉碎的油菜秸秆为原料，通过研究其热特性，并采用双氨基硅烷对油菜秸秆粉进行疏水化改性，以提高油菜秆纤维与 PVC 的相容性。研究结果表明，油菜秸秆粉耐热性可以满足加工要求，油菜秸秆木塑材料的力学性能及卫生指标均能达到国家标准要求。石磊等系统地研究了中国农作物秸秆的综合利用技术进展，指出了农作物秸秆在制造保温材料、纸浆原料、编织原料、活性炭、轻质板材和包装材料，在用作生产酒精、醋酸、人造棉、人造丝、糖饴、淀粉、木糖醇、糖醛的原料方面均具有应用前景，其中，大部分结论应该也适用或基本适用于油菜秸秆。关于农作物秸秆作为原材料利用的研究很多，但直接针对油菜秸秆的生物、材料特性，深入进行理论探索和技术开发的研究尚不多。

5. 能源利用 付自政等在研究利用油菜秸秆生产木塑材料时，针对油菜秸秆的热解特性分析。结果表明，其快速热解开始温度约为 300℃，完成热解温度约为 700℃，也说明油菜秸秆具有较好的燃料利用前景。肖弥彰等根据油菜秸秆的物理化学特性，应用机械破碎新技术，获得小于 250μm 的秸秆粒子，经白腐菌 R03 处理后，再喷洒外源纤维素酶，进行了油菜秸秆生产还原糖的实验研究，结果表明，油菜秸秆中的木质素、纤维素和半纤维素均有可能被转化为还原糖类，并且，最终可以转化为燃料酒精。宋新南等针对天然纤维素，通过预处理、糖化和发酵等工艺环节，生产燃料酒精技术的研究结论，亦适用于油菜秸秆。这方面的研究表明，如果能够掌握油菜秸秆的燃烧和灰分结渣特性，将其直接用于火力发电、动力燃料替代、工业加热、粮食干燥、集中供热等领域，在技术上应该是可行的，并望获得较大的经济效益。尤其是油菜籽已经成为生物柴油的主要原料，如果能够同时作为能源利用其秸秆资源，将具有明显的技术经济合理性，并将促进生物柴油产业的健康发展。因此，油菜秸秆作为能源利用，可能是其大规模、工业化利用的一个主要方向。

五、双低油菜品质特点

（一）双低油菜籽的概念及质量标准（表 6-6）

1. 双低油菜种子 芥酸含量≤1.0%，硫代葡萄糖苷含量≤30umol/g（饼）的油菜种子。

2. 双低油菜籽 芥酸含量≤3%、硫代葡萄糖苷含量≤35umol/g（饼）的油菜籽。

3. 双低菜籽油 用双低油菜籽制取的油为双低菜籽油，双低菜籽油中芥酸含量≤5%、菜饼中硫代葡萄糖苷含量低于 35umol/g。

表 6 – 6　双低油菜籽质量标准（GB/T 11762 – 2006）

等级	含油量 （%）	未熟粒 （%）	热损伤粒 （%）	生芽粒 （%）	生霉粒 （%）	芥酸含量 （%）	硫苷含量 （umol/g）	杂质 （%）	水分 （%）	色泽 气味
1	≥42.0	≤2.0	≤0.5							
2	≥40.0									
3	≥38.0	≤6.0	≤1.0	≤2.0	≤2.0	≤3.0	≤35.0	≤3.0	≤8.0	正常
4	≥36.0									
5	≥34.0	≤15.0	≤2.0							

（二）双低菜籽油的营养价值与保健功能　菜籽油的营养价值取决于其中油酸、亚油酸、芥酸、亚麻酸等各种脂肪酸含量。在菜籽油所含各种脂肪酸中，芥酸含量高会使人体心脏包膜变厚，加剧心血管疾病的发生，双低菜籽油芥酸含量由传统品种40%～50%降到只有5%左右，人体必需、对健康有重要意义的油酸、亚油酸含量达80%左右，亚油酸等不饱和脂肪酸和维生素 E 等营养成分能很好地被机体吸收，吸收率可达99%，可降低人体内血液中胆固醇含量，软化血管壁，阻止血栓形成，因而，对防止心脏及多种心血管疾病有显著作用。菜籽油一般会含有一定的种子磷脂，对血管、神经、大脑的发育十分重要；菜籽油的胆固醇很少或几乎不含，从根本上改善了传统品种菜油的品质，对提高健康水平有重要意义。

（三）双低油菜保优栽培技术要点

根据李英，罗纪石等（2008）和吴中华，林昌明等（2004）提出的双低油菜保优栽培技术，结合汉中油菜生产实际和研究，种植双低油菜应注意以下几个方面。

1. 选用良种、合理布局　双低油菜种性容易退化，随着种植世代的提高，其低硫苷、低芥酸、高油分等优良性状会迅速消退。汉中发展双低油菜生产，应重点选用熟期适中（5月中旬成熟）、抗菌核病、高产稳产、通过国家或省级审定的、由原种繁育的双低品种种子，农户不能自行留种。并注意做到秦优、沣油、蓉油、绵油、油研、中油及华油系列品种合理布局。

2. 搞好隔离防杂，大面积连片种植　甘蓝型油菜自然异交率为10%～30%，如果和"双高"品种或十字花科作物插花种植，会导致双低油菜的优质特性丧失，芥酸、硫苷含量升高，商品菜籽当年芥酸含量就要上升5%以上。因此，为确保商品菜籽的品质，必须以一村至数村甚至一个乡或几个乡连片种植双低油菜品种。

3. 培育壮苗　双低油菜对菜苗素质的要求较高，苗床要选土地肥沃、排灌方便的田块，播前精细整地，施足底肥、开沟做畦；适时早播，出苗后及时间苗、定苗，每平方米留苗100株左右，4～5叶期喷施多效唑培育矮壮苗，注意防治病虫害。

4. 合理施肥　双低油菜要适当提高总肥量，增施 P、K 肥、配施 B 肥，控施含 S 化肥。N、P、K 的比例以 1∶0.5∶0.5 为适，P、K 肥全部作基肥，N 肥基肥∶苗肥∶腊肥比例以 5∶2∶3 为宜；双低油菜对 B 敏感，在每亩基施硼砂 1kg 的基础上，薹花期再用 200g/亩喷施。

5. 病害防治　双低油菜抽薹后的抗逆能力较弱，注意在初花前后的 1 周内防治油菜菌核病。

本章参考文献

[1] 曹兰芹，伍晓明，杨睿，等．不同氮吸收效率品种油菜氮素营养特性的差异．作物学报，2012，38（5）：887-895.

[2] 陈伦林，邹晓芬，李书宇，等．甘蓝型油菜极早熟种质资源分析及遗传改良．中国油料作物学报，2013，35（增刊）：103-106.

[3] 陈雪峰，唐章林，王丹丹，等．多效唑（PP333）对甘蓝型油菜幼苗抗旱性的影响．西南大学学报（自然科学版），2013，35（1）：1-6.

[4] 陈志雄，魏生广，尹兴祥，等．钾肥对杂交油菜产量和生物学性状的影响．作物杂志，2012（1）：85-97.

[5] 谌国鹏，李英，等．陕南地区中早熟优质油菜品种配套高产栽培技术．陕西农业科学，2014（03）：122-123.

[6] 程伦国，刘德福，郭显平，等．油菜排渍指标试验研究．湖北农业科学，2003（1）：37-39.

[7] 丁艳，李丽倩，曹蓉，等．油菜籽饼粕中硫苷的酶解条件优化及降解产物分析．中国农业科学，2014，47（2）：383-393.

[8] 董春华，刘强，文石林，等．不同品种油菜不同生育期植株氮素分配动态．西北农业学报，2010，19（2）：70-74.

[9] 符明联，和爱花，付丽春，等．地膜玉米田免耕直播油菜种植方式和效益分析．中国农学通报，2012，28（3）：202-205.

[10] 付自政，熊汉国，汪振炯．油菜秆纤维/PVC 木塑材料的研究．塑料工业，2008，36（4）：67-69.

[11] 高桂珍，应菲，陈碧云，等．热胁迫过程中白菜型油菜种子 DNA 的甲基化．作物学报，2011，37（9）：1 597-1 604.

[12] 高平．油菜籽壳栽培平菇高产技术．安徽农业，2001（10）：21.

[13] 官春云．改变冬油菜栽培方式，提高和发展油菜生产．中国油料作物学报，2006，28（1）：83-85.

［14］官春云，靳芙蓉，董国云，等．冬油菜早熟品种生长发育特性研究．中国工程科学，2012，14（11）：4－12.

［15］韩晓荣，杨全保，郑军庆，等．油菜蓝跳甲的发生及防治．甘肃农业科技，2010（2）：53－54.

［16］何祖传，钱屹松，周健．油菜菌核病的发生规律及防治措施．现代农业科技，2008（8）：87.

［17］胡本进，张海珊，李昌春，等．油菜田害虫调查及蚜虫防治药剂筛选．昆虫知识，2010（4）：779－782.

［18］胡文秀，李中秀，徐宝庆，等．稻田免耕直播油菜高效栽培技术研究．安徽农业科学，2007，35（10）：2 883，2 905.

［19］胡小泓，梅亚莉，李丹．微波处理油菜籽对油脂品质影响的研究．食品科学，2006，27（11）：372－374.

［20］兰金虎，陈锦刚．杂交制种油菜茎象甲发生规律及防治对策．陕西农业科学，2005（5）：137－138.

［21］雷天问，章辞，魏永辉．稻田直播油菜栽培技术．作物杂志，2005（6）：59－60.

［22］李宝珍，王正银，李加纳，等．氮磷钾硼对甘蓝型黄籽油菜产量和品质的影响．土壤学报，2005，42（3）：479－487.

［23］李春龙，贺阳冬，刘德万．盐胁迫对4个"神油系列"油菜品种种子萌发及幼苗生长的影响．安徽农业科学，2009，37（30）：14 643－14 644.

［24］李锦霞，李爱民，沈学庆，等．油菜板茬条播高产栽培技术集成．江苏农业科学，2013，41（8）：104－105.

［25］李利霞，李唯奇．冬油菜和春油菜在冷驯过程中膜脂分子的变化．云南植物研究，2010，32（4）：347－354.

［26］李艳，曾秀娥，李洪艳，等．壳寡糖对干旱胁迫下油菜叶片生理指标的影响．生态学杂志，2012，31（12）：3 080－3 085.

［27］李英，谌国鹏，等．优质高产双低油菜"中油杂二号"在汉中市试种表现及移栽密度试验．上海农业科技，2004（6）：55－56.

［28］李英，冯志峰，习广清，等．汉中油菜育种研究进展．汉中科技，2010（5）：17－19.

［29］李英，谌国鹏，等．甘蓝型双低油菜隐性核不育两系杂交种汉油6号的选育及栽培要点．作物杂志，2012（4）：120－121.

［30］李英，谌国鹏，等．甘蓝型双低油菜隐性核不育两系杂交种汉油9号的选育及

栽培要点．种子，2013（9）：109－110.

[31] 李英，谌国鹏，等．国审油菜新品种汉油 8 号选育及高产栽培技术．农业科技通讯，2013（9）：197－198.

[32] 李云昌，胡琼，梅德圣，等．选育高含油量双低油菜品种的理论与实践．中国油料作物学报，2006，28（1）：92－96.

[33] 李震，吴北京，陆光远，等．不同基因型油菜对苗期水分胁迫的生理响应．中国油料作物学报，2012，34（1）：033－039.

[34] 梁骏，郑有飞，李璐，等．酸雨对土壤酸化和油菜中后期生长发育的影响．农业环境科学学报，2008，27（3）：1 043－1 050.

[35] 刘丹，张春雷，李俊，等．外源激素对油菜长柄叶光合特性的影响．中国农学通报，2008，24（3）：186－191.

[36] 刘念，范其新，蒙大庆，等．油菜籽粒发育过程中脂肪酸累积模式及相关分析．江苏农业学报，2014，30（1）：21－26.

[37] 刘强，龙婉婉，胡萃，等．铝胁迫对油菜种子萌发和幼苗生长的影响．种子，2009（7）：5－6.

[38] 刘铁梅，邹薇，刘铁芳，等．不同冬油菜品种比叶面积的多因子分析．作物学报，2006，32（7）：1 083－1 089.

[39] 刘雪基，李爱民，莫婷，等．稻茬油菜免耕摆栽覆草高产栽培技术研究．江苏农业科学，2013，41（8）：107－108.

[40] 龙卫华，浦惠明，张洁夫，等．甘蓝型油菜发芽期的耐盐性筛选．中国油料作物学报，2013，35（3）：271－275.

[41] 陆晓峰，张红玲，张维根．油菜田杂草发生与防除技术研究．上海农业科技，2006（1）：125－126.

[42] 罗林钟，谢德辉．秋冬油菜病毒病的防治．植物医生，2005，18（5）：5.

[43] 马霓，张春雷，李俊，等．种植密度对直播油菜结实期源库关系及产量的调节．中国油料作物学报，2009，31（2）：180－184.

[44] 马霓，张春雷，马皓，等．免耕栽培措施对稻田油菜生长及产量的影响．作物杂志，2009（5）：55－59.

[45] 潘勇，吴国志，王树勇，等．优质双低油菜秸秆、饼粕的利用．内蒙古农业科技，2002（S1）：79－80.

[46] 秦立金．铬胁迫对油菜种子萌发和生长的影响．北方园艺，2011（17）：41－43.

［47］任永源，丁厚栋，林宝刚，等．播期和播量对直播油菜产量的影响．浙江农业科学，2008（3）：319－321．

［48］沈奇，秦信蓉，张敏琴，等．铬胁迫对油菜种子萌发及幼苗生长的毒性效应．贵州农业科学，2009（10）：25－26．

［49］宋丰萍，胡立勇，周广生，等．地下水位对油菜生长及产量的影响．作物学报，2009，35（8）：1 508－1 515．

［50］宋伟，张美玲，谢同平，等．臭氧处理对油菜籽贮藏品质的影响．食品科学，2011，32（20）：257－260．

［51］宋稀，刘凤兰，郑普英，等．高密度种植专用油菜重要农艺性状与产量的关系分析．中国农业科学，2010，43（9）：1 800－1 806．

［52］宋小林，刘强，宋海星，等．密度和施肥量对油菜植株碳氮代谢主要产物及籽粒产量的影响．西北农业学报，2011，20（1）：82－85．

［53］宋新南，房仁军，王新忠，等．油菜秸秆资源化利用技术研究．自然资源学报，2009，24（6）：984－991．

［54］宋执儒，葛诗平，杨勇．油菜秸秆还田水稻免耕抛秧栽培技术初探．安徽农学通报，2007，13（10）：166．

［55］苏伟，鲁剑巍，李云春，等．氮素运筹方式对油菜产量、氮肥利用率及氮素淋失的影响．中国粮油作物学报，2010，32（4）：558－562．

［56］汤亮，朱艳，刘铁梅，等．油菜生育期模拟模型研究．中国农业科学，2008，41（8）：2 493－2 498．

［57］汤顺章，柏毓红，江向军，等．油菜品种及栽培方式对油菜昆虫群落结构的影响．安徽农业科学，2003，31（5）：751－752，754．

［58］汤永禄，李朝苏，蒋梁材，等．成都平原油菜不同种植方式及免耕直播配套技术研究．西南农业学报，2008，21（4）：946－952．

［59］唐瑶，左青松，冷锁虎，等．不同施氮条件下稻茬直播油菜氮素吸收和利用对产量形成的影响．广东农业科学，2012（10）：4－6．

［60］汪谨桂，丁邦元．油菜病虫害发生特点及防治对策．现代农业科技，2007（2）：54．

［61］王爱云，钟国锋，徐刚标，等．铬胁迫对芥菜型油菜生理特性和铬富集的影响．环境科学，2011，32（6）：1 718－1 724．

［62］王凤敏，李英，等．汉油9号的高产优化栽培模式．热带生物学报，2013（4）：317－321．

［63］王海潮，李鑫．油菜茎象甲在汉中地区发生规律及防治初报．陕西农业科学，1997（5）：23－25.

［64］王汉中，廖星，鲁剑巍，等．中国油菜生产抗灾减灾技术手册．2009，北京：中国农业科学技术出版社，30－33.

［65］王继玥，宋海星，官春云，等．不同种植密度和施肥量对杂交油菜叶片叶绿素含量和产量的影响．江西农业大学学报，2011，33（1）：0013－0017.

［66］王继玥，宋海星，官春云，等．不同种植密度下油菜产量与茎叶性状对施肥水平的反应．中国农学通报，2011，27（5）：259－264.

［67］王利红，徐芳森，王运华．硼钼锌配合对甘蓝型油菜产量和品质的影响．植物营养与肥料学报，2007，13（2）：318－323.

［68］王敏，曲存民，刘晓兰，等．温度胁迫下甘蓝型油菜苗期生理生化指标的研究．作物杂志，2013（2）：53－59.

［69］王仕林，黄辉跃，唐建，等．低温胁迫对油菜幼苗丙二醛含量的影响．湖北农业科学，2012，51（20）：4467－4469.

［70］王小英，刘芬，同延安，等．陕南秦巴山区油菜施肥现状评价．中国油料作物学报，2013，35（2）：190－195.

［71］王在阳，司乾生．高产油菜的需水量及其节水灌溉的探讨．陕西水利，1987（1）：22－27.

［72］王志颖，刘鹏，李锦山，等．铝胁迫对油菜生长及叶绿素荧光参数、代谢酶的影响．浙江师范大学学报（自然科学版），2010，33（4）：452－458.

［73］吴利红，娄伟平，柳苗，等．油菜花期降水适宜度变化趋势及风险评估．中国农业科学，2011，44（3）：620－626.

［74］吴中华，林昌明，王建华，等．双低油菜保优高产栽培技术．上海农业科技，2004（3）：55.

［75］徐爱遐，黄继英，金平安，等．陕西省油菜种质资源分析与评价．西北农业学报，1999，8（3）：89－92.

［76］徐爱遐，马朝芝，肖恩时，等．中国西部芥菜型油菜遗传多样性研究．作物学报，2008，34（5）：754－763.

［77］许耀照，孙万仓，曾秀存，等．盐碱胁迫冬油菜的主导因素分析．草业科学，2013，30（3）：423－429.

［78］晏立英，周乐聪，谈宇俊，等．油菜菌核病拮抗细菌的筛选和高效菌株的鉴定．中国油料作物学报，2005，27（2）：55－57，61.

［79］杨湄，刘昌盛，周琦，等．加工工艺对菜籽油主要挥发性风味成分的影响．中国油料作物学报，2010，32（4）：551－557.

［80］杨湄，郑畅，黄凤洪，等．国家油菜区试品系的主要营养品质及评价．中国油料作物学报，2012，34（6）：604－612.

［81］杨玉芬，孟洪莉，张力．发酵温度和水分对菜籽粕发酵品质的影响．中国农学通报，2010，26（8）：52－55.

［82］殷艳，廖星，余波，等．我国油菜生产区域布局演变和成因分析．中国油料作物学报，2010，32（1）：147－151.

［83］余利平，田立荣，张春雷，等．低磷胁迫对油菜不同生育期叶片光合作用的影响．中国农学通报，2008，24（12）：232－236.

［84］俞芸芸，朱克寅．Cd 胁迫下油菜土壤生物活性和酶活性的研究．绍兴文理学院学报，2006，26（7）：44－48.

［85］曾军，孙万仓，张亚宏，等．不同施氮方式对冬油菜生理生化指标及生长发育和产量的影响．西北农业学报，2008，17（3）：176－181.

［86］张寒俊，刘大川，王兴国，等．双低油菜籽蛋白质及其他成分溶解曲线研究．中国油脂，2003，28（1）：27－29.

［87］张建，陈金城，唐章林，等．油菜茎秆理化性质与倒伏关系的研究．西南农业大学学报（自然科学版），2006，28（5）：763－765.

［88］张凯，慕小倩，孙晓玉，等．温度变化对油菜及其伴生杂草种苗生长和幼苗生理特性的影响．植物生态学报，2013，37（12）：1 132－1 141.

［89］张小峰，王世平，谢栗．汉中油菜生育期气象条件分析．陕西农业科学，2012（5）：87－88.

［90］张小容，李首成，董顺文，等．影响油菜高产的栽培因子研究．安徽农业科学，2008，36（8）：3 179－3 180，3 184.

［91］张源，阮颖，彭琦，等．油菜菌核病致病机理研究进展．作物研究，2006（5）：549－551.

［92］张子龙，李加纳，唐章林，等．环境条件对油菜品质的调控研究．中国农学通报，2006，22（2）：124－129.

［93］赵青松，郭万正，魏金涛，等．油菜籽的营养价值及养殖应用分析．养殖与饲料，2011（10）：41－44.

［94］郑本川，张锦芳，李浩杰，等．甘蓝型油菜生育期天数与产量构成性状的相关分析．中国油料作物学报，2013，35（3）：240－245.

［95］周可金，马友华，李国，等. 种子抗旱剂对油菜生长发育与产量的影响. 中国农学通报，2004，20（3）：91 – 93，111.

［96］周小丽，王通强. 双低油菜主要农艺性状的通径分析. 种子，2005，24（1）：70 – 72.

［97］朱建强，程伦国，吴立仁，等. 油菜持续受渍试验研究. 农业工程学报，2005，21（增刊）：63 – 67.

［98］左青松，唐瑶，石剑飞，等. 油菜不同产量类型品种氮素吸收与利用特性研究. 中国农学通报，2009，25（3）：117 – 121.